David Jenny, Serge Denis, Heinrich Haller

mit Illustrationen von Lea Gredig

DER STEINADLER

Haupt
NATUR

Carl Stemmler gewidmet –
dem Pionier der Schweizer
Steinadlerforschung

David Jenny, Serge Denis, Heinrich Haller
mit Illustrationen von Lea Gredig

DER STEINADLER

Eine Rückeroberung im Alpenraum

Haupt Verlag

Inhalt

Einleitung

«Ich rieche nichts», meinte mein Partner bei einer Sendermontage, der Aufforderung zum Hinhalten der Nase folgend. Stets, wenn ich einen unserer Steinadler-Nestlinge in den Händen hielt, musste ich tief einatmen. Dieser puderartige, sanfte und doch herbe Geruch von Jungadlern war bei mir mit positiven Assoziationen verknüpft. Gerüche werden im Langzeitgedächtnis insbesondere dann gespeichert, wenn sie mit Emotionen in Verbindung stehen. Bei Steinadlern waren es ganz offensichtlich Momente des Glücks. Die Leidenschaft für Steinadler teile ich zwar mit anderen Naturfreunden, derart diesem Vogel verfallen wie ich es bin, sind in der Schweiz aber wohl nur eine Handvoll Gleichgesinnte. Dazu gehören die beiden Mitautoren dieses Buches, Heinrich Haller und Serge Denis.

Der charismatische Steinadler eignet sich besonders gut zur Entfachung einer Leidenschaft; er faszinierte die Menschen seit jeher und ist gerade auch deswegen mit Mythen beladen worden. Die Herausforderung für Forscher bestand und besteht daher darin, die sogenannten Könige der Lüfte von ihren Legenden zu befreien und mit nüchternem Blick deren wahre Lebenshintergründe zu beleuchten. Das ist in der heutigen Zeit des raschen Wandels notwendiger denn je, denn nur durch adäquates Wissen lassen sich die aktuellen Bedürfnisse potenziell gefährdeter Tierarten erkennen, wodurch letztlich die richtigen Artenschutz-Maßnahmen ergriffen werden können.

Die weltweit verbreiteten Steinadler haben in der Schweiz ihre ganz eigene Geschichte durchgemacht, die dank Pionieren wie Carl Stemmler heute sehr gut dokumentiert ist. Der Schaffhauser Stemmler, der auch zur Gilde der Steinadlerbefallenen gehörte, hatte in der Mitte des 20. Jahrhunderts den Keim für die nächsten Generationen von Steinadlerforschern gesetzt. Dazu zählen auch die Autoren dieses Buches, welche ihre Erkenntnisse wiederum an die heutige Forschergeneration weiterreichen.

Die Perspektive, welche das Buch aufzeigt, ist eine Mischung aus Rückschau, Kompilation aktuellen Wissens und Einblick in die moderne Forschung. Wenn wir manchmal in ökologische Erkenntnisebenen abschweifen oder eigene menschliche Befindlichkeiten beschreiben, so werden wir doch stets den Steinadler als Protagonisten im Zentrum behalten. Einen besonders genauen Blick werfen wir auf die Kantone Graubünden mit dem Engadin, auf das Wallis und den Kanton Bern.

Die bewegte Geschichte des Steinadlers steht auch stellvertretend für dessen Lebensräume in den vielerorts wild gebliebenen Alpen, dem in Mitteleuropa mit Abstand größten naturnahen Raum. Und für andere Beutegreifer, deren Ruf auch heute noch oder sogar verstärkt wieder beschädigt wird.

Unser Fokus beleuchtet immer wieder die Verletzlichkeit des Steinadlers und von Beutegreifern ganz allgemein. Diese latente Gefährdung wird nirgends so deutlich wie in den Adler-Kinderstuben. Besetzte Horste bilden eine Intimsphäre, welche absoluten Schutz erfordert. Störungen an Brutplätzen durch Horstfotografie kommen in der Schweiz leider häufiger vor als anderswo. Wir verzichten daher – abgesehen von wenigen historischen – auf Nahaufnahmen während der sensiblen Brutphase und zeigen stattdessen eigens angefertigte Bleistiftzeichnungen unserer äußerst engagierten Illustratorin Lea Gredig.

Steinadler neigen dazu, uns Menschen pathetisch werden zu lassen. Dem begegnen wir mit der nötigen Reserve, denn wir wollen faktenbasiertes Wissen vermitteln. Und doch empfiehlt es sich manchmal, die Symbolhaftigkeit des großartigen Jägers und Seglers zu bemühen. Im besten Sinn für alle, denn wer sonst soll uns besserer Botschafter sein für den Schutz der alpinen Landschaften, als dessen unbestrittener fliegender König.

David Jenny, Zuoz, im Juni 2025

Nachfolgende Doppelseite Frühe fotografische Aufnahme mit Jungadler und Horstanflug eines Altvogels aus den 1930er-Jahren im Berninagebiet (im Hintergrund mit Piz Palü). Als einer der Ersten filmte Bartholomé Schocher aus Pontresina das Brutgeschehen an einem Steinadlerhorst in luftiger Höhe (B. Schocher, Mitte der 1930er-Jahre, Pontresina GR. Archiv A. Lochau).

1 | Geschichte

Steinadler *Aquila chrysaetos* faszinierten bereits die frühesten Besiedler der gemäßigten und nördlichen Breiten in Eurasien und Nordamerika. Zeugen davon sind jüngere archäologische Funde von Adlerflügeln und Hinweise auf die Nutzung von Federn und Krallen sowie Steinadler-Fangaktionen bei Neandertalern vor 130 000 Jahren (Finlayson et al. 2012, Finlayson et al. 2019). Diese sensationellen Funde belegen nicht nur die bereits hoch entwickelten kognitiv-kulturellen Fähigkeiten unserer urgeschichtlichen Vettern, sondern auch das besondere Verhältnis der Gattung *Homo* zu Greifvögeln, insbesondere Steinadlern und Seeadlern *Haliaeetus albicilla*. Die erbeuteten Adler mochten eine willkommene Abwechslung im Speiseplan der Neandertaler gewesen sein, sie dienten aber – und das belegen die Funde – auch für symbolische Zwecke (Abb. 1).

Die Schwungfedern und Krallen von Adlern wurden zu kultischen oder rituellen Schmuckstücken verarbeitet. Indigene Kulturen in Nordamerika hielten diese Vögel schon vor langer Zeit in Form von Felszeichnungen fest (Abb. 2) und sie verwenden bis in die heutige Zeit Adlerfedern für kultische Zwecke. Ein seit 1970 geltendes Gesetz erlaubt US-Bürgern mit nachweislich indianischem Ursprung exklusiv das Sammeln und Verwenden von Weißkopfseeadler- und Steinadlerfedern.

Adlermythen gab und gibt es auch in europäischen Kulturen. Die Symbolik des Adlers und dessen Verwendung als Statussymbol, als Emblem von Staaten und Heeren, durchziehen die ägyptische, griechische und römische Kulturgeschichte, das Mittelalter und gelten bis heute. Ob es sich bei den dargestellten Vögeln um Seeadler oder Steinadler handelte, blieb dabei allerdings oft unklar, denn die Unterscheidung der Arten beginnt erst in der Renaissance und der Zeit der Aufklärung, etwa mit den Werken von Conrad Gessner (1557), der den Steinadler als «rechten Adler» bezeichnete, oder Ulysses Aldrovandus (1599).

Steinadler als Symboltiere

Abstrahierte Adler gehören zu den bedeutendsten Symboltieren in der Heraldik, welche zahlreiche Wappen, Siegel und Logos zieren. Die Könige der Lüfte stehen für Erfolg, Stärke, Freiheit und Macht (Abb. 3). Es stellt sich die Frage, was die Faszination der großen Adler und insbesondere des Steinadlers, die sich praktisch durch die ganze Menschheitsgeschichte hindurchzieht, ausmacht. Adler wecken durch ihre ästhetische und imposante Erscheinung Gefühle, die auf eine Mischung zwischen Furcht, Ehrfurcht, Respekt und Bewunderung zurückgehen. Dazu kommen Sehnsüchte nach Fliegen, Abenteuerlust, Staunen über die Schönheit und Perfektion der

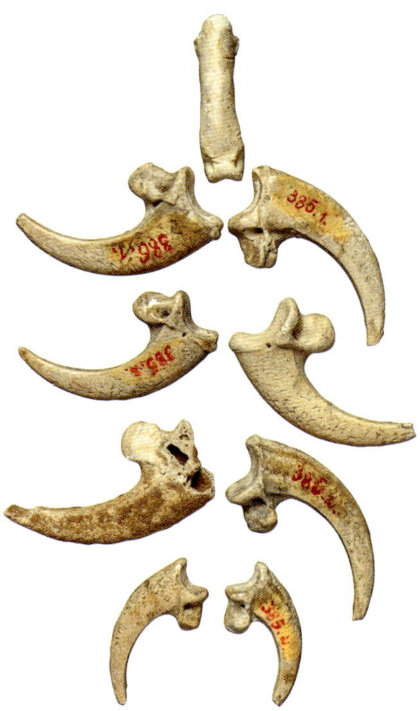

Erscheinung und wohl noch einiges mehr. Der ganze Cocktail an Emotionen ist letztlich nicht in seine Einzelteile aufzutrennen oder gar zu quantifizieren. Und es lässt sich eine Gefühls-Ambivalenz gegenüber den faszinierenden Greifvögeln erkennen, die zwischen Respekt und Verehrung einerseits und starker Ablehnung, ja sogar Hass, andererseits, schwankt. Dies hat entscheidenden Einfluss auf die Adler selbst, deren Auf- und Abwärtsentwicklung, gar auf ihr Verschwinden. Denn der Einfluss des *Homo sapiens* auf Adler und andere große Greifvögel war und ist groß und hat sogar ansatzweise evolutionären Charakter.

Einflussfaktor Mensch

Die Naturgeschichte des Menschen nahm und nimmt Einfluss auf die Bestände von Beutegreifern im Allgemeinen und den Steinadler im Besonderen. Die Einstellung der Menschen und deren Umgang gegenüber der Natur, insbesondere den Beutegreifern, ist wechselhaft und kompliziert, folgt aber auch Mustern und Trends. Die Hintergründe dazu bilden zeitlich und von Ethnien und Räumen abhängige Traditionen, auf die wir hier nicht näher eingehen können. Die Bestandsveränderungen beim Steinadler in Nordamerika, in Europa und in der Schweiz sind jedenfalls oft und ursächlich mit diesen Wechseln und Trends auf Seiten der Menschen und ihren Gesellschaften verbunden. Es lohnt sich daher, auch einen Blick auf die Naturgeschichte der Menschen bzw. dessen wechselhaftes Naturverständnis zu werfen.

Stellen wir uns eine Urlandschaft vor, die noch nicht von Menschen besiedelt ist. Steinadler und seine Verwandten leben hier schon seit einigen Millionen Jahren, eingefügt in die damaligen Ökosysteme. Veränderungen waren mit Klimaschwankungen und deren Auswirkungen auf die Lebensräume verbunden. Konkurrenz zwischen anderen Aasfressern und Beutegreifern, aber auch mit Artgenossen, und möglicherweise genetische Engpässe, etwa während Eiszeiten, beeinflussten die Steinadler bzw. deren Bestände und Populationen. Das waren vergleichsweise langsame Prozesse. Es bestand genug Zeit für Feinanpassungen und koevolutive Prozesse mit Beutetieren, etwa dem Alpenmurmeltier *Marmota marmota*. Als der Mensch dazustieß, ging es schlagartig schneller. Möglicherweise haben schon frühe Hominiden wie der Neandertaler oder der frühe *Homo sapiens* mit gezielten Fangaktionen und Jagden auf Steinadler lokale Bestände beeinflusst. Hinweise darauf finden sich in zahlreichen Flügelfunden von Raben und Greifvögeln in Höhlen, etwa der Grotta di Fumane bei Verona, welche auf gezielte Erbeutung durch frühe Hominiden hindeuten (Peresani

Abb. 1 Linke Seite, links: Funde von Neandertalern belegen die Verwendung von Knochen und Überresten von Greifvogel-Flügeln und Krallen, speziell von Steinadlern, aber auch von Seeadlern. Vom Steinadler wurden an 26 Neandertaler-Fundstätten Schnittspuren an Flügelknochen gefunden, die darauf hindeuten, dass Federn und Krallen entfernt wurden. Diese Krallenkette aus Kroatien wird dem Seeadler zugeordnet (aus: © Luka Mjeda, Radovčić et al. 2015).

Abb. 2 Linke Seite, rechts: Nordamerikaner haben vor mehreren Jahrtausenden in den US-Staaten Missouri, Wisconsin und Wyoming Felszeichnungen hinterlassen, in denen sie ihren Lebensalltag verewigten. Unter den Motiven finden sich auch Donnervögel, deren Erscheinung einem Adler zugeordnet werden kann. In Wyoming stimmt der Ort der Felszeichnungen mit dem heutigen Vorkommen von Steinadlerhorsten überein. Daraus lässt sich die Hypothese ableiten, dass sich die Indigenen schon vor sehr langer Zeit von dort lebenden Steinadlern zu ihren Kunstwerken inspirieren ließen. Und es lässt sich der Schluss ziehen, dass Steinadler schon seit Jahrtausenden die mehr oder weniger gleichen Orte als Brutplätze nutzten (aus: Dayton 2017). © Shutterstock

Abb. 3 Die Aquila, im Deutschen auch häufig als Legionsadler bezeichnet, war das höchstrangige Feldzeichen der römischen Legionen. SPQR steht für Senatus populusque Romanus (Senat und Volk von Rom). Der oft vergoldete Adler auf der Standarte ist einem Steinadler nachempfunden. © Shutterstock

Kinderraub durch Steinadler

Noch in den 1940er-Jahren kursierten Geschichten über verschwundene Kinder, die angeblich vom Steinadler fortgetragen und getötet wurden. Bis ins 19. Jahrhundert waren diese als spärliche Fußnoten in Zeitungen und Gazetten zu finden, ohne dass je Belege von Kinderraub dokumentiert worden wären: «Im Savoyschen Nancy sur Cluses wurde ein dreijähriges Kind, das im Grase lag, von einem mächtigen Adler überfallen und fortgetragen (Schweizerische Ornithologische Blätter 1889, Nr. 18)». Auch führende Naturforscher wie Friedrich von Tschudi, Theophil Studer oder Johann Friedrich Naumann vertraten die Ansicht, dass Steinadler in der Lage sind, Kleinkinder fortzutragen und dies auch tun. Noch stärker als beim Steinadler wurde dem Bartgeier Kinderraub angelastet. Das war sozusagen anerkanntes, kaum angezweifeltes Wissen. In den ausführlichen Beschreibungen des Steinadlers von Conrad Gessner, 300 Jahre zuvor, kam der Kinderraub allerdings noch nicht vor. Im Verlauf des frühen 20. Jahrhunderts wurden derlei Geschichten mehr und mehr hinterfragt und angezweifelt. Dabei spielte das Gewicht eines potenziellen Opfers eine wichtige Rolle. Carl Stemmler betonte, dass Steinadler Maximalgewichte von 5–6 kg tragen und damit Kinder rein theoretisch höchstens im Säuglingsalter in die Luft bringen könnten. Dass aber Säuglinge unbeaufsichtigt abseits von bewohntem Gelände im Gebirge zur Steinadlerbeute werden, sei mehr als unwahrscheinlich. Trotzdem wurden in den Schweizer Medien bis weit ins 20. Jahrhundert hinein Fälle von verschwundenen Kindern mit Steinadlern in Verbindung gebracht, ausführlich beschrieben, aber auch kritisch hinterfragt:

- Im September 1929 verschwand ein 3-jähriger Bub bei Alvaneu GR. Obwohl Horstbesuche in der Crappa Naira durch Wildhüter keine menschlichen Überreste zutage brachten, hielten die Leute an der Vorstellung fest, der Knabe sei vom Steinadler geholt worden.
- Im Jahr 1937 war es ein 6-jähriger Knabe, der beim Bergdorf Gryon VD spurlos verschwand. Ein gefundenes Unterkieferfragment wurde angeblich dem Jungen zugeordnet. Auch hier kursierte das Adlermärchen noch lange Zeit.
- Der letzte Fall ereignete sich am 13. Juli 1947. Dannzumal verschwand der spielende 4-jährige Roger Voeffray beim Walliser Dörfchen Vérossaz spurlos. Während Tagen suchten bis zu dreihundert Aufgebotene vergeblich nach dem Knaben. Fünf Jahre später fanden Bergsteiger an der Dents-du-Midi Knochenfragmente auf 3000 m Höhe, die allerdings nicht eindeutig menschlichen Ursprungs waren. Sofort kamen Gerüchte über den angeblichen Raub durch Steinadler wieder auf.

Obwohl bis heute Gerüchte über kinderraubende Steinadler ab und zu noch aufpoppen, verschwanden Geschichten vom Kinderraub ab etwa 1950 aus der Presse. Wohl als Ausdruck eines besseren, durch wissenschaftliche Fakten belegten und in der Öffentlichkeit anerkannten Verständnisses des Steinadlers und von Greifvögeln ganz allgemein. Die Terminologie wechselte mehrheitlich vom «Raubvogel» zu «Greifvogel» (alle Berichte von Kinderraub aus der Zeitschrift «Der Aufstieg» vom 12.12.1958, Seiten 14–15).

et al. 2011). Große Greifvögel sind von Natur aus selten, und zwar deshalb, weil sie am Ende der Nahrungskette, auf der obersten trophischen Stufe stehen. So leben in einem alpinen Steinadlerrevier neben zwei verpaarten Adlern im Durchschnitt etwa 300 Murmeltiere und 250 Gämsen, potenzielle Beutetiere, die als Herbivoren in der Nahrungspyramide eine Etage tiefer stehen. Die natürliche Seltenheit macht Steinadler und andere Spitzenprädatoren grundsätzlich verletzlich. Gezielte Jagd durch Menschen hatten für Steinadler und Co. daher oft einschneidende Auswirkungen. Dass sie selbst erbeutet wurden, waren sich übergeordnete Beutegreifer wie Steinadler – im evolutionären Sinne – nicht gewohnt.

Die menschlichen Einflüsse brachten Dynamik in die Bestände der Adler, insbesondere, wenn durch Mythen begründete Vorstellungen über religiöse, rituelle oder therapeutische Verwendungen von Körperteilen vorherrschten. Alpine Steinböcke etwa wurden als «wandelnde Apotheken» so stark gejagt, bis sie im 18. Jahrhundert praktisch ausgerottet waren. Auch vom Steinadler wurden diverse Körperteile und Ausscheidungen als Arznei gepriesen: «Der Mist von einem Adlerweiblein heilet das Halsgeschwür, den Husten und andere Krankheiten des Halses (Gessner 1557)». Im Verlauf des 19. Jahrhunderts kam noch ein Aspekt dazu – der angebliche Kinderraub.

Von Gut und Böse

Möglich, dass die Verfolgung, Vergiftung oder Aushorstung von Steinadlern, auf die wir noch zu sprechen kommen, ein menschliches Urgewissen aktivierten, das dem Adler Bösartigkeit andichtete und so seine gezielte Verfolgung und Ausrottung rechtfertigte. Was kann ein Wesen Schlimmeres tun, als Kinder zu rauben (Abb. 4)? Darin steckt eine Portion christliche Moral, welche dazu neigt, zwischen Gut und Böse zu trennen. Und da ist sie wieder, die Gefühlsmischung, diesmal geprägt von Furcht und Wut, von welcher sich auch aufgeklärte Naturforscher wie Friedrich von Tschudi (1860) oder Theophil Studer anstecken ließen: «Der Steinadler ist der kühnste und verderblichste Räuber. Dass er hin und wieder Kinder raubt, ist durch eine Anzahl glaubwürdiger Berichte aus älterer und neuerer Zeit verbürgt (Studer und Fatio 1889)». Im Alpenraum entwickelte sich im Verlauf des 19. Jahrhunderts ein regelrechter Ausrottungsfeldzug gegen Steinadler, aber auch gegen Bartgeier *Gypaetus barbatus*. Aus heutiger Sicht – und es handelt sich um einen Zeitsprung von gerade mal gut 100 Jahren – ist das schwierig zu verstehen. Dahinter steckte kein böser Wille oder Ignoranz, denn im damaligen Zeitgeist entsprach die Sortierung nach Gut und Böse, nützlich und schädlich der gesellschaftlichen Norm. Und sie herrscht in Teilen auch heute noch vor, wenn wir etwa an die Kontroversen und Emotionen denken, die heute durch die Präsenz von Wölfen hervorgerufen werden.

Werfen wir einen Blick auf die Fakten während der Zeit der stärksten Steinadler-Verfolgungen im 19. und beginnenden 20. Jahrhundert, bevor wir uns den nachfolgenden Entwicklungen zuwenden, die wiederum ganz wesentlich den veränderten Sichtweisen auf die Natur in unserer Gesellschaft geschuldet sind.

ANNO 59 - N. 25 — LA DOMENICA DEL CORRIERE — 23 GIUGNO 1957 - L. 40

Strappata agli artigli dell'aquila. Una bimba di cinque anni, Maria Rosa Dauriz di Zambana, si trovava in campagna col nonno quando una grossa aquila, staccatasi dalla parete che incombe sulla vallata, piombò su di lei tentando di ghermirla. Ma il nonno, brandito un badile, si precipitò contro il rapace che aveva ormai afferrato la piccola per le vesti e stava per sollevarla in aria. Sotto i colpi l'aquila abbandonò la preda e si allontanò nel cielo. (Disegno di F. Molino)

Abb. 4 Kinderraub wurde Adlern immer wieder nachgesagt. Ab Mitte des 19. und bis weit ins 20. Jahrhundert hinein wurde das Motiv in Zeitschriften aufgegriffen und oft dramatisch umgesetzt. Oft gehörten auch detaillierte Beschreibungen in realistischem Stil dazu (Archiv Stemmler Museum Schaffhausen; La Domenica del Corriere 1957).

Radikale Verfolgung in Nordamerika

In Nordamerika war die Verfolgung des Steinadlers und anderer Arten phasenweise noch bedeutend stärker als in Europa. Glücklicherweise konzentrierten sich die verheerenden

Eingriffe auf einzelne Staaten, sodass sich die Steinadler- und Weißkopfseeadler-Bestände in den USA inzwischen wieder erholen konnten. In den Viehzuchtstaaten Texas, New Mexico und Arizona wurden anfangs des 20. Jahrhunderts und bis in die 1960er-Jahre hohe Prämien für den Abschuss von Steinadlern und Weißkopfseeadlern ausbezahlt (damals 10 bis 25 Dollar pro Tier). Dies hatte Verfolgungskampagnen zur Folge mit Abschüssen von jährlich 1000 Vögeln (Fischer 1995), welche teilweise aus gecharterten Flugzeugen erfolgten, von deren Kanzel mit Schnellfeuergewehren geschossen wurde. Ein Pilot rühmte sich, bis 1955 achttausend Adler abgeschossen zu haben. In Texas wurde der Steinadler in den 1930er-Jahren geschützt. Der Schutz wurde dort ab 1941 auf Drängen der Schafzüchter aber wieder aufgehoben. Die gnadenlose Verfolgung ging weiter und führte zu eigentlichen Massengräbern mit geschossenen Stein- und Weißkopfseeadlern (Fischer 1995). Dazu kamen Vergiftungen durch den bis 1972 erfolgten Einsatz des Pestizids DDT und der Fang von Adlern mit Trapperfallen. Bei den getöteten Steinadlern handelte es sich zum großen Teil um überwinternde Individuen, also um Vögel, die jahreszeitlich bedingt aus Alaska oder Nordkanada zuwanderten. Trotz US-amerikanischer Gründlichkeit überlebten Steinadler und Weißkopfseeadler die Verfolgungskampagnen. Beim Weißkopfseeadler, dem Wappentier der USA, schätzt man die Zahl der getöteten Vögel zwischen 1917 bis 1953 allein in Alaska auf 100 000. 1962 wurden die beiden Adlerarten im «Bald and Golden Eagle Protection Act» in den ganzen USA unter Schutz gestellt. In der Folge erholten sich die Brut- und Winterbestände des Steinadlers und des Weißkopfseeadlers; sie unterliegen heute intensiver Forschungs- und Schutzbemühungen (z. B. Katzner et al. 2012, Bautista et al. 2024).

Vor 300 Jahren noch wenig bedrängt

Conrad Gessner (1557) und Ulysses Aldrovandus (1599) zeichneten in ihren ausführlichen Beschreibungen ein teils fantastisches, teils erstaunlich exaktes Bild des Adlers. Beide widmeten ihm respektvoll die ersten Seiten in ihren Werken zur Avifauna. In den Alpenländern waren Steinadler ebenso wie Bartgeier über Jahrhunderte und bis etwa Mitte des 19. Jahrhunderts in einer mehr oder weniger ungeregelten Jagd eher Gelegenheitsbeuten für Jäger als gezielte Opfer von Ausrottungskampagnen. Der berühmte Engadiner Gämsjäger Gian Marchet Colani (1772–1837) beispielsweise erlegte insgesamt 2700 Gämsen, zwei Bären und zwei Wölfe und «manche Adler und Bartgeier» (Girtanner 1879). Ausnahmen, wo gezielt auf Steinadler gejagt wurde, beschreibt Friedrich von Tschudi in seinem Werk (Tschudi 1860): Die Adlerjäger von Ebligen am Brienzersee schossen zahlreiche Steinadler ab, die sich dort auf damals rätselhafte Weise immer wieder versammelten. Im Winter legten die Jäger Tierkadaver als Köder aus und erlegten so viele Adler wie sonst nirgends in der Schweiz. Die Adlerjäger von Ebligen waren berühmt für ihre Erfolge; Adlerfedern waren begehrt als Schreibfedern in den Schreibstuben ganz Europas. Der historische Hinweis auf einen «Sammelplatz von Steinadlern» bei Ebligen war übrigens etwa 150 Jahre später eine wichtige Ausgangslage für wissenschaftliche Untersuchungen, welche der Frage nachgingen, was es mit sogenannten «Einzeladlergebieten» auf sich hat (vgl. Kapitel 5; Jenny 1989).

Zahlreiche Flurnamen in der Schweiz geben Hinweise auf die Präsenz von Steinadlern, die mindestens bis ins 16. Jahrhundert zurückgehen. Auf den Karten der Schweizer Landestopografie swisstopo finden sich mehr als 120 Flurnamen wie Adlerflue, Adlerspitz oder Adlernester, Gyrstock oder Girenspitz, Cima di Aquila oder Roche de l'Aigle. Dabei wird nicht immer klar, ob es sich bei den geografischen Hinweisen um Steinadler oder Bartgeier handelte. So wurde die Bezeichnung «Gyr» oder «Girun» für beide Arten angewendet. Die früheste urkundliche Erwähnung des Steinadlers in Graubünden stammt aus dem Jahr 1529 und bezieht sich auf den Crap l'Evla bei Ziteil, Salouf (Haller 1996). Viele dieser Flurnamen bezeichneten Brutplätze des Steinadlers, die teilweise auch heute noch besetzt werden. Dazu gehört etwa der 1591 erwähnte Grip da l'Aivla (Adlerfels) bei Silvaplana, der einen aktuellen Adlerhorst des Steinadlerpaars Silvaplana beherbergt. Die historischen Spuren belegen jedenfalls, dass Steinadler in den Alpen seit langer Zeit wahrgenommen und weitgehend respektiert wurden. Bis ins späte 19. Jahrhundert wurde noch zwischen zwei Adlerarten unterschieden: dem Steinadler *Aquila fulva* und dem Königsadler *Aquila imperialis* (Studer und Fatio 1889). Auch Naumann (1899) gliederte den Steinadler vom Goldadler ab und unterschied das Jugend- und Alterskleid des Steinadlers als zu zwei verschiedenen Arten gehörig, was sich später als Irrtum herausstellte.

Ausrottungskampagnen

Unter dem Einfluss der Industrialisierung, besserer Jagdgewehre und mit der Einführung des ersten eidgenössischen Jagdgesetzes im Jahr 1875 intensivierte sich in der zweiten

Abb. 5 Prämienbezugsschein für einen erlegten Steinadler, der am 27. September 1879 von David Bejäsch auf dem Gebiet der Gemeinde Davos erlegt worden ist (aus: Haller 1996).

Hälfte des 19. Jahrhunderts die Jagd auf Steinadler. Das Gesetz hatte zum Ziel, die damals stark ausgedünnten Bestände wild lebender Huftiere anzuheben. Dazu gehörte es auch, sogenanntes Raubwild zu dezimieren oder sogar auszurotten.

Die Ausrottungskampagnen gegen Steinadler und Bartgeier entsprangen aber – neben dem Verhindern von tatsächlichen oder vermeintlichen Schäden an Kleinvieh und in Wildtierbeständen (beim Bartgeier war diese Annahme völlig unbegründet) – auch dem Glauben, mit Eingriffen gegen Beutegreifer die Natur zugunsten von «nützlichen Tieren» korrigieren zu müssen. In einem Kommentar in den Schweizerischen Blättern für Ornithologie von 1889 schreibt der Redaktor: «... durch den Jäger ist das Haarwild und das edle Federwild fast ausgerottet. Was bleibt sind nur die schädlichen Vögel, die Räuber die niemand will, weil ihr Fleisch schlecht und zähe ist. Diese saubern Mitglieder schaden durch ihre Nesträubereien dem Bestand der nützlichen und angenehmen Vögel». Der Mythos vom Kinderraub (siehe Kasten) setzte dem Negativimage von Steinadler und Bartgeier noch einen oben drauf, und so erreichten die Verfolgungen in Europa und insbesondere in den Alpenländern mit der Auszahlung behördlicher Abschussgelder für die großen Greifvögel ihren Höhepunkt (Abb. 5). Im Kanton Graubünden war dies ab 1878 der Fall.

Der rasche Anstieg an entrichteten Schussgeldern gipfelte um 1890 mit jährlich 10 bis 20 Abschüssen, welche jeweils 10 Fr. einbrachten. Bis 1910 wurden allein in Graubünden 303 Steinadler mit behördlicher Unterstützung erlegt. Danach sanken die Abschusszahlen deutlich und stiegen dann, bis zur Unterschutzstellung des Steinadlers im Jahr 1953, nochmals leicht an (Abb. 6).

Die Gründe für die rückläufigen Zahlen nach der Jahrhundertwende sind vor allem dem geschrumpften Steinadlerbestand geschuldet. Schussgelder wurden u. a. damit begründet, dass es den Staat günstiger komme, Abschussprämien zu bezahlen, statt bei geschützten Steinadlern für Schäden bei Kleinvieh und Wild aufkommen zu müssen. Auch in anderen Kantonen und benachbarten Alpenländern wurden Schussgelder für Steinadler ausgerichtet. Berühmt wurde etwa der «Adlerkönig» Leo Dorn aus Bayern (1836–1915), welcher im Verlauf seines Jägerlebens etwa 80 Steinadler erlegt haben soll (Abb. 7). Nicht selten schoss man auch brütende Steinadler in ihren Horsten, und aus dem Wallis wurde sogar ein Fall aktenkundig,

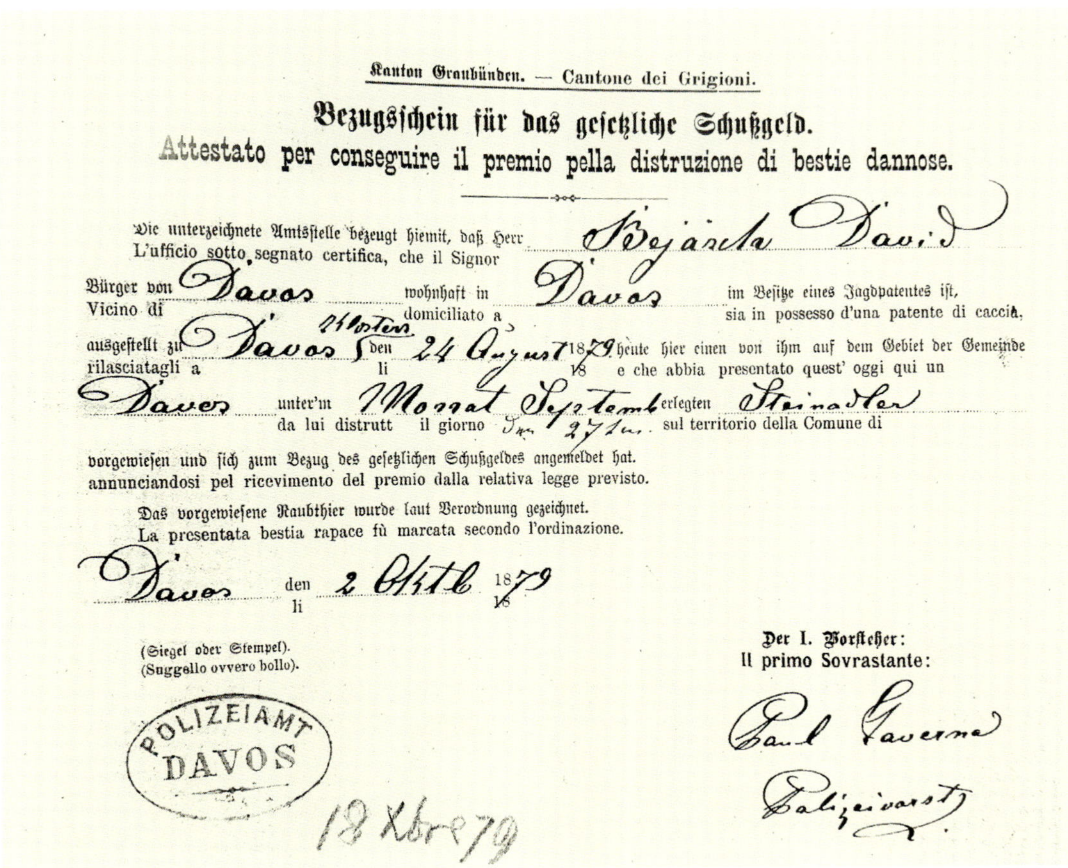

Kanton Graubünden. — Cantone dei Grigioni.

Bezugsschein für das gesetzliche Schußgeld.
Attestato per conseguire il premio pella distruzione di bestie dannose.

Die unterzeichnete Amtsstelle bezeugt hiemit, daß Herr / L'ufficio sotto segnato certifica, che il Signor Bejärcla David

Bürger von / Vicino di Davos wohnhaft in / domiciliato a Davos im Besitze eines Jagdpatentes ist, / sia in possesso d'una patente di caccia,

ausgestellt zu / rilasciatagli a Davos (Klosters) den / li 24 August 1879 heute hier einen von ihm auf dem Gebiet der Gemeinde / e che abbia presentato quest' oggi qui un

Davos unter'm / da lui distrutt il giorno 1 Monat Septemb (den 27ten) erlegten Steinadler sul territorio della Comune di

vorgewiesen und sich zum Bezug des gesetzlichen Schußgeldes angemeldet hat. / annunciandosi pel ricevimento del premio dalla relativa legge previsto.

Das vorgewiesene Raubthier wurde laut Verordnung gezeichnet. / La presentata bestia rapace fù marcata secondo l'ordinazione.

Davos den / li 2 Oktb 1879

(Siegel oder Stempel). / (Suggello ovvero bollo).

POLIZEIAMT DAVOS

Der I. Vorsteher: / Il primo Sovrastante:

Paul Caverna
Polizeivorst.

12 Xbre 79

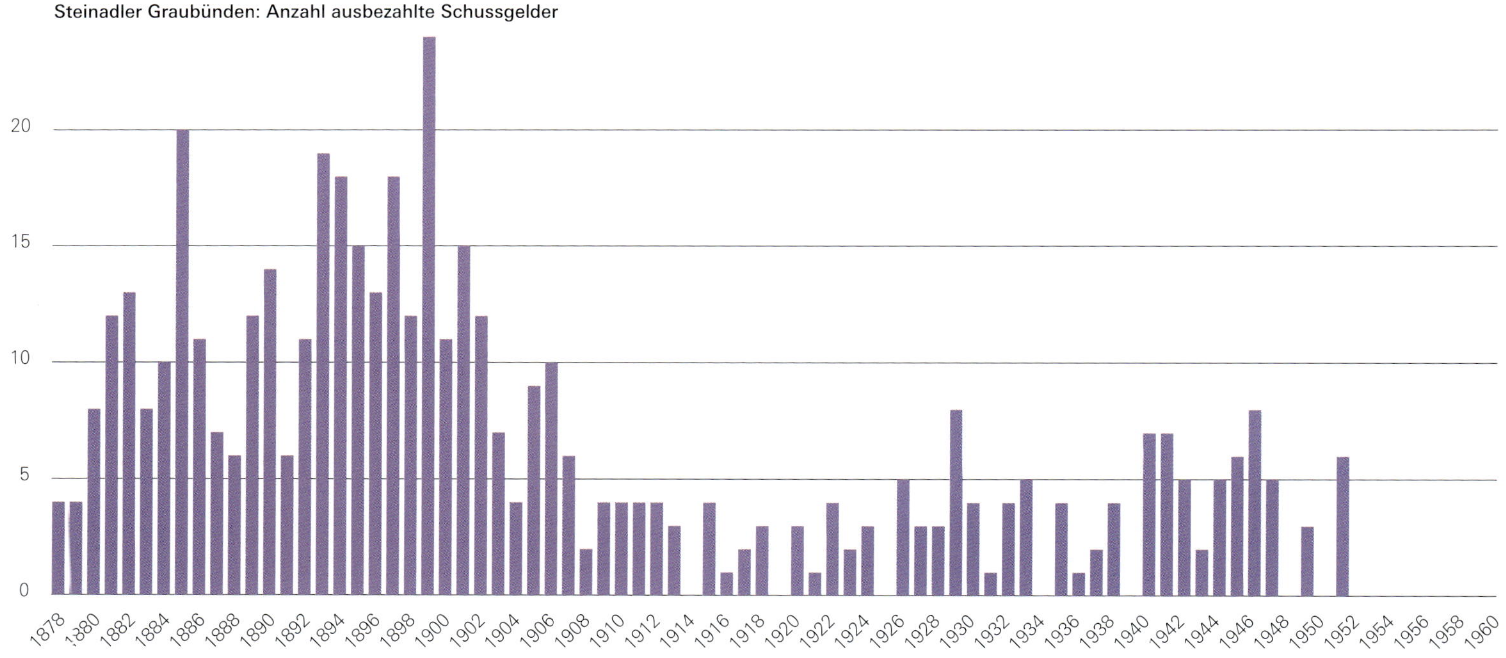

bei welchem am Haut de Cry ein Jungadler verbrannte, nachdem von oben Fackeln in den Horst geworfen wurden (Bericht von Wildhüter René Fellay 9.11.1947).

Hand in Hand mit den hohen Abschusszahlen gingen auch sogenannte Aushorstungen. Dabei holte man Jungadler im Nestlingsalter aus ihren Horsten. Solche Aktionen sind in Graubünden schon aus dem frühen 19. Jahrhundert dokumentiert (Steinmüller 1821; Conrad von Baldenstein 1981). Ausführliche Medienberichte über Aushorstungen fallen in die letzten Dekaden des 19. Jahrhunderts. Im Oberengadin wurden derlei Aktionen zwischen 1890 und 1897 fast alljährlich unter Beteiligung von lokaler Prominenz (Abb. 8) und Reportern durchgeführt. Dabei packten Horstbesteiger jeweils ein oder zwei etwa fünfwöchige Nestlinge in Stoffsäcke, die anschließend zu Boden gelassen wurden. Die Jungadler gelangten danach in der Regel in Volieren, wo sie zur Schau gestellt wurden und meist nicht lange überlebten. Detaillierte, oft durchaus kritische Medienberichte dokumentierten die Aufsehen erregenden Aktionen (siehe Kasten Seite 18).

Tiefpunkt und Umdenken

Die kritischen Kommentare zu Aushorstungen waren die Vorboten einer Veränderung im Verlauf des 20. Jahrhunderts, diesmal zugunsten der Beutegreifer. Innerhalb weniger Jahrzehnte wechselte der gesellschaftlich konforme Modus gegenüber Wildtieren, und ganz besonders gegenüber Raubtieren, von Übernutzung, Verfolgung und Ausrottung hin zu Akzeptanz, Schutz und sogar aktiver Wiederansiedlung. Beim Alpensteinbock, beim Luchs und beim Bartgeier äußerte sich diese Umwälzung in extremis und hatte große Auswirkungen auf die Bestandsentwicklung vieler weiterer Arten. Auch der Steinadlerbestand in den Alpen und anderswo in Europa begann sich zu erholen, vorerst allerdings langsam. Die Hintergründe für diesen gesellschaftlichen Änderungsprozess sind komplex und bedürften eines kulturhistorischen Blickwinkels, der hier nur ansatzweise beleuchtet werden kann. Im 19. Jahrhundert vermischten sich verschiedene Denkrichtungen zu einem neuen Naturverständnis, beeinflusst von den Vorstellungen aus der Aufklärung (z. B. Jean Jacques Rousseau 1712–1778) und etwa ein Jahrhundert später durch die Evolutionstheorie von Charles Darwin (1809–1882). Die Naturwissenschaften machten weiterhin rasche Fortschritte, ökologisches Denken fasste Fuß und verdrängte langsam die bisher stark durch ein christlich-moralisch geprägtes Weltbild dominierte Sichtweise auf die Natur. Technologien erreichten in kurzer Zeit enorme Fortschritte, Datenerhebungen und deren Auswertung wurden stetig effizienter (Feldstecher, Fernrohr, Kartengrundlagen, Autos, Computer, GPS-Technologien, Künstliche Intelligenz etc.). Der wissenschaftliche Austausch wurde durch Verbesserungen bei Kom-

Abb. 6 Anzahl von im Kanton Graubünden ausbezahlten Schussgeldern für Steinadler. 1914, 1925 und 1939 blieb die Bündner Jagd offiziell geschlossen (Landesberichte des Kantons Graubünden 1878-1953).

munikationsmitteln immer einfacher. Diese gesellschaftlichen Entwicklungen, die während der Industrialisierung einsetzten, spielten sich in nie zuvor gekannter Geschwindigkeit ab und folgten einem Beschleunigungsmuster. Sie hatten und haben mannigfaltige Auswirkungen auf die Natur, oft negative. Auf der Gewinnerseite standen – zumindest bis zum Beginn des 21. Jahrhunderts in Europa – eine Reihe von Vertretern der Megafauna, deren Akzeptanz in der öffentlichen Wahrnehmung stieg. Dazu gehörten viele Prädatoren, insbesondere die Greifvögel.

Bevor wir uns aber dem Wiedererstarken der großen Wildtierarten inklusive dem Steinadler zuwenden, werfen wir nochmals einen Blick auf die Tiefpunkte der Bestandsentwicklung einiger großer Greifvögel und des Uhus *Bubo bubo*. Der letzte Brutnachweis des Fischadlers *Pandion haliaetus* in der Schweiz erfolgte 1911 bei Ellikon am Rhein. Zuvor wurden dort alljährlich Fischadler am Brutplatz abgeschossen (Stemmler 1932). Bartgeier brüteten noch bis gegen 1890 in Graubünden. Ein letzter Brutnachweis erfolgte im Lugnez im Jahr 1886 (Glutz von Blotzheim et al. 1971). Im Alpenraum wurde der letzte Bartgeier 1913 im Aostatal geschossen, danach galt er hier als ausgestorben bzw. ausgerottet. Auch Uhus wurden europaweit verfolgt. In der Schweiz brüteten nur noch wenige Paare, als sie ab 1925 unter Schutz gestellt wurden (Jenny 2012). Beim Wanderfalken *Falco peregrinus* sind die Ursachen für den Niedergang in Europa vielfältiger und er erfolgte mehrere Jahrzehnte später. Die Gründe sind aber ebenso menschbedingt und umfassen Eierraub, Aushorstungen in erster Linie für die Falknerei, Abschüsse und vor allem den Einsatz von Pestiziden wie DDT. Der Tiefpunkt in der Schweiz lag beim Wanderfalken um 1970, als der Bestand auf noch etwa 30 Paare geschätzt wurde (Maumary et al. 2007). Starke Bestandseinbußen bzw. -zusammenbrüche waren auch beim Steinadler in den Alpen zu verzeichnen. Im Jura war er bereits vor 1850 verschwunden (Meisner & Schinz 1815). Auch in anderen Regionen außerhalb der Alpen West- und Mitteleuropas verschwand der Steinadler als Brutvogel im Verlauf des 19. Jahrhunderts oder früher. So in England, in den Vogesen, in vielen deutschen Mittelgebirgen und in den norddeutschen Tiefebenen (Mecklenburg, Pommern, Brandenburg). Eine Auflistung findet sich im Anhang (Tab. 1)

Abb. 7 Der Adlerkönig Leo Dorn hatte als bayerischer Berufsjäger zwischen 1881 und 1912 etwa 80 Steinadler erlegt und galt in seinem Heimatort Oberstorf im Allgäu als Volksheld (Foto: J. Heimhuber, um 1910). © Fotohaus Heimhuber.

Abb. 8 Der berühmte Engadiner Kunstmaler Giovanni Segantini mit einem aus dem Nest geholten Steinadler. Eine Aushorstung mit Segantini fand im Juli 1898 in der Val Chamuera GR statt. Die zwei entnommenen Jungadler gingen zunächst in den Besitz Segantinis nach Maloja, von wo sie später in den Zoologischen Garten von Berlin gelangten (Kulturarchiv Oberengadin, Zuoz. Fotograf unbekannt).

Aushorstungen

Der Begriff «Aushorstung» stammt ursprünglich aus der Falknerei und bezeichnet die Entnahme von noch nicht flüggen Falken und Eulen aus ihren Nestern. Die Vögel wurden dann für die Falkenjagd abgerichtet. Im Zusammenhang mit Steinadlern wurden Aushorstungen im Glauben ausgeführt, etwas gegen die schädlichen Raubvögel unternehmen zu müssen. Zudem gab es Kopfprämien für jeden der Natur entnommenen Steinadler, ob tot oder lebendig. Begehrt waren sie auch als Trophäen, welche in präparierter Form in private Sammlungen oder Museen gelangten. Aus allen Teilen der Alpen wurden Aushorstungen bekannt. Deren Einschätzung in der öffentlichen Wahrnehmung wechselte im Verlauf der letzten Jahrzehnte des 19. Jahrhunderts mehr und mehr von einem «wichtigen Beitrag für die Vertilgung von Raubzeug» zu «Frevel an der Natur». Trotzdem gelangten zwischen 1904 bis 1922 noch fünfzehn Aushorstungen und dreizehn Abschüsse am Horst in die Schweizer Presse, von Karl Daut im Ornithologischen Beobachter fein säuberlich dokumentiert. Diese Taten wurden von Daut ausnahmslos verurteilt und Geschichten über vermeintliche Adlerschäden oder Heldentaten gegenüber blutrünstigen Steinadlern hinterfragt oder widerlegt.

Im Oberengadin sind zwischen 1892 und 1898 fünf Aushorstungen ausführlich beschrieben worden. In vier aufeinanderfolgenden Jahren berichtete die Engadiner Post über die Aktionen, die beim Adlerpaar Bernina am Piz Chalchagn (Abb. 9), in der Val Roseg und in der Val Chamuera stattfanden. Mit von der Partie waren unter anderem der bekannte Arzt Dr. Oscar Bernhard (Organisator), Schriftsteller J.C. Heer (Autor von «Der König der Bernina») und der berühmte Kunstmaler Giovanni Segantini aus Maloja (Abb. 8). Wildhüter oder Bergführer seilten zum Horst ab und entnahmen die noch nicht flüggen Jungadler dem Horst. Die Beschreibungen dieser Aktionen, später auch literarisch verarbeitet, waren oft kaum an Dramatik zu überbieten: «…die Tiere zerfleischten ihr [Frau Feuerstein] mit Schnabel und Krallen die Arme, dass ihr das Blut über die Hände strömte… (J.C. Heer 1932)». Bartholomé Schocher (1939) beschrieb eine Aktion am Eingang der Val Roseg im Jahr 1892, in welcher ein 16-jähriger Jüngling mit einer Angelrute zum Horst abgeseilt wurde. Er zog eine Schlinge um den Hals des Jungadlers und wurde ihm so habhaft, hatte dabei aber – am freien Seil hängend – selber große Ängste ausgestanden, die ihm bis ins hohe Alter präsent blieben.

In den Kommentaren, die auch in der Neuen Zürcher Zeitung erschienen, waren oft auch kritische, hinterfragende Bemerkungen zu lesen: «…man möchte doch dem epidemisch gewordenen Adlerfang Einhalt gebieten». Letzte Aushorstungen wurden in den 1920er-Jahren dokumentiert, so etwa im schwyzerischen Muotathal, als ein Knabe 1922 in einem Korb zum Horst heruntergelassen wurde, wo er den Jungadler in einen Käfig steckte (Ornithol. Beob 2/1922). Die gefangenen Jungadler gerieten meist in Volieren, wo sie gefüttert und zur Schau gestellt wurden und meist nicht lange überlebten. Präparate aus dieser Zeit finden sich noch heute in zahlreichen Sammlungen, Museen und Schulhäusern.

Abb. 9 Aushorstung zweier Jungadler im Juni 1895 bei Pontresina. Mit von der Partie waren der bekannte Arzt und Heliotherapeut Oscar Bernhard (2. von links), Fabrikant Carl Weber aus Winterthur (3. von links), Wildhüter Danuser (ganz rechts) und der junge Wildhüter-Aspirant Andrea Rauch, der in den Horst abseilte (im Hintergrund). Diese Aufnahme ist das wahrscheinlich älteste fotografische Dokument des Steinadlers in Graubünden. (A. Flury 1895).

Für die Schweiz lässt sich bilanzierend festhalten, dass der Steinadler während seines Bestandstiefs zwar stark dezimiert war, aber sich nie «am Rande der Ausrottung» befand, wie dies immer wieder kolportiert wurde. Und dies, obwohl die wild lebenden Huftierbestände als wichtige Nahrungsgrundlage für Steinadler und Bartgeier damals stark geschrumpft waren. Dass der Steinadler die Zeit der Nachstellungen doch einigermaßen gut überstand, mag erstaunen, denn im Vergleich zum ausgerotteten Bartgeier – dem ebenfalls Kinderraub angelastet wurde – hat der Steinadler den Verfolgungskampagnen deutlich besser standhalten können. Die Gründe dafür liegen wohl in der offensichtlich stärkeren Menschenscheu, dem grundsätzlich etwas höheren Fortpflanzungspotenzial und der Tatsache, dass Steinadler immer etwas häufiger und aus der Sicht von Sammlern und Präparatoren daher etwas weniger attraktiv waren als der Bartgeier. Zudem verfügt der Steinadler über eine grundsätzlich breitere Anpassungsfähigkeit, welche ihm mehr Flexibilität und Ausweichpotenzial ermöglicht. Als Jäger und Aasfresser vermag er – je nach Situation – die Vorteile beider Ernährungsstrategien anzuwenden und ist damit widerstandsfähiger als ein reiner Aasfresser wie der Bartgeier. Noch ein Wort zur Menschenscheu des Steinadlers: Diese veranlasst brütende Steinadler in aller Regel zum Verlassen des Horsts, sobald sich Menschen dem Brutplatz auf weniger als 300 m nähern. Dies gilt nach wie vor, obwohl Aushorstungen oder Abschüsse am Nest seit etwa 100 Jahren praktisch nicht mehr vorkommen. Die ausgeprägte Menschenscheu lässt sich durch genetische Anpassungen erklären, durch über Jahrhunderte erfolgte natürliche Selektion, die jene Individuen bevorteilt hat, die Distanz zu Menschen wahrten. Interessant ist in diesem Zusammenhang auch die Tatsache, dass Attacken von Steinadlern gegen Horstbesucher zur Verteidigung ihres Nachwuchses kaum vorkommen. Es scheint, dass «die eigene Haut retten» statt «den Nachwuchs zu schützen» sich als evolutiv vorteilhaftere Strategie entwickelt hat.

Endlich geschützt

Schauen wir genauer hin, wie es zum gesamtschweizerischen Schutz des Steinadlers kam. Die Stimmen, welche den Schutz der großen Greifvögel forderten, nahmen im Zuge des neuen Denkens, das sich noch stark an christlich-moralischen Vorstellungen orientierte, ab etwa 1890 zu. In einem Leserbrief wandte sich 1889 ein besorgter Leser an die Redaktion der «Schweizerischen Blätter für Ornithologie»: «...ich kann nicht verstehen warum man Schussgeld für schädliche Vögel bezahle und dem Herrgott ins Handwerk pfusche, denn es ist doch alles gut gemacht!». Immer mehr empörte Leser wandten sich in Appellen an die Öffentlichkeit, etwa im Intelligenzblatt für die Stadt Bern (1904): «Wann wird dieser Vandalismus endlich aufhören? Wahrscheinlich wenn es zu spät sein wird, wenn das letzte Exemplar des Steinadlers von irgend einem erbärmlich vernichtet ist und ausgestopft den Schrank einer Wirtschaft oder den Schrank eines Liebhabers ziert!» Zu diesen Zeiten war der Bartgeier im Alpenraum bereits verschwunden. Man befürchtete, dass der Steinadler das gleiche Schicksal erleide.

Der Bund empfahl den Kantonen, den Adler zu «schonen», was aber von diesen – weil man hohe Entschädigungen als Schadensvergütungen befürchtete – vorerst höflichst abgelehnt wurde. Die Aufrufe erregter Adlerschützer setzten sich indessen fort. Sie gipfelten in den 1920er- und 1930er-Jahren in den flammenden Appellen von Carl Stemmler, dem pionierhaften Schaffhauser Naturforscher und Adlerschützer (Abb. 11; Kasten Seite 22): «Die Adler sterben aus! Hört es! Der Lämmergeier – ein harmloser Vogel ist im ganzen Alpenraum ausgestorben! Nun kommt der Adler, der stolze Steinadler an die Reihe!» Seitens der Ornithologen bekam der Einzelkämpfer Stemmler mehr und mehr Schützenhilfe für den Adlerschutz. Im Ornithologischen Beobachter finden sich in den Jahren 1920 bis 1950 immer wieder Aufrufe für den Schutz des Steinadlers: «Schützet die Adler, bevor es zu spät ist», «...sollten dieses Jahr (1945) wieder Adlerabschüsse ruchbar werden, so ist unsere Zeit gekommen. Dann greift ein jeder zur Feder, dann muss es richtig rauschen im schweizerischen Blätterwald ...», «... die Tageszeitungen sollten nun doch endlich dazu kommen, solche Berichte durch einen Kenner prüfen zu lassen [Bericht aus dem Jahr 1933 über Steinadler, die 15 Schafe über eine Felswand in den Tod getrieben haben sollen]. Hier wird gegen die Adler Stimmung gemacht».

Die Behörden ließen sich Zeit mit der Unterschutzstellung des Steinadlers. Die Bedenken der Schafhalter und der Jagdverbände standen im Vordergrund. Erst in den 1940er-Jahren kam es zu Jagdverboten des Steinadlers in einigen Bergkantonen, so in Bern (1941) oder in Schwyz (1945). Von Naturschützern begrüßt, hatte dies massive Proteste der Jäger und Schafhalter zur Folge: «Die Zahl der jährlich geschlagenen Beutetiere geht in die Tausende. Ein Beharren auf dem totalen Schutz würde den illegalen Kampf gegen den Adler hervorrufen ...» (kant. Bernischer Jagdschutzverein 1942). «... dass dort wo der Steinadler noch vorkommt, derselbe eine ständige Gefahr für das sömmernde Schmalvieh bedeutet (...) das umso schwerer wiegt, als es sich bei den Geschädigten fast durchwegs um schwer um Ihre Existenz ringende Bergbäuerlein handelt» (Verband Bernischer Schafzuchtgenossenschaften 1942). In Grau-

bünden bestand ein 1948 erlassenes Jagdverbot nicht lange; auf Drängen der Jäger wurde der Adler auf der Hochjagd wieder freigegeben. Eine anschließende Zählung der besetzten Adlerhorste ergab dann aber einen so geringen Wert, dass im Jahr 1952 definitiv ein Totalverbot für den Steinadlerabschuss erlassen wurde. Damit kamen die Bündner dem 1953 vom Bund erlassenen eidgenössischen Schutz des Steinadlers gerade mal um ein Jahr zuvor. Auch wenn illegale Abschüsse bis heute vorkommen oder bis in die 1960er-Jahre «aufgrund von Schafschäden» noch behördlich bewilligt wurden, war der Schutz des Steinadlers die entscheidende Voraussetzung für dessen Bestandserholung. Etwas Wichtiges kam aber dazu: Die Bestände der alpinen Huftierarten, welche die zentrale Nahrungsgrundlage des Steinadlers bilden, nahmen wieder zu. Gämsen, Steinböcke, Rehe und Rothirsche haben eine ebenso wechselhafte Geschichte hinter sich wie der Steinadler. Zur Zeit des Bestandstiefs der Steinadler um 1900 lebten von den vier Huftierarten der Alpen nur gerade Gämsen in der Schweiz. So vermerkte etwa Steivan Brunies, einer der Mitbegründer des Schweizerischen Nationalparks, im Jahr 1914: «...was würden wir heute nicht darum geben, wenn der Steinbock, das Wappentier Graubündens noch unsere Bergwelt zierte». Als Hauptbeutetiere des Steinadlers gab es damals nebst der Gämse nur noch das Murmeltier. Die Erholung und Wiederausbreitung der Huftierpopulationen erfolgte nach der Einführung einer geregelten Jagd, welche sich verstärkt am Bestand der Wildtiere orientierte. Steinböcke wurden im italienischen Gran Paradiso-Gebiet als Kitze entwendet, in der Schweiz nachgezüchtet und wieder angesiedelt (Giacometti 2006). Rothirsche, die seit Langem nur noch vereinzelt als Überläufer aufgetreten waren, wanderten aus Restbeständen im Tirol, Südtirol und Vorarlberg wieder ein (Haller 2002), ähnlich wie Rehe, über deren Einwanderungswege wenig bekannt ist. Von den wiedererstarkten Huftierbeständen profitierten die Steinadler, in deren alpinen Territorien die Huftierzahlen von wenigen Individuen auf durchschnittlich etwa 600 anstieg (v. a. Gämsen und Steinböcke). Auch die sommerliche Hauptbeute des Steinadlers, das Murmeltier, erholte sich nach der Zeit der Übernutzung mangels Großwildarten gänzlich.

Abb. 10 Wildhüter Reinhold Tschirky anlässlich der Beringung eines jungen Steinadlers im Weisstannental SG im Jahr 1922. Noch während der Phase der Verfolgung wurden die ersten Steinadler-Nestlinge beringt (Fotograf unbekannt, aus Stemmler 1932).

Abb. 11 Carl Stemmler anlässlich einer Horstbesteigung im Suldtal, Kanton Bern. Dieses verlassene Steinadlergelege gelangte im Juli 1940 durch eine waghalsige Abseilaktion in der Sagiflue in den Besitz von Stemmler (aus: Stemmler 1955, Foto: A. Jüsi, 19.07.1940).

Carl Stemmler – Pionier und Vorbild

Carl Stemmler-Vetter (1882–1971) war ein Schweizer Naturschutz-Pionier, der sich vehement für den Schutz des Steinadlers einsetzte und maßgeblich zu dessen Unterschutzstellung im Jahr 1953 beitrug. Er schrieb zwei Bücher zum Thema und baute ein eigenes Museum in Schaffhausen auf, das heute noch besichtigt werden kann.

Carl Stemmler wuchs mit sieben Geschwistern in Schaffhausen auf, wo er nach dem frühen Tod seiner Eltern ein eigenes Kürschnergeschäft führte. Nebenbei vertiefte er sich in die Ornithologie und befasste sich mit Greifvögeln und speziell mit dem Steinadler. Er gründete die Naturschutzvereinigung Schaffhausen und setzte sich pionierhaft für die Erhaltung schutzwürdiger Gebiete ein. Obwohl in Schaffhausen nicht vorkommend, hatte es der Steinadler Stemmler besonders angetan. In zahlreichen Fahrten und Touren in die Berge erkundete er dessen Reviere in den Alpen und bestieg wohl gegen hundert Horste. Dort dokumentierte, fotografierte und sammelte er fast alles, was er vorfand. Ziel und Berufung war es, den Steinadler vor der Ausrottung zu bewahren und die falschen Mythen über den König der Lüfte zu widerlegen. Das gelang ihm, indem er zahlreiche Vorträge hielt, Artikel schrieb und zwei Bücher verfasste: Die Adler der Schweiz (1932) und der Steinadler in den Schweizer Alpen (1955). Diese Bücher sind heute wertvolle Vergleichsdokumente, welche die damalige Verbreitung und Horstbesetzung der Steinadler gut wiedergeben.

Carl Stemmler führte mit zahlreichen Behörden, Ornithologen und anderen Naturkennern rege Korrespondenz. Aus dieser geht seine konsequente Haltung für den Naturschutz, den Tierschutz und ganz speziell den Schutz des Steinadlers hervor, die er stets mit Verve vertrat. Aus Sicht des heutigen Naturschutzes war Stemmler ein Pionier und seiner Zeit voraus. Er entledigte die mythenbeladenen Wildtiere von vielen damals noch weit verbreiteten Vor- und Falschurteilen, indem er Fakten sammelte und diese fein säuberlich präsentierte, in seiner Sammlung, den Büchern, in Form von Zeichnungen, Fotos und mit zahlreichen Auftritten. Seinen drei Söhnen Otto, Theo und Carl gab er die Faszination für die Natur, insbesondere die Tierwelt, weiter. Carl Junior (Carl Stemmler-Morath) war ebenfalls Tierforscher, Buchautor und er wurde als Radiosprecher aus dem Basler Zolli weit herum bekannt. Durch seine direkte, kompromisslose Art eckte Carl Stemmler immer wieder an, war deswegen umstritten, gewann aber am Lebensabend versöhnliche Anerkennung aus breiten Kreisen. Noch im hohen Alter seilte er sich zu Steinadlerhorsten ab und vervollständigte seine Sammlung mit Beutebelegen von Steinadlern und Fotos. Für Heinrich Haller und David Jenny war Carl Stemmler und sein Lebenswerk faszinierender Motivator für eigene Forschungstätigkeiten am Steinadler.

Abb. 12 Carl Stemmler arbeitete bis ins hohe Alter an seiner Sammlung in Schaffhausen (Foto: Archiv Stemmler Museum Schaffhausen).

Der Bestand nimmt zu

Man kann festhalten, dass – praktisch einzig aufgrund der wechselhaften Akzeptanz des Steinadlers durch die menschlichen Gesellschaften ihrer Zeit – der Bestand des Steinadlers ein eigentliches Wechselbad durchmachte: In gerade mal 100 Jahren hat er sich vom Tiefpunkt gänzlich erholt und besiedelt heute, einer Erfolgsgeschichte gleich, alle von ihm bewohnbaren Lebensräume der Schweiz. Darüber hinaus sprechen wir heute von einem annähernd gesättigten Bestand, welcher Konkurrenzeffekte mit sich bringt. Diese beschränken heute den Bestand (vgl. Kapitel 5). Die Erkenntnis des sich selbst regulierenden Steinadlerbestands wurde Anfang der 1980er-Jahre durch die Studien von Heinrich Haller in Graubünden erbracht (Haller 1982) und später von David Jenny im Berner Oberland bestätigt (Jenny 1992). Damit war der Mythos des immer wieder vorgebrachten Überhandnehmens des Steinadlers vom Tisch (siehe Kasten Seite 117). Mit dem Aufkommen hochauflösender GPS-Technologie und den Möglichkeiten, besenderte Steinadler digital zu überwachen, gelang ab 2010 der Schritt zu den modernen, auf großen Datensätzen basierenden Studien. In zahlreichen Ländern innerhalb des Steinadler-Areals verhalf die Telemetrie zu umfangreichem Wissen über die Mobilität und Ausbreitung von Steinadlern (vgl. Kapitel 5 und 6). Dank stetigem Erkenntnisgewinn konnte sich der Steinadler – im Gegensatz zu anderen Spitzenprädatoren wie dem Luchs *Lynx lynx* und insbesondere dem Wolf *Canis lupus* – praktisch gänzlich von mythenhaften, emotional geprägten Vorstellungen befreien.

Wie bei allen Erfolgsgeschichten gibt es aber auch Wermutstropfen. Dazu gehört die Tatsache, dass die hohe und weiter steigende menschliche Präsenz im ganzen Alpenraum viele negative Auswirkungen hat. Ganz besonders auf die von Natur aus seltenen und verletzlichen Steinadler: Störungen an Brutplätzen, Gift, illegale Abschüsse, Kollisionen mit Kabeln oder mit Flugzeugen, Stromschlag, Verheddern in Zäunen und weitere menschbedingte Sterberisiken sind an die Stelle der früheren direkten Nachstellungen getreten (vgl. Kapitel 8). Die Verletzlichkeit des Steinadlers äußert sich heute kaum mehr durch gezielte Bedrohung, als vielmehr durch indirekte menschliche Effekte und sie zeigt, dass Schutz, Forschung und Sensibilisierung nach wie vor notwendig sind, damit die Erfolgsgeschichte des Steinadlers weitergehen kann. Und: wie eingangs festgehalten – Schlüsselfaktor für dessen Wohlergehen ist und bleibt der Mensch.

Nachfolgende Doppelseite Während der Brutperiode haben Steinadler in der Regel keine Mauserlücken im Großgefieder. Bei diesem alten Weibchen sind zudem keine weißen Bereiche bei den Schwungfedern mehr erkennbar, was auf hohes Alter hindeutet (S. Denis, 19.03.2022, Saillon VS).

2 | Körperbau

Die bewegte, durch menschliche Einflüsse geprägte jüngere Geschichte des Steinadlers geht nicht zuletzt auf seine imposante körperliche Erscheinung zurück, welche eine stark emotional gefärbte Wahrnehmung erklärt. Wir wollen uns daher in einem nächsten Schritt dem Erscheinungsbild, den Körpermerkmalen und -eigenschaften von *Aquila chrysaetos* annähern und verstehen, welche Funktionen und speziellen Anpassungen dahinterstecken. Dazu wird es notwendig sein, seine Erscheinung im Kontext von verwandten Arten einzuordnen und auch einen Blick auf die Unterarten zu werfen.

Steinadler sind Jäger der Lüfte und perfekt an das Ausmachen, Schlagen und Verzehren von Beutetieren bis zur Größe eines Rehs angepasst. Die körperlichen Merkmale des Steinadlers stehen daher stark mit der Fähigkeit, erfolgreich Beutetiere zu schlagen, in Verbindung. Dessen optische Leistungen, seine kräftigen Fänge und Krallen, die Befähigung zum wendigen Stoßflug und sein starker Schnabel stehen für Greifvögel schlechthin und wurden beim Steinadler zur Vollendung entwickelt (Abb. 1). Dass er nebenbei auch Aas frisst, ist ihm äußerlich nicht anzusehen, obwohl gerade junge Steinadler sich zu großen Teilen von Tierkadavern ernähren. Doch dazu mehr in Kapitel 4. Außerdem sind Steinadler gute Segelflieger, forsche Sturzflieger, aber auch ausdauernde Schlagflieger. Ihr Flugvermögen ist auf die Nutzung von Aufwinden, auf die Überwindung großer Flugstrecken und das Erreichen hoher Geschwindigkeiten ausgerichtet. Dazu dient ein angepasster, höchst leistungsfähiger Flugapparat.

Wir fokussieren in diesem Kapitel auf einige besondere Körpermerkmale und Anpassungen beim Steinadler, insbesondere auf die Körpermaße, Anpassungen an das Schlagen von Beutetieren, den Flugapparat, das Gefieder und auf die Mauser. Zunächst aber ordnen wir *Aquila chrysaetos* im System seiner nächsten Verwandten ein und geben einen Überblick über rezente Unterarten. Dabei gilt es anzumerken, dass die systematische Zuordnung auf Art- und vor allem auf Unterartebenen nicht fest gefügt ist, sondern Veränderungen unterliegt. Eine immer feiner aufgelöste – vor allem molekulargenetische – Methodik macht eine stetig besser werdende Erklärung von Verwandtschaftsverhältnissen möglich.

Echte Adler – dank Genetik neu eingeteilt

Zusammen mit anderen Adlern bildet der Steinadler seit der jüngeren Stammesgeschichte eine sogenannte monophyletische Gruppe. Damit ist gemeint, dass sich die Adlerarten der Gattung *Aquila* (Echte Adler) auf einen einzigen gemeinsamen Vorfahren zurückführen lassen. Diese großen bis sehr großen Greifvögel stehen den Gattungen *Buteo* und *Hieraaetus* nahe. Schnabel und Krallen sind bei den Echten Adlern aber kräftiger als bei letzteren, der Schnabelfirst verläuft zunächst gerade und dann erst abgebogen. Ihr Lauf ist immer bis zu den Zehen befiedert. Sie erbeuten in erster Linie bodenlebende Wirbeltiere von Mäusen bis zu mittelgroßen Säugetieren (Murmeltiere, Klippschliefer, kleine Huftiere). In der Alten Welt kommen neun Arten vor, von denen eine, der Steinadler, über die Beringbrücke auch Nordamerika besiedelt hat. Fünf Arten haben mindestens einen Teil ihres Areals in der Paläarktis, einer zoogeografischen Region, die Europa, Nordafrika und das außertropische Asien einschließt.

Dank jüngsten genetischen Untersuchungen wurde die Artengruppe der Echten Adler neu definiert; sie umfasst heute 11 Arten, die ähnlich aussehen (Tab.1, Lerner et al. 2016). Der Schreiadler und der Schelladler, obwohl äußerlich zu den *Aquila*-Arten passend, werden heute zu einer eigenen Gattung *Clanga* gerechnet. Dafür zählen Vertreter der früheren Gattung *Hieraaetus,* wie etwa der Habichtsadler *Aquila fasciata*, heute zu den echten Adlern. Gemäß dieser Einteilung zeichnen sich die zur Familie der Habichtartigen gehörenden Echten Adler durch überdurchschnittliche Körpergröße, durch kräftige Krallen und einen markanten Schnabel aus. Ein besonders ausgeprägter Überaugenwulst (Supraorbitale) verleiht den Echten Adlern den stechenden, Eindruck einflößenden Adlerblick. Deren Beine sind bis zu den Zehen befiedert, das Konturgefieder und die Schwungfedern sind bei der Mehrheit der Arten braun bis dunkelbraun, mit weißen Bereichen in einzelnen Kleidern. Zu den europäischen Vertretern zählt der Kaiseradler, der mit einer östlichen Art *Aquila heliaca* und mit einer westlichen Art (Iberienadler) *Aquila adalberti* vertreten ist (Abb. 2). Deren Verbreitung umfasst Osteuropa, Eurasien und Teile Afrikas einerseits und Spaniens andererseits. Weitere *Aquila*-Arten, etwa der Steppenadler *Aquila nipalensis* oder der Raubadler *Aquila rapax* besiedeln Asien und Afrika. Der Steinadler bewohnt als einziger Vertreter neben Eurasien und Afrika auch Nordamerika und ist damit die mit Abstand am weitesten verbreitete *Aquila*-Art. Die größten Vertreter sind neben dem Steinadler der australische Keilschwanzadler *Aquila audax* und der afrikanische Klippenadler (früher Kaffernadler) *Aquila verreauxii*. Letzterer gilt aufgrund molekulargenetischer Vergleiche als die am nächsten mit dem Steinadler verwandte Art. Steinadler haben im Adultkleid einen hellen, goldbraunen Kopf. Dieser ist für den wissenschaftlichen Artnamen (*Aquila chrysaetos* = Goldadler) und den englischen Artbegriff (Golden eagle) namensgebend.

Abb. 1 Linke Seite: Adultes Steinadler-Weibchen auf einer Baumwarte in Horstnähe. Unverkennbar sind die kräftigen Fänge mit den messerscharfen Krallen, die den Steinadler als effizienten Jäger ausweisen (D. Jenny, 03.06.2012, Val Tasna GR).

Abb. 2 Adler der Gattung *Aquila* (Echte Adler) gehören zu einer monophyletischen Gruppe. Das bedeutet, dass sie untereinander näher verwandt sind als mit allen anderen Arten außerhalb dieser Gruppe. Im Bild ein Iberienadler, auch Westlicher Kaiseradler genannt, dessen auffälliges Artmerkmal die weißen Schulterflecken sind. © Blickwinkel/M. Woike

Gattung *Aquila* (Echte Adler; Brisson 1760)

Raubadler (oder Savannenadler)	*Aquila rapax* (Temminck, 1828)
Steppenadler	*Aquila nipalensis* (Hodgson, 1833)
Östlicher Kaiseradler	*Aquila heliaca* (Savigny, 1809)
Iberienadler (oder Westlicher Kaiseradler)	*Aquila adalberti* (C.L. Brehm, 1861)
Molukkenadler (oder Gurney's Adler)	*Aquila gurneyi* (G.R. Gray, 1861)
Keilschwanzadler	*Aquila audax* (Latham, 1806)
Steinadler	*Aquila chrysaetos* (Linnaeus, 1758)
Schwarzachseladler (oder Cassin's Adler)	*Aquila africana* (Cassin, 1865)
Klippenadler (früher Kaffernadler)	*Aquila verreauxii* (Lesson, 1831)
Habichtsadler	*Aquila fasciata* (Vieillot, 1822)
Afrikanischer Habichtsadler (oder Akazienadler)	*Aquila spilogaster* (Bonaparte, 1850)

Tab. 1 Die Vertreter der Gattung *Aquila* bilden eine monophyletische Gruppe. Dieser Einteilung liegen neue Erkenntnisse über genetische Distanzen bei nuklearer und mitochondrialer DNA zwischen den Arten zugrunde (nach Lerner et al. 2016; in Klammern sind die Naturforscher aufgeführt, welche die Art erstmals taxonomisch beschrieben).

Bevor wir die Körpermaße, das Gefieder und die Mauser genauer betrachten, werfen wir einen Blick auf die heute bekannten Unterarten des Steinadlers.

Die Unterarten des Steinadlers – geografisch bedingte Feinanpassungen

Unterarten sind Varietäten von Steinadlern, die sich während der jüngsten Stammesgeschichte isoliert entwickelten und genetisch differenzierten. Im Gegensatz zu Arten bestehen zwischen Unterarten keine Fortpflanzungsschranken. Deren morphologische Unterscheidung basiert einzig auf einem eingeschränkten genetischen Austausch aufgrund von geografischer Distanz. Diese Unterschiede sind aber klein und äußerlich schwer zu erkennen; zudem gibt es stets auch Übergangsformen. Sie bedürfen einer genauen, vergleichenden Untersuchung von Körpermerkmalen, heute ergänzt durch Ergebnisse genetischer Analysen. Die Unterteilung erfolgte in der Vergangenheit – je nach Autor – in bis zu 14 Unterarten (Hartert 1922, Dementjew & Gladkow 1951, Vaurie 1965).

Im holarktischen, einen großen Teil der Nordhemisphäre umfassenden Verbreitungsgebiet des Steinadlers, lassen sich gemäß Fischer (1995) zwei biologische Gruppen unterscheiden: eine Waldgruppe im Norden und eine Gebirgsgruppe im Süden. Diese sind aber aufgrund der weiten Ausbreitung keinesfalls einheitlich und lassen sich auch nicht morphogenetisch unterscheiden: Die Vögel zeigen geringfügige Anpassungen an die verschiedenen Lebensräume und Überlebensstrategien. Der stärkste Größenunterschied ist zwischen den großen Formen in Zentralasien und Ostsibirien und den wesentlich kleineren Steinadlern in Korea und Japan zu erkennen. Auch die nordamerikanische Form ist kleiner als die Nominatform *Aquila chrysaetos chrysaetos* (diese beschreibt die namensgebende Unterart, die als Vergleichsbasis herangezogen wird). Haller (1996) führt die Größenunterschiede mindestens teilweise auf Anpassungen an die Größe der wichtigsten Beutetiere zurück. Während im Norden des Areals und in den Alpen größere Huftiere wie Rentiere oder Gämsen geschlagen werden, sind es in Nordamerika oder Japan kleinere Tiere wie Hasen, Kaninchen oder Fasane. Die bezüglich Größe zwischen den sibirischen und fernöstlichen Formen liegende Nominatform wird auch als Goldadlertypus mit viel rostbräunlichen Tönen im Gefieder beschrieben. Allerdings bestehen aufgrund von alters- und mauserbedingten Gefiederausbleichungen durch das Sonnenlicht auch erhebliche individuelle und phasenbedingte Unterschiede bezüglich Gefiederfärbung. Generell haben die südlichen Formen aber ein dunkleres Grundgefieder. Dazu gehören die Steinadler aus Spanien, Nordafrika, Afghanistan, Pakistan, Indien (Abb. 3) und Nepal bis West- und Zentralchina und der Mongolei sowie Korea und Japan. Eine Ausnahme bilden die Steinadler auf Kamtschatka, welche trotz nördlicher Verbrei-

tung sehr dunkel sind. In Nordamerika unterscheidet Fischer (1995) eine hellere Form im Norden von einer dunkleren im Süden.

Die hier aufgeführte aktuelle Einteilung in sechs Unterarten (Abb. 4) basiert auf der bereits durch Carl von Linné (1758) und dem Russen Alexei Sewerzov (1888) zurückgehende Taxonomie, ist aber – mit Aussicht auf immer feiner werdende genetische Analysen – als nicht abschließend zu betrachten. Es lässt sich eine westliche und eine östliche Formengruppe unterscheiden:

Abb. 3 Immatures Steinadler-Männchen der Unterart *daphanea,* aufgenommen in Ladakh. *Aquila chrysaetos daphanea* ist die größte Unterart und etwas dunkler gefärbt als die Nominatform (H. Haller, 19.02.2023).

Westpaläarktische Gruppe:

- *Aquila chrysaetos chrysaetos* (Nominatform; Linné 1758): Relativ große, eher helle Form. Verbreitung: Europa ohne Iberische Halbinsel, Westsibirien.
- *Aquila chrysaetos homeyeri* (Sewerzov 1888): Etwas kleiner und dunkler als die Nominatform. Verbreitung: Südlich an Nominatform anschließend; Nordafrika, Iberische Halbinsel, Kleinasien, Kaukasus, Arabische Halbinsel, von dort bis in den Iran.

Ostpaläarktische und nearktische Gruppe:

- *Aquila chrysaetos daphanea* (Sewerzov 1888; Abb. 3): Noch dunkler als *A. c. homeyeri*, größte Unterart. Verbreitung: vom Osten des Iran über Afghanistan, Pakistan, Nordindien und Nepal bis West- und Zentralchina und die Mongolei.

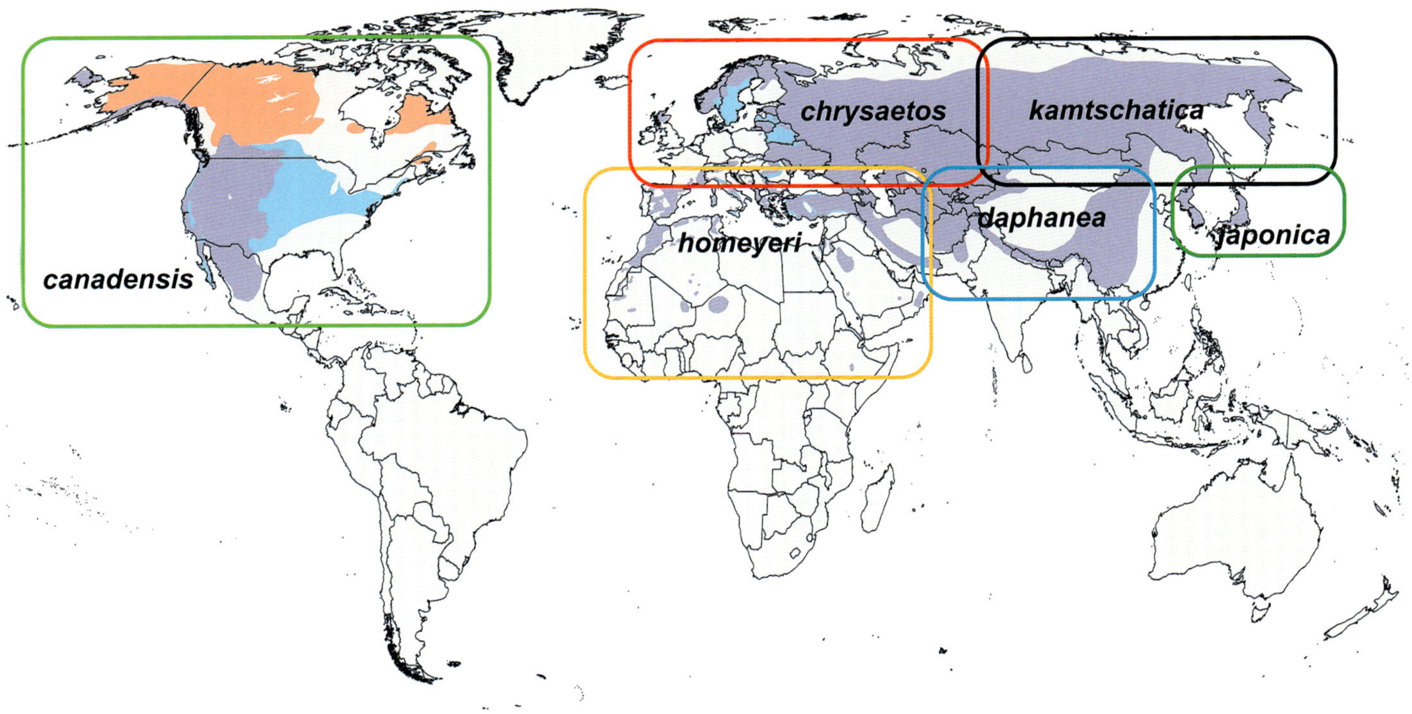

- *Aquila chrysaetos kamtschatica* (Sewerzov 1888): Dunkelste Unterart, Nackenfleck eher rotbraun. Verbreitung: Mittelsibirien bis Kamtschatka.
- *Aquila chrysaetos japonica* (Sewerzov 1888): Ebenso dunkel wie *A. c. kamtschatica*, aber wesentlich kleiner; kleinste Unterart. Verbreitung: Japan und Korea.
- *Aquila chrysaetos canadensis* (Linné 1758): Färbung wie *A. c. kamtschatica*, aber etwas kleiner. Verbreitung: Nordamerika.

Innerhalb der in Mittel- und Nordeuropa inklusive Westsibirien verbreiteten Nominatform lassen sich keine geografischen Varietäten unterscheiden, zumal erhebliche individuelle Unterschiede zu berücksichtigen sind. Die Variationsbreite etwa der Flügellänge bei ausgewachsenen Steinadler-Weibchen umfasste bei 64 in der Schweiz gemessenen Flügeln eine Spanne zwischen 63,2 und 71,2 cm. Das Körpergewicht von 48 Weibchen variierte zwischen 2,8 und 6,1 kg (Abb. 5), die Flügelspannweite von 18 Weibchen lag zwischen 2,13 und 2,32 m. Die Maße bei Männchen sind deutlich kleiner (Abb. 5, 13, 14 und Anhang Tab. 2).

Werfen wir nun einen genaueren Blick auf den Körperbau der Nominatform, zu welcher auch unsere Alpensteinadler gehören. Wir werden versuchen, die durch Anpassungen entstandenen Körpermerkmale auch funktionell einzuordnen und damit den Steinadler, dessen Überlebensstrategien und Besonderheiten im Lichte seiner Evolution zu verstehen.

Ein typischer Greifvogel

Der Steinadler erscheint als Grundtypus eines Greifvogels: ein kompakter Körper mit breiter Brust, langen Flügeln und einem mittellangen Schwanz, dazu ein leicht vorgebauter Kopf mit wachen Augen sowie dem klassischen Krummschnabel. Besonders typisch sind die langen, ausgesprochen kräftigen Beine mit eindrücklichen Fängen, die mit langen, spitzen Krallen bestückt sind (Abb. 9). Greifvögel fangen ihre Beute mit den unteren Extremitäten und töten sie durch die Eingriffe ihrer Waffen, die Krallen. Der Schnabel dient in erster Linie zur Beuteverarbeitung und Nahrungsaufnahme.

Abb. 4 Verbreitungsgebiet und Brutareale der sechs Unterarten des Steinadlers (violett: Brutgebiete, ganzjährig; blau: nur im Winter auftretend; beige: Brutgebiete, nur im Sommer). Nach Ellis et al. (2024), Basiskarte aus: Bird Life International.

Abb. 5 Verteilung des Körpergewichts von 43 Steinadler-Männchen und 32 Weibchen aus den Schweizer Alpen 2008–2023 (AJF Graubünden, FIWI und David Jenny). Weibchen sind im Mittel 23 % schwerer als Männchen.

Steinadler sind nicht nur typische Greifvögel, sondern repräsentieren auch deren obere Größenklasse, vor allem die weiblichen Vögel. Mit Körpergewichten von bis gut sechs Kilogramm nähern sich Steinadler-Weibchen der Obergrenze für Flugjäger; ihre Großbeuten reichen bis zu kleinen, meist jungen Huftieren und mittelgroßen Raubsäugern wie Rotfüchse *Vulpes vulpes*. Deutlich größer als Steinadler sind unter den Beute schlagenden Greifvögeln einzig die in Süd- und Mittelamerika lebende Harpyie *Harpia harpyja* und der Philippinenadler *Pithecophaga jefferyi*, die beide in erster Linie baumbewohnende Säugetiere erjagen, sowie der größere Fische fressende Riesenseeadler (*Haliaeetus pelagicus*) im nördlichen Abschnitt der asiatischen Pazifikküste. Der eurasische Seeadler *Haliaeëtus albicilla* und der Weißkopfseeadler *Haliaeëtus leucacephalus* sind zwar im Durchschnitt etwas schwerer als Steinadler, aber – bedingt durch einen relativ kurzen Schwanz – nicht länger. Noch größer sind hingegen diverse Geierarten, Altweltgeier und Kondore, die als schwerfällige Flieger auf das Suchen und die Aufnahme von Großtierkadavern spezialisiert sind. Unter Berücksichtigung der Größe des Steinadlers mit Flügelspannweiten von bis zu 2,3 Metern, erstaunt sein relativ geringes Körpergewicht. Geier werden zwar etwas größer, aber fast doppelt so schwer. Das weist auf die Leichtbauweise des Steinadlers hin, der als Jäger agiler und wendiger sein muss als reine Aasfresser.

Vergleichen wir die gewaltigen Fänge der Harpyie und ihre relativ kurzen, dafür breiten Flügel sowie den überdimensioniert erscheinenden Schnabel und die weit ausladenden Flügel des Riesenseeadlers mit dem Steinadler, zeigt sich letzterer als ausgewogene Kombination hinsichtlich der für Greifvögel charakteristischen Körpermerkmale. Der Steinadler ist ein nicht besonders spezialisierter Jäger, der ein breites Nahrungsspektrum nutzt. Mit Unterstützung durch thermische oder dynamische Aufwinde ist er im Luftraum sehr beweglich. Allerdings nicht im selben Maße wie der eigentümliche Bartgeier, der durch seine im Vergleich zum Adler etwas geringere Flügelflächenbelastung ein meisterlicher Segelflieger ist. Dafür kann der Steinadler durch seinen kompakten Körperbau im bodennahen Verfolgungsflug bis 110 km/h (Bednarek 2012) und im Sturzflug kurzfristig bis etwa 300 km/h erreichen (Glutz von Blotzheim et al. 1971). Das Zusammenspiel von Rasanz und Gewicht erzielt beim Beuteschlag am Boden entsprechende Wirkung.

Die erwähnten Vergleiche sollen deutlich machen, dass der Steinadler dem Typ eines Allrounders entspricht (Abb. 6), der unter verschiedenen Lebensbedingungen zu existieren vermag (siehe auch Baumgart 2015) – sofern das Beuteangebot ausreichend ist, die Jagdflächen nicht zu dicht bewaldet sind und Felsen oder größere Bäume als Brutplätze zu Verfügung stehen. Diese ökologische Flexibilität erklärt auch die weite Verbreitung des Steinadlers, und deswegen ist er auch der weltweit häufigste Großadler.

Die Gestalt und ihre Funktionalität

Betrachten wir nun die Körperteile des Steinadlers etwas detaillierter. Dadurch lässt sich die Lebensweise besser verstehen, denn diese steht mit der Gestalt in engem Zusammenhang. Durch Vergleiche mit einigen anderen Arten sollen die funktionalen Beziehungen noch klarer zum Ausdruck kommen. Sprechen wir von der Funktionalität der Steinadlergestalt und dessen Körperteilen, so werden wir immer wieder auf sein Jagdverhalten zurückkommen: fast alles ist bis ins kleinste Detail geprägt von Anpassungen an das Erspähen, Ergreifen, Töten und Verzehren von Beutetieren.

Beim eher kleinen Kopf des Steinadlers mit dem fast goldfarben erscheinenden Scheitel und Nackengefieder stechen der Schnabel und die braunen Augen hervor. Bei Seeadlern dürfte ein besonders großer, klobiger Schnabel für das Handling von größeren Fischen vorteilhaft sein, diese Dimension braucht es beim Steinadler nicht. Dessen Schnabel ist groß und scharf genug, um die Haut von Huftieren aufzuschneiden, schwächere Knochen der Beutetiere zu knacken, ins Körperinnere vorzudringen und Nahrung aufzunehmen. Die sprichwörtliche Krümmung der Schnabelspitze dient dazu, Fleisch- oder Hautfetzen mittels ruckartiger Kopfbewegungen von erlegten Beutetieren abrupfen zu können (Abb. 7).

Besondere Aufmerksamkeit verdienen die sprichwörtlichen «Adleraugen». Diese nehmen fast drei Viertel des ganzen Schädelvolumens ein, was auf deren Wichtigkeit hinweist. Das Sehvermögen ist bei allen Greifvögeln hoch entwickelt. Im Vergleich zu uns ebenfalls visuell orientierten Wesen ergibt sich ein noch vielfach besser aufgelöstes Bild. Dieses wird durch mehrere Faktoren erreicht. Dazu gehört im Vergleich zum menschlichen Auge eine doppelt so hohe Dichte an Fotorezeptoren in den zwei Sehschärfezentren der Netzhaut (Foveae), ein ebenfalls fast doppelt so hohes Akkommodationsvermögen (Einstellung der Schärfe), eine höhere Zahl an Farbrezeptoren-Typen (Zäpfchen) und eine daraus abzuleitende hervorragende Fähigkeit, Farben und Kontraste wahrzunehmen (Mebs & Schmidt 2006). Als Flugjäger muss man nicht nur scharf, sondern auch dreidimensional sehen können; die räumliche Wahrnehmung ist beim Beuteschlag essenziell: Der Adler muss in jedem Sekundenbruchteil genau wissen, wie seine Fänge in Bezug auf das angegriffene Beutetier positioniert sind. Die Fähigkeit zur Binokularsicht wird durch sich überlagernde Sehfelder der beiden Augen erreicht. Dennoch sind Greifvögel durch den Bau ihrer Augen selbst ohne Kopfbewegung zur Sicht seitwärts befähigt. Der hauptsächliche Blick nach vorne ist auch für uns Menschen und andere teilweise oder ganz jägerisch lebende Arten typisch (Abb. 8). Rundumsicht durch weit außen liegende Augen geht auf Kosten des plastischen Sehens und findet sich vor allem bei Wirbeltieren, die für ihr Überleben ständig auf Feinde achten müssen. Die Augen sind das wichtigste Sinnesorgan von Greifvögeln und müssen deshalb gut geschützt und gepflegt sein. Dazu hilft einerseits das bereits genannte Supraorbitale, das überdies als Sonnenblende dient, sowie andererseits ein zusätzliches Augenlid, die durchsichtige Nickhaut, welche die Hornhaut befeuchtet und sauber hält. So wird das Auge stets voll leistungsfähig erhalten.

Bei Greifvögeln und anderen Beutegreifern ist der Körperschwerpunkt weit oben bzw. vorne, dies im Gegensatz zu typischen Pflanzenfressern, deren großer Darmtrakt den hinteren Teil des Körpers herausstellt. Die breite Steinadlerbrust erklärt sich durch die am entsprechend gestalteten Brustbein ansetzenden kräftigen Brustmuskeln. Um Energie zu sparen, lassen sich große Greifvögel von Aufwinden tragen; dennoch sind sie bei Schlechtwetter oder am frühen Morgen darauf angewiesen, größere Strecken im Ruderflug bewältigen zu können. Hierfür braucht es die genannten Kraftpakete in der Brust. Wenn wir einen toten Adler näher untersuchen und in seine inneren Organe vordringen, fällt der gut entwickelte Herz-Lungen-Trakt und das vergleichsweise kurze Darmsystem auf. Dies ist einerseits Ausdruck der grundsätzlichen körperlichen Leistungsfähigkeit des Steinadlers und andererseits durch die Ernährung bedingt: Steinadler sind obligatorisch karnivor, also Fleisch fressend. Fleisch ist wesentlich leichter zu verdauen als die Nahrung von Herbivoren. Die aufgenommenen tierischen Proteine können relativ rasch zum Energiegewinn genutzt oder in körpereigenes Gewebe umgebaut werden. Das ist der große Vorteil der karnivoren Lebensweise, allerdings zum Preis, Beutetiere schlagen zu müssen oder Aas finden zu können. Auffallend bei den inneren Organen ist deren äußerst kompakte Anordnung. Selbst bei heftigen, brüsken Bewegungen bleibt das Innere von Brust und Bauch fest gefügt. Da es beim Beuteschlag ruppig zu- und hergehen kann, ist ein dicht gepackter Körper mit straff befestigten Organen wichtig.

Die Flügel des Steinadlers sind lang und nicht sehr breit. Seeadler und manche Geier haben brettartigere Flügel, mit denen sich bei fehlender Thermik oder bei hohem Gewicht eher vom Boden abheben und kürzere Strecken fliegen lassen.

Abb. 6 Körperbau und Gestalt von Steinadlern entsprechen dem Allrounder-Typus eines Greifvogels, hier mit typischen Körperhaltungen dargestellt. Sein hervorstechendstes Merkmal ist die Fähigkeit, sich als Jäger an ganz unterschiedliche Lebensraumbedingungen inklusive Beutetiere anpassen zu können. So ist letztlich seine weite Verbreitung zu erklären.

Steinadler erscheinen wesentlich eleganter, sie sind im Luftraum entsprechend wendig. Jedenfalls dann, wenn Winde den Auftrieb unterstützen, was in den offenen und halboffenen Lebensräumen der Art, insbesondere im Gebirge, oft der Fall ist. Unter denselben Voraussetzungen leben zwar auch manche große Geier oder die Kondore; ihr wesentlich höheres Körpergewicht erfordert jedoch breite Flügel, um auch bei fehlendem Aufwind in die Luft zu kommen. Beim Steinadler wirkt der Schwanz beim Flug primär als Steuer. Er ist mittellang ausgebildet, was zu dessen Wesen als Generalist passt. Er ist wesentlich kürzer als jener des Bartgeiers, für welchen Manövrierfähigkeit besonders wichtig ist, da er anhaltend nahe über Grund fliegt. Andererseits ist der Schwanz beim Steinadler deutlich länger als beim Seeadler, der in seinem meist flachen Lebensraum weniger auf Beweglichkeit angewiesen ist.

Es bleiben noch die unteren Extremitäten, die mit ihren Fängen für Greifvögel namensgebend sind. Die Greiffüße weiblicher Steinadler sind so groß wie Männerhände und tragen gefährliche Krallen an allen vier Zehen (Abb. 9.). Die den drei anderen gegenüberliegende Hinterkralle ist besonders stark und erreicht im Sehnenmaß (Messen mit Schublere) bis fast 6 cm Länge (Anhang Abb. 1), im Bogenmaß sind es 7 cm und mehr (Messen mit Messband). Unter den Greifvögeln Europas weist der Steinadler die kräftigsten Fänge auf, wesentlich größer sind nur jene der Harpyie. Diese Greiffüße befähigen den Steinadler zum Schlagen von Beutetieren, die bis dreimal so schwer sind wie er selbst. Beispielsweise bei einer jungen Gämse bohren sich die Krallen meist in den Schädel ein, was umgehend zum Tod führt. Die dafür nötige Kraft wird nicht allein in den Füßen entwickelt, sondern ergibt sich durch das Zusammenspiel mit den langen, stark bemuskelten Beinen des Adlers. Diese sind einschließlich des Abschnittes mit dem Laufknochen, also bis zu den mit Hornschildern geschützten Zehen, dicht befiedert. Dies hat zur Folge, dass im Kampf mit wehrhaften Beutetieren (z. B. Alpenmurmeltiere) die Verletzungsgefahr gemindert wird.

Abb. 7 Der Hakenschnabel des Steinadlers dient dem Aufreißen von toten Beutetieren. An der Basis ist er von einer feinen, gelborangen, durchbluteten Wachshaut gesäumt, welche zwei Atemöffnungen und im sogenannten Schnabelwinkel dünne «Lippen» umfasst. Der graue Hornschnabel wird permanent erneuert und gleichzeitig abgenutzt. Abgebildet ist ein juveniler weiblicher Steinadler (S. Denis, 14.07.2018, Val d'Hérens, VS).

Abb. 8 Oben links: Mit dem sprichwörtlichen Adlerblick erkennen Steinadler ihre Beutetiere auf mehrere Kilometer. Dank binokularer Sicht können sie auch gut Distanzen einschätzen. Ein ausgeprägtes Überaugendach schützt die äußerst leistungsfähigen Augen und verleiht diesem immaturen Männchen den charakteristischen «stolzen» Ausdruck (S. Denis, 15.01.2011, Conthey VS).

Abb. 9 Oben rechts: Steinadlerfänge sind bis zum Ansatz der Zehen befiedert, ein Gattungsmerkmal der Aquila-Arten. Die gelborange schuppige Haut bedeckt vier Zehen mit ausgesprochen starken Sehnen und Muskeln. Damit werden große Kräfte auf die spitzen Krallen aus Horn übertragen. Die dolchartige Hinterkralle ermöglicht die rasche Tötung von Beutetieren (Foto aus: Ellis et al. 2024: 134).

Abb. 10 Mitte: Subadultes Steinadler-Männchen im Aufwind segelnd. Leicht nach oben gebogene Flügelspitzen, ein vergleichsweise kleiner Kopf und ein markanter, fächerförmiger Schwanz sind arttypische Merkmale beim Flugbild (M. Meier, 18.12.2024, Davos). Unten: Adultes Steinadler-Weibchen im Gleitflug. Schwanz und Flügel sind braun marmoriert und auf den Oberflügeln sind hellere (ältere) und dunklere (jüngere) Deck- und Konturfedern mosaikartig verteilt (Ch. Meier-Zwicky, 01.02.2020, Malans GR).

Alte Steinadler verlieren an Spannkraft

Im Alter von etwa 15 bis 20 Jahren geht die Vitalität von Steinadlern allmählich zurück. Das äußert sich in nachlassender Agilität und Spannkraft, was sich insbesondere bei konkurrenzbedingten Auseinandersetzungen mit Artgenossen bemerkbar macht. Dieser Nachteil kann durch zunehmende Erfahrung und Revierkenntnisse teilweise wettgemacht werden. Alterserscheinungen zeigen sich aber auch äußerlich sichtbar an einigen Körpermerkmalen. Die bei jugendlichen Steinadlern auffallend gelben Hautpartien am Schnabel (Wachshaut) verblassen langsam und werden ungefähr ab dem 15. Lebensjahr deutlich fahler und schließlich gräulich. Der Schnabelwinkel (Lippen), welcher die Schnabelöffnung säumt, verliert an Volumen, wird dünn und ist nur noch schwach angedeutet vorhanden. Ähnliche Verfärbungen finden auch an den Fängen statt (Abb. 12). Deren ehemals gelb-orange Farbe wird langsam gräulich und stellenweise – durch altersbedingte, relativ häufig vorkommende Entzündungen (teils durch Verletzungen) – auch rötlich. Da bei Vögeln keine Strukturen wie Zähne existieren, welche lebenslänglich abgenutzt werden, lässt sich das Alter bei betagten Steinadlern nur anhand solcher Hautveränderungen am Schnabel und an den Fängen abschätzen. Die Krallen und der Schnabel des Steinadlers bestehen genauso wie die Federn aus Keratin (Hornmaterial). Sie

erneuern sich ständig. Dazu bildet sich unter der alten eine neue Kralle bzw. unter dem alten ein neuer Schnabel, der die alte, darüberliegende Schicht systematisch abblättern lässt. Dieser Vorgang kommt mit fortgeschrittenem Alter aus dem Rhythmus und kann weitere Hinweise auf eine Alterseinschätzung liefern. Es braucht dann eine Gesamtbetrachtung des Vogels aus der Nähe unter Einbezug der oben erwähnten Veränderungen der Hautpartien, um eine grobe Altersschätzung vornehmen zu können. Genaue Angaben zum Alter wild lebender, betagter Steinadler sind nur anhand der vereinzelten Ringfunde oder in Ausnahmefällen durch kontinuierliches individuelles Beobachten möglich. Das so belegte Maximalalter liegt bei mindestens 30 Jahren in der Schweiz (Haller 1996) und 37 Jahren in Europa (Abb. 11; Fransson et al. 2023). Gefangenschaftsvögel können aber wesentlich älter werden, bis zu 57 Jahre sind nachgewiesen worden (Glutz von Blotzheim et al. 1971). Die mittlere Lebenserwartung liegt allerdings viel tiefer, da insbesondere unverpaarte Jungadler oft vor dem Erreichen der Geschlechtsreife umkommen. Einmal adult und verpaart, beträgt die Verweildauer eines Steinadlers in einem Revier aber durchschnittlich mindestens 11 Jahre (Haller 1996). Über 20-jährige Steinadler werden heute vermehrt von jüngeren Vögeln aus ihrem Revier verjagt und ersetzt. Für solche Vögel sinkt die Überlebensrate dann rapide.

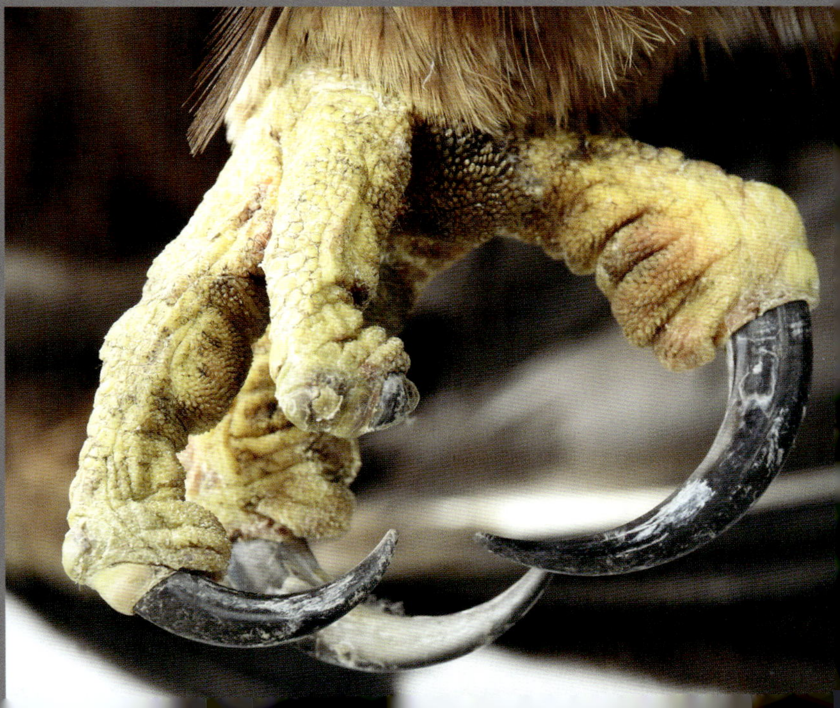

Abb. 11 Linke Seite: Der älteste bekannte und wild lebende Steinadler Europas lebte bis im Sommer 2024 in Südschweden. Das abgebildete beringte Weibchen erreichte ein Alter von 37 Jahren (R. Nordquist, 01.04.2023, Skåne).

Abb. 12 Vernarbte, zerfurchte und rötliche Fänge (oben: mind. 30 Jahre altes Weibchen des Paars Varen VS) oder solche mit fehlenden Krallen (unten) sind deutliche Hinweise auf ein hohes Lebensalter. Diese Steinadler dürften mehr als 20-jährig gewesen sein (S. Denis).

Feldkennzeichen

Die bisherigen Informationen zum Steinadler können helfen, die Art als solche in freier Natur zu erkennen. Die im Folgenden erwähnten Merkmale sind zusätzlich als Bestimmungshilfe dienlich, wobei sich detaillierte Angaben zur Unterscheidung von Altersklassen am Ende dieses Kapitels finden.

Zunächst gilt es zu betonen, dass das Bestimmen von Greifvögeln im Flug generell schwierig ist. Die Tiere werden in der Regel auf große Distanz beobachtet, und unter diesen Voraussetzungen lassen sich die Körpergrößen nur eingeschränkt abschätzen. Deswegen ist auf die Körperproportionen, die Flügelhaltung und die Flugweise zu achten. Vorgängig sich einen Überblick zu verschaffen, mit welchen Greifvogelarten im betreffenden Gebiet normalerweise zu rechnen ist, kann zur Orientierung beitragen. Und von Vorteil ist es, wenn man dort häufig auftretende Arten, zum Beispiel den Mäusebussard *Buteo buteo*, so gut kennt, dass andere Formen sofort auffallen.

Im Gegensatz zu manch anderen Greifvögeln sind Steinadler im Flug recht leicht zu bestimmen, jüngere Vögel mit ihren weißen Flügelspiegeln und der hellen Schwanzbasis sind gar unverkennbar. Arttypisch sind die langen Flügel, die außen durch die abstehenden äußeren Handschwingen gefingert erscheinen und sich innen, zwischen Flügelmitte und Körper, verjüngen (Abb. 10). In der Horizontalen sind die leicht V-förmig angehobenen Flügel typisch, etwa im Gegensatz zum Bartgeier, den leicht nach unten gewölbte Flügel auszeichnen. Zudem weist der Schwanz des Steinadlers eine Fächer- und keine Keilform auf wie bei jenem des Bartgeiers. Die Schwanzlänge entspricht etwa der Flügelbreite. Der Kopf ragt etwas nach vorne und bei geeigneten Lichtverhältnissen ist auch der gelbliche oder rötlich-braune Ober- und Hinterkopf zu erkennen.

Im Sitzen fallen ebendiese Kopffärbung, der ziemlich massige, braune Körper und die mit Ausnahme diesjähriger Jungvögel abgetragenen und ausgeblichenen Deckfedern am Oberflügel auf. Letztere bilden einen heller erscheinenden Streifen zwischen dem Flügelbug und dem unteren Teil des Rückens. Das Verhalten des Steinadlers ist ein weiteres, wichtiges Kriterium, um Steinadler anzusprechen: So kann es sich lohnen, im Gebirge den Graten entlang und somit auf Distanz das Gelände abzusuchen, um Steinadler einzeln oder zu zweit auf Aussichtswarten zu entdecken. Die Vögel sitzen dort ruhig, drehen von Zeit zu Zeit den Kopf und kontrollieren so in typischer Weise die ganze Umgebung.

In Aussicht auf Nahrung und regelmäßig zur Balzzeit lassen Steinadler ihre Stimme häufiger ertönen als sonst. Die meist aufsitzend im Stakkato vorgetragenen, hell tönenden Rufe, «klüh-klüh-klüh», sind über Distanzen von weit mehr als einem Kilometer hörbar. Das gilt auch für die Bettelrufe von Jungvögeln im ersten Lebensjahr, die anhaltend gereiht von Warten aus oder im Flug ihr «jjagg, jjagg, jjagg» vortragen können.

Große Weibchen, kleinere Männchen

Alle Greifvogelarten weisen einen mehr oder weniger markanten Größendimorphismus zwischen den Geschlechtern auf. Weibchen sind teilweise wesentlich größer als Männchen. Beim Steinadler ist dieser Unterschied ausgeprägt. Männchen werden in der Sprache der Falkner als «Terzel» bezeichnet, womit deren um ein Drittel kleinere Körpergröße angedeutet wird. Tatsächlich lässt sich dies am Körpergewicht (Abb. 5) oder bei der Flügellänge sehr einfach belegen, wenn auch «ein Drittel» etwas übertrieben erscheint. Baumgart (2015) bezifferte den Größenunterschied der Geschlechter beim Steinadler mit 20 %. Steinadlerkenner können anhand von Steinadler-Porträts eine Geschlechterzuordnung machen, wenigstens in den meisten Fällen. Allerdings ist die individuelle Variabilität zu berücksichtigen; es gibt überdurchschnittlich große Männchen und entsprechend kleine Weibchen. Zu über 95 % trifft es aber zu, dass Weibchen größer sind. Unter den Körpermaßen Körperlänge, Schwanzlänge, Flügellänge, Länge der Hinterkralle, Schnabellänge, Flügelspannweite und Körpergewicht sind es die Flügellänge und die Flügelspannweite, bei welchen die Geschlechterunterschiede am deutlichsten zutage treten, weil sich hier die Maße zwischen den Geschlechtern kaum überlappen (Abb. 13 und 14).

Neben der Größe sind auch die Proportionen zwischen Schnabel und Schädel, die Schnabelform und der Augenbereich unterschiedlich. Während Weibchen markante, an Seeadler erinnernde Schnäbel tragen, welche an der Basis fast waagrecht herausragen, weisen Männchen feinere, eher dem Mäusebussard ähnelnde Schnäbel auf (Abb. 15). Das Überaugendach oder Supraorbitale erscheint beim Männchen etwas weniger ausgeprägt. Die vielbeschworene Majestätik und Erhabenheit des Steinadlers trifft demnach verstärkt auf das Weibchen zu.

Eine funktionelle Erklärung für den Größendimorphismus bei Greifvögeln lässt viel Raum für Spekulationen. Bei Sperber *Accipiter nisus* und Habicht *Accipiter gentilis* sind die Größenunterschiede bei den *Accipitridae* am stärksten ausgeprägt. Es werden Erklärungen ins Feld geführt, wonach ein insgesamt breiteres Beutespektrum erschlossen werden kann, wenn Männchen sich auf kleinere, agile Beutetiere (Kleinvögel) und Weibchen auf größere Nahrung wie Rabenkrähen *Corvus corone* oder Waldkäuze *Strix aluco* ausrichten. Beim Steinadler kommen andere Gründe dazu. Die Rollenteilung als

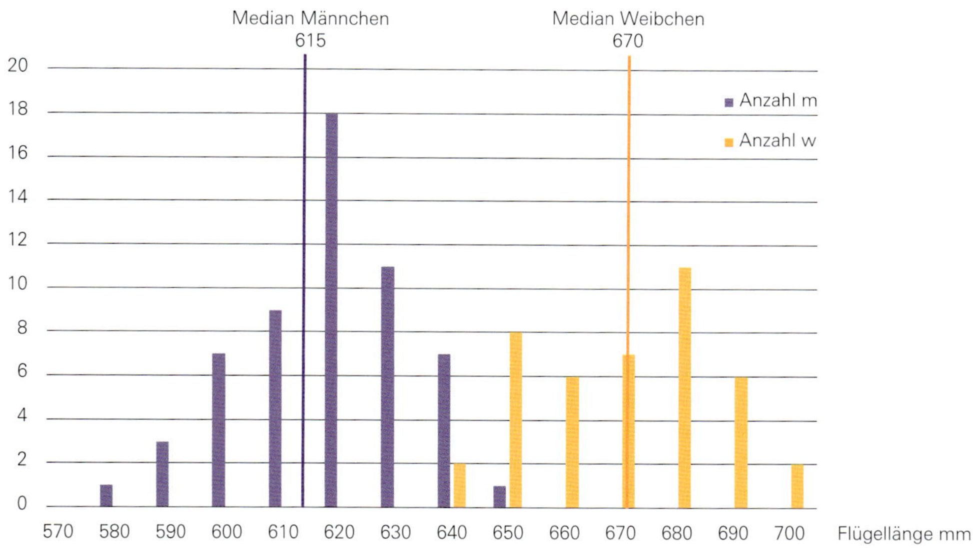

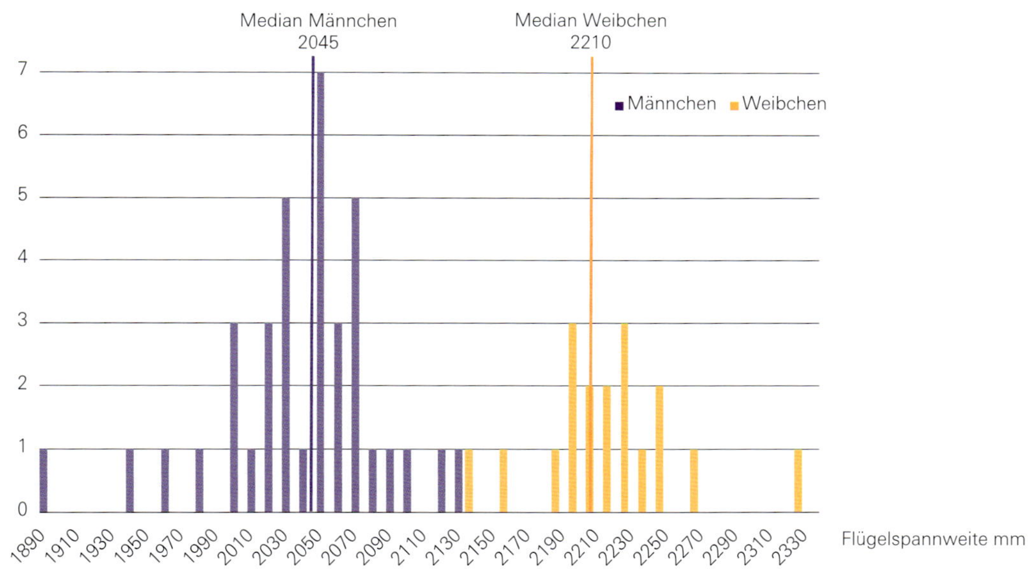

Abb. 13 Flügellänge von 59 Steinadler-Männchen und 42 Weibchen aus den Schweizer Alpen 2008–2023 (AJF Graubünden, FIWI und David Jenny). Weibchen haben um 8,2 % längere Flügel als Männchen. Die Flügellängen der Geschlechter überlappen sich kaum. Eine Geschlechtsbestimmung anhand der Flügellänge ergibt eine 95 %-ige Sicherheit. Der Grenzwert liegt bei 640 mm.

Abb. 14 Flügelspannweite von 37 Steinadler-Männchen und 18 Weibchen aus den Schweizer Alpen 2008–2023 (AJF Graubünden, FIWI und David Jenny). Weibchen haben um 7,5 % größere Spannweiten als Männchen. Die Flügelspannweiten der Geschlechter überlappen sich kaum. Eine Geschlechtsbestimmung anhand der Flügelspannweite ergibt eine 96 %-ige Sicherheit. Der Grenzwert liegt bei 2130 mm.

Revierinhaber zählt dabei zu den wichtigsten. Weibchen sind insgesamt dominant und in erster Linie für das Brutgeschäft zuständig, während die Männchen verstärkt um Nahrung und Nistaktivität besorgt sind und – besonders wichtig in der heute dicht besiedelten Alpenpopulation – eine starke territoriale Rolle innehaben. Gemäß Jenny (1992) spielen bei innerartlichen territorialen Auseinandersetzungen die Männchen ihre Wendigkeit in der Luft aus, die wichtiger ist als schiere Größe. Nicht selten überlassen die Weibchen den Männchen die Lufthoheit, während sie sich ihrer Brut zuwenden. Weibchen haben dank ihrer Größe ein besseres Volumen-Oberflächen-Verhältnis und als hauptsächlich brütende Partner einen günstigeren Wärmehaushalt. So gesehen erhöhen verpaarte Steinadler ihre evolutionäre Fitness, wenn sie unterschiedliche Rollen einnehmen: kleinere Männchen als hervorragende Luftkämpfer und Weibchen als fürsorgliche Mütter.

Abb. 15 Männlicher (links) und weiblicher Paarvogel. Größenunterschiede und die Abweichungen bei den Proportionen zwischen Schnabel und Kopf sind zwar nicht markant, aber dennoch gut erkennbar. Beim Weibchen wirkt der Schnabel massiger. Abgebildet ist das Adlerpaar Dischma nahe Davos (M. Meier, 02.02.2023, Davos).

Vom Jugendkleid zum Alterskleid – eine Metamorphose

Viele Greifvogelarten zeichnen sich durch einen markanten Unterschied zwischen ihrem Jugendkleid und dem Adultgefieder aus. Zwischen den Geschlechtern bestehen hingegen – mit Ausnahme der Größenverhältnisse – kaum Differenzen. Beim Steinadler ist der altersbedingte Wechsel vom Jugend- zum Alterskleid besonders auffallend. Im späten 19. Jahrhundert wurden die beiden Federkleider sogar zwei verschiedenen Arten zugeordnet, dem Steinadler das Jugendkleid, dem Goldadler das Alterskleid (Naumann 1899). Funktionell lässt sich der markante Unterschied mit der Signalwirkung erklären, welche das Erscheinungsbild des Federkleids zweifellos hat. Während sich Jungadler auf weite Distanzen dank ihres kontrastreichen Gefieders als solche zu erkennen geben, dadurch gar kommunizieren können, setzen Altvögel auf Tarnung. Das hat wiederum mit unterschiedlichen Überlebensstrategien zu tun, auf die wir in Kapitel 5 genauer eingehen. Die Schwungfedern der Jungvögel sind zudem etwas länger als diejenigen der Altvögel, was die Flügelfläche gegenüber Altvögeln leicht vergrößert und vermutlich eine Anpassung an optimale Aufwindnutzung ermöglicht sowie den Einstieg in virtuoses Fliegen erleichtert.

Die Armschwingen und Schwanzfedern der ersten und zweiten Generation sind beim Steinadler teilweise schneeweiß, wobei die Stoßfedern eine individuell unterschiedlich breite, dunkle, fast schwarze Endbinde haben. Die leuchtend weißen Zonen kontrastieren stark zum ansonsten sehr dunklen Gefieder. Die weißen Flecken in den Flügeln werden als «Spiegel» bezeichnet. Sie lassen sich auf große Distanz erkennen und ermöglichen eine grobe Altersbestimmung bei Feldbeobachtungen. Mit der ersten Mauser, wenn sich langsam die zweite Federgeneration ausbreitet, lassen sich noch kaum Unterschiede zum einjährigen Jungvogel erkennen, hingegen erfolgt ein markanter Wechsel, wenn die ersten Federn der 3. Generation durchbrechen. Diese haben einen wesentlich kleineren Weißanteil oder sind schon ganz dunkel. Sie heben sich damit als «dunkle Streifen» deutlich von den Jugendfedern ab, sowohl im Schwanz als auch im Bereich der Spiegel. Ein mit auffallend dunkleren Einzelfedern durchbrochenes Federkleid zeigt an, dass der Träger im Wechsel vom 2. Jugendgefieder zum ersten Adultgefieder steht und bald geschlechtsreif wird. In diesem Übergangskleid kann der Steinadler der Altersklasse immatur2 oder subadult1 zugeordnet werden (vgl. Tab.2). Der Weißanteil der Jugendfedern variiert oft erheblich, wodurch auch die Spiegel der Jungadler in Größe und Form ganz unterschiedlich erscheinen. Ob damit auch eine individuelle Erkennung unter den Artgenossen möglich ist, ist bis anhin nicht belegt, einiges deutet aber darauf hin. Fest steht jedenfalls, dass verpaarte Altvögel Jungadler sehr wohl als solche erkennen und entsprechend reagieren. Für den geübten Beobachter ist es zudem relativ einfach, Jungadler anhand von Feldaufnahmen individuell zu beschreiben und wiederzuerkennen. Bei Altvögeln ist es schwieriger, aber auch da gibt es bezüglich Färbung und Muster der Großfedern individuelle Unterschiede.

Das Federkleid des Steinadlers – ein multifunktionelles Faszinosum

Der Steinadler gehört zu den am meisten fotografierten und dokumentierten Greifvögeln. Zahllos sind dessen Abbildungen im Internet, in Bestimmungsbüchern, auf Postkarten oder in Zeitschriften, und immer wieder fällt das Augenmerk auf die teils unverkennbaren Gefiederzeichnungen. Das meist zufällige Finden einer Steinadlerfeder löst meist Freude aus. Auch ein Nichtsammler wird so ein Fundstück vermutlich aufheben und mit nach Hause nehmen. Die Federn des Steinadlers sind, wie im ersten Kapitel beschrieben, seit Urzeiten genutzt und für kultische Zwecke verwendet worden, etwa bei Indigenen aus Nordamerika. Am begehrtesten waren die weißen mit fast schwarzer Endbinde versehenen Stoß- bzw. Schwanzfedern von juvenilen und immaturen Steinadlern. Einige der nordamerikanischen Urvölker hielten Steinadler in Käfigen, um stets genügend Federn zur Verfügung zu haben, welche unter anderem zur Herstellung ihrer Bogen-Pfeile verwendet wurden (Feest 2000).

Für Naturfotografen gehört der Steinadler zu den beliebtesten Sujets. Allerdings ist er ausgesprochen menschenscheu und so bleibt es eine Herausforderung, ihn nahe vor die Linse zu bekommen. Dem interessierten Beobachter wird auffallen, dass sich manche Steinadler in ihren Gefiederkleidern unterscheiden. Ein auf einem Felsgrat oder einem Baum sitzender Steinadler erscheint aus der Distanz einfarbig braun, bei gutem Licht lässt sich vielleicht noch ein goldgelber Nacken erkennen. Wer das Glück hat, Steinadler aus der Nähe zu betrachten – sei es, weil er unweit vorbeifliegt und sich fotografieren lässt, oder sei es, weil er als verletzter oder gestorbener Vogel behändigt wird – erkennt die Vielfalt seiner Gefiederzeichnung. Diese reicht von kastanienbraunen, hellen beigen und eilerschalenfarbenen Mustern bis hin zu sandfarbenen Tönen mit dunkleren Einlagerungen (Abb. 16). Das individuell geprägte Farbenspektrum der Gefieder-Brauntöne und die Anteile weißer Zonen eines Steinadlers liefern feldornithologische Erkennungsmerkmale und ermöglichen sogar dessen individuelle Bestimmung. Zudem erlaubt es eine Einordnung in Altersklassen.

Grundsätzlich kann davon ausgegangen werden, dass Adler mit größeren weißen Zonen im Gefieder zur jüngeren Generation gehören (juvenil oder immatur); Vögel mit weniger großem (subadult) oder gar gänzlich fehlendem Weißanteil (adult) sind älter (Tab. 2). Ursache für die farblichen Variationen sind einerseits die feinen, unterschiedlichen Pigmentierungen einzelner Individuen (Anteil und Verteilung der Melanine) sowie das sich arttypisch im Alterungsprozess verändernde Gefieder durch Ausbleichung und Mauser. Darüber hinaus liefert das Gefieder auch Informationen über den Gesundheitszustand, Krankheiten oder das Geschlecht. Das kontrastreiche Jugendgefieder hat die Funktion der Signalwirkung. Es hilft, dass sich umherstreifende, noch nicht geschlechtsreife Adler auf große Distanzen erkennen können (vgl. Kapitel 5).

Das Ansprechen von Greifvögeln bezüglich Alter im Allgemeinen und vom Steinadler im Speziellen gehört zu den Herausforderungen der Feldornithologie. Die Grundlage dazu liefert die Kenntnis der Mauserzyklen und der Merkmale einzelner Gefiedergenerationen. Weil diese im Detail bisher kaum beschrieben wurden und für am Steinadler-Interessierte durchaus feldornithologische Bedeutung haben, räumen wir diesem Unterkapitel entsprechend Raum ein. Als Faustregel gilt, dass jüngere Steinadler bis hin zur ersten adulten Altersklasse relativ einfach und exakt bezüglich Alter zu bestimmen sind. Sind die Steinadler aber einmal adult, wird es wesentlich schwieriger. Dann braucht es eine Gesamtbetrachtung.

Abb. 16 Links oben: Halsgefieder eines subadulten Steinadlerweibchens (D. Jenny), darunter dasjenige eines subadulten Männchens (S. Denis). Rechts: Nackenfedern eines adulten Männchens (S. Denis). Viele Brauntöne umfassen ein breites Spektrum an Abstufungen, von hellen Ockertönen bis zu dunklem Schokoladenbraun. Zudem verändert sich die Helligkeit einzelner Federn und Federfelder je nach Sonneneinstrahlung, Federalter und Abnutzung. Durch die Mauser werden hellere, ausgebleichte stets durch dunklere, frische Brauntöne ersetzt.

Ausgebleichte Federn helfen bei der Altersbestimmung

Durch den Gefiederwechsel werden ständig alte Federn durch neue ersetzt. Alte Federn sind gut an deren Ausbleichung von neuen, dunkleren Federn zu unterscheiden (Abb. 17). Die Ausbleichung erfolgt durch die Einwirkung von energiereicher UV-Strahlung, unter welcher die dunklen Pigmentstoffe (Melanine) zerstört werden. Zudem kommt es zu einer mechanischen Abnutzung, bei welcher – gefördert durch fortschreitende Sprödheit der keratinhaltigen Federschäfte und -fahnen – die Federn zunehmend Defekte aufweisen und Teile verlieren. Vor allem im Gegenlicht fallen die ausgebleichten Schwungfedern durch zunehmende Transparenz auf. Bei fliegenden Steinadlern ist insbesondere bei den Handschwingen der Anteil alter und frischer Federn recht gut zu unterscheiden, was Rückschlüsse auf den Mauserstand ermöglicht. Auch beim Körpergefieder, mit Deck- und Konturfedern, gibt es gut erkennbare Unterschiede. Ein juveniler Steinadler weist ein fast einheitlich dunkles, dunkelbraunes Gefieder auf. Schon im ersten Herbst beginnen die leicht helleren Oberflügeldecken aufzufallen und im zweiten Lebensjahr zeigt sich schon ein markanter, heller und breiter Streifen im Bereich der Oberflügeldecken. Dieses Merkmal ist das einzige, um einen diesjährigen von einem letztjährigen Steinadler im Feld sicher unterscheiden zu können. Auch das Kopf- und Nackengefieder wird dann stetig heller und erscheint beim Adultvogel schließlich goldbraun. Mit zunehmendem Alter verschachteln sich die Mauserzyklen der Deck- und Konturfedern allerdings so, dass sich dunkle und helle Federn mosaikartig verteilen. Über längere Zeit lassen sich Steinadler nur dann individuell erkennen, wenn durch die Mauser bedingte Veränderungen verfolgt und festgehalten werden können. Ausnahmen gibt es dann, wenn Adultvögel permanente Besonderheiten aufweisen, etwa Verletzungen mit dauerhaften Gefiederlücken, hängende oder erkennbar verletzte Fänge oder außergewöhnliche, von der üblichen Silhouette abweichende Flügelformen.

Abb. 17 Alte, hellere Schwungfedern finden sich neben dunkleren, jüngeren Federn. Im linken Flügel sind bei diesem vermauserten, subadulten Weibchen die ausgebleichten, inneren Armschwingen der ersten Generation (weiße Pfeile), etwas dunklere Arm- und Handschwingen der zweiten Generation (graue Pfeile) und vier nochmals etwas dunklere Armschwingen (schwarze Pfeile) der dritten Generation (schwarze Pfeile) zu erkennen (S. Denis, 25.02.2017, Saillon VS).

Eine Altersbestimmung kann aufgrund von hochaufgelösten Flugfotos gemacht werden, vorzugsweise von der Unterseite. Frische Totfunde erlauben erwartungsgemäß die genaueste Analyse. Hier besteht die Möglichkeit, den Steinadler und dessen Gefieder detailliert zu dokumentieren, zu vermessen und somit auch morphologische Daten festzuhalten.

Das hier verwendete Bildmaterial stammt ausnahmslos von wild lebenden Steinadlern (inkl. Totfunden) aus den Schweizer Alpen. Die meisten Federn gehen auf langjährige, bekannte Revieradler zurück, die zum Teil seit ihrem Auftreten im Revier dokumentiert wurden. Dies erlaubt eine recht genaue Einschätzung ihres Alters und eine Herleitung der betreffenden Gefiedergenerationen. Federn, die aus einer Falknerei oder aus Volieren stammen, können zusätzliche Hinweise zur Veränderung der Gefiederzeichnung liefern. Sie entsprechen aber nicht den natürlichen Prozessen und Einflüssen auf das Wachstum, die mechanische Abnutzung und Ausbleichung durch Licht, was es zu berücksichtigen gilt.

Abb. 18 Bezeichnungen der Großfedern (HS = Handschwingen, AS = Armschwingen, Stoß- oder Schwanzfedern), der Flügelfelder (Deck- und Konturfedern) und der weißen Zonen in den Flügeln (Spiegel) und im Schwanz. Unterseite eines immaturen Steinadler-Weibchens (S. Denis, 27.11.2011, Saillon VS).

Ein symmetrischer Federwurf – Serge Denis

Am frühen Morgen eines verregneten Tages im Juli 2021 hatte ich mich auf den Weg zu einem stark exponierten Grat bei Ovronnaz im Wallis gemacht. Das letzte felsige Teilstück ist sehr steil und wird vom Adlerpaar, vor allem während der Brutzeit, oft als Ansitzwarte besucht. In der Hoffnung, Beutereste oder Federn zu finden, hatte ich den rutschigen und windexponierten Hang mit dem darüberliegenden Grat systematisch abgesucht und fand, nebst kleinen Konturfedern und Gewöllen, eine sehr gut erhaltene, innere Handschwinge des Revierweibchens. Mit diesem kostbaren Fundstück stieg ich durchnässt und müde ins Tal hinab, plante aber in Gedanken bereits den nächsten Tag. Am nächsten Morgen klarte es nach einer durchregneten Nacht auf, der Tag schien wolkenlos zu werden. Ich war im selben Adlerrevier wie am Vortag unterwegs. Mein Ziel war es, einen zwei Kilometer weiter entfernten, aber 300 m höher gelegenen Grat als den gestrig aufgesuchten und diesen mir genauer anzuschauen. Am höchsten Punkt befindet sich ein kleiner, grasbewachsener Felskopf, der vom Adlerpaar, insbesondere vom Weibchen, regelmäßig als Sitzwarte benutzt wird. Dort lag wie auf einem Präsentierteller die exakt gegenüberliegende innere dritte Handschwinge des anderen Flügels (Abb. 19). Sie war trocken, die Adlerin musste sie demnach während einer Pause beim morgendlichen Erkundungsflug vermausert haben, also zwei oder drei Stunden vor meiner Ankunft auf diesem schwer zu erreichenden Bergrücken. Was für ein schöner Einblick in den Prozess der Vermauserung beim Steinadler!

Abb. 19 Die jeweils an gleicher Stelle im linken und im rechten Flügel gewachsenen, vom gleichen Adlerweibchen stammenden, inneren Handschwingen. Sie wurden im Abstand von nur wenigen Tagen oder sogar Stunden abgeworfen (S. Denis, Juli 2021, Ovronnaz VS).

Die Mauser – ein stetiger Erneuerungsprozess

Federn sind faszinierende, multifunktionelle Strukturen, welche bezüglich Wärmeisolation, Schutz, Formgebung, Auftrieb und Signalwirkung lebenswichtige Leistungen für deren Träger erbringen. Einmal ausgewachsen, sind Federn tote Strukturen, nutzen sich ab und müssen daher periodisch ersetzt werden. Der dazu notwendige, genetisch festgelegte Erneuerungsprozess wird «Mauser» genannt. Beim Steinadler beginnt dieser bereits einige Tage nach dem Schlüpfen, indem er seine Erstlingsdaunen durch ein dichteres, ebenfalls weißes Daunenkleid ersetzt. Im Alter von drei Wochen zeigen sich die ersten, knospenähnlichen braunen Spitzen der nun wachsenden Stoß- und Schwungfedern. Etwas später sprießen auch Deckfedern und Konturfedern. Der Kopf, insbesondere die Stirn, aber auch die Brust, werden zuletzt befiedert. Nacken- und Halsfedern (auch Lanzettfedern genannt, vgl. Abb. 16) haben oftmals selbst nach dem Ausfliegen (nach 9–12 Wochen) ihre definitive Länge noch nicht erreicht. Die Großfedern wachsen zu Beginn mit 5–10 mm pro Tag bemerkenswert rasch. Das äußert sich bei ausgewachsenen Federn in oft gut erkennbaren, fast 1 cm breiten Tages-Wachstumsringen am Schaft (Abb. 20). Das schnelle Federwachstum ist mit einem hohen Energie- und insbesondere Proteinverbrauch verbunden, zumal sich das gesamte Federkleid gleichzeitig entwickelt. Tägliche, ausgiebige Gefiederpflege ist für die stetige Erneuerung des Federkleids unumgänglich (Abb. 21). Beim Verlassen des Horstes benötigt ein Jungadler eine ausreichend große Flügelfläche, damit er seinen ersten Flug erfolgreich absolvieren kann. Er hat dann das Gewicht und die Größe seiner Eltern erreicht oder sogar übertroffen. Haller (1996) wies bei juvenilen Vögeln aus Graubünden signifikant höhere Maße bei der Flügellänge und bei der Schwanzlänge nach als bei älteren Individuen, was insgesamt größere Auftriebsflächen bewirkt. Die Adlerweibchen benötigen einige Tage länger, um eine ihrer Größe entsprechende Flügelfläche zu erreichen. Sie verweilen daher 5–10 Tage länger im Horst; fliegen also etwas später aus als ihre männlichen Artgenossen (Kapitel 6 Abb. 37). Noch in der Nestlingsphase verlieren Jungvögel ihre zweiten Nestlingsdaunen. Diese sind nach dem Ausfliegen in der Horstumgebung als sehr feine, locker geästete weiße Daunenfederchen zu finden, wo sie im Geäst, an Felskanten oder Grashalmen hängen bleiben. Die Nestlingsdaunen werden anschließend durch ein dichteres und wärmeres Daunenkleid ersetzt, das vom mittlerweile voll ausgebildeten, dunkelbraunen Deckgefieder verdeckt bleibt.

Abb. 20 Auf der Rückseite des Federschafts sind Tages-Wachstumsringe erkennbar. Sie belegen ein Federwachstum von durchschnittlich etwa 8 mm pro Tag. Hier am Beispiel einer linken, äußeren Handschwinge (D. Jenny).

Einmal vollständig befiedert, beginnt beim Jungadler die sogenannte Teilmauser: alljährlich werden Teile seines Gefieders in Form einer kontinuierlichen Staffelmauser erneuert. Dabei werden abgenutzte Federn nach einem mehr oder weniger vorgegebenen Muster durch neue Federn ersetzt. Die Mauser beginnt bei den Handschwingen mit der innersten von insgesamt 10 Federn deszendent (absteigend) und endet mit der äußersten Handschwinge nach drei bis vier Mauserzyklen bzw. Jahren. Die 16 Armschwingen vermausern meist von drei verschiedenen Foci (Mauserzentren) aus und langsamer als die Handschwingen. Die Schwanzmauser beginnt meist im zentralen Federpaar (Abb. 22), ist aber sonst sehr unregelmäßig (Glutz von Blotzheim et al. 1971).

1
Mittels eines öligen Sekrets aus der Bürzeldrüse werden insbesondere die Schwungfedern geschmeidig gehalten.

2
Sämtliche Federpartien werden mit dem Schnabel gerichtet und von Schmutz befreit.

3
Das Kopfgefieder ist nur durch die Krallen erreichbar.

4
Auch das gelegentliche Baden in Wasserpfützen gehört zum sogenannten Komfortverhalten.

5
Kräftiges Schütteln und Aufplustern hilft, Parasiten loszuwerden.

Der Wechsel der Federgenerationen ermöglicht eine Altersbestimmung

Um einmal ganz durchzumausern, benötigt ein Steinadler, der stets flugfähig bleiben muss, drei bis vier Jahre. Einzelne Federn verbleiben demnach zwischen einem und fast vier Jahren am Vogel. Das bedeutet, dass ein mehrjähriger Adler ein Gefieder trägt, das aus zwei bis hin zu vier Generationen besteht. Die Teilmauser beginnt meistens im März oder April und endet mit dem Werfen der letzten Großfeder (Schwungfeder) in der Regel im August. Paare mit Nachwuchs verlegen den Hauptverlauf der Teilmauser in den Juni bis August. Um Energie für die Jungenaufzucht zu sparen, wird der Mauserzyklus hormonell unterdrückt bzw. verschoben (Zuberogoitia 2018). Das hat zur Folge, dass Brutvögel meist erst im Dezember oder noch später wieder ein vollständig wirkendes Flugbild aufweisen. Die längsten Schwungfedern von Weibchen (Handschwingen 5, 6 und 7) können eine Länge von 61 cm aufweisen, deren Wachstum nimmt dann bis zu drei Monate in Anspruch.

Der Mauserverlauf kann von mehreren Faktoren beeinflusst werden. Dazu gehören Stress (verursacht etwa durch Hunger oder soziale Interaktionen) und Krankheiten wie z. B. altersbedingte Gicht, Lungenentzündung oder Krebs, Parasitenbefall oder Vergiftung. Wenn in der Federwachstumsphase Hungerperioden stattfinden, zeichnen sich diese in gut erkennbaren, sogenannten Hungerstreifen (Grimale) mit dünneren Bereichen in den Federfahnen ab, wo mangels Proteinen weniger Keratin eingelagert wurde (siehe Kasten nächste Seite). Zudem lassen sich auch Chemikalien wie Blei und andere Umweltgifte oder Stresshormone nachweisen, die Rückschlüsse auf die Dauer und Zeit der Einwirkung ermöglichen (Ganz et al. 2018). Stoßfedern bzw. Schwanzfedern werden im Normalfall alle zwei Jahre vermausert, genauso wie die inneren und äußeren Handschwingen sowie die äußeren und einige der mittleren Armschwingen. Die inneren und wenige der mittleren Armschwingen hingegen verbleiben meist drei, manchmal sogar vier Jahre am Vogel, bevor sie ersetzt werden.

Abb. 21 Die Gefiederpflege nimmt einen großen Zeitanteil im Tagesablauf der Steinadler ein. Dazu gehört die Einfettung der Federn mit einem Sekret aus der Bürzeldrüse, aber auch das sich Kratzen, Baden und sich Schütteln zwecks Hygiene und Parasitenbekämpfung.

Abb. 22 Zentrale Schwanzfedern aus verschiedenen Generationen, von links:
1. Generation Jugendfeder (Altersklasse juvenil),
2. Generation Jugendfeder (Altersklasse Immatur1),
3. Generation mit erster Adultfeder (Altersklasse immatur2/subadult1),
4. Generation mit Adultfeder (Altersklasse subadult2/adult1),
5. Generation mit Adultfeder (Altersklasse adult1/adult2),
6. Generation mit Adultfeder (Altersklasse adult2/adult3).

Zu beachten ist der hohe Weißanteil der Jugendfedern. Bei Federn ab der 3. Generation geht dieser stark zurück, kann aber auch in späteren Adult-Generationen – bei erheblicher individueller Variabilität – noch erhalten bleiben (Foto: S. Denis).

Kampfopfer-Spuren kontra Hungerstreifen

Im Verlauf der systematischen Untersuchungen von über 140 tot oder verletzt aufgefundenen Steinadlern, die meist beim Amt für Jagd und Fischerei Graubünden (AJF) in Chur durchgeführt wurden, fielen immer wieder Besonderheiten im Gefieder auf. Bei den Untersuchungen waren wir meist zu dritt. Hannes Jenny (Wissenschaftlicher Mitarbeiter beim AJF) führte Buch, Gieri Derungs (Wildhüter) führte Sektionen und Vermessungen durch und ich, David Jenny, als Monitoring-Beauftragter der Schweizerischen Vogelwarte Sempach, untersuchte die Vogelkörper hinsichtlich Besonderheiten und entnahm Gewebeproben für spätere Bleianalysen. Nicht selten kam es zu angeregten Diskussionen bei der Interpretation von Befunden. So fiel etwa die hohe Zahl an Kampfopfern auf, welche deutliche Spuren von Einwirkungen aufwiesen: Kralleneinstiche in der Brust, Daunenfederchen in den Fängen oder Kratzspuren im Großgefieder (siehe Kapitel 5 Seite 111). Bei Letzteren stach ins Auge, dass praktisch alle Totfunde derlei feine helle Streifen in den Schwungfedern aufwiesen. Der Befund «Kampfopfer» näherte sich dadurch einem Wert von 100%. Das machte uns stutzig und wir begannen schließlich an unseren Diagnosen zu zweifeln. Die Streifen im Großgefieder waren in der Folge Ursache für Kontroversen, die erst endeten, als wir mittels Literatur und dem Wissen von Experten erkennen mussten, dass die meisten der Streifen sogenannte Grimale waren: Hungerstreifen. Diese hatten nichts mit äußeren Einwirkungen zu tun, sondern gingen auf Hunger- oder Stressperioden während des Federwachstums zurück. Typischerweise hatten diese eine vom Federschaft in einem ca. 75 Grad Winkel ausgehende Form, weil sie dem Wachstumsverlauf der Federstrahlen folgen (Abb. 23). Nach dieser Erkenntnis mussten wir sämtliche gestellten Diagnosen überprüfen und den zunächst übertrieben hohen Anteil an Kampfopfern etwas nach unten korrigieren.

Abb. 23 Feine, aber deutliche Streifen im Bereich des Schwanzes erinnern an Kratzspuren. Tatsächlich handelt es sich jedoch um Hungerstreifen, auch Grimale genannt, die bei Hungerphasen während des Federwachstums entstehen. Dieser Jungvogel aus dem Südtirol, der als Nestling in Abständen von wenigen Tagen offenbar mehrmals hungerte, hat die Jugendphase nicht überlebt (D. Jenny, 08.11.2018, Mals, Südtirol).

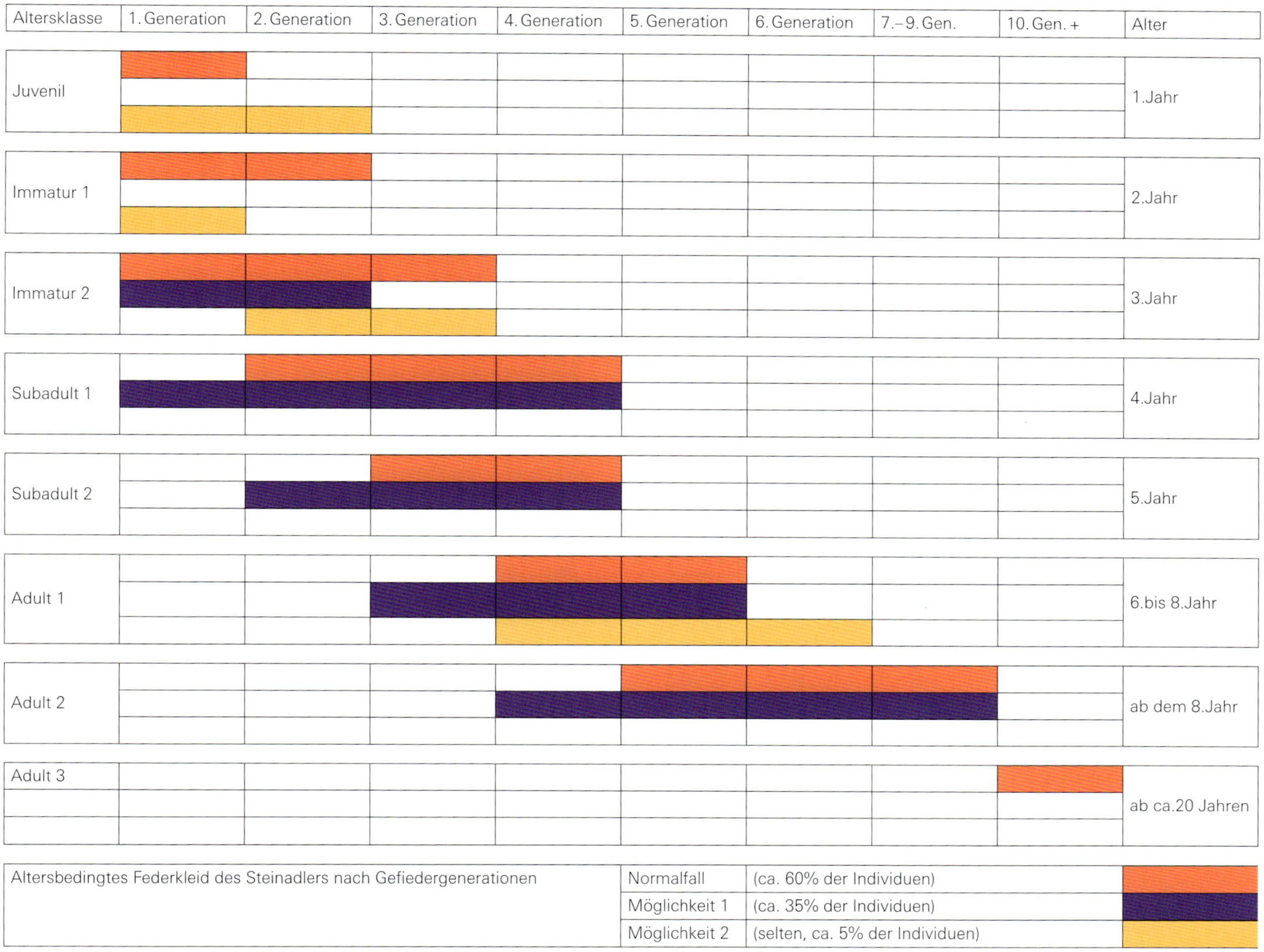

Mit dem Fallen einer Großfeder werden in der Regel die dazugehörigen Deckfedern (je eine der Ober- und Unterseite) ebenfalls vermausert, meist nur wenige Stunden bis einige Tage später. Juvenile Steinadler vermausern bereits im zweiten Jahr ihre ersten Handschwingen (meist HS 1–4) sowie – oft, aber nicht immer – das zentrale Stoßfederpaar. Die frischen, dann der zweiten Generation angehörenden Federn, können bereits im nächsten Jahr erneut fallen und der dritten Generation Platz machen. Danach nimmt die Mausergeschwindigkeit ab und der Adler erreicht den längerfristigen Mausermodus (Abb. 24). Hunger kann bei ganz jungen Steinadlern dazu führen, dass eine Mauserperiode völlig ausgelassen und erst im nächsten Sommer nachgeholt wird. Das kann problematisch werden, weil das ganze Großgefieder dann übermäßig abgenutzt und nur eingeschränkt funktionstüchtig erscheint. Man kann sich gut vorstellen, wie kräfte- und energiezehrend das permanente Ersetzen von großen und vielen kleinen Federn ist. Tatsächlich verlangt die Mauser von Großvögeln alles ab, damit die uneingeschränkte Flugfähigkeit, insbesondere von Greifvögeln, gewährleistet bleibt. Typisch ist zudem, dass die Mauser symmetrisch abläuft. An beiden Körperhälften werden in ein und derselben Mauserstaffel dieselben Federn mehr oder weniger synchron geworfen, zumindest in den ersten Lebensjahren (siehe Kasten Seite 46). Mit zunehmendem Alter geht dieser Synchronismus zurück, ohne dass die Gründe für diese Veränderung bekannt wären.

Abb. 24 Übersicht der Steinadler-Altersklassen und Anteile der entsprechenden Federgenerationen im Großgefieder. Eine Federgeneration umfasst jeweils 1–4 Jahre (S. Denis).

juvenil
Gefieder der 1. Generation.
Alter: bis 1 Jahr

Mögliche Abweichungen vom Normalfall:
Einzelne Federn der 2. Generation (selten). Oft nur dann, wenn Federn der 1. Generation ausgerissen oder krankheitshalber (vor Wachstumsende) vermausert wurden.

immatur 1
Gefieder der 1. und 2. Generation
Alter: 1–2 Jahre

Mögliche Abweichungen vom Normalfall:
Es sind ausschließlich Federn der 1. Generation vorhanden (selten, Federn sind stark abgetragen und zerschlissen).

immatur 2
Gefieder der 1., 2. und 3. Generation (die weißen Zonen in den Schwingen und im Stoß werden durch die Federn der 3. Generation durchbrochen); Alter: 2–3 Jahre

Mögliche Abweichungen vom Normalfall:
a) Es sind ausschließlich Federn der 1. und 2. Generation vorhanden (stark abgetragen und zerschlissen).
b) Es sind ausschließlich Federn der 2. und 3. Generation vorhanden (auch innere Armschwingen der 1. Generation sind vermausert).

subadult 1
Gefieder der 2., 3. und 4. Generation
Alter: 3–4 Jahre

Mögliche Abweichungen vom Normalfall:
Wenige Federn der 1. Generation sind noch vorhanden (innere Armschwingen, seltener Stoßfedern).

Tab. 2 Altersklassen, Alter und Stand der Gefiederentwicklung beim Steinadler. Ergänzend sind häufige bis seltene Abweichungen vom Normalfall aufgeführt (Fotos: S. Denis).

subadult 2

Gefieder der 3. und 4. Generation, keine Federn der 2. Generation.
Alter: 4–5 Jahre

Mögliche Abweichungen vom Normalfall:
Wenige Federn der 2. Generation sind noch vorhanden (innere Armschwingen, seltener Stoßfedern und Handschwingen).

adult 1

Gefieder der 4. und 5. Generation
Alter: 5–8 Jahre

Mögliche Abweichungen vom Normalfall:

a) Wenige Armschwingen und Stoßfedern der 3. Generation sind noch vorhanden (mittlere und innere Armschwingen).
b) Einige Federn der 6. Generation sind vorhanden (innere Handschwingen, Stoßfedern).

adult 2

Alle Großfedern der 5. Generation und mehr
Alter: über 8 Jahre

Mögliche Abweichungen vom Normalfall:
Wenige Armschwingen und Stoßfedern der 4. Generation sind noch vorhanden (abgetragen und zerschlissen).

adult 3

Alle Großfedern der 10. Generation und mehr
Alter: 20 Jahre und älter

Als Gesamterscheinung zu betrachten. Meistens strukturreiche, variable Gefiederzeichnungen. Fahle Hautpartien (Wachshaut beim Schnabel, Fänge), Missbildungen im Großgefieder, am Schnabel und an den Krallen.

Nachfolgende Doppelseite In den Zentralalpen bewohnen Steinadler halboffene Habitate auf der subalpinen und der alpinen Höhenstufe. Hier finden sie Nahrung in Form von wild lebenden Huftieren und Murmeltieren und Nistplätze in Felsen oder auf Bäumen (R. Salis, 12.07.2019, Albulatal GR).

3 | Verbreitung, Lebensraum, Nahrungsgrundlage

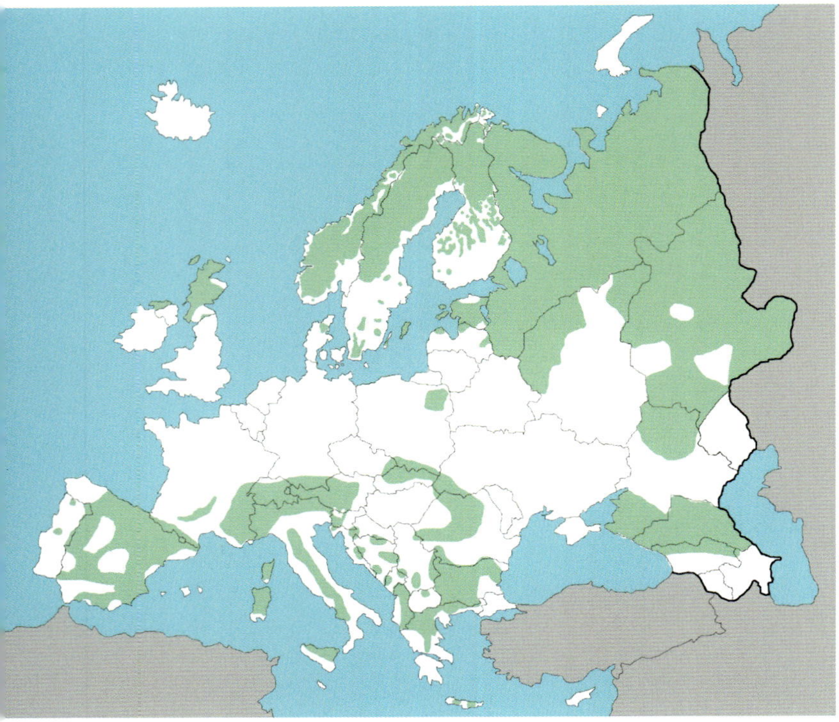

Weite Verbreitung trotz hoher Ansprüche an den Lebensraum

Im Vorkommen und der Verbreitung einer Tierart widerspiegeln sich stets auch dessen Ansprüche und Anpassungen an Lebensräume, welche sich im Verlauf einer langen Entwicklungsgeschichte herausbildeten. Bei Greifvögeln gehört – neben körperlichen Merkmalen zum Erbeuten von bestimmtem Beutetierarten – auch die Fähigkeit dazu, flexibel mit unterschiedlichen Nahrungs- und Brutbedingungen umzugehen. Der Steinadler ist diesbezüglich der Weltmeister unter den Echten Adlern. Sein Beutespektrum ist sehr breit. Zudem ist er ein Aasfresser und bezüglich klimatischen Bedingungen sehr tolerant. Daher erstaunt sein ausgedehntes, fast die ganze nördliche Hemisphäre umspannendes Verbreitungsareal nicht (Kapitel 2, Abb. 4), das unter den Adler genannten Arten nur dem Fischadler nachsteht. Steinadler bewohnen aride Wüstengebiete mitten in der Sahara (Clouet & Goar 2004), weite Bereiche der gemäßigten Zonen, aber auch polare Gebiete bis nach Norwegen (Gjershaug et al. 2017) und selbst Nordalaska (Kochert & Steenhof 2002). Trotzdem weist seine großräumige Verbreitung markante Lücken auf. In Mitteleuropa konzentriert sich sein Vorkommen auf die Alpen und die Karpaten. Von der französischen Atlantikküste bis zum Kaspischen Meer zieht sich quer durch Europa ein breiter unbesiedelter Streifen (Abb. 1). Deutschland weist außerhalb der Alpen keine und Frankreich nur relativ kleine Populationen in den Pyrenäen, dem Zentralmassiv und Korsika auf. England, die Benelux-Staaten und Tschechien sind fast gänzlich unbesiedelt. Auch im Osten Kanadas und der USA kommen Steinadler als Brutvögel kaum vor. Das sind Hinweise darauf, dass der Steinadler trotz großer ökologischer Breite erhebliche Ansprüche an seinen Lebensraum stellt. Anders als etwa der Mäusebussard, der in Europa eine fast lückenlose Verbreitung aufweist, zeigen sich beim Steinadler limitierende Faktoren. Das bedeutet, dass er auf Habitatbedingungen angewiesen ist, welche bei Weitem nicht flächendeckend gewährleistet sind. Zu diesen Bedingungen gehören:

1. Offene oder halboffene Lebensräume als Jagdgebiete, vorzugsweise mit mehr als 5° Hangneigung.
2. Ein ausreichend gutes Angebot an potenziellen Beutetieren. Diese sind größer als Kleinsäuger und kommen nicht in oder in der Nähe von dicht von Menschen besiedelten Gebieten vor.
3. Gut geschützte, schwer zugängliche Brutplätze in Felsen oder auf Bäumen liegen abseits von dicht durch Menschen besiedelten Gebieten (≤70 Einwohner/km^2).
4. Direkte Verfolgung durch Menschen oder Risiken für Vergiftungen können weitgehend ausgeschlossen werden.

Diese Grundansprüche des Steinadlers sind wegen der hohen menschlichen Präsenz in weiten Teilen Europas und Nordamerikas nicht oder nicht mehr vollumfänglich erfüllt. Dazu kommen naturgeschichtliche Gründe. Wenn wir das Rad der Zeit zurückdrehen, finden wir in den weiten Flächen Europas ausgedehnte Waldgebiete vor. Diese waren nur dann für Steinadler bewohnbar, wenn sie lückig bestockt waren oder im Bereich von Gewässern oder Sumpfgebieten offen blieben. Mit der menschlichen Besiedlung und Landnutzung sind vermehrt offene Räume entstanden, die Präsenz von Menschen war aber stets auch ein Hinderungsgrund für eine Besiedlung durch Steinadler, sei es durch direkte Nachstellung oder sei es durch Störungen in Nestnähe und Jagdgebieten oder durch die Dezimierung eines ausreichend guten Nahrungsangebots. Eine Neubesiedelung von einst flächig bewaldeten Gebieten durch den Steinadler kommt zwar vor, beschränkt sich aber auf relativ wenige, kleinere Arealteile.

Abb. 1 Aktuelle Verbreitung des Steinadlers in Europa (Hedfeldt et al. 2020). Die Bestandszahlen zu den einzelnen Ländern sind im Anhang angegeben (Tab. 3).

Verbreitungslücken und Überwinterungsgebiete – zum Brüten reicht es nicht

In Nordamerika haben Steinadler einen Verbreitungsschwerpunkt in den Rocky Mountains (Abb. 2), kommen aber auch östlich davon in der offenen Prärie vor, bis etwa ins Zentrum der USA. Die Great Plains, das Grasland, eignen sich als Steinadler-Lebensraum wegen oft fehlender Brutstandorte zwar nur bedingt, falls aber solche doch vorhanden sind, bietet dieses Terrain dank guter Nahrungsgrundlagen (Bisonherden, Wapitis, Präriehunde, Groß- und Kleinvieh) und relativ dünner menschlicher Besiedlung ansässigen Steinadlern Lebensmöglichkeit (Kapitel 2, Abb. 4.). Weiter östlich, wo teilweise ausgedehnte Waldgebiete anschließen und die Bevölkerungsdichte höher ist, fehlen Steinadler als Brutvögel. Sie treten zwar im Winter gebietsweise als Migranten aus dem Norden und Westen auf, finden aber keine hinreichenden Bedingungen für erfolgreiches Brüten.

Schauen wir nach Norden, finden wir den Steinadler als Brutvogel bis an die Nordküsten Alaskas und Kanadas. Die nördlichen Ausläufer der Rocky Mountains und die ausgedehnten, lichten Wälder der Taiga bieten für Steinadler geeignete Bedingungen, um Jungvögel aufziehen zu können. Zur Nahrung gehören Karibus in den Weiten des Nordens oder Murmeltiere und diverse Huftierarten im Gebirge. Die Bedingungen sind allerdings im Winter so karg, dass die Steinadler nördlich des 52. Breitengrads und abseits der Westküste im Winter südwärts ziehen.

Ähnlich ist die Situation in Nordeuropa. Steinadler brüten bis zum Nordkap und besiedeln ganz Norwegen, weite Teile von Schweden und Finnland ganzjährig, fehlen aber in Teilen Südschwedens und Finnlands als Brutvögel über weite Strecken. Hier finden sich die flachsten Waldgebiete Fennoskandiens, während im gebirgigen Norwegen alpenähnliche Bedingungen und eine Landschaft mit weitgehend offenem Charakter vorkommt. Südschweden und Teile des Baltikums gehören, ähnlich wie der Osten Nordamerikas, zu den Überwinterungsgebieten. Hier treten Steinadler vorwiegend als Migranten im Winter auf. Für das Brüten reichen die Bedingungen gemäß jüngerer Entwicklungen zwar regional aus (Keller et al. 2020), aber nicht flächendeckend wie im Norden (siehe Kasten Seite 60).

Abb. 2 Im mittleren Nordamerika ist der Steinadler vorab in den Rocky Mountains und einigen angrenzenden Regionen ganzjährig ansässig. Den Norden bewohnt er nur zur Brutzeit, im Osten ist er Wintergast. Zwischen 20'000 und 30'000 Steinadler leben in Nordamerika. Foto: © U.S. Fish & Wildlife Services, Aldis Garsvo.

Dichte Wälder und hohe menschliche Präsenz sind Ausschlusskriterien

In der Schweiz gehört der Jurabogen zu den vom Steinadler wiederbesiedelten Gebieten. Hier brütete der Steinadler ursprünglich in einer Landschaft, welche durch menschliche Nutzung neben Wäldern auch viele offene Kulturlandflächen aufwies. Im Verlauf des 18. und 19. Jahrhunderts stieg die Bevölkerungsdichte und damit auch das Störungspotenzial und der Jagddruck auf die Beutegreifer. Eine in Kapitel 1 beschriebene Ausrottungswelle führte schließlich zum gänzlichen Verschwinden des Steinadlers im Jura vor der Mitte des 19. Jahrhunderts. Gut 150 Jahre später kam es dank der 1953 erfolgten Unterschutzstellung des Steinadlers im Alpenraum zur Wiederbesiedlung des Juras. Voraussetzung dafür waren die Offenheit der Landschaft (mit geeigneten Beutetieren) und ein Mosaik von Wäldern und Freiflächen, das sich im Jura durch die menschliche Bewirtschaftung ergab. Ausschlaggebend war zudem das moderne Naturverständnis, das den Schutz aller Arten einschließlich der früher unbeliebten Beutegreifer einfordert.

In den tief gelegenen Ebenen des Mittellands fehlen historische Brutnachweise des Steinadlers. Eine vor der menschlichen Besiedlung weitgehend geschlossene Waldfläche und Gelände mit wenig Reliefenergie boten wohl keine ausreichenden Bedingungen für brütende Steinadler. Später durch menschliche Besiedlung entstandene offene Räume schafften zwar grundsätzlich bessere Voraussetzungen, eine Besiedlung durch Steinadler wurde aber durch eine hohe Bevölkerungsdichte mit erheblichem Störungspotenzial verhindert. Im hügeligen, zum Mittelland gehörenden Alpenvorland (Abb. 3) hingegen sind die Bedingungen gebietsweise ausreichend. Hier siedelten wohl auch früher und brüten heute wenige Paare in den Kantonen Bern und St. Gallen.

Ist der Steinadler ein Vogel der Gebirge?

In der Schweiz gilt der Steinadler als Charakterart des Gebirges. Tatsächlich beschränkt sich seine Verbreitung weitgehend auf die höheren Lagen über 1600 m und damit auf die Alpen und – in eingeschränktem Maß – auch die den Alpen vorgelagerten Hügellandschaften. Die bei uns weit verbreitete Vorstellung, der Steinadler sei ein Gebirgsvogel, fasst allerdings zu kurz. Wie oben ausgeführt, sind es die offenen Lebensräume und nicht grundsätzlich die hohen Lagen, welche

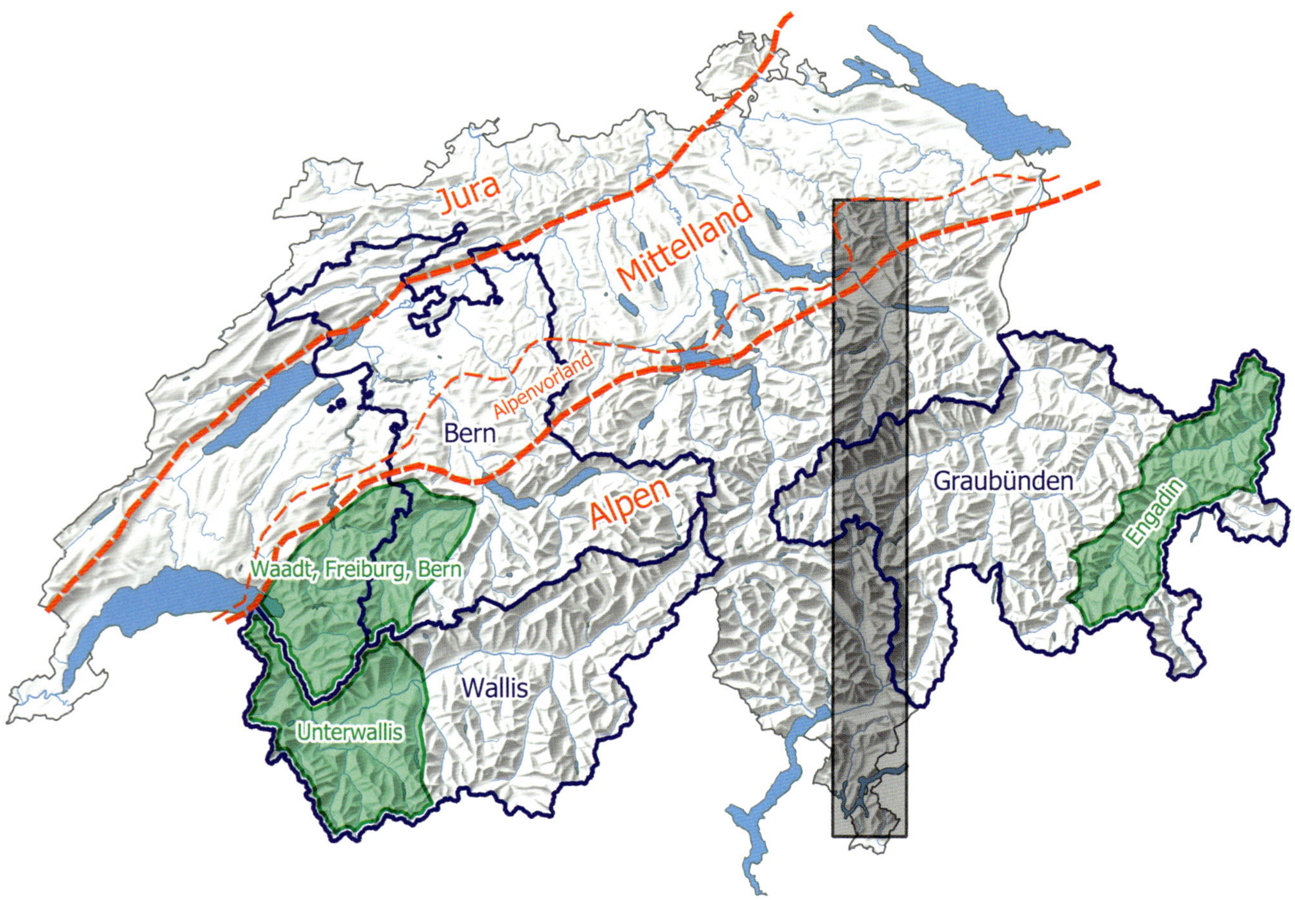

der Steinadler benötigt. So gesehen sind die alpinen Lebensräume für den Steinadler nicht zwingend erforderlich. Mit Blick auf andere Vorkommensgebiete, etwa die Küstenregionen Norwegens, die ebenen Graslandschaften Nordamerikas, Feuchtgebiete in Dänemark oder flache, lichte Waldgebiete in Osteuropa, verdeutlichen sich die Lebensraumansprüche und die ökologische Potenz des Steinadlers. Historische Verbreitungsgebiete umfassen nicht nur relativ niedrige Gebirgsrücken wie die deutschen Mittelgebirge, sondern auch flaches Tiefland, etwa die norddeutsche Tiefebene. In den Alpen, den großflächigsten, naturnahen Lebensräumen Mitteuropas, finden Steinadler die erwähnten Ansprüche aber in hohem Maße erfüllt (Abb. 4). Hier ist das Gelände geneigt oder steil, was dem Steinadler zusagt: In Hanglagen finden die Großvögel geeignete Flugbedingungen vor, etwa bei der Nutzung von thermischen oder dynamischen Aufwinden oder bei Start- und Landemanövern. Auch die Kammerung des Geländes und eine hohe Reliefenergie begünstigen die Flugbedingungen sowie die Festlegung territorialer Grenzen anhand topografischer Linien für den Steinadler (Haller 1996). In Bergregionen nutzen Steinadlerpaare zudem gerne erhöhte Sitzwarten in Felsen oder auf Bäumen, um ihr Revier zu überwachen. Neben dem Vorkommen offener alpiner Lebensräume ist auch die menschliche Bevölkerungsdichte im Gebirge vergleichsweise gering und das Nahrungsangebot oft weit überdurchschnittlich. Dazu kommt – in der heutigen Zeit – eine hohe Akzeptanz in der Bevölkerung des einst verfemten Steinadlers und dessen weitgehend konsequenter Schutz.

Abb. 3 Linke Seite: Geografische Unterteilung der Schweiz mit den Untersuchungsgebieten in Graubünden mit dem Engadin, im Wallis, in Bern und im Grenzgebiet in den Westalpen (Teile der Kantone Waadt, Freiburg, Bern). Die ganze Landesfläche umfasst 41 285 km². Geografische Hauptunterteilung (rot), Kantone (blau) und regionale Untersuchungsgebiete (grün). Grau markiert ist ein 20 km breiter Nord-Süd-Transekt, der dem Alpenrelief folgt (Abb. 15, Seite 155). Basiskarte: swisstopo.

Abb. 4 Die Berge der Alpen grenzen an das ebene Mittelland, hier bei Thun mit Blick Richtung Stockhornkette. Mit seiner starken Kammerung, den offenen alpinen Flächen oberhalb des Waldgürtels und einer geringen Bevölkerungsdichte herrschen im Gebirge hervorragende Lebensraumbedingungen für Steinadler, in den Tiefebenen hingegen nicht. © Markus Mainka/Adobe Stock

Steinadler sind auch Flachländer

Steinadler werden hierzulande den Gebirgslebensräumen zugeordnet. Zumindest hügelig sollte das Gelände sein, so herrscht die Meinung vor. Dass die Vögel zu historischen Zeiten auch im Tiefland, etwa in der norddeutschen Tiefebene, gebrütet haben sollen, weckt hierzulande gelegentlich Unglauben. Steinadler sind aber Allrounder und können in ganz unterschiedlichen Landschaften leben. Voraussetzungen sind ein gutes Nahrungsangebot, weite, offene oder halboffene Jagdflächen, die von Menschen wenig begangen werden, sowie die Verfügbarkeit von Felsen oder Bäumen für die Errichtung von Horsten.
Seit einigen Jahren häufen sich Berichte von Neubesiedlungen in Teilen Europas, welche topfeben sind und so gar nicht der hiesigen Vorstellung eines für Steinadler typischen Lebensraums entsprechen (Abb. 5). In Dänemark brüten seit 1998 vielleicht zum ersten Mal überhaupt Steinadler, in Jütland, nahezu auf Meereshöhe in offen gehaltenen Wäldern, Feuchtgebieten und in bewässertem Kulturland (Nielsen et al. 2024). Das flache Gebiet beherbergt aktuell fünf erfolgreich brütende Steinadlerpaare. Deren Nahrung besteht aus überwinternden Wasservögeln, Fasanen, Haushühnern und Rehen. In Lettland und Estland, in Belarus und Russland brüten Steinadler – teilweise erst seit jüngerer Zeit – ebenfalls im ebenen Tiefland (Hedfeldt 2020); die Horste befinden sich ausnahmslos auf Bäumen.
Auch in den nordamerikanischen Great Plains (Murphy & Stahlegger 2022) und im Norden Finnlands und Schwedens brüten Steinadler in Ebenen, oft nahe der Küste. Dies sind im Gegensatz zu den Neubesiedlungen in Dänemark und Teilen Osteuropas aber seit je bekannte Flachlandpopulationen.
Dem Vordringen des Steinadlers aus dem Gebirge in Richtung Flachland sind aber Grenzen gesetzt. So ist es wenig wahrscheinlich, dass auch im Zentrum Europas Neubesiedlungen in tieferen Lagen stattfinden, weil dort in der Regel zu hohe Bevölkerungsdichten mit Störungsdruck vorkommen. Steinadler verfügen allerdings über eine hohe Anpassungsfähigkeit. Daher ist es nicht ganz auszuschließen, dass sie künftig Ausbreitungsstrategien entwickeln, welche auch bei uns bisher nicht bekannte Lebensräume einschließen.

Abb. 5 In Lettland, Estland und Belarus haben sich Steinadler seit wenigen Jahren in Kleinpopulationen neu angesiedelt – in topfebenen Tieflandgebieten (Foto: J. Kuze, Lettland).

Störungsanfälligkeit und freie Sicht als Schlüsselfaktoren

Machen wir uns einige Gedanken darüber, warum Steinadler a) offene Landschaften brauchen und b) so menschenscheu sind oder geworden sind. Dass sie dazu auch eine ausreichend gute Nahrungsgrundlage brauchen, ist selbstverständlich. Schauen wir zunächst Faktor a) genauer an. Es gibt einige Greifvogelarten, die sich im geschlossenen Wald gut zurechtfinden oder sogar als Primärhabitat Wälder bevorzugen. Dazu gehören der Habicht, teilweise auch Sperber, Mäusebussard oder Wespenbussard *Pernis apivorus*. Es sind Jäger von relativ kleinen Beutetieren wie kleine bis mittelgroße Vögel, Kleinsäuger und, im Fall des Wespenbussards, auch von größeren Insekten. Diese Beutetiere sind unter anderem in Wäldern zu finden, aber nur auf relativ kleine Distanz auszumachen. Ansitz und Jagd durch die Greifvögel erfolgen im Wald. Sehr groß dürfen diese Greifvögel nicht sein, um agil und wendig genug im Geäst und zwischen Bäumen kleinere Beutetiere zu schlagen. Diese Wendigkeit wird im Fall von Sperber und Habicht auch für das Schlagen von fliegenden Vögeln eingesetzt.

Steinadler sind anders gebaut. Als große Greifvögel sind sie fähig, Beutetiere bis zur Größe eines ausgewachsenen Rehs zu schlagen. Ihre Beutesuchstrategie besteht darin, dass sie z. T. aus großen Höhen ihre Nahrung erspähen. Dazu fliegen sie weite Gebiete ab, entweder innerhalb ihres Territoriums als verpaarte Altvögel, oder als immature Steinadler weite Teile der Alpen durchfliegend. Steinadler sind zudem Aasfresser. Auf der Suche nach Tierkadavern sind erst recht ausgedehnte Suchflüge notwendig. Geschlossene Wälder verhindern die freie Sicht bis zum Grund und damit die Möglichkeit, sowohl potenzielle Beutetiere als auch Tierkadaver zu erspähen (Abb. 6).

Abb. 6 Geschlossene Wälder bieten für Steinadler nicht genügend Sicht bis zum Grund, eine Grundbedingung für das Ausmachen von Beutetieren aus der Luft. Im Bild der letzte große Urwald Europas bei Białowieza in Polen (Forest). Foto: © Marek Kosinski

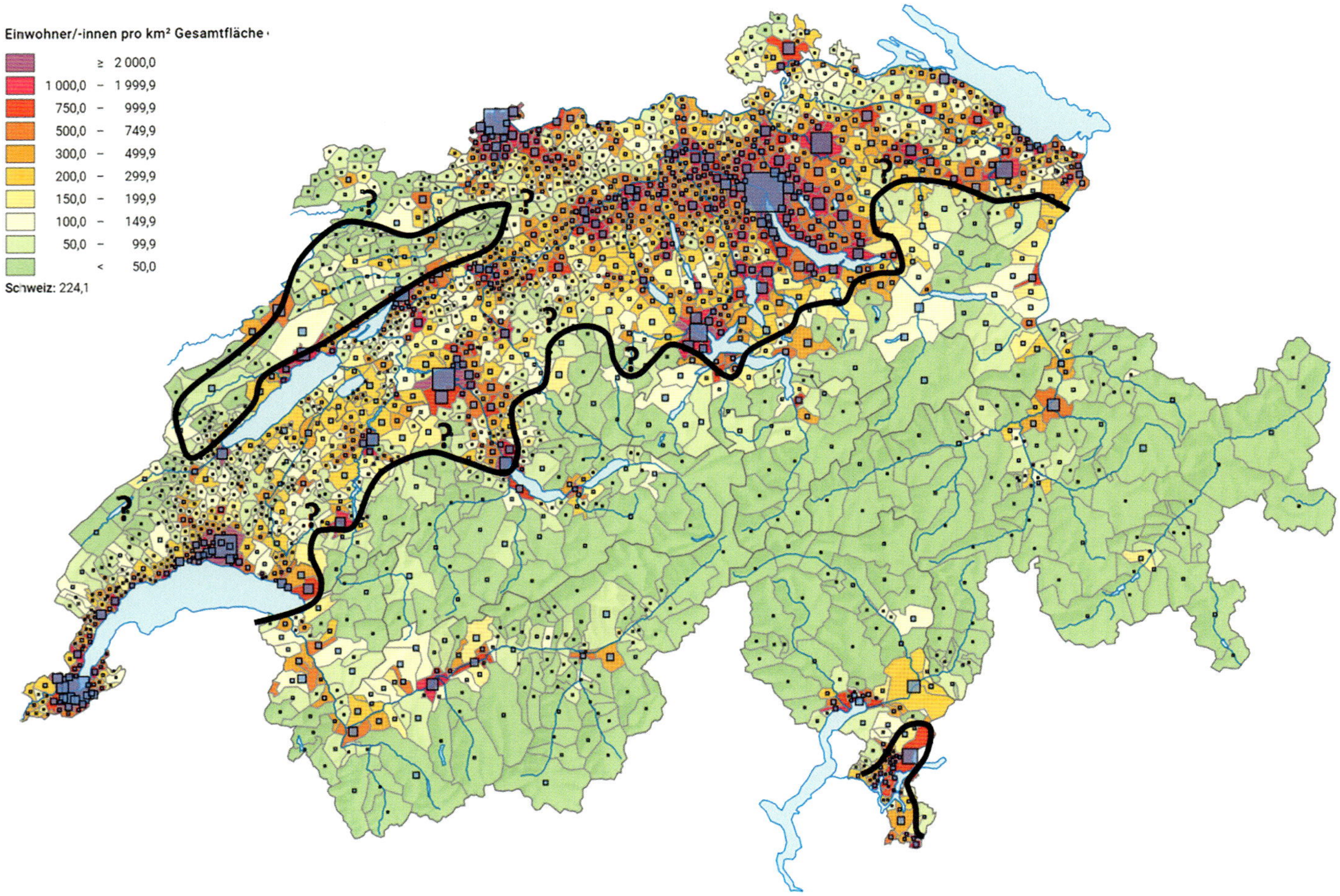

Lückige Wälder, etwa im Bereich der borealen Wälder im Norden oder im subalpinen Bergwald, lassen den Blick bis zum Boden oft zu. Diese halboffenen Lebensräume bieten daher vielerorts ausreichende Bedingungen für jagende Steinadler, dichte Wälder hingegen nicht. Die Randbereiche von Wäldern, auch von geschlossenen, werden hingegen vom Steinadler gerne genutzt. Hier finden sie geschützte Brutmöglichkeiten auf Bäumen. Allerdings braucht es dann angrenzende, offene oder halboffene Flächen als Jagdgebiete, und so finden wir etwa im hügeligen Jura oder auch im Alpenvorland Steinadler dort, wo sich Wald und offenes (Kultur)Land mosaikartig verteilen. Auch in den tiefen Lagen des Mittellands gibt es diese Landschaften, einem Fleckenteppich gleich, wo Wälder und Kulturland abwechselnd vorkommen, etwa dem Zürcher Oberland, dem Kanton Aargau oder dem nördlichen Kanton Freiburg. Hier fehlen aber bis anhin Steinadler als Brutvögel.

Hohe Bevölkerungsdichten in tiefen Lagen – für Steinadler ein Grund zum Fernbleiben

Der Hauptgrund für das Fehlen der Steinadler in tieferen Lagen liegt im erwähnten Faktor b). Die Bevölkerungsdichte ist in den tief gelegenen landwirtschaftlichen Gunstgebieten hoch. Haller (1988) wies auf eine markante Zunahme der Bevölkerungsdichte unterhalb von 1000 m im hügeligen Alpenvorland der Schweiz hin (hier liegt die sogenannte Bergweidegrenze; Gutersohn 1968) und vermutet darin den Grund für das weitgehende Fehlen von Steinadlerrevieren unter dieser Schwelle. Anhand von Habitatmodellen sind auch aus anderen Gebieten seiner Verbreitung negative Zusammenhänge zwischen der

Abb. 7 Bevölkerungsdichte in der Schweiz 2022. Eingetragen ist die aktuelle Verbreitungsgrenze des Steinadlers als Brutvogel (schwarze Linie). Diese folgt weitgehend einem Schwellenwert von 50–100 Einwohnern/km². Regionen mit Ausbreitungspotenzial sind mit einem Fragezeichen gekennzeichnet. Quelle: Arealstatistik der Schweiz, Bevölkerung. Bundesamt für Statistik.

menschlichen Präsenz und dem Vorkommen von Steinadlern deutlich geworden. So in Schweden (Johansson 2020), in Finnland (Tikkanen et al. 2018) oder im Westen der USA (Skagit River Hydroelectric Project 2021). Johannson (2020) gibt für Südschweden einen Schwellenwert von 8 Einwohnern/km^2 an. Höhere Bevölkerungsdichten eignen sich im Skandinavischen Küstengebiet für die Steinadlerbesiedlung nur bedingt. In den Schweizer Voralpen liegt der Schwellenwert deutlich höher, bei etwa 70 Einwohnern/km^2 (Haller 1988), was den im Vergleich zu Skandinavien sehr unterschiedlichen Habitatbedingungen mit stärkerer Reliefenergie geschuldet ist. Die aktuelle Verbreitungsgrenze der alpinen Steinadlerpopulation folgt recht genau dieser Schwelle der Bevölkerungsdichte (Abb. 7). Dass der Steinadler gegenüber menschlichen Störungen so sensibel ist, hat unter anderem mit seiner Tagaktivität zu tun. Er kann nicht, wie beispielsweise der Uhu oder Großraubtiere, den Menschen in der Nacht ausweichen. Warum Steinadler aber etwa im Vergleich zu Mäusebussarden oder Rotmilanen eine wesentlich höhere Menschenscheu zeigen, kann nicht schlüssig erklärt werden. Es gibt aber einige bereits in Kapitel 1 ausführlich erläuterte Zusammenhänge, die mit Selektionsprozessen zu tun haben. Die Gründe für die hohe Sensibilität des Steinadlers gegenüber Menschen, insbesondere am Brutplatz, dürften wohl genetischen Ursprungs sein. Es entbehrt nicht einer gewissen Ironie, dass die artspezifischen Anforderungen des Steinadlers an seinen Lebensraum durch die menschliche Präsenz mitgeprägt wurden. Oder um es populär auszudrücken: Die Beziehung des Königs der Lüfte zu seinem Wirbeltier-Stammesgenossen Mensch wurde so nachhaltig belastet, dass Steinadler Menschen auch unter den heutigen Schutzbestimmungen meiden und es wohl weiterhin tun werden.

Abb. 8 Der im südlichen Afrika beheimatete Klippenadler hat ähnliche Ansprüche an sein Habitat wie der Steinadler. Die Hauptbeute sind Klipp- und Buschschliefer, welche dem Murmeltier bezüglich Größe und Lebensraum ähnlich sind. Eine Koexistenz der beiden *Aquila*-Arten wäre konkurrenzbedingt wohl kaum möglich. Foto: McPhoto – M Schaef/Blickwinkel.

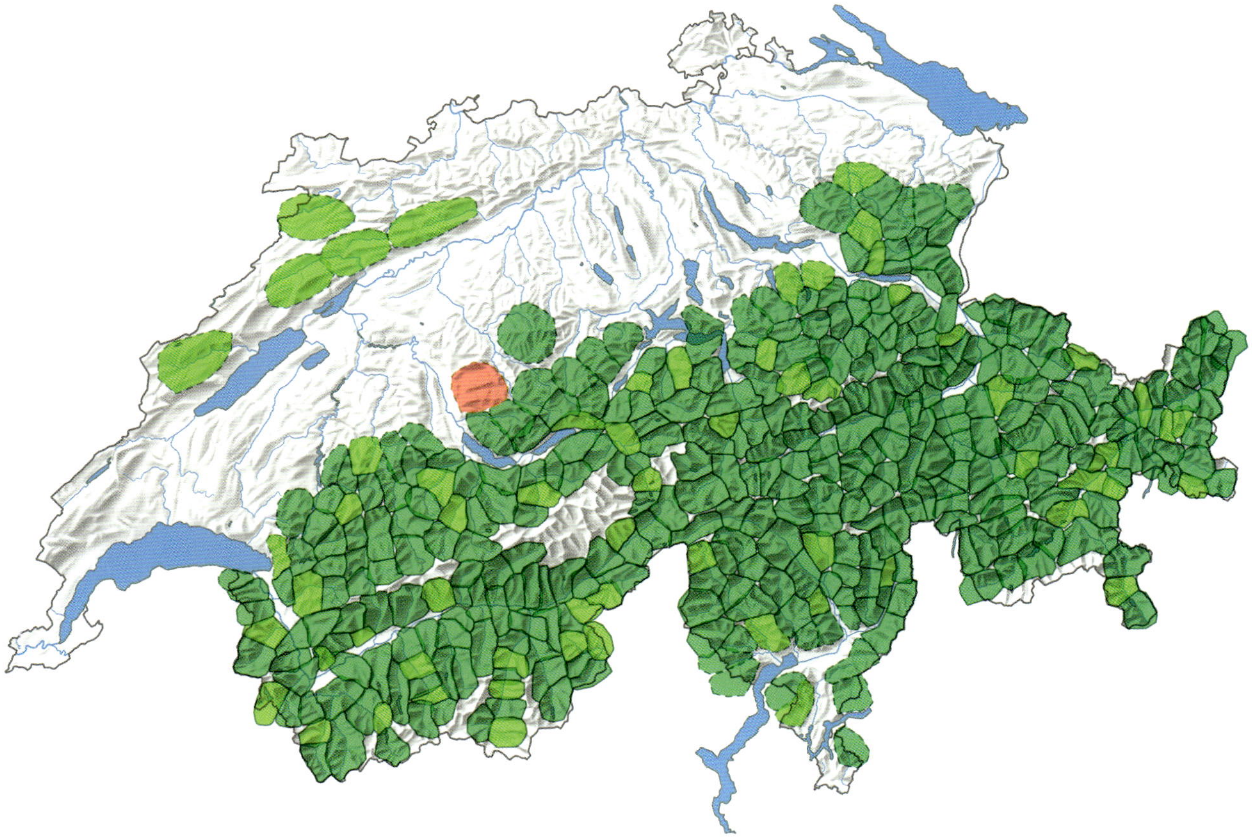

Konkurrenz mit anderen Adlerarten – auch ein Grund für Verbreitungslücken

Die Verbreitung von Steinadlern hängt zu guter Letzt auch davon ab, ob konkurrierende Arten mit ähnlichen Habitat-Ansprüchen vorkommen oder nicht. Die am nächsten verwandten *Aquila*-Arten dürften hierbei die Hauptrolle spielen und sind vermutlich dafür verantwortlich, dass die südliche Hemisphäre, insbesondere Afrika, von Steinadlern nicht besiedelt worden ist (mit Ausnahme einer knapp nördlich des Äquators liegenden, äthiopischen Kleinpopulation im dortigen Hochland). Hier leben nicht weniger als fünf andere *Aquila*-Arten mit teilweise ähnlichen ökologischen Ansprüchen: *A. africana, A. fasciata, A. spilogaster, A. rapax* und *A. verreauxii*, der Klippenadler. Letzterer nimmt vorab im südlichen Afrika eine mit dem Steinadler eng vergleichbare ökologische Position ein (Abb. 8). Die eine Art würde die andere wohl verdrängen. In asiatischen und osteuropäischen Arealteilen des Steinadlers treten zudem der Schreiadler *Clanga pomarina*, der Schelladler *Clanga clanga*, der Zwergadler *Hieraetus pennatus*, der Steppenadler *A. nipalensis* und der Östliche Kaiseradler (*A. heliaca*) auf. Steinadler überlagern hier teilweise die Arealteile der andern Adlerarten und kommen wohl daher nicht so großflächig verbreitet wie in Nordamerika vor, wo neben dem Steinadler keine andern *Aquila*-Arten existieren. Deutlich tritt dies in den Balkanländern zutage, wo auch Schreiadler, Zwergadler und Habichtsadler brüten und Steinadler nur punktuell auftreten. Auch andere Greifvögel inklusive Geier können Steinadler konkurrenzieren, allerdings ohne dass sie eine Koexistenz wesentlich beeinträchtigen oder gar verhindern würden. Dazu gehört auch der Bartgeier. Seine Existenz limitiert zwar nicht dessen Vorkommen, Konkurrenzeffekte könnten aber eine Rolle für ausgedünnte Bestände spielen. Dazu mehr in Kapitel 5.

Werfen wir nun einen etwas genaueren Blick auf die aktuelle Verbreitung des Steinadlers in der Schweiz.

Abb. 9 Steinadlerreviere in der Schweiz 2024 (vgl. Knaus et al. 2018, aktualisiert). Reviergrenzen gemäß Feldbeobachtungen, topografischen Vorgaben und Telemetriedaten von Jungadlern im Bettelflug. Bei isolierten und am Rand der Population liegenden Territorien sind die Reviergrenzen unklar (gestrichelte Linien). Seit 1996 neu dazugekommene Reviere sind hellgrün, ältere Reviere dunkelgrün. Ein einziges Territorium verwaiste im Verlauf der letzten zwei Jahrzehnte (rot). (Quelle: Schweizerische Vogelwarte Sempach; Basiskarte: swisstopo).

Abb. 10 Rechte Seite: Steinadler-Lebensräume in den Alpen zeichnen sich durch ausgedehnte alpine Flächen aus. Brutplätze liegen meist im oberen Bereich des Waldgürtels. Die Aufnahme zeigt die Winterlandschaft im Oberengadin mit den Dörfern S-chanf und Zuoz sowie dem Talfluss Inn. Das Blickfeld umfasst den Lebensraum von fünf Steinadlerpaaren. (D. Jenny, 26.12.2021)

In der Schweiz lebt 98 % des Steinadlerbestands in den Alpen

Das heutige Vorkommen des Steinadlers in der Schweiz umfasst den Alpenraum und wenige Brutpaare im Bereich der Voralpen und im Jura (Abb. 9). Die Schweizer Alpen sind die höchste Bergkette Mitteleuropas und machen rund 60 % der Landesfläche aus (Abb. 10). Sie umfassen 48 Gipfel mit über 4000 m Höhe, örtlich noch große Gletscher und eine markante, Ost-West verlaufende Gebirgsfurche, die sich vom Rhonetal VS bis zum Vorderrheintal GR erstreckt. Über 60 % des Geländes liegt über der Baumgrenze. Diese Flächen bilden die wichtigsten Jagdgebiete und damit einen wesentlichen Teil der Lebensräume für Steinadler. 98 % der Steinadler in der Schweiz leben gegenwärtig in den Alpen, deren alpine Flächen heute vollständig mit Steinadlerrevieren abgedeckt sind. Im Süden erreicht die Schweiz den Alpenrand einzig im südlichsten Tessin, wo südlich des Luganersees grenzübergreifend zu Italien ein Brutpaar ansässig ist. Nur dort, wo großflächig vergletscherte Gebiete wie in den Berner und Walliser Hochalpen vorkommen, gibt es innerhalb der Alpen Verbreitungslücken. Dank heute schweizweit guter Kenntnisse der Steinadlervorkommen können wir die Verbreitungsgrenzen und Bestandsverhältnisse recht präzise darstellen. Die Fehlergrenze für die Bestandsangabe dürfte weniger als 5 % betragen.

Die Verteilung der Revierpaare zeigt eindrücklich, wie homogen Steinadler heute im schweizerischen Alpenraum verbreitet sind. Die gut 370 Territorien in den Alpen verteilen sich auf knapp 25 000 km² (im Mittel 1,4 Paare pro 100 km²). Dennoch gibt es in Teilregionen Unterschiede in der Populationsdichte. Diese schwankt zwischen 0,9 und 2,5 Paaren pro 100 km² (Jenny et al. 2024). Besonders dicht besiedelt sind Regionen im Unterengadin in der östlichsten Ecke der Schweiz, im Grenzgebiet der Kantone St. Gallen, Graubünden und Glarus und im Oberwallis. Diese Unterschiede ließen sich bisher nicht durch die Ressourcen- oder Habitatqualität in den Regionen erklären. Sie scheinen vielmehr mit topografischen oder auch innerartlichen, sozialen Faktoren zu tun zu haben, die noch nicht im Detail verstanden sind. Heute liegt die alpine Steinadlerpopulation im Bereich der Kapazitätsgrenze des Lebensraums, was allerdings nicht ausschließt, dass sich weiterhin neue Paare zwischen den bestehenden Territorien einzwängen und sich die Bestandsverdichtung fortsetzt (vgl. Kap. 7).

Wenige Paare im Jura und in den Voralpen

Außerhalb der Alpen siedeln Steinadler in der Schweiz nur in kleiner Zahl. Im hügeligen nördlichen Alpenvorland, das zum Mittelland gehört, leben derzeit vier Paare. Im Jura haben bis 2024 innerhalb der Schweiz fünf Paare gebrütet (Abb. 9). Dazu kommen Hinweise auf mindestens 1–2 weitere anwesende Paare.

Der im Norden der Schweiz liegende halbmondförmige Gebirgszug des Jura besteht aus Kalkgestein und weist typische aufgefaltete Höhenzüge bis knapp über 1600 m ü. M. auf. Die Landschaft ist geprägt durch bewaldete Hügelketten, ausgedehnte Kulturlandflächen in den flachen Zonen zwischen den Höhenzügen, Wiesen und Weiden in höheren Lagen (Abb. 11) und weit gestreute kleinere und mittelgroße Siedlungen. Für den Steinadler bieten die wenig intensiv genutzten Wiesen und Weiden und halboffenen Waldrandgebiete in Lagen über 1000 m ü. M. relativ gute Jagdbedingungen. Felsen unterschied-

licher Größe sind weit verbreitet und weisen viele geeignete Brutnischen auf. Die gegenwärtig 5–6 bekannten Jura-Paare haben sich schrittweise seit 2009 neu angesiedelt. Je 1–2 Paare brüten in den Kantonen Neuenburg, Jura, Solothurn und Bern. Es ist davon auszugehen, dass sich weitere Paare im Jura etablieren und allenfalls auch grenznahe Gebiete im Schwarzwald (D) oder den Vogesen (F) besiedelt werden, wo Steinadler wie im Jura im 19. Jahrhundert ausstarben (Glutz von Blotzheim et al. 1971), aber bisher als Brutvögel nicht zurückgekehrt sind.

Im Bereich des Mittellands werden die südlichen, hügeligen Abschnitte im Vorland der Alpen von Steinadlern bewohnt (Abb. 19). Hier, in den Kantonen Bern und Luzern (Napf, Entlebuch) sowie St. Gallen und Zürich, gibt es kleinräumige Kulturlandflächen als Jagdgebiete für Steinadler. Die Brutplätze befinden sich in angrenzenden, eher abgelegenen, störungsarmen Bereichen. Die Steinadlerpaare im Schweizer Mittelland besiedeln ausschließlich die von Wäldern durchsetzte, halboffene Hügellandschaft mit maximalen Erhebungen von 1408 m ü. M. und einer Bevölkerungsdichte von deutlich weniger als 100 Einwohnern/km^2. Die relativ extensive landwirtschaftliche Nutzung basiert weitgehend auf der Viehhaltung. Die Wiesen- und Weideflächen und die Waldrandzonen sind die Jagdgebiete der Steinadler, angrenzende Wälder bzw. Waldränder oder kleinere Felsen bieten Brutplatzmöglichkeiten. Das Revier Buchholterberg im Berner Alpenvorland (Brutplatz auf 930 m. ü. M.) nahe Thun ist das bisher einzige bekannte Steinadlerterritorium, das – nach einer Periode der Besetzung zwischen 1974 und 2004 – wieder aufgegeben wurde (Abb. 12). Dies deutet auf die hier für Steinadler suboptimalen Bedingungen an einem Grenzstandort hin. Eine weitere Ausbreitung des Steinadlers Richtung Mittelland ist eher unwahrscheinlich, weil die Grundvoraussetzungen für dessen Vorkommen in noch tieferen Lagen kaum erfüllt werden. Das schließt eine mögliche Etablierung einzelner weniger neuer Paare, die sich aus Überschüssen der Alpenpopulation rekrutieren, allerdings nicht aus.

Abb. 11 Im Jura bieten die offenen Weiden in den Kammlagen gute Jagdbedingungen für Steinadler. Dieses Revier im Berner Jura beinhaltet eine Windkraftanlage mit 16 Turbinen (D. Jenny, 17.10.2024).

Abb. 12 Die Paare im Mittelland brüten in einer Kulturlandschaft und deshalb meist relativ nahe an Siedlungen. Blick von einem Baumhorst (Fichte) ins umliegende Gelände im Revier Buchholterberg nahe Thun BE. Dieses Revier ist mittlerweile verwaist (D. Jenny, 09.10.1987).

Bestandszahlen: weltweit, europaweit, schweizweit

Der Weltbestand des Steinadlers umfasst heute zwischen 51 000 und 87 000 Paare. Unter Miteinbezug von unverpaarten Vögeln sind es 150 000–240 000 Individuen (Ellis et al. 2024), was etwa der Einwohnerzahl der Stadt Genf entspricht. In Anbetracht ihrer weltumspannenden Verbreitung ist dies eine erstaunlich geringe Zahl. Der Hauptgrund liegt in der natürlichen Seltenheit des Steinadlers als übergeordneter Beutegreifer. Er ist ein Konsument der zweiten oder dritten Ernährungsstufe, besetzt die Spitze der Nahrungspyramide und hat einen entsprechend hohen Raumbedarf. Dies äußert sich in der Größe eines von einem Paar besetzten Territoriums, das im Alpenraum zwischen 30 und 50 km^2 umfasst. In weniger produktiven Zonen wie in Nordskandinavien oder -sibirien, sind es wesentlich mehr (etwa 100 km^2). Steinadler müssen zwangsläufig viel seltener sein als ihre potenziellen Beutetiere, und sie sind im Verhältnis zu uns Menschen gar Ausnahmeerscheinungen. In der Schweiz mit ihren gegenwärtig 8,8 Mio. Einwohnern kommen auf einen Steinadler etwa 8000 Menschen, im vom Steinadler weniger dicht besiedelten Alpenraum sind es immer noch 1900 Menschen pro Steinadler. Diese Vergleiche weisen einmal mehr auf die Verletzlichkeit des Steinadlerbestands hin und erinnern an die problematische Beziehung zwischen Steinadlern und Menschen, welche bereits ausführlich in Kapitel 1 dargelegt wurde.

Der Bestand des Steinadlers in Europa zählt insgesamt zwischen 7700 und 9600 Paare (Ellis et al. 2024). Eine Liste dazu findet sich im Anhang (Tab. 3). Aus dieser wird ersichtlich, dass in 32 von 47 Ländern (68 %) in Europa die Populationen stabil sind oder wachsen (Hedfeldt et al. 2020). Das ist eine gute Botschaft. Allerdings gilt es zu vermerken, dass viele Bestände nur deshalb anwachsen, weil sie sich von der lang anhaltenden Verfolgung langsam erholen. In Anbetracht von sinkenden bis stark sinkenden Populationen in Kroatien, Belarus und Albanien (Ellis et al. 2024) und der Erkenntnis, dass weite Flächen Europas aufgrund hoher Bevölkerungsdichten nicht wiederbesiedelt werden können, relativiert sich die grundsätzlich positive Entwicklung. Der Schweizer Bestand mit ca. 1200 Individuen macht fast ein Viertel des Alpenbestands aus. Für den Schutz und Erhalt des Steinadlers in Mitteleuropa trägt die Schweiz somit eine hohe Verantwortung.

Die größten Steinadlerbestände in Europa beherbergen Fennoskandien mit 2500–2900 Paaren, die iberische Halbinsel mit 1600–1900 Paaren und die Alpen mit ca. 1600 Paaren. Die Siedlungsdichten nehmen von Nord nach Süd tendenziell zu. In Skandinavien liegt sie bei etwa 0,25 Paaren pro 100 km^2, in

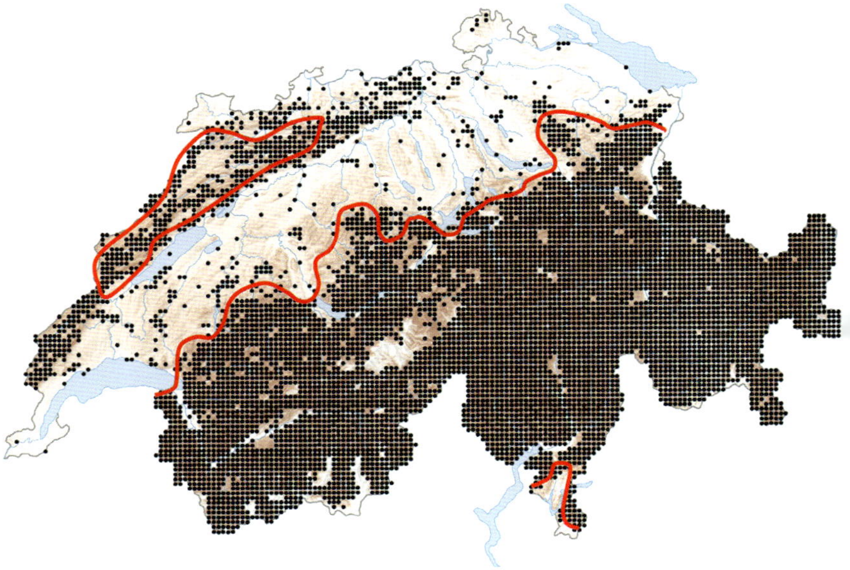

Schottland bei ca. 0,66 Paaren/100 km² und in den Alpen bei ca. 0,75 Paaren/100 km². In der Übersicht von Hedfeldt et al. (2020) werden höchste Paardichten auf den äußern Hebriden Schottlands (3,6 Paare/100 km²) und auf der schwedischen Insel Gotland (1,7 Paare/100 km²) erwähnt. Auch in den Schweizer Alpen (Abb. 13, 14) können Steinadler ausnahmsweise so hohe Dichten erreichen, so in den südlichen St. Galler Alpen mit 2,5 Paaren/100 km² oder im Unterengadin mit 2,1 Paaren/100 km². Im Kanton Wallis entfallen heute 69 km² Fläche auf ein Steinadlerrevier oder 1,4 Paare siedeln pro 100 km² (S. Denis unpubl. Daten).

Die meisten Steinadlerreviere – es sind gegenwärtig 122 – beherbergt der größte Kanton Graubünden, der vollständig im Alpenraum liegt, gefolgt vom zweiten großen Alpenkanton Wallis mit 75 Brutpaaren (siehe Kasten Seite 209; Anhang Tab. 4). Im Kanton Bern leben aktuell 42 Paare, wovon zwei im Jura und eines im Mittelland (Napf). Im Kanton St. Gallen finden sich 3 von 26 Paaren außerhalb der Alpen, im Mittelland. Der Tessin (37) und die Innerschweizer Bergkantone Uri, Schwyz sowie Nid- und Obwalden weisen – flächenbedingt – kleinere Bestände auf, genauso wie Glarus und die Westschweizer Kantone Waadt und Fribourg. In Neuchâtel, Jura, Bern und Solothurn siedeln heute 5–6 Brutpaare im Jurabogen. Die restlichen, größtenteils im Mittelland liegenden Kantone, beherbergen keine Steinadlerpaare. Im Zürcher Oberland oder im nördlichen Appenzellerland ist die zukünftige Ansiedlung von 1–2 Paaren aber nicht ausgeschlossen.

Nahrungsangebot, Beutetiere

Unter Ornithologen herrschte bis in die 1970er-Jahre ein Expertenstreit, als es um die Frage ging – vereinfacht ausgedrückt – welche der beiden Faktoren für das Vorkommen von Greifvögeln wichtiger sei: die Nahrung oder die Brutplätze. Newton (1979) konnte ausführlich darlegen, dass das Vorkommen und die Verfügbarkeit von Nahrung in Form von Beutetieren in der Regel alle anderen Habitatfaktoren überwiegt. Auf den Steinadler übertragen heißt dies, dass für dessen Existenz primär ein ausreichendes Angebot an passenden Beutetieren vorhanden sein muss. Alle anderen Faktoren können zwar ebenfalls limitierend wirken, sind aber ersetzbar oder lassen Spielraum für Alternativen sowie Möglichkeiten für Neuanpassungen zu. «Ohne Nahrung keine Existenz» gilt hingegen absolut. So gesehen lässt sich das reale und potenzielle Vorkommen des Steinadlers anhand seines Nahrungsangebots recht genau definieren.

Wild lebende Huftiere als wichtige Nahrungsgrundlage

In den Alpen bilden die wild lebenden Huftierbestände, insbesondere von Gämsen *Rupicapra rupicapra* und Steinböcken *Capra ibex* sowie von Rehen *Capreolus capreolus* und Rothirschen *Cervus elaphus* eine zentrale Nahrungsgrundlage für den Steinadler (Haller 1996). Die Verbreitung von Gämsen (Abb. 15) und Steinböcken deckt sich weitgehend mit dem Vorkommen der Steinadler in den Alpen. Insgesamt etwa 90 000 Gämsen kommen in der Schweiz bis ins hügelige Voralpengebiet, vereinzelt bis ins Mitteland und auch im Jura vor (Graf & Fischer 2021). Sie bilden damit eine erhebliche Biomasse und sind neben 17 000 Steinböcken für die Jäger der Lüfte eine ganzjährige Nahrungsbasis. Gämsen nutzen vorwiegend alpine und subalpine Zonen, wo sie einerseits als zu erjagende Beutetiere, aber auch als Kadaver für Steinadler verfügbar sind (Abb. 16). Steinböcke leben in noch etwas höheren Lagen, sind aber nicht derart häufig bzw. weit verbreitet wie Gämsen. Auch Rehe (140 000) sind auf der Beuteliste. Allerdings ist deren Vorkommen nicht gebirgsspezifisch, und sie bevorzugen deckungsreiche Lebensräume. Dennoch sind Rehe eine recht häufige Adlerbeute, insbesondere in weniger felsigen Gebirgsabschnitten und in Randgebieten der Alpen. Vor allem während der Brutperiode werden die Jungtiere der Ungulaten von Steinadlern geschlagen; die als Fallwild anfallenden Kadaver werden ganzjährig genutzt. Kadaver von Rothirschen (Bestand CH 35 000) sind speziell im Winter eine ergiebige Nahrungsquelle.

Abb. 13 Typischer Steinadler-Lebensraum in den Zentralalpen. Aufnahme mit Blick auf den Schweizerischen Nationalpark, der von Bergföhrenwäldern und alpinen Zonen geprägt ist. Die schroffen Felswände aus Dolomit bieten Aufwinde, exponierte Aussichtswarten, Schlaf- und Brutplätze (D. Jenny, 12.10.2024, Chaschlot GR).

Abb. 14 Steinadler-Lebensraum im Unterwallis. Ausgedehnte alpine Flächen sind hervorragende Jagdgebiete. Horste liegen in der Regel knapp unterhalb der Waldgrenze (S. Denis, 09.08.2024, Pointe de Bésery VS).

Abb. 15 Verbreitung der Gämse in der Schweiz. Deren Vorkommen stimmt weitgehend mit der Verbreitung des Steinadlers überein. Die roten Linien markieren die aktuelle Verbreitungsgrenze der Steinadlerpopulation (Verbreitungskarte der Gämse aus: Graf & Fischer 2021.

Murmeltiere als Optimalbeute

Im Sommer bildet das Alpenmurmeltier mit Abstand die wichtigste Beute. Im Winter bleiben sie als echte Winterschläfer unter der Erde verborgen. Dieser im alpinen Raum der Schweiz weit verbreitete Nager (Abb. 17) erfüllt die Bedingungen einer Optimalbeute für den jagenden Steinadler, sowohl was die Körpergröße anbelangt als auch bezüglich Häufigkeit, Verfügbarkeit und Verbreitung. Murmeltiere leben vorwiegend auf alpinen Rasen, wo sie gegenüber dem Luftjäger Steinadler exponiert sind und so zur bevorzugten Beute werden. Murmeltiere sind annähernd lückenlos über die Schweizer Alpen verbreitet (Abb. 18).

In den Alpen ist der Tisch reich gedeckt

Die Bestände der wild lebenden Huftiere und des Murmeltieres sind heute in den Schweizer Alpen verbreitet hoch bis sehr hoch. Das Angebot an Beutetieren für Steinadler ist in den Alpen sogar so gut, dass es ein bislang stetiges Wachstum der Adlerpopulation ermöglicht hat (Haller 1996). Die Wildbestände werden, mit Ausnahme der Wildschutzgebiete, nachhaltig durch menschliche Jagd genutzt. Auch die heute wachsenden Wolfsbestände beeinflussen im Alpenraum zunehmend die Verteilung der Huftiere und sorgen für lokal anfallendes Fallwild durch gerissene Tiere, welche vom Steinadler und anderen Aasfressern genutzt werden (vgl. Kasten Seite 100). Auf ein Steinadlerrevier kommen umgerechnet im Durchschnitt heute rund 600–700 Huftiere. Das Murmeltier tritt praktisch in allen alpinen Steinadlerrevieren auf. Dessen Bestand umfasste bei einer Untersuchung im Kanton Bern in den 1990er-Jahren zwischen 40 und 660 Murmeltiere pro Steinadlerrevier (Jenny 1992); im Kanton Graubünden mit einem besonders großen Anteil hoch gelegener Flächen sind sie noch bedeutend häufiger. Während der Jungenaufzucht machen Murmeltiere bei fast allen Brutpaaren in den

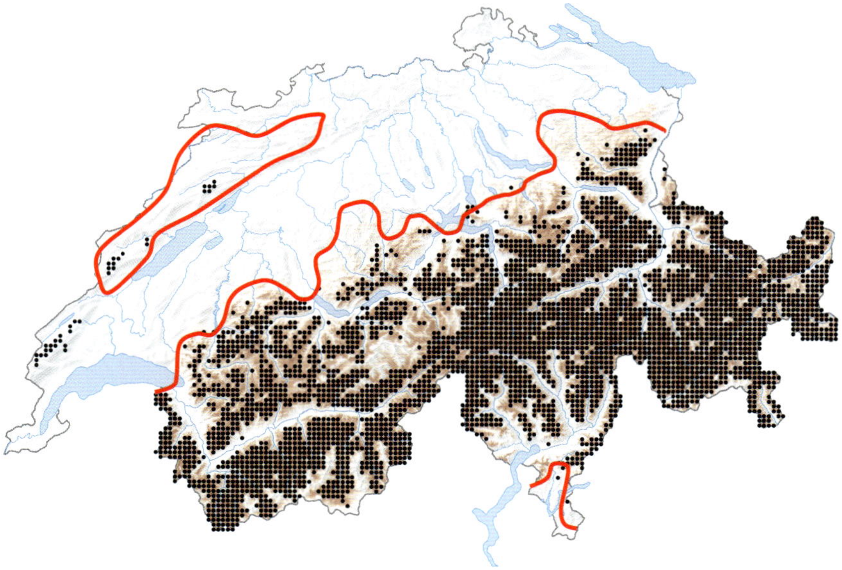

Alpen mit Abstand den Hauptanteil der Nahrung aus. Dieser schwankt je nach Region zwischen 30 und 75% der Biomasse bei der Nestlingsnahrung (Eisenhut & Buchmann 1992, Haller 1996, Tab. 1). In Graubünden war dieser Anteil deutlich höher als im Kanton Bern. Huftiere, meist deren Jungtiere während der Jungenaufzucht, waren in den Stichproben in Graubünden und im Berner Oberland mit 14 bzw. 30% Biomasseanteil vertreten (Tab. 1. und Anhang Tab. 5). Meist waren es Gämsen, gefolgt von Rehen und Steinböcken. Mit einem Biomasse-Anteil von 2% wurden auch ab und zu Hausschafe bzw. Lämmer eingetragen (Graubünden, Haller 1996). Diese können auch auf Totgeburten auf Alpweiden zurückgehen, wurden also nicht zwingend durch die Steinadler geschlagen. Weitere wichtige Beutetiere waren Schnee- und Feldhasen *Lepus timidus* und *L. europaeus*, Rotfüchse und eine Reihe von Vogelarten, die in der subalpinen und alpinen Stufe vorkommen, insbesondere Alpenschneehühner *Lagupus mutus* und Birkhühner *Tetrao tetrix*. Gewisse Unterschiede in den Beutetierlisten verschiedener Alpenregionen weisen auf ein nicht gänzlich homogen verteiltes Nahrungsangebot oder auf individuelle Präferenzen hin. Im Kanton Bern waren Gämsen, Rotfüchse und Schneehasen anteilmäßig stärker vertreten als im östlichen Teil der Schweizer Alpen. Daneben fand sich hier unter den Beutetieren am Horst gelegentlich auch die Hauskatze *Felis silvestris f. catus* (Anhang Tab. 5). Im Wallis zeigten Analysen an einigen Brutplätzen, dass auch Vogelarten wie Steinhühner (*Alectoris graeca*), Kormorane *Phalacrocorax carbo*, Kolkraben *Corvus corax*, Eichelhäher *Garrulus glandarius* und Ringeltauben *Columba palumbus* zum Nahrungsspektrum gehören, genauso wie weitere Säugetiere, worunter Igel *Erinaceus europaeus*, Hermelin *Mustela erminea*, Steinmarder *Martes foina*, Eichhörnchen *Sciurus vulgaris* und vereinzelt sogar Haushunde *Canis lupus familiaris* (Dackel; Anhang Tab. 6).

Abb. 16 Linke Seite oben: Gämsen sind – nach dem Reh – die zweithäufigsten wild lebenden Huftiere in der Schweiz. Sie sind weitgehend an Gebirgslebensräume gebunden und bewohnen vor allem die subalpinen und alpinen Zonen. Für Steinadler bilden sie die wichtigste ganzjährige Nahrungsgrundlage (F. Wehrli, 14.10.2023, Brail GR).

Abb. 17 Linke Seite unten: Murmeltiere bilden die Hauptbeute des alpinen Steinadlers im Sommer. Zwischen dem Steinadler und seinem wichtigsten Beutetier in den Alpen ergab sich im Lauf der Evolution eine Art Wettlauf: hochleistungsfähige optische Ortungsapparate beim Flugjäger stehen einem effizienten, sozialen Alarmsystem beim höhlenbewohnenden Beutetier gegenüber. (F. Wehrli, 12.05.2020, Val Bever GR).

Abb. 18 Verbreitung des Murmeltiers in der Schweiz. Der Alpenraum ist fast lückenlos besiedelt. In den Voralpen, im Mittelland und im Jura (mit Ausnahme einiger kleiner angesiedelten Populationen) fehlt das Murmeltier aber weitgehend. Die rote Linie markiert die aktuelle Verbreitungsgrenze der alpinen Steinadlerpopulation (Verbreitungskarte des Murmeltiers aus: Graf & Fischer 2021).

		Körpergewicht (g)	Anzahl Beutetiere	Biomassenanteil (%)
Feldhase	*Lepus europaeus*	3200	2	<1
Schneehase	*Lepus timidus*	2500	13	4
Hasen unbestimmt	Leporidae undet.		4	1
Eichhörnchen	*Sciurus vulgaris*	345	1	<1
Alpenmurmeltier	*Marmota marmota*	4000	150	73
Rotfuchs	*Vulpes vulpes*	3000j	4	1
Hauskatze	*Felis silvestris* f. *catus*	3200	1	<1
Reh	*Capreolus capreolus*	3700j	8	4
Steinbock	*Capra ibex*	4000j	3	1
Hausschaf	*Ovis ammon.* f. *aries*	4000j	5	2
Gämse	*Rupicapra rupicapra*	3700j	20	9
Alpenschneehuhn	*Lagopus mutus*	420	13	<1
Birkhuhn	*Tetrao tetrix*	1050	13	2
Auerhenne	*Tetrao urogallus*	1800	1	<1
Tannenhäher	*Nucifraga caryocatactes*	168	1	<1
Alpendohle	*Pyrrhocorax graculus*	207	2	<1
Rabenkrähe	*Corvus corone*	507	2	<1
Vogel in Drosselgröße unbestimmt		90	6	<1
Total			**249**	**100**

Alternative Beutetiere im Mittelland und Jura – höheres Risiko für Konflikte

Das während der Aufzuchtphase wichtigste Beutetier der Alpenpaare, das Murmeltier, steht im Mittelland (Abb. 18) nicht zur Verfügung. Für die wenigen Mittelland-Paare gibt es aber Alternativen, die zwar nicht einer Optimalbeute entsprechen, aber doch so verbreitet und zugänglich sind, dass erfolgreiches Brüten möglich ist. Dazu gehören Feldhase, Reh und Gämse, aber auch Hauskatzen und Haushühner (Anhang Tab. 7). In einem Revier im Napfgebiet stand die Hauskatze sogar an erster Stelle auf der Beutetierliste. Die menschliche Präsenz in den tieferen Lagen sorgt für ein zusätzliches Nahrungsangebot in Form von Haustieren. Dass dies Konflikte hervorrufen kann, liegt auf der Hand. Dazu aber mehr in Kapitel 8. Haller (1994) dokumentierte anhand von unter Horsten gefundenen Beuteresten bei vier Mittellandpaaren neun verschiedene Tierarten. Neben den oben erwähnten, kamen auch der Kolkrabe *Corvus corax*, die Aaskrähe *Corvus corone* und das Hausschaf *Ovis ammon* f. *aries* dazu.

Im Vergleich zu den Alpen ist im Jura (Abb. 20) die Verfügbarkeit an Beutetieren kleiner und das Störungspotenzial durch menschliche Aktivitäten höher. Ähnlich wie im Alpenvorland bilden Feldhasen, Rehe, Rotfüchse, Hauskatzen und

Tab. 1 Beutenachweise aus dem Horstbereich, Graubünden 1970–1994. Körpergewichte vor allem nach Glutz von Blotzheim & Bauer 1980 sowie Haller 1988 (j = Jungtiere). Aus: Haller (1996).

Abb. 19 Rechte Seite oben: Steinadler-Lebensraum im Napfgebiet, das zum Mittelland gehört. Hier jagt und brütet ein Steinadlerpaar seit den 1960er-Jahren. Das Wald-Wiesen-Mosaik bietet Möglichkeiten, Beutetiere zu schlagen und steile Wälder beherbergen Baumhorste (D. Jenny, 17.10.2024).

Abb. 20 Rechte Seite unten: Die zweite Hügelkette im Solothurner Jura mit Einblick in die hier typischen Steinadler-Lebensräume. In der Nähe brütete 2009 das erste Steinadlerpaar im Jura nach einer Absenz von mehr als 150 Jahren (D. Jenny, 16.10.2024, Sunnenberg SO).

-hühner die Nahrungsgrundlage. Daneben sind lokal auch angesiedelte Murmeltiere, Gämsen und Steinböcke in den Beutetierlisten vertreten. Bei 22 im Bereich eines Brutpaars im Kanton Solothurn gesammelten Beutenachweisen, stand die Hauskatze an erster Stelle, sowohl bezüglich Anzahl als auch der Biomasse (Anhang Tab. 8), gefolgt vom Feldhasen und dem Rotfuchs. Das in der kleinen Stichprobe relativ breite Beutetierspektrum weist auf ein sehr flexibles Jagdverhalten hin. Der überdurchschnittliche Bruterfolg des Paars belegt jedenfalls ein hinreichendes bis gutes Nahrungsangebot.

Steinadler in Südschweden

Im Juni 2024 besenderte David Jenny im Rahmen einer Kooperation zwischen dem internationalen Steinadler-Forschungsprojekt, das unter der Leitung des Instituts für Verhaltensbiologie in Radolfzell steht (Kamran Safi), und schwedischen Steinadlerkennern einige Nestlinge in der Nähe von Malmö. Die Erfahrungen mit den ganz anders als im Alpenraum lebenden Steinadlern waren eindrücklich und sie zeigen das breite Spektrum ihrer Lebensmöglichkeiten. Hier der kurze Bericht dazu.

Im südlichsten Zipfel Schwedens, in der Region Skåne, hat der Steinadler 1989 mit einer ersten erfolgreichen Brut Fuß gefasst. Aktuell (2024) sind 12 Reviere bekannt, welche aber nicht alle Jahre besetzt sind. Diese liegen in Küstennähe in flachem Kulturland mit mosaikartiger Verteilung von Wald und Feld (Abb. 21). Seit 2012 überwacht, dokumentiert und schützt David Folkesson aus Malmö die Bruten und seit 2023 werden in der Nestlingsphase Jungadler besendert. Die Küstenpaare sind Teil der im südlichen Teil Schwedens inselartig vorkommenden Population, die sich vom Bestand im Norden abgliedert. Die Reviere in Skåne liegen ca. 20 km auseinander; sie sind groß, ohne klare Reviergrenzen. Territoriale Aktivitäten inklusive Girlandenflüge kommen nur selten vor. Die Brutaktivität und Nachwuchsraten liegen deutlich höher als in den Alpen.

Bemerkenswert ist die völlig andere Lebensweise der südschwedischen Steinadler. Häufigste Beutetiere sind neben Feldhasen, Jagdfasanen, Tauben und Rabenkrähen vor allem Schermäuse, die vorwiegend vom Ansitz auf Pfosten oder Stromleitungen ausgemacht werden. Das Beutespektrum umfasst also vorab kleine Tiere und sogar Heuschrecken, die von den Adlern in Wiesen gehend, das heißt zu Fuß, erwischt werden. Im Winter werden auch von Jägern zurückgelassene Fleischabfälle genutzt. Übergriffe auf Haustiere sind nicht bekannt. Adlergegner gibt es dennoch: Jäger, die Verluste von Fasanen und Stockenten monieren, sowie Waldbesitzer, die Einschränkungen bei der Waldnutzung befürchten, da die Horstbäume geschützt sind. Die Horste werden auf hohen Waldföhren, Buchen und Eichen errichtet. Einer der Baumhorste ist 25 Jahre alt und erreicht eine Mächtigkeit von mindestens vier Metern (Abb. 22). Eine weitere Besonderheit ist das Eintragen von Plastik. Gemäß D. Folkesson wird dunkler Plastik zu Isolationszwecken auf der Plattform eingeflochten und weißer Plastik, der von Siloballen stammt, dient als Schmuck am

Horstrand. Nicht alle Paare zeigen dieses Verhalten. Diejenigen, die es tun, schmücken ihren Horst aber jedes Jahr mit Plastik. In den Alpen ist das Phänomen unbekannt, wurde aber auch schon in Israel dokumentiert (Mayrose & Hatzofe 2024). Beim Rotmilan und beim Schwarzmilan ist das Verhalten auch in der Schweiz verbreitet und gut dokumentiert (Aebischer & Scherler 2021). Es wird dort als Signal für gute Fitness an Artgenossen interpretiert.

Das älteste Weibchen wurde im August 1987 im südlichen Mittelschweden (Västergötland) nestjung durch Dag Peterson beringt und erreichte ein Alter von knapp 37 Jahren, bevor es im Sommer 2024 starb. Es brütete bis ins hohe Alter, wenn auch mit geringerem Schlüpferfolg. Bei einem andern Paar stammen sogar beide Partner aus Västergötland. Sie sind ebenfalls beringt und 31- bzw. 32-jährig, und es sind Vollgeschwister, also Nachkommen desselben Elternpaars. Sie brüten erstaunlich regelmäßig und mit gutem Erfolg. 2023 wurden in Skåne zwei Nestlinge besendert, 2024 deren fünf. Einer von ihnen zog nach der Emigration aus dem Heimatrevier 770 km weit schnurstracks nach Norden und kehrte nach vier Monaten wieder nach Südschweden zurück. Solch große Distanzen erinnern an migrierende Steinadler, die nur aus dem hohen Norden bekannt sind.

Abb. 21 Steinadler-Lebensraum in Südschweden. Extensiv genutzte, offene Ebenen wechseln sich mit Feldgehölzen und bewaldeten Anhöhen ab. Baumhorste finden sich in den vorwiegend aus Waldföhren und Buchen bestehenden Wäldern (D. Jenny, 16.06.2024, Skåne).

Abb. 22 Etwa vier Meter hoch aufgebauter Baumhorst auf einer Waldföhre in Südschweden. Das Nest hat ein Alter von 25 Jahren (D. Jenny, 16.06.2024, Skåne).

4 | Jagdverhalten und Ernährung

Prädatoren besetzen ökologische Nischen, die für das Leben und längerfristige Überleben anforderungsreich sind. Stets sind diese Jäger auf der Suche nach Beutetieren. Einmal geortet, erfordert es Erfahrung, Schnelligkeit und Kraft, um die Beute erfolgreich zu schlagen. Das braucht Energie und zehrt an den Reserven. Man könnte sich – etwa im Vergleich zu grasfressenden Huftieren – fragen, warum sie sich das antun. Die Antwort lautet: So werden wertvolle und deshalb begehrte tierische Eiweiße erschlossen. Diese können viel einfacher und energiesparender in körpereigene Substanz umgebaut werden als pflanzliche Nährstoffe. Steinadler verbringen sehr viel weniger Zeit mit der Verdauung als für die Nahrungssuche. Bei Pflanzenfressern wie Huftieren ist es genau umgekehrt. Dazu kommt ein Vorteil, den der Steinadler gegenüber vielen andern Greifvögeln oder Geiern hat: Er ist nicht nur Jäger (Abb.1 und 2) sondern auch Aasfresser und kann, je nach Situation, zwischen

Vorhergehende Doppelseite Füchse sind zwar potenzielle Beutetiere von Steinadlern, allerdings vor allem Jungfüchse und während der Nestlingsperiode. Das geringe Risiko für den bei einem adulten Steinadler-Männchen vorbeispazierenden Rotfuchs scheint dieser richtig einzuschätzen (H. Müller, 20.01.2024, Oberried VS).

Abb. 1 Steinadler erbeuten Tiere in der Regel mit ausgestreckten und geöffneten Fängen. Die dolchartigen Krallen führen meist zur raschen Tötung der Beute. Im Bild ein subadultes Steinadler-Männchen (M. Meier, 31.01.2023, Flüelatal GR).

Abb. 2 Beim Beuteschlag wechselt der Steinadler vom Gleit- zum Sturzflug, fährt seine Fänge aus und richtet sie kurz vor dem Zupacken nach vorne. Hier beim Jagdflug auf seine sommerliche Hauptbeute, dem Murmeltier.

beiden Strategien wechseln. Das macht Steinadler anpassungsfähig und ist mit ein Grund für seine weite Verbreitung. Ein weiteres Ernährungsmerkmal ist seine Flexibilität bezüglich Beutetieren. Diese haben nur wenige Grundvoraussetzungen zu erfüllen: sie müssen eine gewisse Größe haben und aus der Luft oder vom Ansitz aus geortet werden können. Das gilt auch für Kadaver.

Abb. 3 Linke Seite: Diesjähriger Jungadler bei unbeholfen wirkender Attacke auf einen Rotfuchs. Dieser bleibt relativ gelassen und macht dadurch deutlich, dass keine akute Gefahr besteht.

Abb. 4 Während der Aufzuchtphase bearbeiten die Reviervögel ihre Beute – hier ein Murmeltier – vor dem Eintrag in den Horst oft auf vorgelagerten Felswarten. (Fotofallenaufnahme D. Jenny, 29.04.2024, Tschierv GR).

Steinadler auf der Jagd – als Jungadler unbeholfen, später entschlossen und effizient

Das Schlagen von Beutetieren bis zur Größe eines Rehes liegt dem Steinadler gleichsam im Blut. Damit ist gemeint, dass ein genetisch vorgegebener Rahmen, früher oft Instinkt genannt, dafür sorgt, dass ein Beuteschlagverhalten ausgelöst wird, wenn bestimmte Reize auftreten. Das tönt nach einem Automatismus, ist aber in der Realität weit davon entfernt. Denn Erfahrung, individuelle Unterschiede und das Zusammenspiel von innerer Motivation und äußeren Reizen machen die Sache komplex und lassen in jedem Momentum einer Jagdszene Spielraum zu. Diese wird durch Lernerfahrungen gefüllt, welche es dem jagenden Steinadler ermöglicht, Beutetiere stetig effizienter zu jagen. Wer schon einmal erfahrene Steinadler beim Beuteschlag beobachten konnte, weiß was damit gemeint ist. Man spürt im Vorfeld der Szene eine kompromisslose Entschlossenheit, gefolgt von einem oft atemberaubenden Stoßflug mit anschließendem Zupacken (Abb. 2). Da gibt es kein Zögern.

Ganz anders ein unerfahrener Jungadler. Schon während der Bettelflugphase sind für die Jungspunde potenzielle Beutetiere starke Reize, das Jagdpotenzial ist angelegt. Die spielerisch oder gar tollpatschig wirkenden Angriffe auf Füchse (Abb. 3) oder sogar Gämsrudel vermitteln einen ganz andern Eindruck als bei erfahrenen Adlern, sie wirken harmlos. Erfolgreiches Beuteschlagen will gelernt sein und so erstaunt es nicht, dass Jungadler erst im Alter von ein bis zwei Jahren erfolgreich jagen. Bis dahin sind sie praktisch ausschließlich Aasfresser.

Wenden wir uns vorerst den erfahrenen adulten Steinadlern zu, welche während der Nestlingsphase stark gefordert sind, denn es geht darum, einen zentralen Aspekt ihres Daseins zu erfüllen: die Fortpflanzung.

Hoher Nahrungsbedarf in der Aufzuchtphase

Der Nahrungsbedarf zur Zeit der 11-wöchigen Nestlingsphase ist beträchtlich. Bei Untersuchungen an Horsten in Graubünden wurden 25 bzw. 28 eingetragene Murmeltiere registriert (Iselin & Hämmerle 1960; Buchli 1970, Abb. 4.), dazu kommen weitere Beutetiere; bei Buchli (1970) waren es je drei Schneehasen und Schneehühner, was gesamthaft einer Biomasse von ca. 100 kg entspricht. Davon werden allerdings nur etwa 20 % konsumiert, der tägliche Nahrungsbedarf eines Steinadlers liegt gemäß Brown & Watson (1964) bei ca. 230 g Fleisch. Horstanflüge mit Beute kamen bei einem Paar mit einem Jungvogel in der Val Müstair im Durchschnitt 0,4 mal täglich vor, wobei sich die Frequenz von der ersten zur zweiten Hälfte der Nestlingsphase aufgrund des erhöhten Nahrungsbedarfs des heranwachsenden Nestlings vervierfachte (Buchli 1970). Bei Bruten mit zwei Nestlingen ist der Nahrungsbedarf und damit verbunden auch der Aufwand der Reviervögel für die Jagd entsprechend höher. Erfolgreiche Zweierbruten sind nur bei überdurchschnittlichem Nahrungsangebot und gutem Jagderfolg der Reviervögel möglich. Haller (1996) und Jenny (1992) wiesen in Graubünden

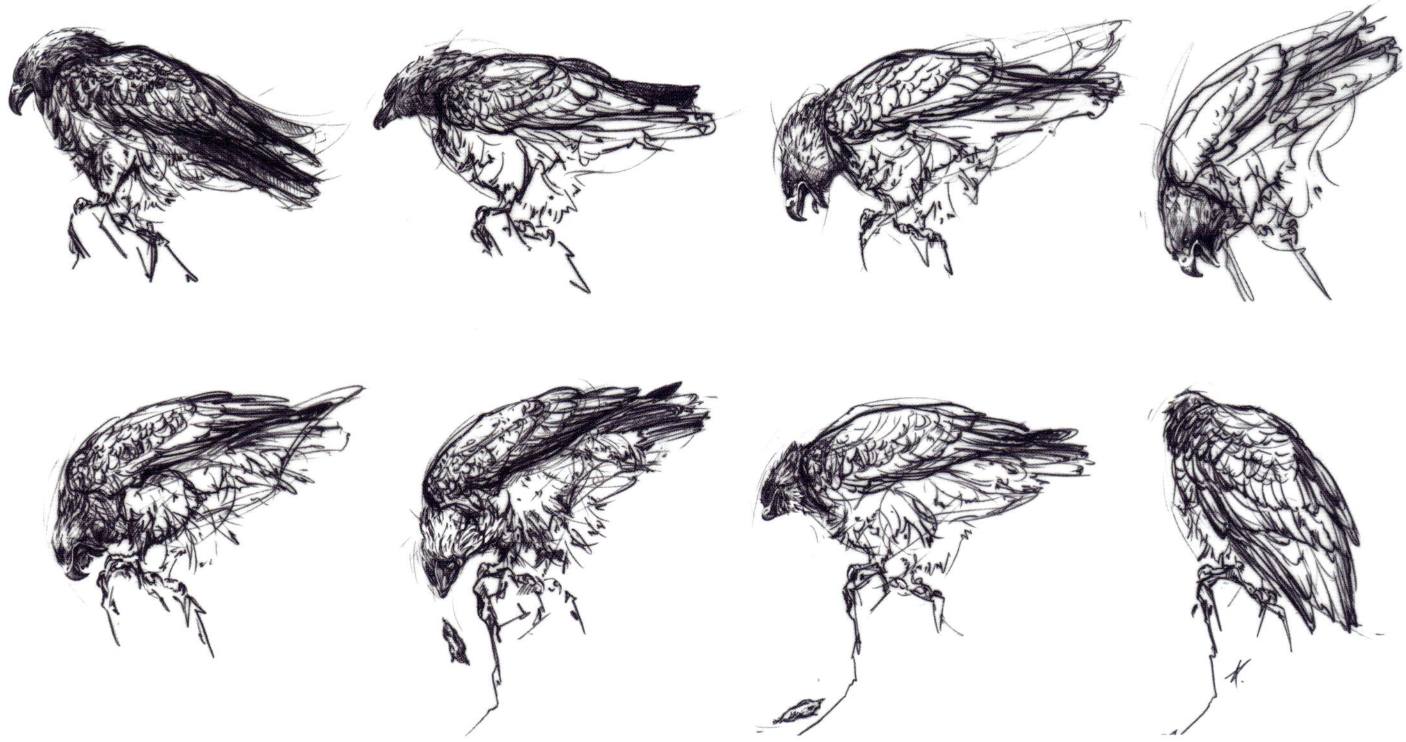

und im Kanton Bern einen positiven Zusammenhang zwischen dem Murmeltiervorkommen in den Revieren und der Brutgröße nach (Anzahl Jungvögel pro erfolgreiche Brut). Auch die zeitlich unterschiedliche Verfügbarkeit von Murmeltieren kann die Brutgröße beeinflussen. So fiel auf, dass in Jahren mit später Ausaperung in hohen Lagen wie etwa im Jahr 2019 in Graubünden besonders viele Zweierbruten erfolgreich waren. Murmeltiere sind sehr einfach zu erbeuten, wenn sie weite Strecken über Schneefelder zurücklegen müssen, um nach der Nahrungsaufnahme in den sicheren Bau zurückzukehren.

Die beim Fressen aufgenommene Nahrungsmenge kann bei einem ausgewachsenen Steinadler etwa 1 kg oder sogar mehr umfassen, wobei etwa 80 % im Kropf landen (Haller 1996). Bei Nestlingen sind die Nahrungsmengen dem Alter und der Größe entsprechend kleiner. Die Verdauung setzt rasch ein, bereits eine halbe Stunde nach Beginn der Nahrungsaufnahme erfolgen regelmäßige Kotabgaben. Im Adlermagen herrscht ein sehr saures Milieu mit pH-Werten unter 2 (Cummings et al. 2024). Bis auf Haare und Hufe wird organisches Material rasch aufgeschlossen, auch kleinere Knochen werden abgebaut. Unverdauliches wird in Form von Gewöllen ausgewürgt (Abb. 6. und 7). Diese bestehen hauptsächlich aus Haaren, manchmal auch aus Federn, Nägeln oder Hufen, also keratinhaltigem Material. Typischerweise enthalten alle Greifvogel-Gewölle keine oder fast keine Knochen. Beutetier-Erhebungen sind daher aufgrund von Gewöllen nur anhand mikroskopischer Haaranalysen möglich. Viel effizienter für die Untersuchung der Nestlingsnahrung ist das Aufsammeln und Bestimmen von Beuteresten im Horst oder dessen Umgebung.

Bei den Alpenpaaren ist in der Nestlingsphase das Murmeltier das mit Abstand häufigste Beutetier (vgl. Tab. 1, Abb. 5). Der dominierende Anteil an Murmeltieren unterstreicht die Bedeutung dieses Großnagers für den Steinadler in den Alpen. Dies suggeriert eine Abhängigkeit des Räubers von dieser Optimalbeute, welche sich über lange Zeiträume in einem Räuber-Beute-System entwickelte. Wenn überhaupt, so hat sich eine derartige Abhängigkeit aber nur fakultativ ergeben, denn Steinadler ziehen auch in Gebieten ohne Murmeltiervorkommen erfolgreich Jungvögel auf. Dies gilt für das gesamte Steinadlerareal erst recht.

Abb. 5 Linke Seite oben: Sieben Wochen alter Jungadler mit einem jungen Murmeltier, dem wichtigsten Beutetier in den Alpen während der Nestlingsperiode. (H. Müller, 26.07.2014, Simplongebiet VS)

Abb. 6 Linke Seite unten: Frisch ausgewürgtes, aus Haaren von Murmeltieren bestehendes Gewöll. Im frischen Zustand befindet sich auf dem Speiballen eine hauchdünne, glitschige Schicht, welche der Adler im Magen produziert. Damit wird das Auswürgen erheblich vereinfacht. Länge: 105 mm, Durchmesser 36 mm (S. Denis, 6.08.2021, Ovronnaz VS).

Abb. 7 Das Auswürgen eines Gewölls ist ein Kraftakt, der mitunter minutenlang dauert.

Zur Kulinarik des Steinadlers

Steinadler sind sehr anpassungsfähig bezüglich Beutetieren. Wenn wir den Blick über den Alpenraum hinaus auf andere Arealteile ausweiten, zeigt sich seine Flexibilität anhand des Beutespektrums. Das europäische Ziesel *Spermophilus citellus* nimmt in weiten Teilen Südosteuropas die Stellung des Alpenmurmeltiers als Hauptbeutetier ein. Als klassischer Steppenbewohner erfüllen Ziesel, die etwas kleiner als Murmeltiere sind, die Voraussetzungen bezüglich Verfügbarkeit und Häufigkeit als Hauptbeutetiere, genauso wie dies nordamerikanische Erdhörnchen oder Präriehunde *Cynomys ludovicianus* in den Great Plains der USA tun. In Schottland gehören Kaninchen *Oryctolagus cuniculus* zu den wichtigsten Beutetieren, und im hohen Norden sind Lemminge *Lemmus* sp. leicht erreichbare Nahrungsobjekte, die bei Massenvermehrungen zeitweise zur vorrangigen Beute werden können (Dementjew 1951). Vornehmlich in mediterranen, aber auch in ariden Arealteilen Nordamerikas werden Reptilien, darunter auch Giftschlangen, erbeutet. Die oft bejagte amerikanische Klapperschlange *Crotalus horridus* ergreift der Steinadler mit einem Fang hinter dem Kopf, mit dem anderen am Vorderrücken und trägt die sich um die Fänge windende Schlange zu einem Felsen, wo er als Erstes den Kopf abbeißt (Fischer 1995). Die Erbeutung von Landschildkröten *Testudo hermanni* ist kein Mythos (Abb. 8). Aus Bulgarien, dem Balkan und aus Klein- und Mittelasien ist das gezielte Suchen und Erbeuten von Schildkröten gut dokumentiert (Sidiropoulos et al. 2024, Angelov et al. 2024). Der Suchflug nach den gepanzerten Reptilien gleicht einem weihenartigen Streifen über die Buschhänge. Entdeckte und erfasste Schildkröten trägt der Adler hoch in die Luft und wirft sie aus 50–80 m Höhe über einem regelmäßig dazu benutzten Felsen ab, um den Panzer der Tiere aufzubrechen. Der Adler stößt sofort hinterher und ist fast zur selben Zeit wie seine Beute am Boden, um die weichen Teile der Schildkröte aufzunehmen. Auch Fische können zur seltenen Beute von Steinadlern werden. In Schottland sind Beuteschläge auf Lachse *Salmo salar* im flachen Wasser belegt (Gordon 1955), an der norwegischen Küste werden auch Seehasen *Cyclopterus lumpus* gefangen (Fischer 1995).

Abb. 8 Schildkröten sind in weiten Teilen Griechenlands und andern Balkanländern mit bis zu 75 % Anteil die Hauptbeutetiere. Deren Überreste finden sich zuhauf in den Steinadlerhorsten (A. Exakoidis, Thrakien, aus: Sidiropoulos et al. 2024).

Abb. 9 Nach dem Beuteschlag trägt ein adulter Steinadler ein 9 Monate altes Steinkitz (siehe Kasten nächste Seite). Mitunter wiegen Beutetiere, die über kurze Strecken in der Luft gehalten werden, deutlich über 10 kg.

Jagende Steinadler als Fotosujet – meist wenig authentisch

Auf Fotografen-Portalen und im Internet sind Fotos von jagenden Steinadlern häufig zu finden. In den allermeisten Fällen handelt es sich dabei um falknerisch abgerichtete Adler, die auf Hasen, Füchse, Fasane, Rehe oder gar Wölfe angesetzt werden. Letztere gehören bei den nomadischen Völkern in der Westmongolei während der traditionellen Jagd mit Steinadlern zu den begehrtesten Jagdbeuten. Vorab weibliche Adler vermögen Wölfe zu stellen (zum Stehenbleiben zu veranlassen), aber nicht zu töten; dies wird durch den heranreitenden menschlichen Jäger besorgt. Für Filmaufnahmen werden manchmal auch Jagdszenen mit zahmen Adlern (Beizadlern) inszeniert. Solche Aufnahmen erwecken oft einen falschen oder gar tierschützerisch bedenklichen Eindruck, wenn etwa immature oder gar juvenile Steinadler ausgewachsene Rehe oder Gämsen packen sollen. Reale Jagdszenen lassen sich weder zeitlich noch örtlich voraussagen und verlaufen meist blitzschnell. Deshalb sind nicht inszenierte Fotografien oder Filmaufnahmen von echten Beuteschlägen, wie sie in Abb. 2 und 9 skizziert sind, äußerst selten. Reale Aufnahmen von kröpfenden Adlern an geschlagenen Beuten sind hingegen zahlreich vorhanden, weil diese Szenarien am betreffenden Platz relativ lange andauern (Abb. 18, 19, 21 und 24).

Im Winter fehlt die Optimalbeute

Weil Murmeltiere nur im Sommer als Beute zur Verfügung stehen, haben alpine Steinadler seit jeher auch andere Beutetiere erjagt, denn das Beutetierschema des Steinadlers ist breit angelegt. Dies zeigt sich auch durch die hohe jahreszeitliche Flexibilität bezüglich Beutetieren und Jagdstrategien, die in winterkalten Zonen naturgemäß besonders ausgeprägt ist. Auch menschbedingte Veränderungen des Nahrungsangebots erfordern Flexibilität. Für die Zeit während des Zweiten Weltkriegs wies Haller (1996) denn auch einen deutlich geringeren Anteil an Murmeltieren bei der Nestlingsnahrung in Graubünden nach. Damals wurden auf der Hochjagd etwa dreimal mehr Murmeltiere erlegt, entsprechend tiefer war der Bestand. Auch bei Stemmler (1955) in den 1930er- bis 1950er-Jahren war der Murmeltieranteil in Steinadlerhorsten geringer (Anhang Tab. 9). Als Alternative und Ergänzung zur Optimalbeute fungieren die erwähnten wild lebenden Huftiere, insbesondere Gämsen und Steinböcke bzw. deren Jungtiere (Abb. 9) bis im Alter von etwa einem Jahr (Anhang Tab. 10). Auch hier stimmt das reichliche Beutenangebot mit der Phase des höchsten Bedarfs überein, denn die Setzzeit der Gämsen und Steinböcke liegt im Mai und Juni. Huftiere können bis zu einem Körpergewicht von 15 kg geschlagen werden.

Welche Gewichte vermag ein Steinadler zu tragen?

Welche Gewichte ein Steinadler zu tragen vermag, war zur Zeit der Kinderraub-Mythen ein wichtiges Thema (vgl. Kasten Seite 12). Carl Stemmler (1955) postulierte Maximallasten von 5–6 kg, ein Gewicht, das ein Kleinkind schon im Alter von 3–4 Monaten erreicht. Tatsächlich können Steinadler auch schwerere Gewichte tragen, allerdings nur über kurze Distanzen und daher kaum bis zu einem weiter entfernten Horst. Murmeltiere wiegen bis 6,5 kg, was in etwa der maximalen Traglast eines Steinadlers entspricht. Geschlagene, große Beutetiere tragen Steinadler manchmal in zerteilter Form ein, bei jungen Huftieren zumeist die hintere Körperhälfte. Murmeltiere werden vor dem Transport zum Horst oft im Bereich der Lendenwirbel halbiert (Haller 1982) oder enthauptet. Bei Beuteschlägen unterhalb des Horstes ist die Gewichtsreduktion besonders bedeutsam: So sah Serge Denis im Juni 2009 bei Saxon VS, wie ein Revierweibchen erfolglos versuchte, ein Rehkitz zum Horst hochzutragen. Es landete schließlich im lichten Wald, zerteilte innerhalb von 20 Minuten die Beute und trug dann die hintere Körperhälfte des Kitzes zum Horst. Bei Beuteschlägen ohne Bezug zu einem Horst, können auch schwerere Beuten über kurze Distanzen an günstige Fressplätze transportiert werden. So gelang David Jenny am 9. März 2015 beim Piz Albris bei Pontresina GR die Beobachtung einer erfolgreichen Jagd auf ein 9-monatiges Steinkitz: Das ansässige adulte Steinadler-Weibchen flog im Stoßflug auf ein direkt neben seiner Mutter stehendes Kitz am Rand einer Felswand. Der Adler schlug seine Krallen blitzschnell in den Schädel des Beutetiers, schwang sich mit ihm über die Felskante, drehte – das Kitz am Kopf tragend – ab, glitt mit der Last über steile Flanken (Abb. 9) und landete schließlich nach gut 300 m in einem Schneefeld, wo er nach kurzem Sichern begann, die Beute zu kröpfen (Abb. 10). Das Steinkitz wog mindestens 10 kg. Haller (1996) berichtete, wie im Winter 1991/1992 in der Val Punt Ota Steinwildkitze durch den Steinadler getötet wurden: Eines davon, 14,5 kg schwer, wurde gepackt und zum Absturz gebracht; ein kleineres, 8 kg schweres Kitz vermochte der Adler 250 m weit zu tragen. Bei den angreifenden Adlern handelte es sich um jüngere, unverpaarte Vögel.

Abb. 10 Steinadler-Weibchen von Paar Bernina an einem kurz zuvor geschlagenem Steinkitz kröpfend. Das um die 10 kg schwere Beutetier wurde über eine Distanz von mindestens 300 m getragen (D. Jenny, Pontresina, 09.03.2015).

Beuteschlag – nur jeder zehnte Versuch ist erfolgreich

Die Jagd auf Beutetiere verläuft allerdings nur ausnahmsweise erfolgreich. Vom Ansitz aus werden Beutetiere am Boden aus Distanzen von bis zu 3 km geortet. Bei anschließenden Jagdflügen mit finalem Stoßflug waren gemäß Haller (1996) nur 7% erfolgreich (n = 47). Erfahrung spielt dabei die entscheidende Rolle und – wie immer bei jeder Jagd – auch Glück. Die Erfolgsquote ist daher individuell sehr unterschiedlich. Auch aus dem Suchflug heraus werden Beutetiere ausgemacht und direkt im Stoßflug geschlagen. Hier wurde eine deutlich höhere Erfolgsquote von 41% (n = 34) als bei der Ansitzjagd ermittelt (Haller 1996). Trotz geringerem Erfolg wird die Ansitzjagd häufiger betrieben. Zum einen ist der Energieaufwand geringer und zum anderen kann von exponierten Warten aus auch das Revier überwacht und Präsenz markiert werden. 71 Beuteschlagversuche während der Nestlingszeit waren bei den Reviervögeln in Graubünden etwa gleich erfolgreich wie außerhalb der Nestlingszeit (12% bzw. 11%). Allerdings lag der Anteil geschlagener Murmeltiere während der Aufzucht von Nestlingen deutlich höher (Tab. 1). Unverpaarte Einzelvögel traten nur in einem von 27 Beuteschlagversuchen erfolgreich auf.

Geschlechterrollen, individuelle Vorlieben und kooperatives Jagen

In der Aufzuchtperiode obliegt das Schlagen von Beutetieren mehrheitlich dem Männchen. Dabei sind individuelle Unterschiede zwischen Paaren allerdings groß. Haller (1996) registrierte 1979 bei einem Paar im Dischmatal bei der Zahl von Beuteschlägen ein Verhältnis von 32:1 zwischen Männchen und Weibchen. Bei einem andern Paar in der Val Susasca lag das Verhältnis bei 29:11. In einem Fall wurde vom Paar gemeinsam gejagt. Kooperatives Jagen kommt vor allem bei erfahrenen Paaren vor. Im Berner Oberland dokumentierte Jenny (1992) am 19. März 1987 eine solche Jagd bei Habkern: Der männliche Paarpartner schoss einer Hauskatze über einen Hang hinterher. Die fliehende Katze sprang darauf dem in der Luft in Lauerposition fliegenden Weibchen praktisch in die Fänge. Das Weibchen tötete und kröpfte die Beute dann während fast einer Stunde direkt vor Ort, erst danach war das wartende Männchen an der Reihe (Abb. 11).

Im Wallis stellte Serge Denis bei Wechseln der Revierinhaber Änderungen im Beutespektrum fest, weil Jagdpräferenzen und Rollenteilungen zwischen den Geschlechtern variierten. Während bei einigen Paaren fast ausschließlich das Männchen Beute eintrug, beteiligten sich in anderen Revieren beide Partner zu

Angriff auf:		**Reviervögel während der Nestlingszeit**		**Reviervögel außerhalb der Nestlingszeit**		**Einzelvögel**	
		n	**+**	**n**	**+**	**n**	**+**
Feldhase	*Lepus europaeus*			1	1		
Alpenmurmeltier	*Marmota marmota*	19	3	8	2	5	0
Rotfuchs	*Vulpes vulpes*			1	0		
Hauskatze	*Felis silvestris f. catus*					1	0
Wilde Huftiere	Artiodactyla			17	2	17	0
Wildhühner	Phasianidae	7	0	18	0	3	0
Beute vom Rotfuchs abjagen						1	1
Total		**26**	**3 (12%)**	**45**	**5 (11%)**	**27**	**1 (4%)**

Tab. 1 Stoßflüge (n) und erfolgreicher Beuteschlag (+) von Revier- und Einzelvögeln 1977–1994 in Graubünden. Nach Haller (1996).

ähnlichen Anteilen. Unterschiedliche Geschlechterrollen äußern sich auch in der Ernährung während der Bebrütungsperiode. Weibchen besorgen die Bebrütung der Eier tagsüber zu etwa 70 %, Männchen übernehmen gut 20 % (vgl. Kapitel 6). Nachts brütet fast ausschließlich das Weibchen (Jenny 1992). Nahrungsversorgung am Horst durch den Partner kommt zwar vor, ist aber die Ausnahme. In der Regel nutzen Brutvögel die Brutpausen, um selbst zu jagen oder an Fallwild zu fressen. Noch häufiger aber versorgt sich das Weibchen an Kröpfplätzen, die zuvor vom Männchen mit Nahrung bestückt wurden.

Beuteschlagen ist auch für den (unerfahrenen) Jäger riskant

Der Beuteschlag zielt darauf ab, mit den kräftigen, scharfen Krallen in den Schädel oder den Brustkorb des Beutetiers einzudringen. Dies hat in der Regel den umgehenden Tod eines Murmeltiers oder eines Gämskitzes zur Folge. Bei fast allen erfolgreich verlaufenden Beuteschlägen auf (junge) Huftiere finden sich millimeter- bis 1 cm große Kralleneinstiche im Schädel (Haller 1996, Abb. 12). Murmeltiere werden auch durch sogenanntes Walken mit den Fängen, also durch wiederholtes wippendes Einstechen mit den Krallen, in kurzer Zeit getötet. Ausnahmsweise dauert der Todeskampf länger, etwa, wenn der Einschlag nicht präzise an der richtigen Stelle erfolgt. Murmeltiere können in solchen Fällen sehr wehrhaft sein, mit ihren Nagezähnen beißen und dem Adler auch Verletzungen zuführen. Haller (1996) dokumentierte einen Fall, wo ein Murmeltier den nach einem erfolglosen Beuteschlag am Boden sitzenden Adler durch einen Sturmlauf sogar angriff und diesen zum Abflug veranlasste. Wehrhaft sind auch alle mittelgroßen Raubtiere wie Füchse, Marder oder Hauskatzen. Reiser (1939) berichtet von einem Fall aus Bosnien-Herzegowina, wo ein erwachsenes Hermelin, ein vergleichsweise kleines Beutetier, einem Adler in der Luft die Kehle durchbiss, eine Arterie traf und den Adler tödlich verwundet abstürzen ließ. Junge Prädatoren sind in der Regel unerfahren und als Beutetiere entsprechend harmloser. Der Anteil an Jungtieren ist bei in den Horst getragenen Beutegreifern auffallend hoch. Jungfüchse etwa sind in bestimmten Revieren – insbesondere bei den Mittelland- und Jurapaaren – häufige Beuten. Bei einem Paar im Tössstock-Gebiet (SG) waren Jungfüchse mit 34 % Biomassenanteil sogar die Hauptbeute (Haller 1994; Anhang Tab.7).

Nahrungsdepots für schlechte Zeiten

Das in den Alpen grundsätzlich hohe Nahrungsangebot steht den jagenden Steinadlern nicht permanent zur Verfügung. Während Schlechtwetterphasen kann der Jagderfolg schon mal über Tage oder gar Wochen ausfallen. Im Extremfall können Steinadler bis zu 6 Wochen fasten (Fischer 1995). Heranwachsende Nestlinge sind aber auf eine kontinuierliche Nahrungsversorgung angewiesen. Um deren hohen Energiebedarf auch in Phasen ohne Jagderfolg abzudecken, werden Depots angelegt, die meist in Horstnähe liegen (Abb. 13). Dies geschieht an sogenannten Kröpfplätzen, wo geschlagene Beutetiere vom

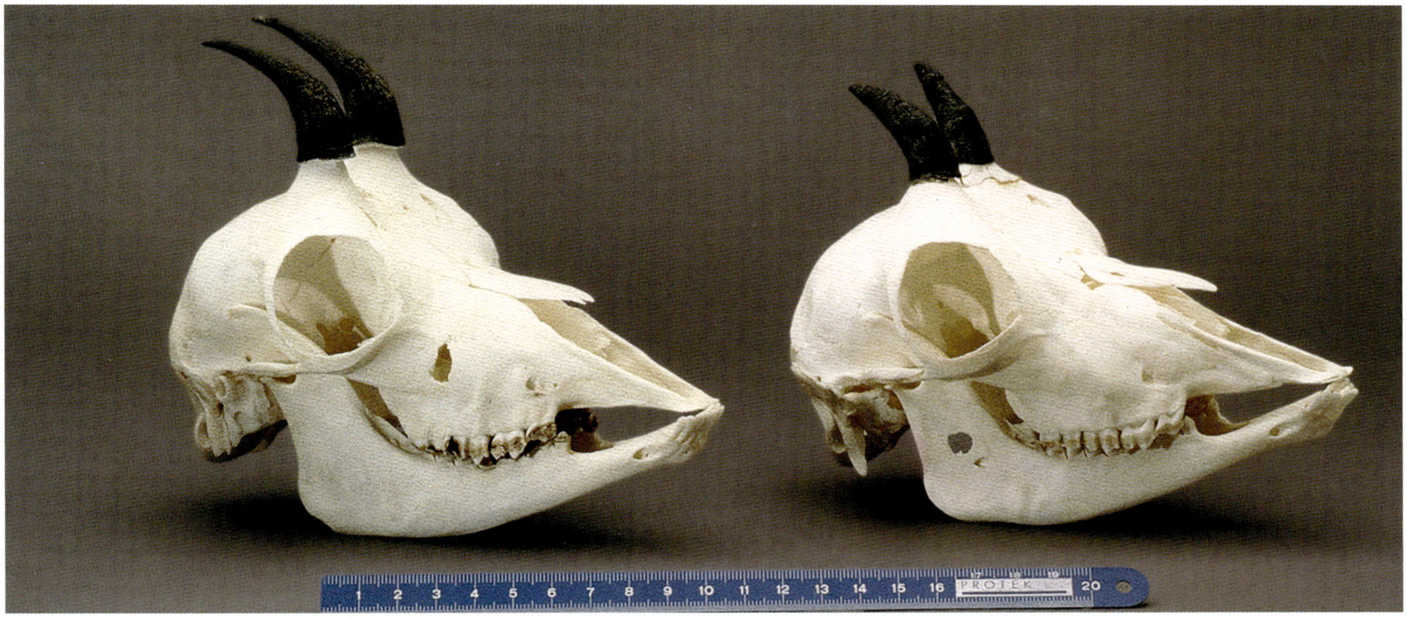

Abb. 11 Linke Seite: Kooperative Jagd auf eine Hauskatze. Das Männchen treibt die Katze dem lauernden Weibchen in die Fänge. Kleines Foto: Überreste einer auf diese Weise erbeuteten Hauskatze sowie Kampfspuren im Schnee (D. Jenny, 19.03.1987, Habkern BE).

Abb. 12 Schädel von zwei Gämskitzen aus Graubünden, die von Reviervögeln geschlagen wurden. Je ein Kralleneingriff ist beim linken Schädel (Val Sagliains, 27.03.1980) am Oberkiefer und beim rechten Schädel (Dischmatal, 30.03.1978) am Unterkiefer zu erkennen (aus Haller 1996).

Abb. 13 Frisch geschlagene Beutetiere werden mitunter an Kröpfplätzen deponiert und aufbewahrt, bevor sie in den besetzten Horst getragen werden. Links: Murmeltier mit bereits genutzter Leber (D. Jenny, 04.07.1990, Giessbachtal BE). Rechts: Jungfuchs (D. Jenny, 13.07.1987, Eriz BE).

Adlerpaar als Nestlingsfutter vorbereitet und nahrhafte Innereien auch selbst gekröpft werden. Sie liegen vorzugsweise in der Nähe und etwas höher als der Horst auf kleinen Felsvorsprüngen. Bei solchen Depots besteht allerdings das Risiko, dass sie von Nahrungskonkurrenten wie Mardern, Füchsen oder möglicherweise auch durch Bartgeier geplündert werden.

Der Kropf – eine fliegende Vorratskammer

Greifvögel wie Habichte und Adler haben gleich wie Falken einen Kropf. Bei Bartgeiern fehlt ein solcher, auch Eulen haben keinen Kropf. Diese dehnbare Aussackung der Speiseröhre im Kehlbereich ermöglicht die Speicherung von beträchtlichen Nahrungsmengen. Beim Steinadler sind 700g belegt (D. Jenny, AJF 2015). Beuteschlagende Vögel haben einen hohen Bedarf an Speicherplatz, weil am Nahrungsplatz, nach meist hastigem Kröpfen, ein rasches Sicherstellen und Abtransportieren von möglichst viel Fleisch überlebenswichtig sein kann. Steinadler füllen ihre Kröpfe gelegentlich so stark, dass sie – je nach Hangneigung – kaum abfliegen können. So geschehen bei einem juvenilen Steinadler, der im November 2014 bei Rueun GR einen Kolkraben kröpfte und Annäherungen bis auf wenige Meter duldete. Zu Fuß hangaufwärts auf eine erhöhte Warte gehend, können so beladene Steinadler ihre Startmöglichkeiten verbessern.

Die Kropffüllung dient der eigenen Ernährung. Der Inhalt wird nicht zu Fütterungszwecken ausgewürgt, wie dies etwa bei Meeresvögeln der Fall ist. Gefüllte Kröpfe sind als deutlich hervorstehende Aussackungen bei fliegenden Steinadlern von Weitem zu erkennen (Abb. 14) und geben Auskunft über den Ernährungszustand von Individuen und über die Ernährungssituation ganz allgemein. Haller (1996) dokumentierte in Graubünden 480 Kropfzustände von Reviervögeln und stellte eine Rate gefüllter Kröpfe von 17% fest. Diese Rate variierte über die Jahreszeiten, wobei in den Wintermonaten von Januar bis März höhere Kropffüllungen auftraten als im Sommer. Dies hat mit der winterlichen, stark auf Aas ausgerichteten Ernährung zu tun. Im Winter wird weniger regelmäßig, dafür mehr Nahrung aufgenommen als während der Aufzuchtperiode, wenn fast ausschließlich gejagt wird. Weibchen hatten eine mehr als doppelt so hohe Kropffüllrate als Männchen. Bei den ganzjährig auf Aas angewiesenen unverpaarten Einzeladlern stellte Haller keinen jahreszeitlichen Unterschied fest.

Abb. 14 Steinadler-Männchen mit erkennbar gefülltem Kropf, in welchem bis ca. 700g Fleisch aufbewahrt und später verdaut wird (S. Denis, 19.10.2018, Derborence VS).

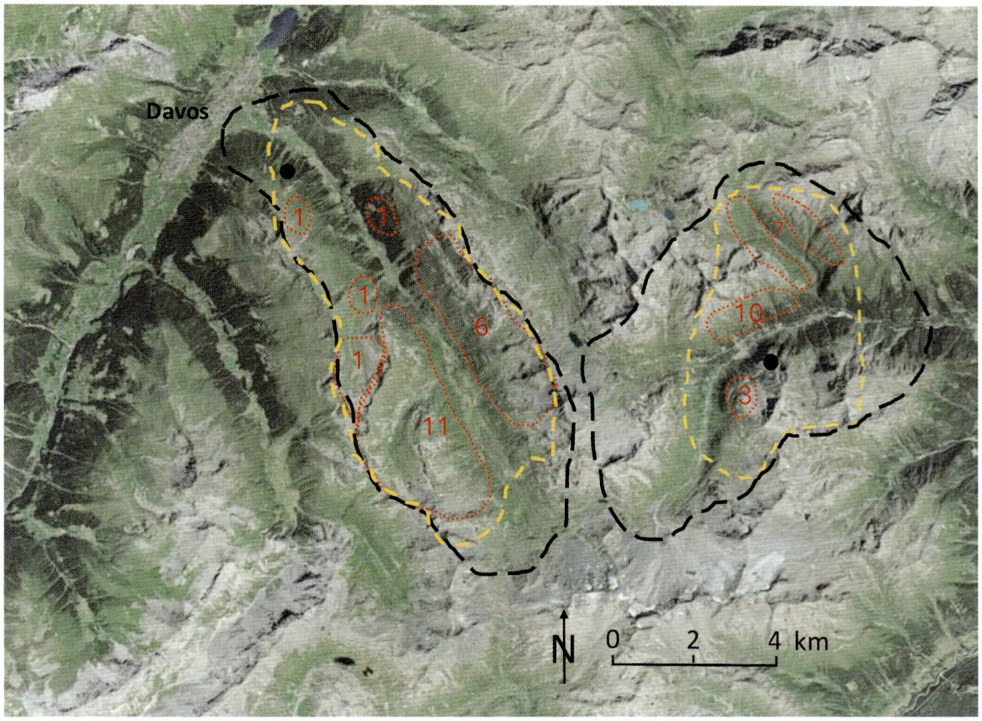

Bejagte Flächen im Territorium sind relativ klein

In der Nestlingszeit jagen verpaarte Steinadler ausschließlich innerhalb ihres Territoriums, wobei nur bestimmte Flächen regelmäßig zur Jagd genutzt werden (Abb. 15). In diesen Flächen wird aufgrund der genauen Kenntnis der Aufenthaltsorte und des Verhaltens der hier zahlreichen Beutetiere ein hoher Jagderfolg erreicht. Zudem sollte ein energiesparender Beutetransport zum Horst möglich sein. Haller (1996) untersuchte die Jagdflächen in vier Revieren in Graubünden. Sie umfassten lediglich 27–40 % des ganzen Aktionsraums und lagen im Bereich der Waldgrenze und der alpinen Stufe. Die geschlagenen Beutetiere oder Teile davon wurden unter Ausnutzung von Hangaufwinden im flachen Gleitflug, oft mit unterstützenden Flügelschlägen und zuweilen gar mit zwischengeschaltetem Aufkreisen an geeigneten Plätzen, horstwärts bis über 9 km transportiert. Die bejagten Flächen umfassten große Murmeltiervorkommen, doch waren Letztere keinesfalls auf die hauptsächlich bejagten Gebiete beschränkt. Warum aus objektiver Sicht geeignete Jagdflächen oft kaum oder gar nicht genutzt werden, bleibt meist unklar. Erfahrene Reviervögel wissen sehr genau, wie sie die Nahrungsquellen in ihrem Revier optimal nutzen können. In unmittelbarer Horstnähe liegende Einstände von Huftieren oder Murmeltierkolonien werden aber oftmals kaum bejagt.

Abb. 15 Reviergrenzen (schwarz gestrichelte Linie), jagdlich genutzte Gebiete während der Nestlingszeit (gelb gestrichelte Linie) und regelmäßig bejagte Flächen (rot gepunktet umrahmte Flächen) in den Revieren Dischma 1979 und Susasca 1980 GR. Die roten Ziffern stehen für die Anzahl der zur Nestlingzeit geschlagenen Beutetiere, die in den meisten Fällen zu den Horsten (schwarze Punkte) transportiert wurden. Aus: Haller (1996). Basiskarte swisstopo.

Vögel als Beutetiere – etwas für Spezialisten

Für die Erbeutung von Vögeln entwickeln Steinadler zuweilen spezifische Strategien. Die Jagd auf Birkhühner ist während der Balzzeit besonders lohnend: Angriffe finden vorzugsweise in den frühen Morgenstunden statt, wenn sich das Schlagen balzender Hähne am Boden oder von im Tiefflug aufgescheuchten Birkhennen in der Luft anbietet. Auch Alpenschneehühner können auf diese Weise gepackt werden. Die Entwicklung ausgefeilter Jagdstrategien auf bestimmte Beutetiergruppen geht soweit, dass Steinadler zur Zugzeit auf bestimmte Vogelarten ansitzen. So wurde am 01.04.1995 bei Airolo ein auf einer Fichte ansitzendes Reviermännchen beobachtet, als es blitzartig mitten in einen ziehenden Schwarm mit 50 Kormoranen stiess, einen Vogel packte und mit ihm auf die andere Talseite segelte (Mollet & Jenny 1995).

Erfolgreich Beuteschlagen – eine kognitive Parforceleistung

Im Vergleich zu Rabenvögeln oder Papageien haben Greifvögel den Ruf, nicht besonders intelligente Tiere zu sein. Man sagt ihnen nach, nicht bis drei zählen zu können. Tatsächlich nutzten dies Indigene in Nordamerika beim Adlerfang, indem sie beim Begehen von Verstecken mit Ködern – gut sichtbar für den Adler – zu zweit hin- und allein zurückkamen. David Jenny erlebte etwas Ähnliches beim Platzieren eines Dummy-Eies mit Mess-Sensoren bei mehreren Zweiergelegen im Berner Oberland (vgl. Kapitel 5). Die brütenden Adler erweckten dabei nicht den Eindruck, ein Zweier- von einem Dreiergelege unterscheiden zu können.

Andererseits lösen raffinierte Jagdverhalten und -strategien bei Greifvögeln immer wieder Staunen oder gar Verblüffung aus. Wenn etwa ein Steinadlerpaar zu zweit kooperierend ein Beutetier nicht nur aus dem Hinterhalt aufscheucht, sondern dieses dem Partner in die Fänge treibt (Kapitel 4, Abb. 11), so ist dies kaum anders als durch ein planerisches Denken und Ausführen erklärbar, das auch die Kommunikation mit dem Partner einschließt. Die Information, ob etwa ein erspähtes Murmeltier nah genug, unaufmerksam genug, weit genug entfernt von warnenden Artgenossen oder vom sicheren Bau ist, muss blitzschnell verarbeitet und zu einem entschlossenen Handeln geführt werden. Komplexe Jagdstrategien erfordern Lernprozesse auf hoher Stufe, es sind kognitive Leistungen. Warum Greifvögel trotzdem den Ruf haben, nicht besonders intelligent zu sein, ist vielleicht dadurch erklärbar, dass sie mit Ausnahme von Geiern nicht in Gruppen leben. Ein Leben in der Gruppe gilt als Treiber von Intelligenz. Als ein über die längste Phase seiner Evolution jagender (und sammelnder) Primat hätte der Mensch allerdings genügend Gründe, um den kognitiven Fähigkeiten von Adlern und anderen Greifvögeln mehr Anerkennung entgegenzubringen. Vielleicht hat der Adler bei indigenen Völkern gerade deswegen einen so hohen Stellenwert, weil jagende Nomaden haargenau wissen, wie anspruchsvoll erfolgreiches Beutemachen ist. Es ist zu empfehlen, die menschliche Einstufung von geistigen Fähigkeiten stets zu überprüfen und aus der Sicht der artspezifischen Anforderungen zu beurteilen. Der Steinadler liefert ein gutes Beispiel dafür, wie dies gemeint ist: Zählen gehört nicht zu dessen überlebenswichtigen, sprich notwendigen Fähigkeiten, komplexe Jagdstrategien hingegen schon.

Haushühner und Hauskatzen – im Jura und im Mittelland ganz oben auf der Beuteliste

In den Revieren im Mittelland und im Jura sind die Jagdstrategien den im Vergleich zum Alpenraum deutlich anderen Verhältnissen bezüglich Lebensraum und Beutetierangebot angepasst. In der Beutetierliste fungieren neben Feldhasen, Füchsen und Rehen insbesondere auch Haus- und Nutztiere. Die Erbeutung von Hauskatzen und Haushühnern ist für den Steinadler relativ einfach und lohnend, weil die Haustiere punktuell häufig (Haushühner) oder im offenen Gelände gut sichtbar (mausende Hauskatzen) vorkommen. Allerdings erfolgt der Beuteschlag meist in Siedlungsnähe und erfordert vom Steinadler eine gewisse Abkehr von seiner grundsätzlich angelegten Menschenscheu. In drei von vier untersuchten Revieren im Mittelland und im Jura gehörten Hauskatzen und Haushühner zu den häufigsten Beutetieren in der Nestlingsphase (Anhang Tab. 7 und 8). Bei Mogelsberg im unteren Toggenburg erbeutete das Adlerpaar nach 2010 während mehrerer Brutperioden regelmäßig Haushühner auf einem Legehennenbetrieb, der 500 m vom Brutplatz entfernt war (Abb. 16). Der fast tägliche Verlust von Hennen auf dem Betrieb durch Steinadler rief Behörden auf den Plan, mündete aber in einer großzügigen Entschädigung für die vom Adler erbeuteten Hühner. Unverpaarte Einzeladler jagen ausnahmsweise auch im Winter Hauskatzen oder Haushühner. Sie können dann auch bis in die tiefsten Lagen vordringen und Beute machen, wie im Fall der Erbeutung zweier Feldhasen im März 1994 beim Kaltbrunner Riet SG auf 410 m über Meer durch einen zwei- bis dreijährigen Steinadler dokumentiert wurde (Robin & Keller 1995).

Das Schlagen von Katzen ist gelegentlich mit einem längeren Todeskampf der Beute verbunden, wenn Adler diese nicht am Schädel, sondern beim Brustkorb packen und die sprichwörtlichen sieben Katzenleben zur Herausforderung für die Jäger werden. Solche Szenen finden manchmal in Siedlungsnähe und unter den Augen von Beobachtern statt. Sie wecken meist negative Emotionen. Ausnahmen gibt es etwa bei Ornithologen, wel-

Abb. 16 Das Männchen des Mittelland-Paars im unteren Toggenburg SG beim Rupfen einer Legehenne. Auf dem in der Nähe des Brutplatzes gelegenen Legehennenbetrieb wurden regelmäßig Haushühner geschlagen. (D. Jenny, 03.11.2015).

Abb. 17 Auch von alpinen Adlerpaaren werden gelegentlich Hauskatzen erbeutet. Einblick in einen Horst bei Frutigen BE mit erbeuteter Hauskatze und einem Hermelin (D. Jenny, 24.06.1989).

chen das umgekehrte Szenarium «Katze frisst Vogel» bestens bekannt ist. Beim mittlerweile verwaisten Revier Buchholterberg nahe Thun schoss im April 1988 ein Bauer mit seinem Militärgewehr auf das Weibchen des Brutpaars, weil es die siebte Hofkatze erbeutet haben soll (Abb. 17).

In sehr seltenen Fällen können auch Kleinhunde ins Beuteschema von Steinadlern geraten. Zwei Fälle in halboffenem bis offenem, gebirgigem Gelände, welche die Opfer überlebten, sind bekannt geworden: Im Januar 2024 bei Les Mosses VD (in *20 Minuten* vom 20.01.2024) und im Spätherbst 2004 bei Lavin GR während der Niederjagd (R. Giacometti). In beiden Fällen wurden die Steinadler kurz nach dem Beuteschlag von den Hundehaltern durch lautes Rufen bzw. durch einen vom Jäger abgegebenen Schuss in die Luft von ihrer Beute vertrieben. Die Hunde erlitten durch die Adlerkrallen zugefügte Fleischwunden. Während des Beuteschlags hielten sich die kleinen Hunde (ein Terrier und ein Rauhaardackel) 50–100 m von ihren Haltern entfernt auf. Bei den Steinadlern handelte es sich mit großer Wahrscheinlichkeit um die ansässigen Revierinhaber.

Im Bettelflug ist Erziehung angesagt

In der Bettelflugperiode werden Jungadler bis zum definitiven Ausziehen aus ihrem Heimatrevier von ihren Eltern mit frischer Nahrung versorgt. Das lauthalse Betteln der Jungvögel ist weitherum hörbar und für die Eltern ein starker Reiz, den Jungen Nahrung zu bringen. Dies geschieht nicht immer auf die gleiche Art. Manchmal wird das Futter von Paarvögeln dem Jungen nur gezeigt, die Beute quasi vor die Nase des Jungen gehalten, um ihn so zum Nachfliegen zu animieren. Ein gewisses Erziehungsverhalten ist dabei offensichtlich. Oder es kommt vor den Augen des Jungvogels zum Beuteschlag, was einen Lehreffekt haben dürfte. Der Jungadler kann auch schon mal den jagenden Altvögeln nachstoßen, so geschehen am 12.12.2020 bei Sils GR, als das ansässige Weibchen am Piz Lagrev ein Steinwildkitz schlug. Anschließend rupfte der Altvogel die Beute mit raschen rhythmischen Kopfbewegungen, legte so die Innereien frei und flog zum in der Nähe aufgebaumten Jungvogel hin. Dieser folgte der «Einladung» am gedeckten Tisch, streifte in der Folge ab, landete am Kadaver und begann anhaltend zu kröpfen, bis er nach 45 Minuten mit gefülltem Kropf satt war. Erst dann fraß das Weibchen und später auch das Männchen.

Im Winter werden auch Reviervögel zu Aasfressern

Im Winterhalbjahr ändern sich nicht nur die äußeren Bedingungen in den Steinadlerrevieren markant, sondern auch die Anforderungen, das Verhalten und die Ernährungsstrategien der verpaarten Adler. Der Futterbedarf ist nicht mehr so groß wie während der Nestlingszeit, adulte Steinadler können dann auch über längere Zeit ohne Nahrung auskommen. Weil Murmeltiere nicht mehr zur Verfügung stehen, verschiebt sich der Anteil zugunsten von wild lebenden Huftieren (Schalenwild). In Graubünden waren insgesamt 84 % der genutzten Tiere Gämsen, Steinböcke, Rehe oder Rothirsche (Haller 1996, Anhang Tab. 10). Adulte Steinadler schlagen auch im Winter Beutetiere, das anfallende Fallwild wird aber verstärkt genutzt. Der Jäger wird zum Aasfresser, zumindest teilweise. 92 % der als Aas genutzten Tierkadaver waren wild lebende Huftiere, hauptsächlich Gämsen und Rothirsche (Abb. 18). Allerdings gibt es große Unterschiede zwischen und innerhalb von Revieren in Abhängigkeit vom Angebot an Fallwild. Gemäß Haller (1996) wurden in Graubünden gut die Hälfte der genutzten Beutetiere erjagt, der Rest bestand aus Kadavern oder Überresten davon. Im Winter kam es bei Reviervögeln etwa sieben Mal weniger häufig zu Stoßflügen auf lebende Beutetiere als im Sommerhalbjahr (Haller 1996). Bei den geschlagenen Huftieren handelt es sich meist um Jungtiere im ersten Lebensjahr. Ausnahmen kommen aber vor, so dokumentierte Haller 1996 die erfolgreiche Jagd auf eine ausgewachsene, gesunde Rehgeiß und auf eine 4½-jährige, an einer Lungenentzündung erkrankten Gämsgeiß. Angriffe auf Schalenwild sind vor allem bei hohem Schnee erfolgreich, wenn die Fluchtmöglichkeiten eingeschränkt sind. Ab und zu werden Huftiere auch im steilen Fels angegriffen und über dem Abgrund fallengelassen. Gäms- oder Steinwildkitze werden so mit den Fängen gepackt und wenige Sekunden lang in den Luftraum hinausgetragen. Haller (1996) sah am 01.04.1971 einen solchen Jagdversuch am Piz Lagrev (GR), als ein ansässiges Weibchen ein Steinkitz am Rücken packte, dieses während 2–3 Sekunden hielt und dann fallenließ. Das Kitz überlebte die Attacke, weil der kurze Transportflug noch vor der Steilwand endete. Bevor das Adlerpaar nachstoßen konnte, war die Geiß in Riesensätzen zu ihrem Kitz geeilt.

Die zeitliche und räumliche Aktivität der Reviervögel ist im Winter aufgrund der kurzen Tage und geringerer Thermik stark eingeschränkt. Das betrifft insbesondere die Suche nach Fallwild. Liegen die Wintereinstände von Schalenwild innerhalb eines Reviers, so ist ein Revierpaar in der Regel gut mit Nahrung versorgt. Wenn nicht, werden Reviergrenzen auch mal verlassen und abgelegenere, nahrungsreiche Flächen angeflogen.

Jungadler sind fast ausschließlich Aasfresser

Bei den unverpaarten Einzelvögeln, fast ausschließlich juvenile, immature und subadulte Tiere, bestanden gemäß Haller (1996) zwei Drittel der Beutetiernachweise aus wild lebenden Huftieren: Steinböcke, Rothirsche, Gämsen und Rehe (Abb. 18 und 19,

Anhang Tab. 11). Murmeltiere stehen nur im Sommer zur Verfügung und machen entsprechend einen geringen Anteil aus (5 %). Das Schlagen von Beutetieren ist im ersten Lebensjahr nur äußerst selten belegt worden; so erwähnt Haller (1996) aus dritten Quellen eine erfolgreiche Jagd im Juli 1990 auf ein Alpenschneehuhn (A. Caminada) und im August 1984 eine solche auf ein Murmeltier (R. Mösle). Die Jagdversuche von Jungadlern unmittelbar vor und nach dem Selbstständigwerden wirken meist wie spielerische Scheinattacken und sind oft auf nicht-adäquate Beutetiere ausgerichtet (siehe Abb. 3, Seite 80). Von 27 bei Jungadlern dokumentierten Stoßflügen war nur einer erfolgreich. Er betraf aber nicht einen eigentlichen Beuteangriff, sondern eine Auseinandersetzung mit einem Rotfuchs, dem ein Nahrungsobjekt abgejagt werden konnte (Haller 1996). Von 37 in den Jahren 2017–2022 in Graubünden besenderten Jungvögeln betrafen im ersten Lebensjahr alle 30 Nahrungsnachweise Tierkadaver, angeführt von Rothirsch (57 %), Gämse (23 %) und Hausschaf (13 %; Jenny unpubl. Daten). Etwas ältere Einzeladler erbeuten ausnahmsweise und fast ausschließlich im Sommerhalbjahr kleinere Beutetiere wie Murmeltiere, Alpenschneehühner und Kitze von Huftieren (Anhang Tab. 11). Im Winter sind Einzeladler fast reine Aasfresser, der Anteil geschlagener Tiere zu Aas lag bei 1:13 (Haller 1996).

Abb. 18 Ein subadultes Steinadler-Weibchen inspiziert einen frischen Hirschkadaver auf einem Lawinenkegel (Fotofallenaufnahme D. Jenny, 19.02.2019, Brail GR)

Junge Einzeladler sind demnach während ihrer Lehr- und Wanderjahre, Dispersal genannt, weitgehend auf Tierkadaver als Nahrung angewiesen. Dennoch kommt es ausnahmsweise zu erfolgreichen Beuteschlägen durch ältere Jungadler, auch im Winter. Haller (1996) dokumentierte im Dezember/Januar 1991/1992 in der Val Punt Ota GR gleich drei erfolgreiche Jagden auf Steinkitze durch unverpaarte Einzeladler, die sich in diesem wildreichen Tal offenbar auf eine besondere Jagdweise spezialisierten. Ähnliches gelangte im Februar 2022 in die Medien, als im Wallis ein zweijähriger Jungadler ein Steinkitz forttrug und dabei fotografiert wurde (Radio Télévision Suisse RTS vom 05.02.2022).

In einem Fall wurde auch Kannibalismus nachgewiesen: im März 2021 starb ein besenderter, zweijähriger Jungadler bei Disentis GR. Dieser wurde während eines Tages von einem ebenfalls besenderten juvenilen Steinadler bis auf die Knochen gefressen, was aus den Beschleunigungssensoren am Datenlogger des Vogels hervorging.

Geierartige Lebensweise in der Jugend – Trainingslager für erfolgreiches Jagen

Das Beuteschlagverhalten bei noch nicht geschlechtsreifen Adlern ist bereits früh angelegt, unterliegt aber einem langen

Lernprozess. Der Jagderfolg nimmt dabei stetig zu, spielt durch die vorläufige Bevorzugung von Aas jedoch eine untergeordnete Rolle. Warum etwa im Vergleich zu Uhus, welche schon vom Zeitpunkt der Emigration aus dem elterlichen Revier praktisch ausschließlich jagen, die Lernphase zum Jäger beim Steinadler so lange dauert, hat noch einen weiteren Grund. Bis zur Verpaarung und Reviergründung im Alter von vier bis fünf Jahren befliegen Jungadler weite Teile der Alpen auf der Suche nach Aas. Für die geierartige Lebensweise wird viel mehr Fläche gebraucht, als ein Adlerterritorium von 30–50 km^2 bieten kann. Dabei spielt die Verteilung und Zugänglichkeit der Nahrung die entscheidende Rolle: Während ein Jäger innerhalb eines vertrauten, relativ kleinen Territoriums erfolgreich Beute schlägt, die er ausschließlich selbst nutzt, muss ein Aasfresser ausgedehnte Suchflüge nach Kadavern unternehmen, die, einmal aufgefunden, meist genug Nahrung auch für andere Aasfresser bieten. Die vier bis fünfjährige Dispersalphase bis zur Geschlechtsreife ist eine Zeit des jagdlichen Lernens, eine Art Trainingslager, für späteres, erfolgreiches Jagen. Erst für verpaarte Reviervögel wird die Jagd zum Überlebensfaktor, wenn es darum geht, Nachwuchs aufzuziehen. Mit dem folgenden Beispiel lässt sich dieser Befund auch durch einen zum Einzelvogel degradierten ehemaligen Revierinhaber veranschaulichen: Im Oktober 2020 wurde bei Scuol ein sehr altes Adlerweibchen mit einem gebrochenen Flügel aufgegriffen. Es wurde von einem aggressiven Artgenossen aus seinem angestammten Revier verdrängt und hat sich dabei verletzt. Nach der Genesung in einer Pflegestation erhielt der Vogel einen Sender, was die genaue Verfolgung seiner Wanderungen ermöglichte. Während zwei Jahren bis zu seinem Tod durch eine territoriale Auseinandersetzung bewegte sich das Adlerweibchen im Raum genauso wie ein Jungadler, beflog ein fast 5000 km^2 großes Streifgebiet und lebte ausschließlich von Aas (Abb. 20, Jenny & Fischer 2023).

Die geklumpte Verteilung von Tierkadavern widerspiegelt sich in der Verteilung der Einzeladler. Insbesondere im Winter treten sie dort auf, wo Fallwild anfällt. Das sind oft die Wintereinstände von Gämsen, Steinböcken und Rothirschen. In harten Wintern mit vielen Lawinenniedergängen fallen auf wenigen Quadratkilometern bis zu 10 oder noch mehr Kadaver an, welche eine gleichsam magnetische Wirkung auf Einzeladler ausüben (vgl. Kapitel 5). An derartigen Nahrungsplätzen finden sich zumeist mehrere Einzeladler ein, manchmal sind bis zu sechs immature und subadulte Steinadler gleichzeitig in fallwildreichen Zonen anzutreffen. Dazu kommen andere Aasfresser wie Bartgeier (Abb. 21), Kolkraben, und auch nachtaktive Karnivore wie Fuchs, Marder oder Dachs *Meles meles*.

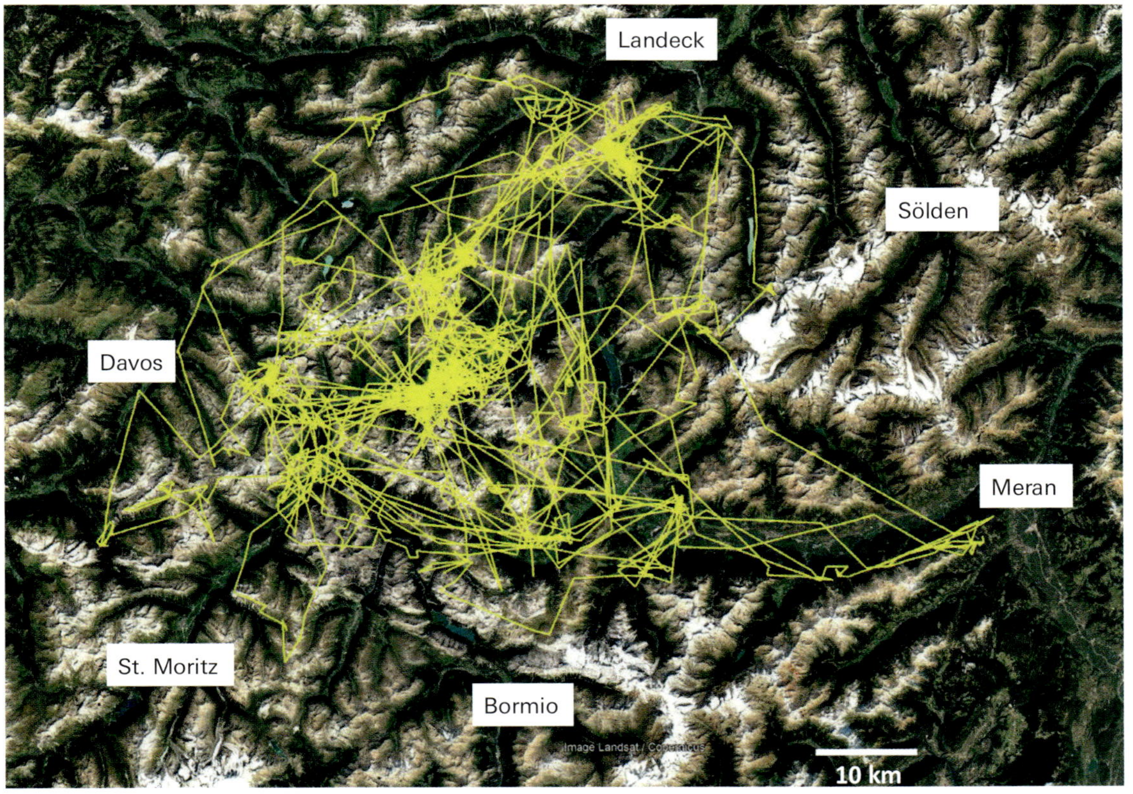

Schlange stehen am Futterplatz – auch das birgt Risiken

Bei Prazett im Engadin zeigte sich die Situation der Einzeladler im Winter exemplarisch, als sich am 24.01.2019 mindestens vier Jungadler im Bereich eines großen Lawinenkegels mit zwei Rothirschkadavern aufhielten. Drei der Adler waren besendert und lieferten Daten zum Fressverhalten. Stets war nur einer am Fressen, während die anderen auf nahe gelegenen Bäumen warteten, bis sie an der Reihe waren. Eine außergewöhnliche Entdeckung führte dann zur Erkenntnis, dass die aasfressenden Adler ausschließlich tote Tiere nutzen. Etwas oberhalb der Hirschkadaver war nämlich ein lebender Rothirsch im pressharten Lawinenschnee eingeklemmt. Er bewegte ab und zu das Geweih und rollte die Augen, zu mehr war er in seiner prekären Situation nicht mehr fähig. Obwohl eine ganze Aasfresser-Gemeinschaft über mehrere Tage die umgebenden Hirschkadaver nutzte, wurde der lebende Hirsch nicht angerührt (Der Hirsch wurde schließlich mithilfe eines Wildhüters aus seinem eisigen Gefängnis befreit, musste aber später aufgrund seiner erheblichen Verletzungen erlöst werden). Gut zwei Jahre später zeigte sich am gleichen Ort, dass gemeinsames Auftreten an Nahrungsplätzen riskant sein kann. Eine Lawine führte zu mehreren Opfern unter den aasfressenden Vögeln: zwei Bartgeier und ein immaturer Steinadler starben, als sie im April 2021 an Gäms- und Hirschkadavern fraßen und von einer großen Staublawine überrascht wurden.

Abb. 19 Linke Seite: Jungadler nutzen im Winter fast ausschließlich Huftierkadaver. Im Bild ein zweijähriger Steinadler, der einen in einer Lawine umgekommenen 13-jährigen Steinbock als Nahrungsquelle nutzte. Das besenderte Jungadler-Männchen entflog am 1. August 2019 seinem 95 km entfernten Heimathorst nahe Schlanders im Südtirol (H. Haller, 19.03 2021, Maloja GR).

Abb. 20 Wenn sie nicht verpaart sind, befliegen auch adulte Steinadler weite Gebiete. Fast zwei Jahre dauernder GPS-Track eines alten Steinadler-Weibchens, das nach einem Aufenthalt in Pflege bei Ftan GR mit einem Sender freigelassen wurde (Dauer des tracks: 08.10.2020 bis 10.07.2022). Basiskarte swisstopo.

Ob und welche Rolle Konkurrenz unter den aasfressenden Großvögeln spielt, ist nicht einfach zu beantworten. Die Tatsache, dass Jungadler oft geduldig ihre Chance am Nahrungsplatz abwarten, weist darauf hin, dass sich die Konkurrenz angesichts großer Fleischmengen in Grenzen hält. Dennoch kommt es immer wieder zu Streitigkeiten, manchmal zu Kämpfen am Nahrungsplatz. Bei einer solchen Auseinandersetzung in der Val Tuoi GR verletzte sich im März 2017 ein 2-jähriges Steinadler-Weibchen am Krickel einer toten Gämse, war flug-

Abb. 21 Meist finden sich an Aas mehrere Karnivoren ein. Ein 2-jähriger Steinadler frisst an einer toten Hirschkuh, während nebenan zwei immature Bartgeier auf ihre Chance warten (Fotofallenaufnahme D. Jenny, 11.11.2021, Ova Spin GR).

Abb. 22 Am Flügel verletzter immaturer Steinadler nach einer Auseinandersetzung mit einem Altersgenossen am Aas in der Val Tuoi GR. Der Adler wurde 2014 als Nestling im 60 km entfernten Avers GR beringt (D. Jenny, 03.03.2017).

Abb. 23 Rechte Seite oben: Jagdliche Aufbrüche werden als Futterquelle systematisch genutzt. Im Bild ein immaturer Steinadler an den Innereien eines zuvor von Jägern erlegten Steinbocks (Fotofallenaufnahme D. Jenny, 02.11.2015, Val Sinestra GR).

Abb. 24 Rechte Seite unten: Ein 3-jähriges Steinadler-Männchen an einem Gämskadaver. Der besenderte Jungadler kröpfte zwei Tage lang an dieser Gamsgeiß, die von einem Luchs gerissen wurde (Fotofallen-Aufnahme D. Jenny, 31.12.2022, Brail GR)

unfähig, wurde behändigt und in Pflege gebracht. Aufgrund seiner Flügelverletzung musste es später euthanasiert werden (Abb. 22, Hohler 2017).

Haller (1996) wies bei 21 solcher Auseinandersetzungen zwischen aasfressenden Steinadlern die Dominanz von Weibchen nach; nur in einem Fall gelang es einem Männchen, ein jüngeres Weibchen zu vertreiben. Auch zwischenartliche Streitereien kommen vor, etwa gegenüber Kolkraben, Elstern *Pica pica* oder Bartgeiern. Bei Letzteren scheinen Steinadler zu dominieren, jedenfalls zeigten sich in mehreren Fällen im Engadin Bartgeier in Warteposition, wenn Steinadler am Fressen waren (Abb. 21). Zweifellos profitieren Jungadler auch von der Präsenz von Artgenossen, welche das Vorhandensein von Aas auf Distanzen von 10 km und mehr passiv kommunizieren. Dies gehört zum geiertypischen Verhalten und erhöht die Fundrate von Tierkadavern für Einzeladler erheblich.

Jagdliche Aufbrüche – eine weitere Nahrungsquelle für Aasfresser

Eine weitere Nahrungsquelle für Aasfresser wird durch die menschliche Jagd geboten. Die Aufbrüche (ausgeweidete Innereien) von erlegten Huftieren werden in den Alpenkantonen mindestens teilweise im Freien belassen. Auf der Hochjagd fallen so schweizweit alljährlich ca. 250 Tonnen Eingeweide an, die Aasfressern zur Verfügung stehen. Steinadler nutzen diese Nahrungsquelle. In Graubünden wurde 2015 bis 2017 untersucht, inwiefern die in der Natur belassenen Eingeweide von Aasfressern konsumiert werden. Es zeigte sich mittels Fotofallen, dass Steinadler dieses Nahrungsangebot systematisch nutzen. Bereits kurze Zeit nach dem Abschuss von Steinböcken fanden sich Steinadler bei den Aufbrüchen ein, um zu kröpfen. Dabei stellte sich heraus, dass dieses Angebot vor allem von Jungadlern genutzt wird, denn drei Viertel der Vögel gehörten zur Altersklasse juvenil, immatur oder subadult (Abb. 23).

Tierkadaver sind die Treiber für Wanderungen von Jungadlern

Während des Dispersals der Jungadler bis zur Verpaarung und Reviergründung sind deren Bewegungen in Raum und Zeit grundsätzlich nicht an bestimmte Flächen gebunden. Das Vorhandensein von Nahrung in Form von Tierkadavern spielt dabei eine zentrale, wenn auch nicht die einzige Rolle. In der Regel bewegen sich Jungadler in mobilen Phasen von einem zum nächsten Nahrungsplatz und bleiben an Orten mit Nahrung meist einige Tage stationär. Dank in Loggern integrierter Beschleunigungssensoren ermöglichten besenderte Jungadler einen genaueren Einblick in deren Fressverhalten (Hatzl et al. in Vorb.). Auffallend war eine energiesparende Lebensweise während der stationären Phasen. Einmal in der Nähe eines Nahrungsplatzes mit Tierkadavern angelangt, verharrten Jungadler meist stunden- oder tagelang auf Bäumen, wo sie gut versteckt blieben. Deren Flugaktivität beschränkte sich auf kurze Flüge zum Fressplatz und zurück zur Sitzwarte. Dabei zeigte sich, dass Steinadler im Gegensatz etwa zu Bartgeiern, Tierkadaver fast nur in frischer Form nutzen und daher meist nach zwei bis drei Tagen weiterziehen. Die Präsenz von Wölfen und Luchsen, die aktuell in Graubünden zunimmt, erschließt ein zusätzliches Nahrungsangebot in Form von gerissenen Hirschen, Rehen und Gämsen (Abb. 24). Anhand der besenderten Vögel ließ sich ein Zusammenhang zwischen dem Beuteerwerb von Wölfen und der Präsenz von Jungadlern erkennen (Kasten nächste Seite).

Wölfe und Aasfresser

Erstmals fiel es im März 2020 auf. Damals hielten sich fünf unserer besenderten Steinadler im hinteren Glarnerland auf, in unmittelbarer Nähe zueinander. Recherchen ergaben, dass dort seit Kurzem mehrere Wölfe auftraten. Zudem sorgte eine grassierende Infektion der Gamsblindheit bei Steinböcken im Chrauchtal GL für viele Opfer. Es war offensichtlich, dass die jungen Steinadler von der Anhäufung an Huftierkadavern profitierten (Abb. 25). Kurz darauf zeigten sich auch in der Surselva GR mindestens drei unserer Jungadler. Auch dort war die Präsenz von mehreren Wölfen bestätigt worden. Noch deutlich stärker zeigte sich der Zusammenhang zwischen dem Auftreten von Wölfen, aber auch von Luchsen und von Steinadlern inklusive der ganzen Gilde von Aasfressern im Winter 2023/2024 im Engadin. Im und um den Schweizerischen Nationalpark hatte sich ein Wolfsrudel gebildet, das bereits zum zweiten Mal Nachwuchs produzierte. Neben mehreren unserer besenderten Jungadler zeigten sich im Gebiet, wo regelmäßig Huftiere von Wölfen gerissen wurden, bemerkenswert viele weitere Steinadler, aber auch Bartgeier (Abb. 26). Das geiertypische Verhalten, wonach das Vorhandensein von Tierkadavern durch die Präsenz von Artgenossen auf größere Distanzen sichtbar wird, kam bei den Jungadlern voll zum Zuge. Außerdem fanden sie den Weg zur Nahrung über sogenannte Zeigervögel wie Rabenkrähen, Kolkraben, Elstern oder Alpendohlen, die sich meist als erste an Kadavern zu schaffen machen. Bis zu sieben Steinadler und mehrfach auch bis zu sechs Bartgeier versammelten sich an den Kadaverstellen zwischen Zernez und La Punt von Januar bis März 2024, so viele wie nie zuvor. Nach dem durch den Bund autorisierten und durch kantonale Organe ausgeführten Abschuss des ortsansässigen Fuorn-Wolfsrudels gingen die Mehrfachsichtungen bei den großen Greifvögeln in der Vergleichsperiode 2025 schlagartig auf die früheren Werte zurück. Wie würden sich die verpaarten Steinadler in der Region mit der hohen Präsenz von Jungadlern in der Vorbrutperiode arrangieren? Wider Erwarten war der Bruterfolg bei den Engadiner Steinadlerpaaren im Sommer 2024 erstaunlich gut, trotz hohem zusätzlichem Stress durch die fremden Jungadler. Steht dies gar im Widerspruch zur ausführlich dargelegten Konkurrenz, wonach die Fortpflanzung unter der Anwesenheit vieler unverpaarter Vögel eigentlich leiden sollte? Nein, nicht unbedingt. Es zeigt sich hier, dass die Sache komplex ist. Wie im Kasten «Neue Strategien als Antwort auf neue Herausforderungen» auf Seite 127 dargelegt, haben die Reviervögel offenbar gelernt, mit dem sozialen Druck besser umzugehen.
Der Wolf (hierzu z.B. Haller 2025) ist eine ökologische Schlüsselart; seine Rückkehr kann in der Natur erhebliche Veränderungen auslösen. Durch ihn kommen auf der Ebene der großen Wirbeltiere Räuber-Beute-Systeme wieder in Gang. Diese schließen eine ganze Reihe von Tierarten ein, im vorliegenden Fall auch den Steinadler. Wir sollten uns darüber freuen, zumal durch diese nun wieder wirkenden Beziehungen die generell gebeutelte Biodiversität gestützt wird. Das ökologische Zusammenspiel ist ein Wesensmerkmal intakter Lebensräume.

Abb. 25 Zwei Jungadler nutzen einen Rehkadaver bei Engi GL, worunter ein im Jahr 2019 im Domleschg GR besenderter Jungadler (rechts mit Ringziffer A0). Gamsblindheit und die Präsenz von Wolf und Luchs sorgten im Spätwinter 2020 im Kanton Glarus für zahlreiche Abgänge unter den Huftieren (Wildhüter M. Freuler, 05.03.2020).

Abb. 26 Meldungen von drei und mehr gesichteten Steinadlern und Bartgeiern und Standorte von besenderten Jungadlern im mittleren Engadin zwischen Januar und März 2024. Der Zusammenhang mit der Präsenz von Wölfen (rote Zonen) ist augenfällig (Daten: Schweizerische Vogelwarte Sempach und Amt für Jagd und Fischerei Graubünden).

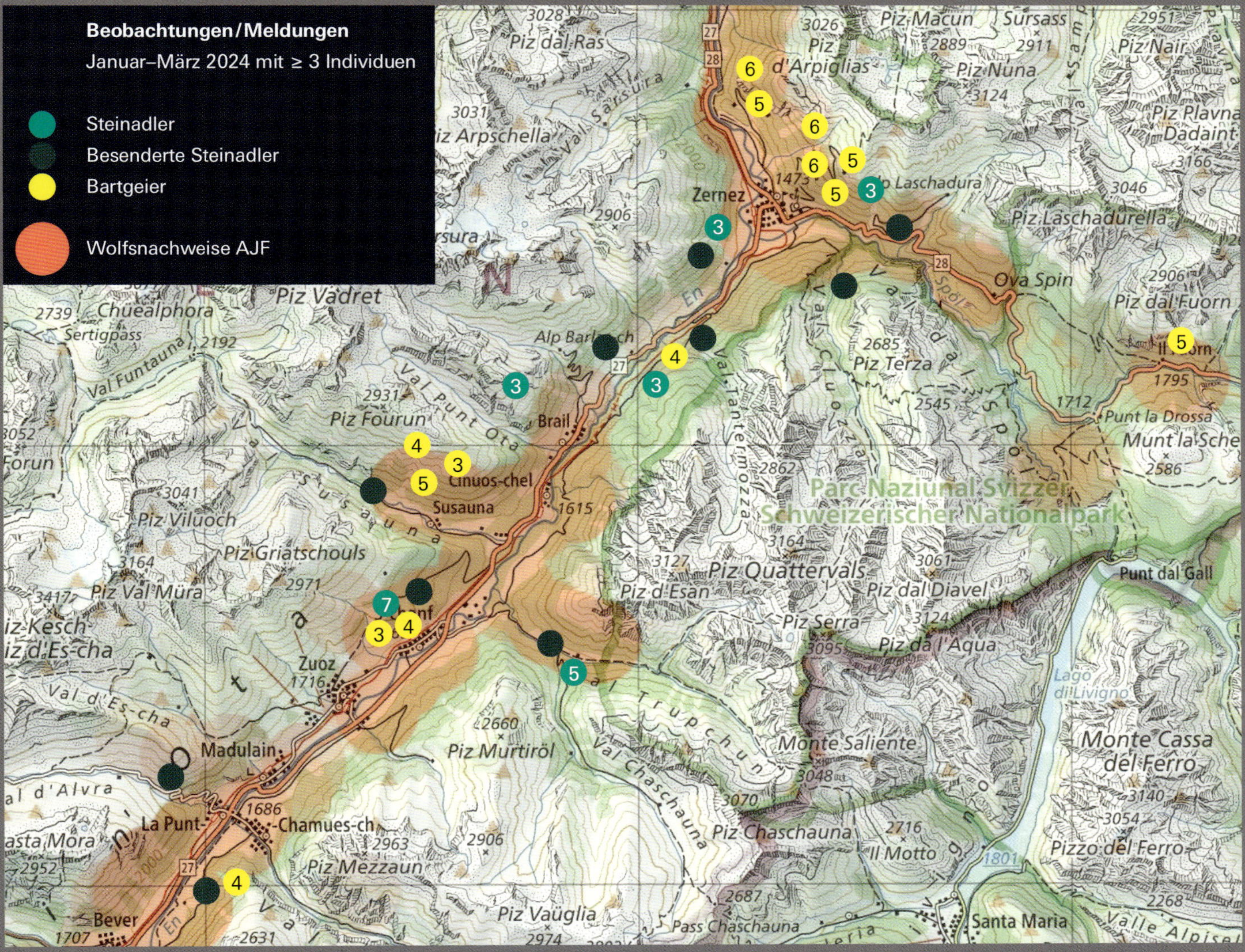
Beobachtungen/Meldungen
Januar–März 2024 mit ≥ 3 Individuen
Steinadler
Besenderte Steinadler
Bartgeier
Wolfsnachweise AJF
Piz dal Ras
Piz Arpschella
Piz d'Arpiglias
Piz Macun
Sursass
Piz Nuna
Piz Nair
Piz Plavna Dadaint
Zernez
Piz Laschadurella
Ova Spin
Piz dal Fuorn
Piz Vadret
Chuealphora
Sertigpass
Val Funtauna
Alp Barlaunch
Piz Terza
Val Punt Ota
Piz Fourun
Brail
Cinuos-chel
Susauna
Punt la Drossa
Munt la Schera
Parc Naziunal Svizzer
Schweizerischer Nationalpark
Piz Viluoch
Piz Griatschouls
Piz Val Müra
Piz Kesch
Piz d'Es-cha
Piz Quattervals
Piz d'Esan
Piz dal Diavel
Punt dal Gall
Piz Serra
Piz da l'Aqua
Zuoz
Val d'Es-cha
Madulain
Piz Murtiröl
Val Trupchun
Monte Saliente
Lago di Livigno
Monte Cassa del Ferro
Val Chaschauna
Piz Chaschauna
Il Motto
Pizzo del Ferro
La Punt-Chamues-ch
Piz Mezzaun
Bever
Piz Vaüglia
Pass Chaschauna
Santa Maria

5 | Sozialverhalten

Vorhergehende Doppelseite Aggressive Auseinandersetzungen zwischen adulten Revierinhabern und immaturen Floatern sind in den Zentralalpen an der Tagesordnung. Hier verjagt ein ansässiges adultes Steinadler-Männchen einen zweijährigen Eindringling (F. Wehrli, 27.04.2024, S-chanf GR).

Das Thema Sozialverhalten wird häufig mit in Gruppen lebenden Säugetieren wie Primaten, Erdmännchen, Wölfen, Löwen oder auch mit staatenbildenden Insekten in Zusammenhang gebracht. Rabenvögel werden insofern oft, Greifvögel hingegen eher selten erwähnt. Im biologischen Sinn umfasst das Sozialverhalten weit mehr als das, was wir vorab von «sozialen Tierarten» kennen, nämlich alle Verhaltensweisen, die mit innerartlichen Beziehungen, besonders mit Interaktionen zu tun haben. Auch Greifvögel sind ihnen in hohem Maße ausgesetzt, denken wir etwa an die Themen Fortpflanzung oder Konkurrenz. Beim Steinadler in den Alpen zeigt sich dies besonders deutlich, denn er steckt in einem Dilemma, das auf die biologischen Grundfunktionen zurückgeht. Gemeint ist, dass sich Artgenossen als Partner zusammenfinden müssen, um Nachwuchs zu produzieren, dass Artgenossen aber stets auch Nahrungs- und Fortpflanzungskonkurrenten sind. Wenn die Anforderungen bezüglich Fortpflanzung und Konkurrenz in etwa gleich stark wirken, sprechen wir von einem stabilen Bestand. In dieser Lage befinden sich die alpinen Steinadler heute weitgehend. Es wird gerade mal so viel Nachwuchs produziert und bis zur Geschlechtsreife gebracht, wie Abgänge oder Verluste in der Fortpflanzungsgemeinschaft vorkommen. Genau genommen ist dies aber nicht ganz korrekt, denn die Population wächst auch heute noch leicht. Wie stark dabei Konkurrenzeffekte zum Tragen kommen, wird in diesem Kapitel eingehend beschrieben.

Territorien werden verteidigt

Eine Eigenart, welche viele Greifvogelarten und ganz besonders Steinadler auszeichnen, ist die Territorialität. Territorien oder Reviere sind abgegrenzte Räume, die von verpaarten Vögeln gegenüber Artgenossen verteidigt werden. Geduldet werden nur Sexualpartner und eigene Nachkommen und auch Letztere nur bis zum Ende der Bettelflugphase. Steinadlerpaare belegen im Vergleich zu anderen Greifvögeln außerordentlich große Reviere, welche während des ganzen Jahres strikte beansprucht werden. Dies gilt zumindest für die Alpenpopulation.

Wenn Jäger erfolgreich sein wollen, müssen sie ihr Jagdrevier gut kennen und wissen, wo, zu welcher Tageszeit, welche Beutetiere verfügbar sind. Etwa so wie die alten Goldgräber ihre Claims absteckten, ist es dabei wichtig, ein Territorium für sich und seinen Partner allein zu besetzen und seine Beute mit niemand anderem teilen zu müssen. Der Preis der jagdlichen Lebensweise ist – neben dem Aufwand für die Jagd – der hohe Energieaufwand, der für die Reviermarkierung und -verteidigung aufgebracht werden muss. Das unterscheidet den Steinadler von reinen Aasfressern wie etwa Bartgeiern, welche – außer im unmittelbaren Brutbereich – kein eigentliches Territorium aufrechterhalten. Die Streifgebiete von Bartgeiern sind daher 5–6 Mal größer als Steinadlerterritorien und sie überlappen sich zu großen Teilen zwischen benachbarten Paaren. Zwischen Steinadlerrevieren sind Überlappungen zwar auch möglich, sie treten aber in der Regel nur marginal an der Peripherie auf, etwa im Bereich von gemeinsam genutzten Thermikarealen.

Wenn wir die Literatur sichten, stellen wir fest, dass über die Art und Weise wie Steinadler ihre Territorien nutzen und verteidigen, recht unterschiedliche Vorstellungen herrschen. Einige Autoren sprechen von *home ranges* anstelle von Territorien, weil sie eine Verteidigung derselben in Abrede stellen (Brown 1976: Schottland). Andere sprechen nur im Nestbereich von Territorien, während weiter entfernte Bereiche mit anderen Paaren geteilt werden (Watson 1957: Schottland). Territorien wurden auch als mit flexiblen Grenzen (Ménatory 1972: Frankreich) oder im Winter größer als im Sommer beschrieben (Besson 1964: Südalpen; Mc Gahan 1976: Montana USA). Zudem sind in Steinadlerpopulationen, wo Migration vorherrscht, die Territorien nur im Sommerhalbjahr besetzt. Diese sind in der Regel wesentlich größer und sie werden wohl auch entsprechend weniger strikt verteidigt (Miller et al. 2017: USA).

Im Alpenraum ist Territorialität besonders ausgeprägt

Die hier vorgestellte territoriale räumliche Nutzung durch Steinadlerpaare bezieht sich ausdrücklich auf die Situation in den Alpen und basiert weitgehend auf Studien in Graubünden, im Berner Oberland und im Wallis. Die zugrundeliegenden Daten wurden durch mehrjährige systematische Sichtbeobachtungen (Haller 1982, 1996, Jenny 1992, Denis unpubl. Daten) und durch GPS-basierte Tracks von Jungadlern in der Bettelflugphase erhoben (Zimmermann 2021, Hatzl et al. in Vorb., Jenny unpubl. Daten). Diese bilden auch die Grundlage für die Revierkarte aller bekannten Paare der Schweiz (Kapitel 3, Abb. 9). Die Situation in den Alpen dürfte nicht grundsätzlich anders sein als etwa in Schottland oder in den Pyrenäen, sie unterliegt aber einem so hohen Sättigungsdruck wie wohl in keinem andern Vergleichsgebiet. Die Effekte der Territorialität sind hier akzentuiert und äußern sich in mehreren messbaren Faktoren wie

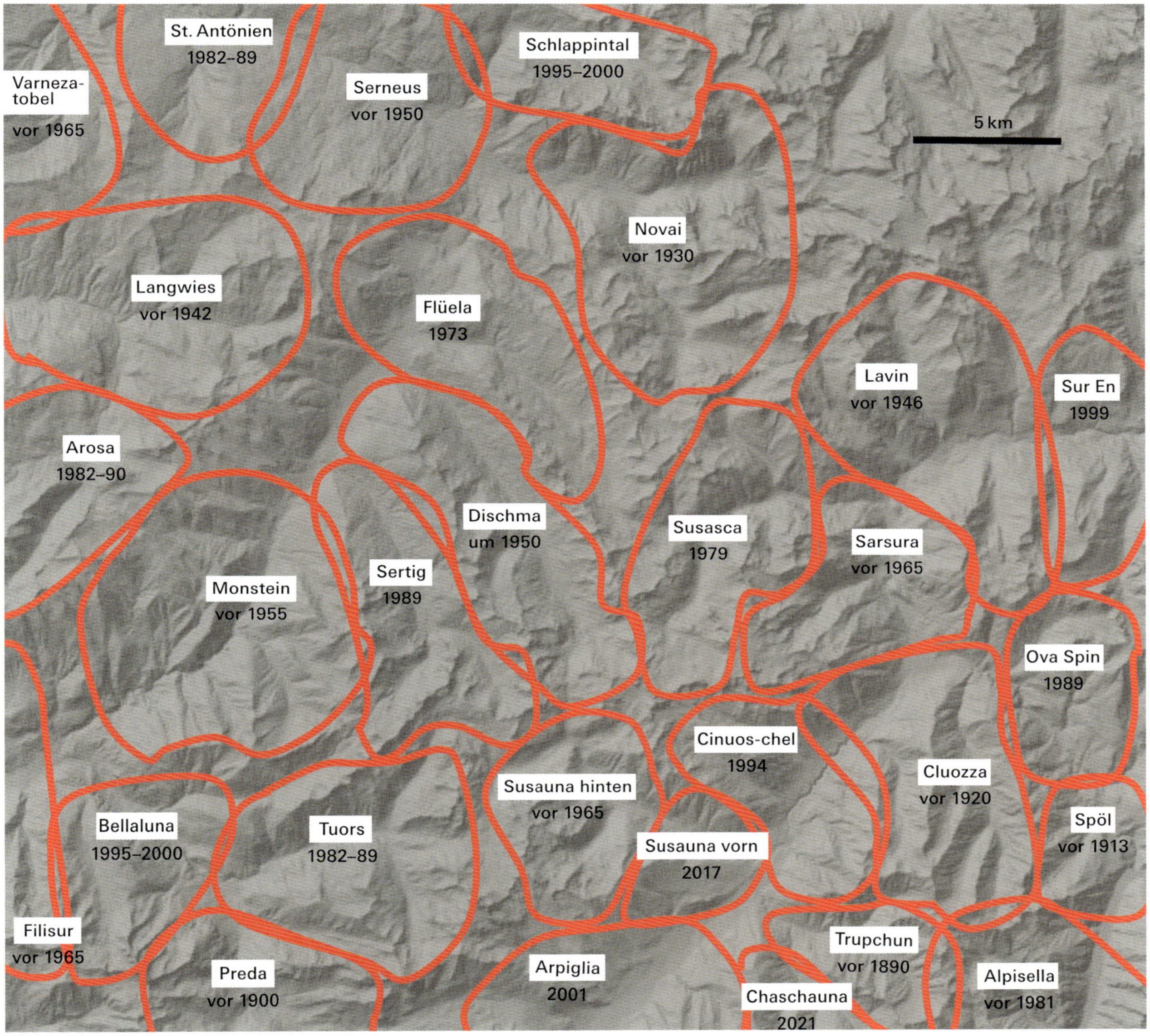

Abb. 1 Raumbelegung durch Territorien im nordöstlichen Graubünden im Jahr 2023. Unter dem Reviernamen ist die Zeit der Reviergründung angegeben. Mit Ausnahme weniger Lücken ist die Fläche fast vollständig durch Reviere abgedeckt. Territorien überlappen sich wenig, sie sind im Engadin etwas dichter gepackt und kleiner als in Mittelbünden (aus Haller 1996 mit Ergänzungen von D. Jenny, Basiskarte swisstopo).

der Revierkontrolle durch die ansässigen Vögel, der Anzahl aggressiver Interaktionen, der Mortalität und dem Fortpflanzungserfolg. Bleibt noch anzumerken, dass diese dichteabhängigen Effekte nicht immer so ausgeprägt vorhanden waren, sondern im Verlauf der Bestandsverdichtung in den letzten Jahrzehnten deutlich zunahmen.

Unsichtbare Reviergrenzen werden respektiert

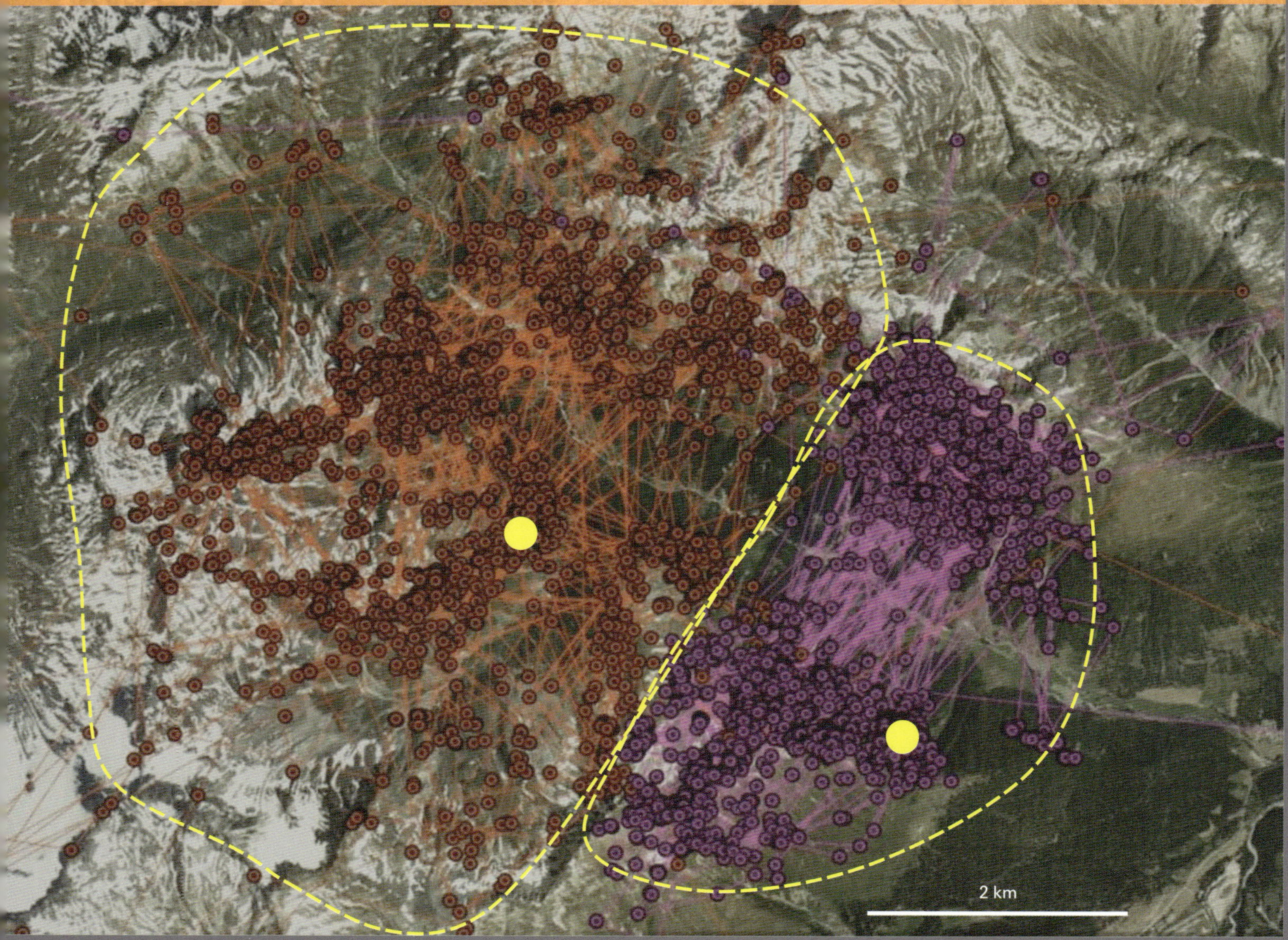

Ähnlich wie die Reviervögel, halten sich auch die Jungadler während der Bettelflugphase an die unsichtbaren Grenzen ihres Heimatreviers. Erstaunliches zeigte sich dabei, als im Jahr 2017 je ein Jungadler in zwei benachbarten Revieren besendert werden konnte. Anhand der Peilpunkte der Jungadler ließ sich zeigen, dass diese sich auch dann sehr genau an unsichtbare Grenzlinien halten, wenn keine grenzgebenden, topografischen Strukturen wie Felsgrate oder Täler vorlagen. Eine quer über die Talschaft in der Val Susauna verlaufende imaginäre Grenze wurde von den entsprechenden Jungadlern praktisch nicht überschritten (Abb. 2). Die Frage, wie diese Grenzlinien für die Jungadler ersichtlich werden, kann nur spekulativ beantwortet werden. Es ist aber anzunehmen, dass es über die Kommunikation durch die Eltern geschieht, denn erkennbare Attacken oder Vertreibungsaktionen der Jungadler durch die Nachbarvögel kamen kaum vor. Vermutlich gehört es mit zu den Erziehungsmaßnahmen der Eltern, dem Nachwuchs die genauen Reviergrenzen beizubringen. Wie dies geschieht, bleibt allerdings offen.

Wie groß sind Steinadlerterritorien?

Ausgehend von ganzjährigen und relativ starren Territoriumsgrenzen, wie sie Haller (1982, 1996) in Graubünden beschrieb, stellt sich die Frage nach der Größe der gegen Artgenossen verteidigten Flächen. Die Frage ist nicht einfach zu beantworten, weil zuerst einmal definiert werden muss, was genau unter einem Territorium verstanden wird: Es beinhaltet einen Kernbereich mit den Brutplätzen und ausreichend ergiebige Jagdflächen, die gegenüber Artgenossen verteidigt werden. Im Winter wird ein Revier aufgrund unterschiedlicher Nahrungsverteilung und den Ernährungsbedürfnissen der Reviervögel etwas anders genutzt als im Sommer, und es wird in Ausnahmefällen auch schon mal temporär verlassen. Grundsätzlich werden die Reviergrenzen aber relativ strikt und ganzjährig aufrechterhalten. Das macht Sinn, denn in einer durch Reviere abgedeckten Landschaft (Abb. 1) besteht in der Regel unter Nachbarn ein Konsens, dass bestehende Grenzen akzeptiert werden. Dadurch werden die Kräfte aller Beteiligten geschont. Haller (1996) stellte bei 92 Einflügen von Fremdadlern in besetzte Reviere im östlichen Graubünden nur viermal Nachbarvögel fest. Relativ starre Reviergrenzen bieten denn auch Vorteile: Im Vergleich zu Arealteilen, in welchen Steinadler im Winter migrieren, müssen hier nicht jedes Frühjahr Reviergrenzen aufs Neue festgelegt werden. Haller (1996) definierte ein Revier bzw. Territorium als ein von einem Adlerpaar regelmäßig beflogenes Gebiet, worin sich beide Partner mindestens zu 95 % der Zeit aufhalten. Dies lässt sich mit einer Kerndichteschätzung (kernel density estimation, KDE) von Positionsdaten eruieren. Diese Flächen werden von den Revierpaaren in aller Regel gegen Eindringlinge verteidigt (Haller 1982, Jenny 1992). Die unsichtbaren Reviergrenzen lassen sich aufgrund des Verhaltens der Reviervögel einigermaßen gut erkennen, bedingen aber viele Beobachtungsstunden mit minutiösem Notieren und Kartieren der Sichtungen und entsprechender Interpretation. Oft, aber nicht immer, folgen die Reviergrenzen topografischen Linien wie Bergrücken, Tälern, Felskämmen und Geländekanten. Zwischen den Revieren gibt es oft kleine Lücken, die aber heute in den Alpen nur einen Bruchteil der von Paaren beanspruchten Fläche ausmachen (Abb. 1). Es gilt noch anzumerken, dass eine durch Linien gekennzeichnete Reviergrenze stets nur eine Annäherung ist. Neben Abschnitten mit sehr klaren Grenzen – meist zu direkt benachbarten Paaren – gibt es praktisch bei allen Revieren auch Abschnitte mit «unscharfen» Grenzen.

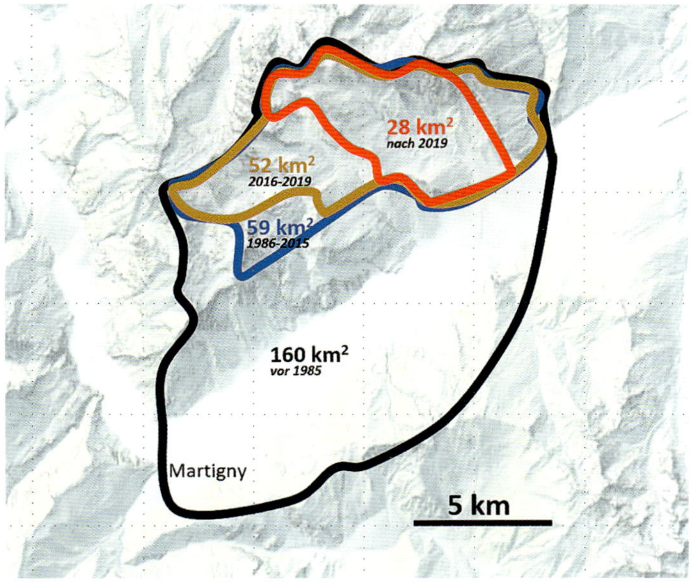

Die erhobenen Reviergrößen variieren zwischen den Paaren aufgrund von topografischen Gegebenheiten (Kammerung der Landschaft, Reliefenergie) und dem Nahrungsangebot. Und sie hängen von sozialen Faktoren, sprich Konkurrenz zwischen Nachbarpaaren und gegenüber unverpaarten Einzeladlern ab. Das lässt sich leicht erkennen, wenn wir auf die Veränderungen in den letzten Jahrzehnten blicken, in welchen eine stetige Verdichtung an Steinadlerpaaren in den Alpen erfolgte (vgl. Kapitel 7). Parallel dazu hat die mittlere Reviergröße abgenommen. Haller (1996) verglich alte, traditionelle Reviere mit solchen die nach 1970 gegründet wurden, und stellte einen deutlichen Unterschied fest: Während alte Reviere im Mittel knapp 60 km² umfassten, waren neuere etwa 47 km² groß (Anhang Tab. 12). Allerdings variierten die Reviergrößen von Paar zu Paar im Mittel erheblich, um etwa 27 %. Ein Vergleich mit den aktuell 33 Revieren im Engadin zeigt, dass diese sich nach den 1990er-Jahren weiterhin verkleinerten. Hier sind sieben seit 1995 dazugekommene Reviere im Mittel noch 34 km² groß. Auch die Abstände zu den nächsten Nachbarrevieren haben sich in der Folge markant verringert. Im Engadin reicht die Spanne bei den Reviergrößen

Abb. 2 Linke Seite: GPS-Lokalisationen zweier benachbarter Jungadler während der Bettelflugphase von 01.08.2017 bis 20.03.2018. Die Reviergrenzen zwischen den Nachbarn werden sehr genau eingehalten, auch wenn keine topografischen Barrieren wie Gebirgskämme oder Talschaften vorhanden sind. Die vom Jungadler im rechten Territorium beflogene Fläche (violett), umfasste nur ca. 12 km². Horstbereiche sind gelb markiert. Der ungefähre Verlauf der Reviergrenzen ist mit feinen, gelb gestrichelten Linien angegeben (aus: Jenny et al. 2024). Satellitenfoto: swisstopo.

Abb. 3 Das seit den 1980er-Jahren stetig geschrumpfte Territorium des Adlerpaars «Haut de Cry» im Rhonetal. Die Verkleinerung erklärt sich durch die erhöhte Dichte der Brutpaare (S. Denis). Basiskarte swisstopo.

von 12 km² (Revier Susauna2) bis 113 km² (Revier Bernina). Im Wallis konnte Serge Denis die Verkleinerung eines Reviers im Verlauf von fast 40 Jahren an einem Paar im Rhonetal exemplarisch aufzeigen (Abb. 3). Bei den Paaren im Mittelland und im Jura sind die Reviere größer, sie umfassen etwa 100 km². Da es dort aber bis heute keine unmittelbar angrenzenden Revierpaare gibt, sind die Reviergrenzen diffus und der Verteidigungsaufwand bleibt relativ klein.

Überwachen, attackieren und verfolgen

Wie aufwendig und risikoreich die Überwachung und Revierverteidigung für verpaarte Steinadler in den Alpen ist, bzw. bereits in den 1970er-Jahren war, zeigen die von Haller (1982, 1996) erhobenen Daten zum Zeitbudget von Reviervögeln, insbesondere von einem genau untersuchten Paar im Dischmatal bei Davos während der Nestlingszeit im Jahr 1979. Männchen und Weibchen weilten dort während 102 bzw. 76 Stunden Sichtkontakt zu 30 % bzw. 49 % auf insgesamt acht Aussichtswarten, von denen sie das Revier überwachten (Abb. 4). Etwa 20 % der Zeit verbrachten sie fliegend, einerseits für Dislokationen einschließlich Jagdaktivitäten, andererseits auch um Eindringlinge aus der Höhe zu erspähen und mit Girlandenflügen (vgl. Abb. 11) den Anspruch als Revierbesitzer zu signalisieren. Bei der Etablierung von neuen Adlerpaaren ist der Aufwand für die Revierbesetzung besonders offenkundig: Solche Vögel sind fast ununterbrochen in der Luft und vollführen einen Girlandenflug nach dem andern.

Bei Sichtung von ins Territorium eingedrungenen Fremdadlern reagieren Reviervögel in aller Regel rasch und entschlossen. Sie fliegen auf und stoßen, oft flügelschlagend, pfeilgerade

Abb. 4 Reviervögel verbringen viel Zeit mit der Überwachung ihres Reviers. Meist nutzen sie erhöhte Aussichtswarten mit Einblick in große Teile des Territoriums (Fotofallenaufnahme D. Jenny, 26.04.2024, Tschierv GR).

Abb. 5 Rechte Seite: Ein umherstreifender Einzeladler wird vom ansässigen Revierinhaber des Paars Susauna II heftig attackiert (F. Wehrli, 27.04.2024, S-chanf GR).

Richtung Eindringling. Stoßflüge auf Fremdadler werden gelegentlich mit bis zu zwei Kilometer langen Sturzflügen eingeleitet. Meist werden die Eindringlinge von einem oder beiden Standvögeln in hastigem Schlagflug verfolgt, manchmal kilometerweit (Haller 1996). Die Angriffe erfolgen meist mit ausgefahrenen Fängen, wobei sich der Fremdadler im Abwehrreflex unmittelbar vor dem Zusammentreffen zum Angreifer drehen. Dabei verkrallen sich die Kontrahenten und trudeln nicht selten mitunter sekundenlang ab (Abb. 5). Manchmal kommt es zu Angriffsserien mit bis zu 15-maligem Körperkontakt (Haller 1996).

Jenny (1992) wies im Berner Oberland eine stärkere territoriale Rolle des Männchens im Vergleich zum Weibchen nach. Bei Verhaltenselementen, die mit territorialer Aktivität zu tun haben (gerichtetes Girlandenfliegen, Attackieren oder Verfolgen von Fremdadlern), waren in 301 dokumentierten Fällen mit unterscheidbaren Geschlechtern Männchen fast doppelt so oft beteiligt wie Weibchen (Anhang Tab. 13). Die dominante territoriale Rolle der Männchen äußert sich auch außerhalb der Brutzeit, wenn keine Bindung zu einem Brutplatz besteht. Funktionell lässt sich dies annäherungsweise erklären. Die etwas kleineren Männchen haben während direkter Auseinandersetzungen mit Artgenossen vermutlich Vorteile aufgrund ihrer höheren Wendigkeit. Bei den attackierten Eindringlingen handelt es sich in den allermeisten Fällen nicht um benachbarte Reviervögel, sondern um unverpaarte, meist juvenile oder immature (69 %), subadulte (10 %) oder seltener adulte (7 %) Einzeladler (Jenny 1992). Der Anteil attackierter Adultvögel hat seit den 1990er-Jahren vermutlich zugenommen. Auch wenn keine aktuellen Daten dazu vorliegen, fiel während der Monitoringbeobachtungen im Engadin ab dem Jahr 2000 auf, dass vermehrt sogenannte adulte Floater auftraten. Das sind überzählige adulte Steinadler ohne Territorium, die sich genauso verhalten wie junge Steinadler während des Dispersals. Wie das in Kapitel 4 beschriebene Beispiel eines aus seinem Revier vertriebenen adulten Weibchens zeigt, werden derlei adulte Floater besonders heftig attackiert: Das Leben des bedauernswerten Vogels endete schließlich als Folge heftiger Auseinandersetzungen mit Revieradlern (Jenny & Fischer 2023).

Attacken gegen Fremdadler haben oft Verletzungen und nicht selten gar den Tod eines oder beider Kontrahenten zur

Folge. Das ist eine weitere Besonderheit in der alpinen Population mit ihren akzentuierten Konkurrenzverhältnissen. Nirgendwo sonst sind derart hohe Kampfopferzahlen bekannt wie in den Alpen. Beispielhaft sei ein Fall erwähnt, bei welchem sich am 31.01.2009 bei Degen GR ein adulter und ein immaturer Steinadler ineinander verkrallten, zu Boden trudelten, dort schwer verletzt aufgegriffen wurden und schließlich euthanasiert werden mussten. Typischerweise verbleiben nach heftigen Luftkämpfen die Kontrahenten benommen am Boden und lassen es mitunter zu, dass sich Personen bis auf wenige Meter annähern, bevor sie abstreifen (Abb. 6). Franz Fasel (2000), der sich über Jahrzehnte für die Steinadler im Fürstentum Liechtenstein und im Kanton St. Gallen einsetzte, dokumentierte vier Vorfälle mit Steinadlern als Opfer von Rivalenkämpfen. In einem Fall verkrallten sich zwei noch lebende Vögel – ein adulter und ein immaturer – so heftig, dass sie beim Behändigen nicht voneinander getrennt werden konnten (Abb. 7).

Abb. 6 Links: Immaturer Steinadler nach einem heftigen Luftkampf mit einem Artgenossen. Verletzungen an Brust und Kopf sind typisch und gehen auf Kralleneinstiche durch den Konkurrenten zurück. Nach solchen Auseinandersetzungen verbleiben die Kontrahenten oft minutenlang benommen am Boden (Foto zur Verfügung gestellt von E. Bassi, 02.10.2020, Trepalle, Italien).

Abb. 7 Rechts: Zwei ineinander verkrallte Steinadler, ein adulter und ein immaturer Vogel, wurden am 10. 04.1998 von Wildhüter Robert Tschirky auf der Straße im Weisstannental SG bewegungslos aufgefunden. Sie erholten sich später und überlebten die Folgen der heftigen territorialen Auseinandersetzung (Foto R. Tschirky, aus: Fasel 2000).

Abb. 8 Rechte Seite, von oben nach unten: Bei tot aufgefundenen Steinadlern lassen typische Merkmale auf territoriale Kämpfe schließen. Oben: abgebrochene Handschwinge; Mitte oben: Kralleneinstich am Schädel; Mitte unten: Daunenfedern an den Krallen; unten: Kralleneinstiche an zwei Steinadler-Brustbeinen (Fotos von oben nach unten: D. Jenny, S. Denis, D. Jenny, H. Haller).

Attacken können tödliche Folgen haben

Territoriale Auseinandersetzungen zwischen Artgenossen sind seit den 1970er-Jahren in Graubünden die häufigste Todesursache. Zwischen 1970 bis 1994 fand Haller (1996) bei 66 % von 65 tot gefundenen Steinadlern Spuren von Kampfverletzungen: Kralleneinstiche, Daunen in den Fängen oder abgebrochene Großfedern (Abb. 8). In der Periode 2004 bis 2024 lag der Anteil an Kampfopfern bei den Totfunden mit bekannter Todesursache in Graubünden mit 61 % leicht tiefer (n = 82; Kapitel 8, Abb. 1), aber immer noch deutlich höher als alle andern Todesursachen. 61 % der Kampfopfer waren jung oder subadult, die Geschlechterverteilung war in etwa ausgeglichen. Subadulte waren deutlich übervertreten (21 %), Juvenile waren hingegen weitaus weniger stark betroffen (6 %). Auch in Hallers (1996) Stichprobe sind subadulte Adler bei den Kampfopfern übervertreten (Anhang Abb. 3) und auch bei den jährlichen Überlebensraten lässt sich im vierten Lebensjahr eine deutliche Einbusse erkennen (Anhang Abb. 4). Dies deutet darauf hin, dass die Aggressivität gegenüber Floatern erhöht ist, wenn diese sich der Geschlechtsreife nähern. Das lässt sich gut erklären, denn erst vor der Geschlechtsreife werden die unverpaarten Vögel ernst zu nehmende Konkurrenten nicht nur um Nahrung, sondern vorab um Sexualpartner, um Reviere und um Brutplätze. Auffallend ist dies vor allem im Vergleich mit juvenilen, also maximal einjährigen Steinadlern. Diese dürften in der Population zahlreicher vertreten sein als subadulte Vögel, denn beide Phasen dauern etwa ein Jahr. Juvenile wären wohl aufgrund ihrer Unerfahrenheit relativ einfach zu attackieren und zu verjagen, was aber nur ausnahmsweise geschieht. Sie scheinen geringere Aggressivität bei Reviervögeln auszulösen als Subadulte. Sie werden offenbar von heftigen Attacken weitgehend verschont. 2023 sind innerhalb von fünf Monaten drei besenderte Steinadler durch territoriale Aggressionen umgekommen, alle standen im vierten Lebensjahr und waren somit subadult.

Bemerkenswert ist die Feststellung, dass ein Viertel unserer besenderten subadulten Adler im vierten Jahr – meist bei Revierkämpfen – umkamen, der Rest aber das fünfte und sechste Lebensjahr überlebte und weiterhin weiträumig umherstreifte (Anhang Abb. 4). Es sah so aus, als ob die mittlerweile adult gewordenen Adler den riskanten Kampf um einen Revierplatz aufgegeben hätten. Whitfield et al. (2022) machte in Schottland Beobachtungen, welche diese Vermutung stützen. Dort gab es zwei Gruppen von Jungadlern, welche sich entweder schon im zweiten oder dritten Lebensjahr niederließen und verpaarten und eine zweite Gruppe von Individuen, welche bis ins Alter von fünf oder mehr Jahren gar kein Revier gründeten.

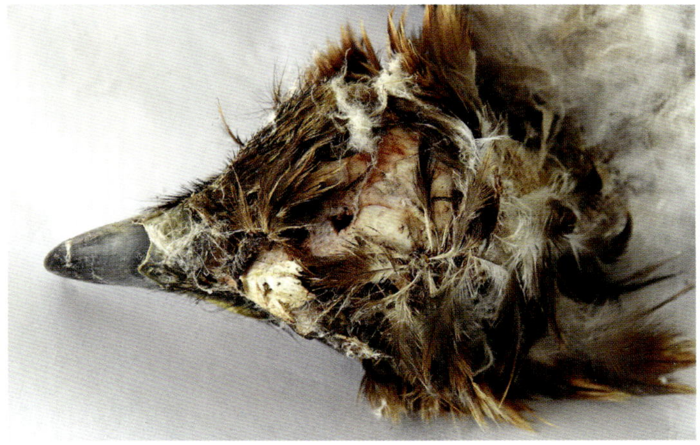

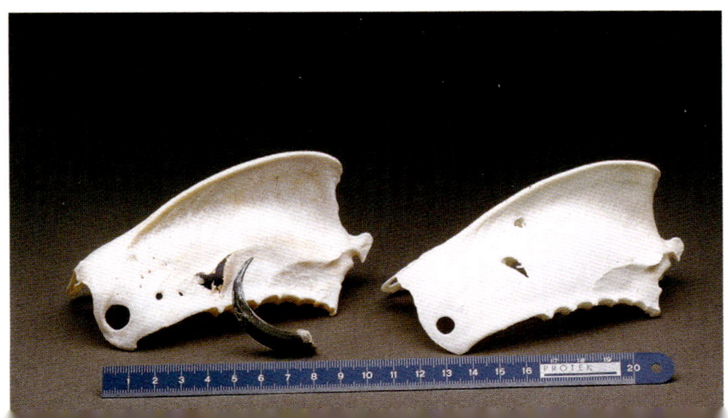

Auch unverpaarte Steinadler können gefährlich werden

Neben jüngeren Vögeln sind unter den Bündner Kampfopfern auch adulte Steinadler stark vertreten. Haller (1996) fand in einer Stichprobe von 46 Kampfopfern in Graubünden 54 % adulte Vögel. Darunter dürften neben adulten Floatern auch Reviervögel figurieren, denn auch unverpaarte Fremdadler können äußerst aggressiv sein. In der heute sehr dichten Population haben Jungadler nur dann Chancen sich fortzupflanzen, wenn sie besonders vital sind und eben auch aggressiv auftreten. Es herrscht ein starker Selektionsdruck zugunsten aggressiver Einzelvögel. Wenn es ihnen mit diesem Verhalten gelingt, zum Bruterfolg zu kommen, sind die Nachkommen mit großer Wahrscheinlichkeit mit ähnlichen Eigenschaften ausgestattet. Ein Erlebnis von David Jenny als Gleitschirmpilot bekräftigt diese Hypothese: Am 18. Mai 2022 kreiste er über Zernez auf 3000 m Höhe in einer Thermiksäule, zusammen mit dem ansässigen Steinadlerpaar Cluozza, ohne dass es zu Interaktionen mit den Reviervögeln kam. Plötzlich attackierte ein immaturer Steinadler mit ausgestreckten Fängen von hinten das Obersegel und drehte im letzten Moment ab, um allerdings umgehend nachzustoßen und erneut abzudrehen. Das veranlasste den Piloten, schleunigst wegzufliegen, um weiteren Angriffen zu entgehen. Bemerkenswert war, dass es sich beim furchtlosen Aggressor nicht um einen Reviervogel handelte, sondern um einen immaturen Einzeladler. Besonders in die Jahre gekommene Reviervögel dürften gegenüber aggressiv auftretenden, jüngeren Einzelvögeln ab und zu den Kürzeren ziehen. Dies zeigte sich exemplarisch beim bereits erwähnten Fall des alten verpaarten Weibchens bei Scuol, das offenbar von einem Fremdadler verjagt und verletzt wurde (Kapitel 4 Abb. 20).

Auch außerhalb Graubündens sind hohe Kampfopferzahlen nachgewiesen. Im Wallis fand Serge Denis (unpubl. Daten) an 14 Opfern mit bekannter Todesursache bei 54 % Spuren innerartlicher Auseinandersetzungen. Etwas tiefer waren die Anteile in den andern Alpenkantonen. Dort lag der Anteil bei 33 % von 39 untersuchten Adlern (Jenny 2024 unpubl. Daten). Auffallend war die Häufung von Kampfopfern (Abb. 9) in gewissen Phasen, die mit dem geklumpten, winterlichen Auftreten von Huftierkadavern in Verbindung standen. So wurden im lawinenreichen Winter 2009 in Graubünden allein zwischen Januar und April fünf Kampfopfer tot aufgefunden. Opfer von territorialen Kämpfen treten ansonsten im ganzen Jahresverlauf auf,

Abb. 9 Durch einen Kampf mit einem Artgenossen umgekommenes, altes Steinadler-Weibchen (F. Wehrli, 11.01.2025, Val Chaschauna GR).

während der Brutzeit und vor allem im Mai lässt sich eine deutliche Häufung nachweisen (Anhang Abb. 5).

Weil Kampfopfer wohl häufiger aufgefunden werden als Steinadler, die auf andere natürliche Weise umkommen (Krankheiten, Altersschwäche), müssen die hohen Zahlen etwas relativiert werden. Dennoch zeigt der hohe Anteil an Opfern territorialer Auseinandersetzungen die Auswirkung innerartlicher Aggressivität in einer Population mit hohem Sättigungsgrad sehr deutlich.

Die Zahl der Kampfopfer ist gestiegen

Die mit dem Populationswachstum einhergehende Dichtezunahme widerspiegelt sich in einer deutlich gewachsenen Zahl an territorialen Interaktionen und als Folge davon einer hohen Zahl an Opfern innerartlicher Auseinandersetzungen. Bei den durch Kämpfe verursachten Merkmalen bei Kampfopfern fungieren Kralleneinstiche im Bereich Kopf und Hals an erster Stelle, gefolgt von Verletzungen an den Fängen und Einstichen im Brust- und Bauchbereich (Tab. 1). Kralleneinstiche lassen sich an den Brustbeinen relativ leicht erkennen. Sie variieren von geringfügigen, feinen Stichen bis zu massiven, tödlichen Eingriffen. Haller (1996) kontrollierte und präparierte die Brustbeine tot gefundener Steinadler in Graubünden systematisch und fand einen deutlichen Anstieg an Einstichen im Verlauf des letzten Jahrhunderts. In der Periode von 1930 bis 1969 lag er bei 30 % (n = 10), von 1970 bis 1989 bei 60 % (n = 10) und von 1990 bis 1994 schließlich sogar bei 79 % (n = 19). Es ist anzunehmen, dass sich dieser Trend weiter fortsetzt, genauere Untersuchungen aus jüngerer Zeit fehlen allerdings. Die oben erwähnten Angaben zu den Kampfopferzahlen in Graubünden aus der jüngsten Phase deuten darauf hin, dass sich der Kampfopferanteil auf hohem Niveau eingependelt hat. Hallers (1996) Analyse zeigte zudem, dass wohl die meisten heftigen Attacken mit Kralleneinstichen einigermaßen glimpflich verlaufen und nur zu einem kleinen Anteil tödlich enden. Von insgesamt 25 Fällen mit Einstichen im Brustbeinkamm wiesen nur 3 ausschließlich frische Einstiche auf (12 %). 15-mal waren die Einstiche alt und verheilt und 7-mal sowohl frisch als auch alt.

Außerhalb der Alpen sind Kampfopfer kaum bekannt

Außerhalb der Alpen und den Studien von Haller (1996) und Jenny et al. (2024) sind nur wenige Hinweise auf konkurrenzbedingte, innerartliche Mortalität zu finden. Watson (1997) berichtet lediglich von einem Fall eines Eindringlings in Schottland und einem in Kalifornien, wo ein Reviervogel getötet wurde. Arroyo et al. (1990) erwähnen, dass in Spanien bei 266 untersuchten Totfunden 94 % der Sterblichkeit auf direkte oder indirekte menschliche Einflüsse zurückgehen, innerartlich bedingte Kampfopfer werden nicht erwähnt. Bei Russel & Franson (2014) kommt in einer umfangreichen Stichprobe von 1427 bezüglich Todesursache untersuchten Steinadlern aus den USA kein Fall eines intraspezifischen Kampfopfers vor. Auch in international ausgerichteten Kompilationen wie dem Wikipedia-Eintrag zum Steinadler oder demjenigen bei «Birds of the World» werden solche Fälle kaum erwähnt. Erst in jüngeren Studien aus Nordamerika und Europa finden Kampfopfer Nie-

	Kampfopfer Männchen		Kampfopfer Weibchen	
	n	%	n	%
untersuchte Adler	24	100	15	100
Individuen mit folgenden Merkmalen:				
Kralleneinstiche allgemein	21	88	12	80
Kopf/Hals	13	54	6	40
Brust/Bauch	7	29	6	40
Rücken	1	4	1	7
Flügel	6	25	5	33
Fänge	8	33	7	47
Daunen in Fängen	7	29	2	13
abgebrochene Großfedern	9	38	8	53
Altverletzungen	8	33	5	33

Tab. 1 Kampfopfer-Diagnosen bei toten oder schwer verletzten Steinadlern der Jahre 1970–1994, die an das Bündner Naturmuseum Chur gelangten und eingehend untersucht worden sind (Haller 1996).

derschlag, auch quantitativ. In einer Erhebung durch den US Fish and Wildlife Service (Millsap et al. 2016) lag der geschätzte Anteil an innerartlichen Kampfopfern in den Vereinigten Staaten bei 0,2 % für juvenile Steinadler, bei 7 % für immature und bei 18 % für subadulte oder adulte, mehr als dreijährige Adler. Millsap et al. (2022) fanden bei 126 telemetrierten Steinadlern mit bekannter Todesursache in 7 Fällen (5,6 %) Spuren von innerartlichen Auseinandersetzungen. Auch in der kürzlich erschienenen, weltweiten Übersicht zum Steinadler von Ellis et al. (2024) werden in 11 von 25 (44 %) Länderkapiteln intraspezifische Kämpfe als Todesursache erwähnt, meist aber in geringen Anteilen von weniger als 10 % und stets deutlich unter der Zahl der durch Menschen indirekt verursachten Todesfälle. In Anbetracht der hohen Bedeutung der konkurrenzbedingten Todesursache von Steinadlern, welche anteilmäßig – zumindest in den Schweizer Alpen – deutlich vor allen anthropogenen Mortalitätsfaktoren steht, erstaunt die marginale Beachtung derselben. Daraus lässt sich folgern, dass sich a) die alpine Situation bezüglich Dichteregulation deutlich von andern Steinadler-Populationen unterscheidet und b) dass die Erkenntnisse von Haller und Jenny wohl nicht die nötige Aufmerksamkeit erhalten haben.

Der Girlandenflug – ein klassisches Steinadlerverhalten

Wenn es ein Verhalten beim Steinadler gibt, das auffallend, arttypisch und faszinierend ist, so ist es der Girlandenflug. Auch nach über 40 Jahren Felderfahrung ist die Beobachtung solch dynamischer Flüge für die Autoren dieses Buchs immer noch ein besonderes Erlebnis. Es weckt Emotionen, die mit Freiheit, dem Traum vom Fliegen oder Luftakrobatik verbunden sind. Das girlandenartige Auf und Ab, mit Schlagphasen und Sturzflugsequenzen mit angelegten Flügeln (Abb. 10 und 11) ist funktionell nicht ganz einfach einzuordnen. Weil es spielerisch wirkt, wurden ihm immer wieder emotional gefärbte Attribute wie Freude oder Spaß zugedacht. Für Segelflug- oder Gleitschirmpiloten kann diese irreführende Interpretation schon mal fatale Folgen haben. Wenn die aggressive Motivation nämlich verkannt wird, führt die nächste Eskalationsstufe möglicherweise zu Attacken gegen die Fluggeräte dieser vermeintlichen Eindringlinge. Unter bestimmten Umständen können sogar Kleinflugzeuge als solche wahrgenommen werden (mehr dazu in Kapitel 8). Wellenförmige Girlandenflüge werden auch von anderen Greifvögeln wie Sperbern, Mäusebussarden oder Schlangenadlern gezeigt (Glutz von Blotzheim et al. 1971). Beim Steinadler sind diese aber besonders ausgeprägt und umfassen manchmal 30 aneinandergereihte Bögen.

1
Der Revieradler wechselt vom Gleit- zum Sturzflug.

2
Um maximale Geschwindigkeit zu erlangen, legt er die Flügel an.

3
In der Tropfenform und mit fast senkrecht nach unten gerichtetem Kopf erreicht er um 100 km/h.

4
Noch vor Erreichen des tiefsten Punkts öffnet er die Fügel und setzt (manchmal) zum Schlagflug an.

5
Mit raschen Flügelschlägen geht es wieder aufwärts.

6
Vor dem Kulminationspunkt legt er wieder seine Flügel an.

7
Sich passiv fallen lassend, kippt er, wieder schneller werdend, in den Sturzflug hinüber.

8
Auf diese Weise werden bis zu 30 Girlanden aneinandergereiht, bevor es wieder in den Gleitflug übergeht.

Abb. 10 Linke Seite: Girlandenflüge enthalten Sturzflug-Phasen, in welchen Geschwindigkeiten von mehr als 100 km/h erreicht werden dürften (H. Haller, 20.01.2022, Ova Spin GR).

Abb. 11 Der wellenförmige Girlandenflug des Steinadlers signalisiert Artgenossen teils auf weite Distanzen einerseits Revieranspruch und andererseits Fortpflanzungsbereitschaft.

Die Doppelfunktion der Girlandenflüge

Der optisch auf Distanz auffallende Girlandenflug hat Signalwirkung und dient der Kommunikation zwischen Artgenossen. Ähnlich wie beim Gesang von Singvögeln nimmt er eine Doppelfunktion wahr. Zum einen ist er aggressiv motiviert und richtet sich gegen ins Territorium eindringende Artgenossen, zum andern ist er sexuell motiviert und bekundet dem Sexualpartner Paarbindungsantrieb und Fortpflanzungsbereitschaft. Weil sich beide Motivationen oft vermischen und die Art des Girlandenflugs die gleiche bleibt, lassen sich die Auslöser kaum unterscheiden. Manchmal werden auch pendelartige, in Form einer Acht ausgeführte Girlanden gezeigt, insbesondere bei Balzflügen. Auch immature oder gar juvenile Steinadler fliegen ab und zu Girlanden. Eine spielerische Komponente ist in solchen Fällen nicht ganz von der Hand zu weisen.

Girlandenflüge sind nach Beginn der Brutperiode und bis im Hochwinter mehrheitlich aggressiv motiviert. Auslöser sind dann optisch ausgemachte Fremdadler, meist juvenile, immature oder subadulte Vögel, die während des Dispersals weit herumstreifen und immer wieder in besetzte Reviere einfliegen. Im heute durch Steinadlerreviere so gut wie vollständig abgedeckten Alpenraum ist es für wandernde Einzeladler schwierig geworden, unbesetzte Lücken zwischen den Territorien zu finden. Jenny (1992) wies in den 1980er-Jahren im Berner Oberland einen klaren Zusammenhang zwischen ins Territorium eingedrungenen Einzeladlern und dem Anteil Girlandenflug an der Flugaktivität des Adlerpaars bei Giessbach und oberhalb Ebligen am Brienzersee während der Wintermonate nach (Anhang Abb. 6). Hier war der winterliche Einflug von Einzeladlern besonders häufig, was bereits in historischer Zeit bekannt war und in Kapitel 1 beschrieben wurde. Der Girlandenfluganteil lag entsprechend hoch, bei bis zu 5% aller Flugaktivitäten. Bei neu etablierten Paaren, die sich gegenüber Fremdadler besonders stark behaupten müssen, zählte Haller (1996) in Graubünden bis mehrere hundert Girlandenbögen pro Tag und Individuum. Girlanden werden auch von beiden Partnern gleichzeitig geflogen, beim Männchen ist der aggressiv motivierte Girlandenflug aber deutlich stärker ausgeprägt. Jenny (1992) dokumentierte im Kanton Bern eine sowohl bezüglich Anzahl als auch Dauer des Girlandenflugs stärkere Beteiligung des Männchens, die um das drei- bis vierfache höher war als beim Weibchen. Dies hat mit der bereits erwähnten Rollenteilung beim Territorialverhalten zu tun.

Konkurrenz als Schlüsselfaktor

In dichten Tierbeständen kommt es zwangsläufig zu Anpassungen an die Kapazität ihrer Lebensräume. Es gibt kein unbegrenztes Wachstum in der Natur. Man spricht von dichteabhängigen Effekten, die dafür sorgen, dass das Wachstum einer Population abgebremst oder gestoppt wird. Dies geschieht entweder über erhöhte Mortalität, durch reduzierte Reproduktion oder beides gleichzeitig. Bei in Gruppen lebenden Wildtieren, wie etwa bei unseren Huftierarten oder auch bei in Kolonien lebenden Vogelarten wie zum Beispiel Wasservögeln, kann die Regulierung abrupt erfolgen. Bei hohen Dichten steigt bei ihnen das Risiko für Unterernährung und ansteckende Krankheiten, was zu radikalen Bestandsreduktionen führen kann. Bei den grundsätzlich solitär lebenden Greifvögeln verlaufen die Anpassungen subtiler. Wie oben erwähnt, steigt die Mortalität durch innerartliche Auseinandersetzungen. Der hohe Anteil der heute in den Alpen durch Kämpfe sterbenden Steinadler bedeutet einen beachtlichen, den Bestand beeinflussenden Aderlass. Auf der anderen Seite sinkt die Reproduktion. Haller (1982) hat das Phänomen der konkurrenzbedingt reduzierten Fortpflanzung in Graubünden entdeckt und in seiner Dissertation, der alpenweit ersten über den Steinadler, dokumentiert. Er brachte die im Verlauf des 20. Jahrhunderts in Graubünden deutlich zurückgegangene Nachwuchsrate mit dem Auftreten der unverpaarten Einzeladler in Verbindung, welche die Brutreserve bilden. An sogenannte Einzeladlergebiete angrenzende Revierpaare hatten teilweise über Jahrzehnte hinweg keinen Bruterfolg mehr. Und zwar einfach deshalb, weil sie ständig mit dem Verjagen von Fremdadlern beschäftigt waren und so unter sozialem Stress standen. Dass die natürliche Bestandsregulierung weitgehend über die Brutreserve lief, war damals eine neue Erkenntnis. Das weckte Kritik, teilweise auch Ablehnung und wurde höchstens als Hypothese akzeptiert. Für Heinrich Haller war dies nach Abschluss seiner Doktorarbeit Ansporn, noch genauer hinzuschauen. Er tat dies unter anderem im Kanton Bern (Haller 1988) mit Untersuchungen zur Bestandsentwicklung und im Alpenvorland (1994) zur Ausbreitungstendenz der Mittellandpaare. Und es war Inspiration für David Jenny, Hallers Einzeladler-Hypothese im Detail zu prüfen. Während fünf Jahren intensiver Forschung im Berner Oberland wurden im Rahmen einer weiteren Dissertation an der Universität Bern Daten erarbeitet und Fakten geschaffen, welche die These der Selbstregulation durch die Brutreserve bestätigten. Der Einfluss der unverpaarten Einzeladler erwies sich als Schlüsselfaktor, der sich auf die Brutaktivität und den Bruterflog der Revierpaare auswirkte. Ein Regelkreis sorgt demnach dafür, dass sich die Produktion von Nachwuchs den Anforderungen durch die Ressourcen anpasst (Jenny 1992, Haller 1996).

Schauen wir genauer hin, wie dies im Berner Oberland anhand von Plan-Beobachtungen, dem Einsatz von Dummy-Eiern und einem Verhaltensexperiment in den Jahren 1986 bis 1990 belegt werden konnte.

Abb. 12 Dichteabhängige (Konkurrenz-)Faktoren sorgen für ein gedrosseltes Wachstum der Population (orange Pfeile), sobald die Ressourcen aufgrund eines dichten Bestands knapp werden. Beim Steinadler in Graubünden lässt sich dies anhand der Bestandsentwicklung (auslaufende Balken bei ungefähren Werten) gut erkennen. Daten aus Haller (1996) und Ergebnissen des Paarmonitorings (Jenny 2018b, sowie D. Jenny unpubl. Daten).

Selbstregulation – ein universelles Phänomen bei tierischen Populationen

Bis vor wenigen Jahrzehnten gehörte bei Jagdbehörden und in der Politik der Begriff des «Überhandnehmens» zum häufig gebrauchten Vokabular, wenn es darum ging, die Notwendigkeit jagdlicher Reduktionen bei Wildtierbeständen zu begründen. Auch wenn es nicht weiter vertieft wurde, schien die Natur auf ein korrigierendes Eingreifen durch den Menschen angewiesen zu sein, ansonsten drohte das System zugunsten schädlicher Arten zu kippen. Diese Sicht entsprang einem moralisch geprägten Weltbild, wie es in Kapitel 1 ausführlich beschrieben wurde. Große Greifvögel und andere Spitzenprädatoren standen besonders im Visier und wurden entsprechend stark reguliert oder gar ausgerottet. Die Unterschutzstellung des Steinadlers in der Schweiz im Jahr 1953 bedeutete für die charismatische Art einen Paradigmenwechsel. Zum Ausdruck kam nicht nur die Anerkennung, dass Adler weitaus weniger «schädlich» sind, als früher angenommen wurde, sondern auch eine Respektierung ökologischer Prinzipien. Ein unbegrenztes Wachstum gibt es nämlich grundsätzlich nicht, denn dichteabhängige Faktoren sorgen stets dafür, dass Populationen sich der Kapazität ihres Lebensraumes anpassen. Man spricht von Selbstregulation.

Beim Steinadler in den Alpen kommt dies heute besonders deutlich zum Tragen (Abb. 12). Die Erkenntnis ist ein eigentliches Lehrstück darüber, dass sich Tierbestände ohne menschliches Zutun auf natürliche Weise entwickeln und sich in Ökosystemen einfügen. Etwas ernüchternder ist allerdings eine zweite Erkenntnis: nämlich die, dass der antiquierte Begriff des Überhandnehmens auch heute noch salonfähig ist oder sogar neuen Aufschwung erhält. Gemeint ist nicht, die Natur korrigieren zu müssen, sondern ökonomische Schäden, sprich den Verlust von Nutztieren oder Flurschäden, zu verhindern. Was die Natur bezüglich Tierbeständen noch zulässt, scheint für menschliche Gesellschaften oft nicht mehr tragbar zu sein. Das hat mit ökologischen Grundsätzen nichts zu tun, sondern ist dem Ressourcenhunger des *Homo sapiens* geschuldet. Zum Glück sind die durch Steinadler bewirkten «Schäden» etwa an Schafen oder Ziegen so marginal, dass dessen Schutzstatus unbestritten bleibt. Zumindest in der Schweiz, denn in Norwegen gab es jüngst einen parlamentarischen Vorstoß, der die Wiedereinführung von Steinadler-Abschüssen forderte (Solbakken 2016).

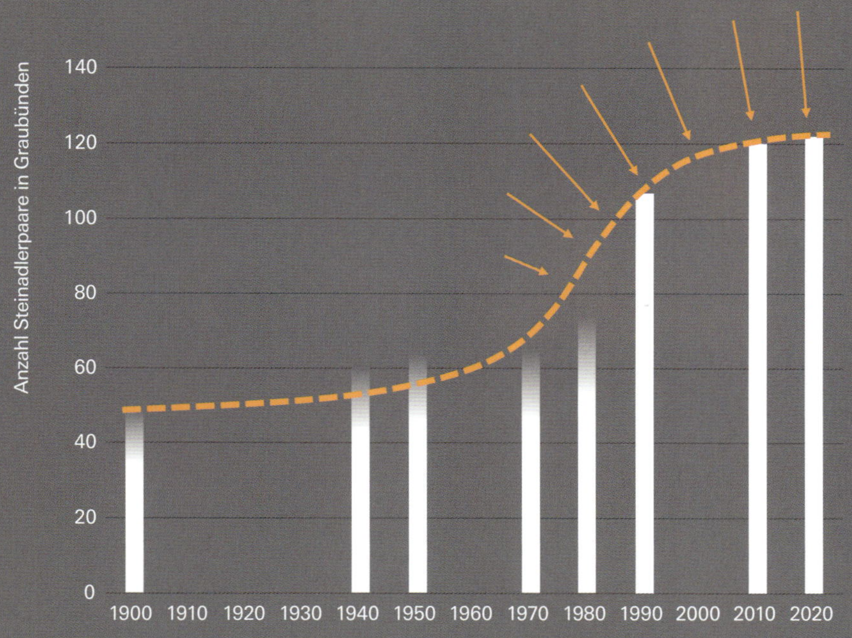

Hallers Einzeladler-Hypothese auf dem Prüfstand

In einem ersten Schritt prüfte Jenny, ob sich anhand von Präsenzdaten brütender Altvögel am Nest der von Paar zu Paar sehr unterschiedliche Bruterfolg erklären ließ. Dazu kamen neben Direktbeobachtungen besetzter Horste auch Dummy-Eier zum Einsatz, bestückt mit Temperatur- und Lichtsensoren, wie sie bereits Ellis & Varney beschrieben (1973; Abb. 13). Diese Geräte in Eiform wurden während kurzer Brutpausen den brütenden Altvögeln als quasi drittes Ei zum Gelege dazugefügt. Insgesamt kamen so zwölf Paare in der Bebrütungsphase während 1100 Stunden zur Überwachung. Die Auswertungen ergaben folgende Zusammenhänge: a) bei erfolgreichen Bruten wiesen die Paarvögel deutlich höhere tägliche Anwesenheitszeiten auf dem Gelege auf (95 %) als bei Bruten, die später abgebrochen wurden (84 %); und b) die über mehrere Brutperioden gemessenen durchschnittlichen Präsenzzeiten auf den Eiern war bei 21 Bruten mit der Nachwuchsrate deutlich positiv korreliert (Anhang Abb. 7).

Im nächsten Schritt kamen die unverpaarten Einzeladler ins Spiel. Die Hypothese, wonach diese die Präsenzzeit der brütenden Reviervögel am Nest beeinflussen (Abb. 15), konnte eindrücklich untermauert werden.

Abb. 13 Ein mit Temperatur- und Lichtsensoren ausgerüstetes Dummy-Ei zur Messung der Präsenz der Brutvögel auf dem Gelege wurde dem Zweiergelege beigefügt (D. Jenny, 22.03.1989, Frutigen BE).

Hohe Präsenzzeiten der Brutvögel auf dem Gelege gingen auch mit hohen Nachwuchsraten einher (Anhang Abb. 7), womit der negative Einfluss der Einzeladler auf den Bruterfolg bestätigt wurde.

Für erfolgreiches Brüten war vor allem die Beteiligung des Männchens wichtig. Es bebrütete ein Gelege während durchschnittlich 18,4 % des Tages (Weibchen: 70,8 %). Dessen Brutanteil schwankte aber stark von Paar zu Paar und von Tag zu Tag, viel mehr als beim Weibchen. Der Grund war offensichtlich: Durch dessen territoriale Rolle war das Männchen den unberechenbaren Einflügen von Fremdadlern ausgesetzt und konnte seine Partnerin nur dann beim Brüten ablösen, wenn die Luft rein war. Die Anzahl territorialer Aktionen war zudem stark saisonal bedingt. Die Einflüge von Fremdadlern – meist aasfressende Jungvögel – häufen sich im Spätwinter, welche von geklumpt auftretenden Lawinenopfern und geschwächten Tieren beim Schalenwild magnetisch angezogen werden. Das ist die Zeit der Eiablage bzw. des Brutbeginns bei den Revierpaaren. Bei besonders viel Stress in dieser Phase, wird erst gar nicht mit der Brut begonnen. Der Anteil nicht brütender Paare hing denn auch stark von den winterlichen Einzeladler-Einflügen ab. Diese wurden im Berner Oberland in fünf Vergleichsgebieten erhoben. Auch hier war das Ergebnis deutlich: in fallwildreichen Wintern (abhängig von der Schnee- bzw. Lawinensituation im Spätwinter) kommt es beim größten Teil der an sogenannte Einzeladlergebiete angrenzenden Revierpaaren zu keiner Eiablage, während milde Winter indirekt für hohe Brutaktivität sorgen. Paradoxerweise sind hohe Fallwildzahlen und damit Nahrung

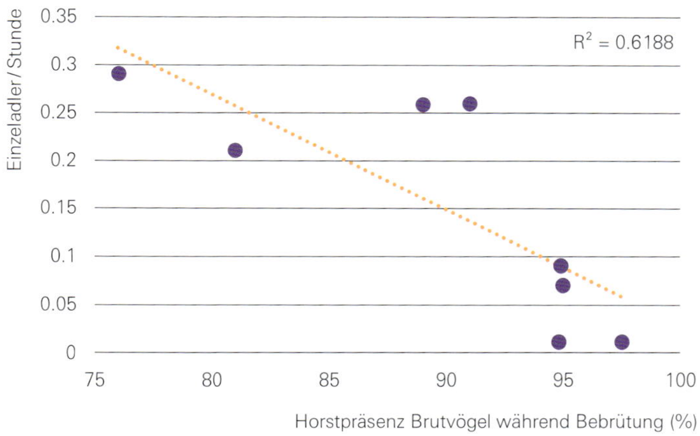

nicht etwa gute Voraussetzungen für erfolgreiches Brüten, sondern eher das Gegenteil. Die angelockten Fremdadler sorgen für Stress bei Reviervögeln und wenig Zeit für die Fortpflanzung.

Allerdings lässt sich zwischen den vom Amt für Jagd und Fischerei Graubünden erhobenen Fallwild-Zahlen und der Nachwuchsrate der Steinadler in den entsprechenden Sektoren im Engadin nur bis ca. 2015 ein negativer Zusammenhang nachweisen (siehe Kasten Seite 127). Dafür werden zwei Gründe vermutet: 1) Für die Präsenz von Einzeladlern ist nicht in erster Linie das lokale Vorkommen von Fallwild, sondern vielmehr dessen großräumige Verteilung ausschlaggebend. Durch ihre räumliche Ungebundenheit verlagern sich Einzeladler dorthin, wo es am meisten Nahrung hat. Das bedeutet, dass sie auch in fallwild-

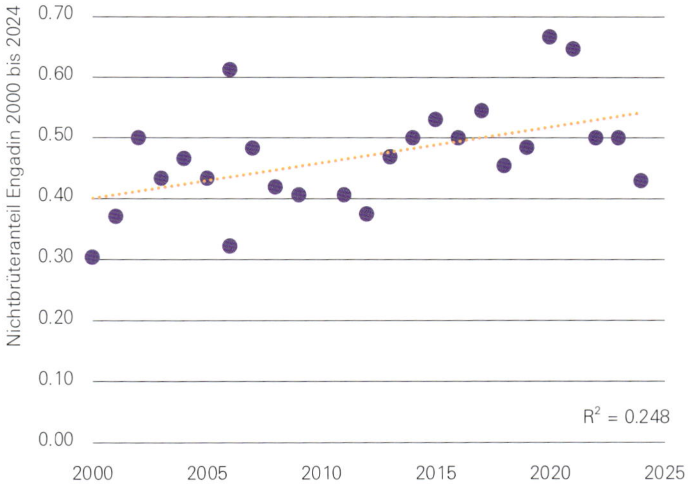

Abb. 14 Oben: Ein Adlerpaar im Giessbachtal BE war den anhaltenden Störungen durch Einzeladler besonders deutlich ausgesetzt. Zwischen 1963 und 1990 kam es nur einmal zu Bruterfolg, wiederholt wurden Bruten aufgegeben. Hier anlässlich der Bergung eines verlassenen Geleges mit Hilfe eines Obstpflückers (B. Krüsi, 28.06.1987, Giessbachtal).

Abb. 15 Mitte: Einzeladler pro Beobachtungsstunde im Territorium bei acht Brutpaaren mit mehr als 100 Beobachtungsstunden und durchschnittliche Anwesenheit der Brutvögel auf dem Gelege. Berner Oberland 1987–1990, n = 1590 Stunden. Aus: Jenny (1992).

Abb. 16 Unten: Entwicklung des Nichtbrüter-Anteils bei den Brutpaaren im Engadin 2000 bis 2024 (n = 23–35 Reviere; D. Jenny unpubl. Daten).

reichen Gebieten fehlen können, wenn es andernorts noch mehr Nahrung gibt. 2) Ab etwa 2010 scheinen sich als Antwort auf die stressvollen Einzeladlereffekte in den Regionen neue Strategien bei Reviervögeln zu manifestieren. Diese haben mit der weiterhin wachsenden Siedlungsdichte zu tun, welche bei der Masse der Einzeladler eine homogenere Verteilung bewirkt.

Im Verlauf der Bestandsverdichtung in den letzten beiden Jahrzehnten ist der Nichtbrüter-Anteil im Engadin denn auch messbar angewachsen (Abb. 16). Dieser Befund weist auf die zunehmenden innerartlichen Konkurrenzeffekte hin. Wie oben gezeigt, liegt dieser in erster Linie in der hohen und tendenziell steigenden Präsenz der unverpaarten Einzeladler begründet.

Der wichtigste Grund für den hohen und steigenden Nichtbrüteranteil liegt wohl in der Tatsache, dass Reviere besser zu zweit verteidigt werden können, als wenn – bei einer Brut – stets nur ein Reviervogel verfügbar ist. Es gilt die Devise, wonach besser eine Brut ausgelassen wird, als dass ein Territorium oder ein Reviervogel verloren geht.

Luftkämpfe lassen sich provozieren – Ergebnisse eines Verhaltensexperiments

Ein dritter Ansatz betraf ein Experiment, bei dem die Effekte einfliegender Fremdadler eins zu eins gemessen wurden. Der Falkner Claus Fentzloff aus Burg Guttenberg nahe Heilbronn (D) beteiligte sich mit zwei von Hand aufgezogenen und als Beizvögel gehaltenen juvenilen Steinadler-Männchen an einem Verhaltensexperiment (Fentzloff 1989). Es ging darum, auszutesten, wie brütende Revieradler auf künstlich eingebrachte Fremdadler reagieren. Es wurde insbesondere geprüft, wie sich die Einflüge der Beizadler auf die Präsenz der Brutvögel auf dem Gelege auswirken.

Die beiden Beizadler wurden im April 1989 bei vier besetzten Steinadlerhorsten im Kanton Bern fliegen gelassen. Die Brutpaare reagierten an vier Einsatztagen mit deutlich erhöhter territorialer Aktivität. Am 20.04.1989 griffen beide Brutpartner des Paares Frutigen den in Talnähe segelnden Beizadler so heftig an, dass der Falkner um seinen Vogel fürchtete und ihn zurückrufen musste: Das angreifende Männchen verkrallte sich mit einem Beizadler, der sich auf den Rücken warf, worauf beide im Kreise trudelten und erst direkt über dem Boden auseinanderglitten (Abb. 18). Zweimal verließ das brütende Weibchen den Horst wegen eines Beizadlers. Der Anteil des aggressiv motivierten Girlandenflugs war an allen Tagen des Experiments

Abb. 17 Falkner Lothar Askani mit Beizadler Zar und David Jenny anlässlich eines Verhaltensexperiments auf der Axalp BE. Im von Steinadlern besetzten Revier wurden zwei abgerichtete «Fremdadler» geflogen, um die Reaktion der Brutvögel zu testen (C. Fentzloff, 24.04.1989, Axalp BE).

Abb. 18 Rechte Seite: Attacke eines ansässigen adulten Männchens auf einen trainierten, juvenilen Beizadler. Der Eindringling wehrt den Angriff ab, indem er sich auf den Rücken wirft. Derartige Attacken wurden im Verlauf von Verhaltensexperimenten wiederholt ausgelöst und hatten eine reduzierte Horstpräsenz der Brutvögel zur Folge.

1
Das revierbesitzende Männchen greift den immaturen Eindringling an.

2
Der Einzeladler wirft sich in Abwehrhaltung auf den Rücken.

3
Sowohl der Revierbesitzer (Angriff), als auch der Eindringling (Abwehr) strecken ihre Fänge aus.

4
Die Kontrahenten verkrallen ihre Fänge und trudeln bodenwärts.

5
Die Vögel trennen sich kurz vor dem Aufprall auf dem Boden.

Mit zahmen Adlern unterwegs für die Wissenschaft

Abb. 19 David Jenny mit Beizadler Zar am Einsatzort Frutigen am 20.04.1989. Hier wurden zwei zahme Beizadler am Hang über dem Horstbereich des Paars Frutigen hochgetragen und oberhalb des brütenden Paars fliegen gelassen. Die Reviervögel reagierten umgehend, verließen den Horst und attackierten die Beizadler insgesamt sechsmal mit Körperkontakt (Foto: R. Kusche).

Unvergessen bleiben die Eindrücke beim Einsatz von zwei zahmen Steinadlern, die im Rahmen der Dissertation von David Jenny im Berner Oberland von Falknern geflogen wurden. Die deutschen Falkner Claus Fentzloff und Lothar Askani reisten im April 1989 mit zwei juvenilen Steinadlern nach Brienz, wo sie bei Wildhüter Ruedi Fuchs untergebracht wurden. Am letzten Einsatztag fuhren wir nach Axalp, wo ein Horst vom Adlerpaar im Giessbachtal bebrütet wurde. Es lag noch Schnee, daher ging es mit einem Pistenfahrzeug bis nach Chüemad, wo Sichtkontakt zum besetzten Horst bestand. Die beiden Beizadler namens Zar und Norok wurden von den Falknern in die Luft geworfen, flogen anschließend dicht über dem Wald, wurden mehrmals zurückgerufen und erneut fliegen gelassen (Abb. 17). Nach einigen Minuten verließ das brütende Adlerweibchen den Horst in der Falkenfluh und auch das Männchen erschien. Beide zeigten intensive Girlandenbögen, die offensichtlich von den Beizadlern provoziert wurden. Der Horst blieb während etwa 10 Minuten unbesetzt. Zu heftigen Attacken der Beizadler durch die Brutvögel, wie beim Einsatz bei Frutigen vier Tage zuvor, kam es zwar nicht, die Störung durch Fremdadler bewirkte aber – erwartungsgemäß – auch hier eine verminderte Horstpräsenz. Unsere Hypothese konnte mit den Verhaltensexperimenten gestützt werden.

Am Ende der Aktion auf der Axalp ging einer der beiden Beizadler verloren. Norok verschwand tiefer unten im Bereich des Bauwaldes. Wir machten uns auf die Suche. Ausgerüstet mit Skis, einem Falknerhandschuh und Futter in der Ledertasche beteiligte auch ich mich an der Suchaktion. Nach dem Verlassen des Waldes unterhalb Chüemad stand ich vor der Talstation des Skilifts Axalp. Dort sonnten sich Touristen auf der Terrasse. Plötzlich entdeckte ich Norok über mir fliegend. Ich schwang eine Kaninchenkeule und rief wiederholt und laut den Namen des Adlers. Dieser legte die Flügel an, schoss bodenwärts und landete schließlich schwungvoll auf meiner Faust. Was für ein erhabener Moment, den auch die Skigäste auf der Sonnenterasse mitbekommen hatten. Mit Norok auf der Faust spazierte ich bei den verblüfften Gästen vorbei zum Parkplatz, wo mich das Falknerteam erwartete.

bei den Brutpaaren stark erhöht. Die längste beobachtete Unterbrechung der Bebrütung durch das Paar Frutigen dauerte 34 Minuten. An den beiden Versuchstagen wurden die tiefsten Anwesenheitszeiten am Horst pro Tag – im Ganzen per Dummy-Ei überwachten Brutverlauf – gemessen: 89 % bzw. 91 %. Der Anteil des Männchens an der territorialen Aktivität lag deutlich über demjenigen des Weibchens, das dafür erwartungsgemäß mehr brütete als sein Partner (Details bei Jenny 1992). Zur Zeit der Verhaltensexperimente wurden vor Ort mehr Einzeladler gesichtet als außerhalb dieser Aktionen, was darauf hinwies, dass sich die Einzelvögel zu ihren Standes- bzw. Altersgenossen hingezogen fühlen. Bei einem Trainingsfliegen mit den Beizadlern im Bereich des Einzeladlergebietes am Brienzergrat näherten sich binnen weniger Minuten zwei immature Einzeladler, einer baumte gar auf einer 20 m entfernten Fichte auf.

Ergänzend sei erwähnt, dass in zwei im Berner Mittelland gelegenen Revieren eine deutlich höhere Nachwuchsrate erreicht wurde (0,61 Jungadler/Paar und Jahr) als dies bei den Alpenpaaren der Fall war (0,39). Diese von der dichten Population isolierten Reviere werden von Einzeladlern wenig frequentiert, was – trotz suboptimaler Ernährungsbedingungen – der Hauptgrund für deren relativ hohen Bruterfolg sein dürfte.

Bilanzierend lassen sich die Erkenntnisse aus David Jennys Untersuchungen im Kanton Bern wie folgt zusammenfassen: Hallers Einzeladler-Hypothese, wonach die Fortpflanzung der Revierpaare in der dichten Alpenpopulation durch Einflüge unverpaarter Einzeladler in die Territorien vermindert wird, konnte im Detail bestätigt werden. Dichteabhängige Effekte auf die Reproduktion von Greifvögeln oder anderen Vogelarten sind heute allgemein anerkannt (Gargett 1990, Soutullo et al. 2006, Heuck et al. 2016), dass die Regulation via Brutreserve wirkt, wurde aber sonst kaum nachgewiesen.

Die mittlerweile drei Jahrzehnte zurückliegenden Erkenntnisse haben sich mit den fortgesetzten Monitoring- und Forschungsprojekten zum Steinadler noch weiter erhärtet und verfeinert. Nicht nur in Graubünden, sondern in fast allen Teilgebieten mit langfristigen Datenreihen zur Bestandsentwicklung und zur Reproduktion des Steinadlers in den Alpen zeigt sich ein ähnliches Bild: Wachsende Bestände gehen mit einem Rückgang der Nachwuchsrate einher (Fasce et al. 2011, Chambert et al. 2020, Savioz et al. 2020, Wentworth et al. 2024). In Kapitel 6 werden diese Trends ausführlicher thematisiert, nur so viel sei schon vorweggenommen: Sie passen ins Bild der dichteabhängigen Regulation. Wie bei den Themen «Mortalität» und «Anteil der Kampfopfer» ist dieser eindeutige Befund jedenfalls außerhalb der Alpen bis heute nicht wirklich anerkannt worden. Es steht außer Frage, dass der hohe Sättigungsgrad mit starken Konkurrenzeffekten in der Alpenpopulation besonders deutlich zutage tritt. Er passt aber auch grundsätzlich zum artspezifischen Verhaltensrepertoire des Steinadlers und ist auch in andern Arealteilen zu erwarten. Warum in der Fachliteratur solch grundlegende Erkenntnisse wenig beachtet oder sogar hinterfragt werden, bleibt unverständlich. So hat Watson (1997) in Unkenntnis der Situation in den Alpen die «territorial interference hypothesis» von Haller (1982) angezweifelt und die Ergebnisse von Jenny (1992) ignoriert. Dass fundierte und über lange Jahre erhobene, eindeutige Befunde immer noch nicht überall ins richtige Licht gerückt worden sind, ist ein Wermutstropfen bei der Schweizer Steinadlerforschung.

Eine gute Portion Selbstzweifel zu haben, steht Forschern gut an. Das zwingt sie, eigene Ergebnisse und deren Interpretation stets kritisch zu hinterfragen und alternative Erklärungen zu prüfen. Dabei ist auch die Außensicht von ExpertInnen, deren Einwände und Gegenhypothesen, hilfreich. Im Falle der Einzeladler-Hypothese wurde und wird ins Feld geführt, dass rückläufige Nachwuchsraten auch mit der Habitatqualität in den Revieren zusammenhängen können. In einer wachsenden Population seien Top-Qualität-Reviere rasch ausgebucht und weniger geeignete Territorien gereichten dann naturgemäß zu geringerer Produktivität.

Die räumliche Trennung innerhalb der Reviere verstärkt den Einzeladler-Effekt

Wenn es darum geht, dass die Paarvögel die Fläche ihres Reviers effizient gegen Fremdadler überwachen und verteidigen, spielt die Gliederung und Kammerung der Territorien eine wichtige Rolle. Besonders deutlich wird dies bei Revieren entlang der Haupttalachsen, in denen auf beiden Talflanken Flächen beansprucht werden. Das zeigte sich in den 1990er-Jahren im Berner Oberland (Jenny 1992), wo das Giessbach-Revier ein Klassiker war. Dort brütete ein Paar im Giessbachtal über Jahrzehnte mit äußerst geringem Erfolg. Hauptgrund war die Gliederung des Reviers in zwei Bereiche. Ein Paarpartner (meist das Männchen) war in der Brutzeit jeweils mit Revierverteidigung auf der einen Talflanke beschäftigt, während der andere Paarpartner (meist das Weibchen) auf der anderen, acht Kilometer entfernten Talseite brütete. Die Kooperation der beiden war eine Herausforderung. Dieser Befund lässt sich heute mit neuen Daten aus dem Engadin bestätigen. Von den 34 Engadiner Steinadlerrevieren erfüllen acht die Kriterien eines Haupttalreviers: Dabei liegen die Brutbereiche mit den Horsten mit einer Ausnahme auf der rechten, schattigen Inntalseite (Abb. 20). In den südostexponierten linken Talflanken überwintern Rothirsche, Gämsen und Rehe. Neben Nahrung finden die Steinadler dort auch günstige Aufwindareale und somit gute Flugbedingungen. Der Preis besteht allerdings darin, die attraktiven Talseiten gegenüber zahlreichen, unverpaarten Floatern als Territoriumsfläche aufrechtzuerhalten. Die Folge ist eine räumliche und zeitliche Trennung zwischen den Brutpartnern, die regelmäßig zwei bis fünf Kilometer lange Talüberflüge machen müssen, um sich gegenseitig am Brutgeschäft abzulösen. Es liegt auf der Hand, dass sich dieser Aufwand negativ auf die Brutaktivität und auf den Bruterfolg auswirkt. Die Nachwuchsraten von sieben, seit mehr als einem Jahr existierenden Haupttalpaaren ist seit dem Jahr 2000 mit 0,22 Jungvögeln pro Paar und Jahr denn auch nur etwa halb so groß wie bei den andern Engadiner Paaren (0,40).

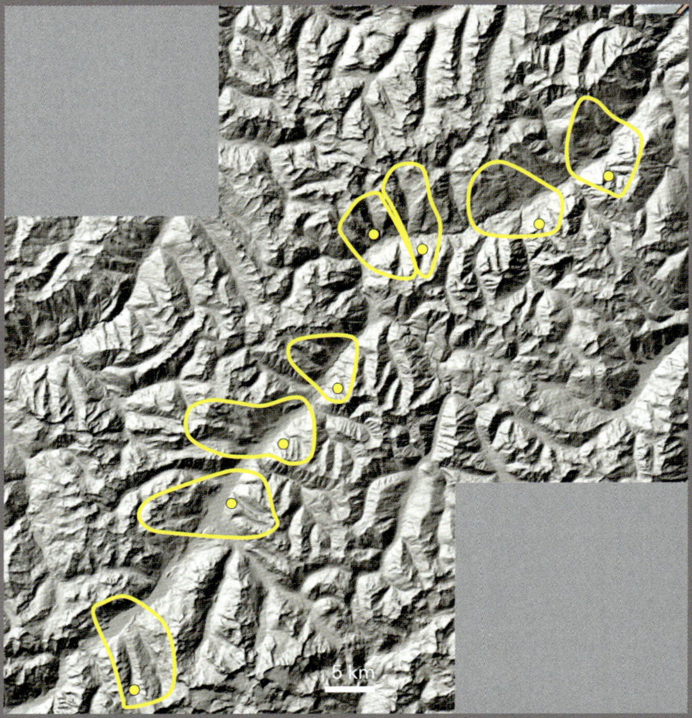

Abb. 20 Acht Reviere im Engadin erstrecken sich etwa zu gleichen Teilen beidseits des Inns quer zur Haupttalachse; deren Brutbereiche liegen meist auf der rechten, schattigen Talseite (gelbe Punkte). Die räumliche Trennung zwischen den Brut- und wichtigen Jagdgebieten hat negative Effekte auf den Bruterfolg. Basiskarte swisstopo.

Alternative Hypothesen lassen sich entkräften

Die erwähnte alternative Erklärung lässt sich anhand unserer Befunde widerlegen. Erstens: Steinadler sind durch ihre grundsätzlich breite Ausrichtung bezüglich ihrer Ansprüche an Nahrungs- und Brutplatzressourcen sehr anpassungsfähig. Das bedeutet etwa, dass sie auch in Revieren, wo Optimalbeuten wie das Murmeltier fehlen und es an geeigneten Brutfelsen mangelt, hohe Produktivität erreichen können. Dies ist in den in jüngerer Vergangenheit gegründeten Mittelland- und Jurarevieren der Fall, wo, wie oben erwähnt, überdurchschnittliche Nachwuchsraten erzielt werden. Zweitens: Die Habitatqualität in den Alpen, gemessen am Nahrungsangebot (Huftiere und Murmeltiere) und geeigneten Brutplätzen, ist – zumindest im schweizerischen Alpenraum – sehr homogen verteilt. In allen Alpenrevieren kommen Murmeltiere und die bekannten Huftierarten vor. Die Revierverteilung (Kapitel 3 Abb. 9) widerspiegelt das Bild großer Homogenität in hohem Maß. Drittens: Kleine Reviere mit geringeren absoluten Ressourcen weisen keineswegs tiefere Fortpflanzungsraten auf als große. Im Engadin brüteten sieben Paare mit besonders kleinen Revieren 2000 bis 2024 sogar erfolgreicher (Flächen unter 40 km^2; 0,65 erfolgreiche Bruten/begonnene Bruten) als dieselbe Anzahl Paare mit großen Revieren (>70 km^2 Fläche; 0,54). Kleine Territorien sind gut überschaubar und für Reviervögel wesentlich besser geeignet, um Fremdadler fernzuhalten. In jüngster Zeit wurden im Engadin (D. Jenny unpubl. Daten) und im Wallis (Denis 2021) neue Minireviere mit nur 12 km^2 bzw. 8 km^2 Fläche festgestellt, in denen die Revierpaare seit 2017 überdurchschnittliche Nachwuchsraten aufweisen (0,36 Jungvögel/Paar und Jahr, n = 14). Zudem zeigen sie mit 79 % eine wesentlich höhere Wahrscheinlichkeit Gelege zu zeitigen als im Durchschnitt der untersuchten Gebiete (44 %, 2020–2023, n = 231). Eine neuere Studie aus Frankreich stützt nun endlich die Befunde von Haller und Jenny: Chambert et al. (2020) wiesen darin nach, dass rückläufige Nachwuchsraten besser durch Modelle erklärt werden, welche dichtebedingte Auseinandersetzungen zwischen Artgenossen berücksichtigen, als durch Modelle, welche auf der Habitatqualität der Reviere basieren.

Jungadler auf Wanderschaft

Wenden wir uns im letzten Abschnitt dem Sozialverhalten desjenigen Populationsteil zu, welchem in Bezug auf unsere Interferenz-Hypothese eine Schlüsselrolle zukommt: den unverpaarten, meist noch jungen Einzeladlern. Sie sind dem gegenwärtig hohen Konkurrenzdruck mindestens so stark ausgesetzt wie die Reviervögel. Die im Folgenden aufgeführten Befunde sollen aufzeigen, was dies für sie bedeutet. Insbesondere wird dargestellt, wie sie ihre Bewegungen, ihr Fressverhalten und ihre sozialen Interferenzen in der dichten Population ausrichten. Als Grundlage stehen uns zum einen die pionierhaften Studien von Heinrich Haller in Graubünden inklusive David Jennys Untersuchungen im Berner Oberland und später im Engadin sowie die langjährigen Beobachtungen von Serge Denis im Wallis zur Verfügung. Zum andern sind es die Ergebnisse aus den umfangreichen neuen Erhebungen zum Dispersalverhalten junger, besenderter Steinadler. In diesem vom Max-Planck-Institut für Verhaltensbiologie in Radolfzell initiierten und durch die Schweizerische Vogelwarte Sempach zusammen mit Partnern durchgeführten Forschungsprojekt wurden in Graubünden insgesamt 39 Steinadler-Nestlinge (Abb. 21) und weitere 52 außerhalb Graubündens durch Partner aus Italien, Österreich, Deutschland und Slowenien mit GPS-Loggern ausgerüstet.

Konkurrenz und Zusammenhalt unter Einzeladlern

Bei den unverpaarten, noch nicht geschlechtsreifen Jungadlern sind beim Sozialverhalten grundsätzlich zwei Beziehungsfelder unterscheidbar: Zum einen sind es die Interaktionen mit ihren Eltern während der Nestlings- und Bettelflugphase, in welcher sie noch von der elterlichen Fürsorge abhängig sind. Zum andern sind es Beziehungen mit konkurrierenden Artgenossen, die nach der Abwanderung aus dem Elternrevier erst richtig zum Tragen kommen. Während der erste Bereich zum Fortpflanzungsverhalten gehört und in Kapitel 6 beschrieben wird, werfen wir hier einen genaueren Blick auf das zweite Themenfeld, in dem umherstreifende Jungadler sich mit anderen, meist etwa gleichaltrigen Einzeladlern, aber auch mit verpaarten Reviervögeln auseinandersetzen.

Über die Beziehungen zu Altersgenossen steht relativ wenig Datenmaterial zur Verfügung, fest steht aber, dass zwischen Einzelvögeln ein lockerer sozialer Zusammenhalt besteht. Denn Altersgenossen sind in der Dispersalphase nicht nur Konkurrenten, sondern ermöglichen in loser Verbindung auch das rasche Auffinden von Nahrung in Form von Tierkadavern. Durch die geierartige Lebensweise sind Einzeladler imstande, anhand des gehäuften Auftretens von Altersgenossen Aas auf große Distanzen zu entdecken. Deren auf weite Entfernung erkennbare schwarz-weiße Gefiederfärbung hat Signalwirkung: Jungadler lassen sich leicht als solche erkennen und kommunizieren auf passive Art, wo Nahrung ist (Abb. 27). Die Vorteile der Nahrungsfindung überwiegen dabei die Nachteile, die durch Konkurrenz entstehen. Große Huftierkadaver bieten punktuell meist viel Nahrung, sodass sich die Konkurrenz in Grenzen hält. Und bei den am Nahrungsplatz nachfolgenden Adlern zerstreuen sich Sicherheitsbedenken. In fallwildreichen Wintern – in jüngerer Zeit kommen gebietsweise auch Risse

von Huftieren durch Wölfe dazu – treten Einzeladler längst nicht nur einzeln auf. Immer wieder mal sind fünf oder sogar mehr Individuen gemeinsam anzutreffen.

Abb. 21 Oben: Vermessung und Besenderung eines 50 Tage alten Jungadlers durch David Jenny und Julia Hatzl (Foto: keystone SDA, Davos 01.07.2021) und unten: frisch besenderter Jungvogel mit solargespiesenem Datenlogger (R. Salis, 03.07.2017, S-chanf).

Bereits anfangs der 1980er-Jahre ging Haller (1982) von einem weitgehend gesättigten Steinadlerbestand in Graubünden aus, da die Reviere bereits damals den verfügbaren Raum großmehrheitlich abdeckten. Seit jener Zeit ist die Steinadlerpopulation jedoch um ein Viertel angewachsen. Es hat also eine erhebliche Bestandsverdichtung stattgefunden, die auch mit neuen, früher kaum vorhersagbaren Strategien der Reviervögeln zu tun hat. Einmal mehr müssen wir den Fokus auf die Einzeladler legen, deren Effekte auf die Reviervögel mit dem Wachstum der gesamten Population zwar stets stärker wurden, aber große Spielräume zulassen, wie mit diesen Einflüssen umzugehen ist. So haben etwa Reviervögel, die kleine Territorien verteidigen, Vorteile. Reviervögel mit erhöhtem Aggressionspotenzial ebenfalls. Individuen, welche diese Eigenschaften aufweisen, sind erfolgreich und können diese an die nächsten Generationen weitergeben. Diese Entwicklungen machen deutlich, dass die Sättigungsgrenze letztlich erst dann erreicht ist, wenn die Nahrungsressourcen ausgeschöpft sind. Dass diesbezüglich heute immer noch relativ viel Potenzial besteht, zeigen die neuen Minireviere, deren Nahrungsangebot für erfolgreiches Brüten offenbar ausreichend ist. Gerade in jüngster Zeit kam es im Engadin zu neuen Reviergründungen (Paar Chaschauna, Paar Champagna), die belegen, dass die Population weiter wächst, wenn auch – im Vergleich zu vergangenen Jahrzehnten – in geringerem Ausmaß (Kapitel 7 Abb. 10).

Bemerkenswert sind dabei neue Erkenntnisse über die Wirkung von Einzeladlern auf den Bruterfolg der Paare. Zu Beginn der 2000er-Jahre zeigte sich im Engadin ein deutlich negativer Zusammenhang zwischen der Fallwildhäufigkeit im Winter und der Nachwuchsrate der Revierpaare in bestimmten Teilgebieten. Die von Tierkadavern angelockten Einzeladler sorgten für territorialen Stress bei den Reviervögeln. Seit etwa 2015 lässt sich der Zusammenhang zwischen Aasangebot und geringer Produktivität nicht mehr nachweisen. Das führte vorerst zu Kopfzerbrechen und Zweifel an den Erhebungen, dann aber zu einer neuen Erkenntnisebene: Durch die dichter gewordene Population haben sich viele der früheren Einzeladlergebiete aufgelöst, womit die bestandsregulierenden Einflüsse der unverpaarten Adler örtlich geringer geworden sind. Deren Wirkung ist heute viel gleichmäßiger verteilt. Das lässt sich an einer großräumig weiterhin

Neue Strategien als Antwort auf neue Herausforderungen

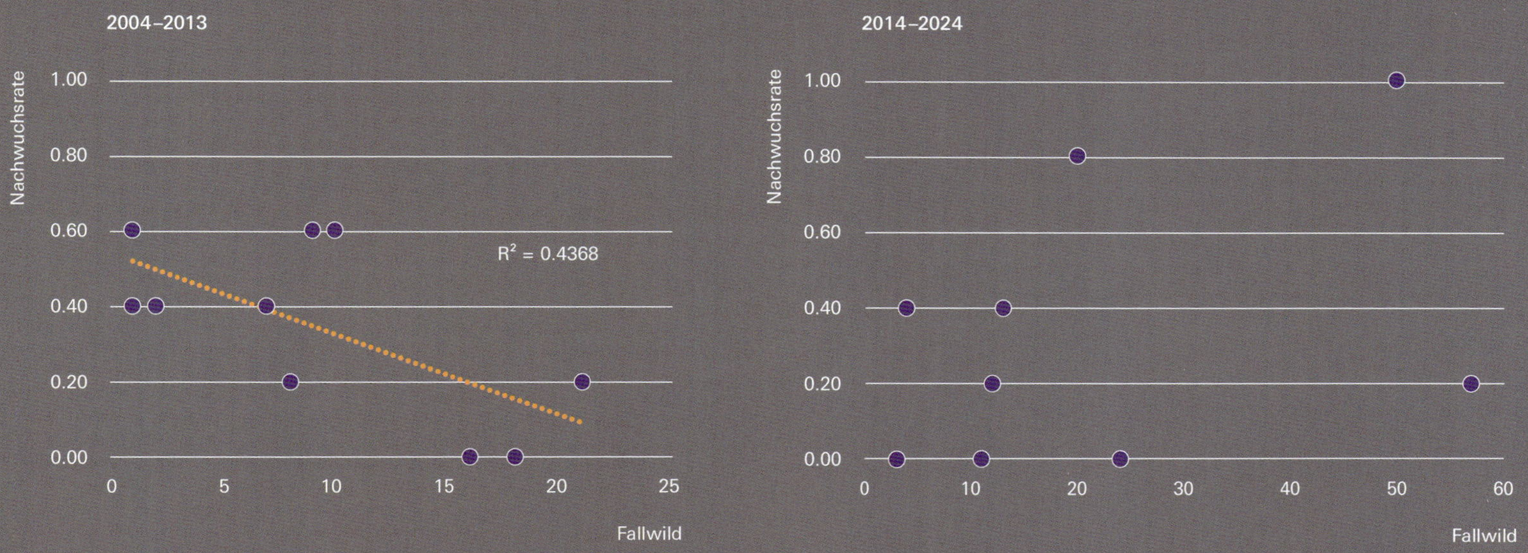

sinkenden Nachwuchsrate erkennen und auch daran, dass die Reproduktion von Jahr zu Jahr weniger stark schwankt. Die Reviervögel kommen heute mit den Konkurrenzeffekten offenbar besser zurecht, sie sind kompetitiver geworden. Die Zahl der Kampfopfer etwa war schon in den 1980er-Jahren sehr hoch (Haller 1996), hat sich aber seither, trotz weiterer Bestandsverdichtung, nicht mehr weiter erhöht.

Im obersten Abschnitt des Engadins lassen sich die dargelegten Veränderungen im Umgang mit Einzeladlern beispielhaft aufzeigen. Hier bestand in den ersten 10 Jahren ab 2004 ein negativer Zusammenhang zwischen der Fallwildzahl und der Nachwuchsrate. Ab 2014 verschwand dieser Zusammenhang bzw. wurde sogar leicht positiv (Abb. 22). Der Wechsel geht einher mit der Bildung von 1–2 neuen Paaren im Oberengadin.

Abb. 22 Zusammenhang zwischen den durch die Wildhut dokumentierten Fallwildzahlen im Spätwintermonat März (AJF Graubünden; horizontale Achse) und der Nachwuchsrate der Steinadler (linke Achse). Für den Vergleich zwischen den Perioden 2004 bis 2013 (links) und 2014 bis 2024 (rechts) wurden die obersten Reviere des Engadins (Paare: Fedoz, Silvaplana, Bernina, Bever, Champagna und Chamuera) herangezogen.
Beim Fallwild wurden ausschließlich die für Steinadler verfügbaren Kadaver von wild lebenden Huftieren berücksichtigt, Straßenverkehrsopfer gehören nicht dazu.

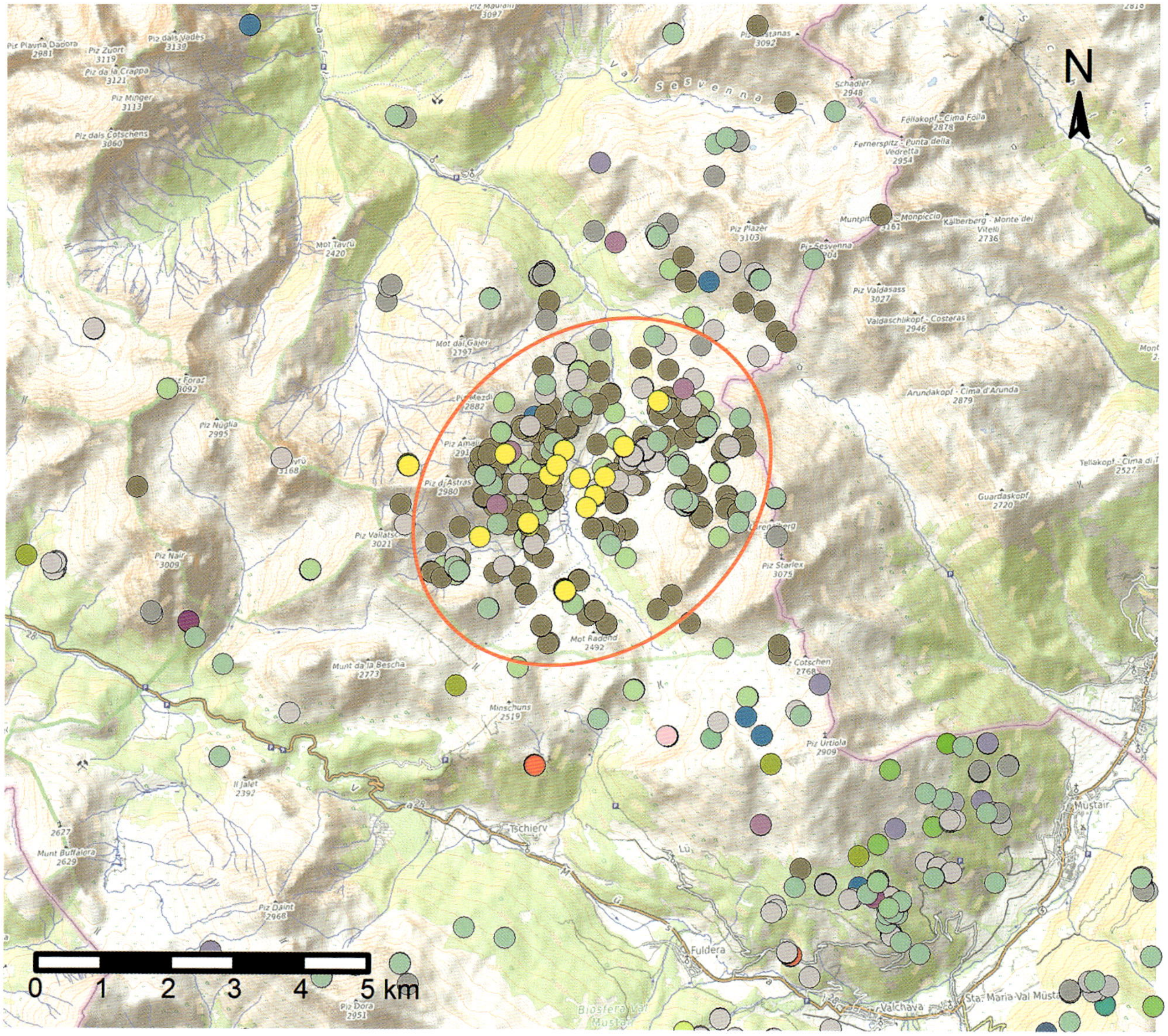

Kommunikation unter Einzeladlern

Die großräumige Verteilung der unverpaarten Jungadler passt sich grundsätzlich dem Angebot an Nahrung in Form von Huftierkadavern an, das wiederum stark durch mit dem im Winter gehäuften Vorkommen von Fallwild zusammenhängt (Haller 1996). Dazu kommt aber auch eine soziale Adhäsion zwischen den geierartig lebenden Floatern. An Nahrungsplätzen fällt – wie in Kapitel 4 bereits geschildert – auf, dass relativ wenige Auseinandersetzungen zwischen Altersgenossen vorkommen, in Ausnahmefällen aber dennoch Streitereien auftreten. In den im Folgenden beschriebenen Einzeladlergebieten treten regelmäßig Dutzende verschiedene Jungadler auf, die sich dort über mehrere Jahre hinweg immer wieder treffen, um gemeinsam von zwei Dingen zu profitieren: von der Nahrung einerseits, aber auch von der Abgeschiedenheit zu Revierzentren mit territorialen Reviervögeln. Hatzl et al. (2024a) konnte nachweisen, dass die sommerlichen Einstandsgebiete der Jungadler deutlich weiter von den Revierzentren der umliegenden Steinadlerpaare entfernt lagen, als Zufallspunkte. In einem 40 km^2 großen Einzeladlergebiet bei Tamangur im Unterengadin hielten sich seit 2018 regelmäßig insgesamt neun unserer besenderten Jungadler auf, fast ausschließlich im Sommerhalbjahr (Abb. 23 und 24). Da wir natürlich nur einen Bruchteil der Jungadler in der Großregion Graubünden besendern konnten, dürften nochmals

deutlich mehr Vögel dazukommen. Bei Feldbeobachtungen in diesem Gebiet fielen kaum Streitereien zwischen den Adlern auf oder aber es kam lediglich zu leichten Geplänkeln.

Der Einzeladlereffekt

Weitaus heftiger und aggressiver fallen Interaktionen mit Reviervögeln aus, die wie oben erwähnt, hin und wieder tödlich enden können. Nochmals auf den Punkt gebracht: Die unverpaarten Einzeladler sorgen in der dichteregulierten alpinen Steinadlerpopulation für sozialen Stress bei den Reviervögeln und beeinflussen dadurch den Bruterfolg negativ. Sie sind damit das entscheidende Bestandsregulativ. Ein geschlossener Regelkreis hat zur Folge, dass sich die Produktion von Nachwuchs dem Bedarf anpasst. Es ist dabei wichtig, dass wir von einem Effekt (durch Einzeladler) und nicht von einem Mechanismus sprechen, weil die Einflüsse der Jungadler einzig als Folge der hohen Dichte zu verstehen sind und nicht als Anpassung oder gar angestrebtes Ziel im evolutionären Sinn. Ganzheitlich betrachtet sind sowohl Reviervögel als auch Einzeladler Opfer von Dichtestress (Abb. 25). Für die Einzelvögel bedeutet dies in erster Linie zu überleben, und dann sich zu verpaaren und fortzupflanzen. Das ist in der so gut wie gesättigten Population zur großen Herausforderung geworden.

Abb. 23 Linke Seite: Sommer-Einstandsgebiet von Jungadlern bei Tamangur (Abb. 25) im Unterengadin 2018 bis 2023. Jede Punktfarbe entspricht einem besenderten Individuum. Die Datenpunkte zeigen ausschließlich Fressverhalten an, welches mittels Beschleunigungssensoren auf den Datenloggern identifiziert wurde (Daten aus: Steinadlerprojekt über Jungadler, Schweizerische Vogelwarte Sempach (Julia Hatzl) und Max-Planck-Institut für Verhaltensbiologie, Radolfzell.

Abb. 24 Im Bereich des bekannten Arvenwaldes bei Tamangur GR halten sich im Sommerhalbjahr immer wieder Einzeladler auf. Sie finden hier Nahrung in Form von Murmeltieren und Huftieren, aber auch Schutz vor Reviervögeln, deren Brutgebiete weit entfernt liegen (D. Jenny, 03.11.2024).

Einzeladler in Lauerstellung für Revierbesetzung

Beim Ausfall von Reviervögeln stehen Einzeladler quasi Schlange, um deren Platz einzunehmen. Entsprechend rasch erfolgen Partnerwechsel. Belegt ist ein Fall aus dem Suldtal im Berner Oberland, wo nach dem Tod (oder der Verdrängung) des männlichen Reviervogels am 20.05.1991 durch einen Revierkampf, bereits 1–3 Tage später ein neues Männchen als Partner auftrat, kopulierte und intensive Girlandenflüge und Nistaktivität zeigte (D. Jenny unpubl. Daten). Seit diesem Er-

eignis sind bereits über 30 Jahre verstrichen, in denen sich die Population weiter verdichtete und damit auch der Fortpflanzungsdruck auf die Jungadler weiter anstieg. Vermutlich schaffen es heute nur besonders vitale Einzelvögel mit hohem Aggressionspotenzial sich überhaupt einen Platz als Reviervogel zu ergattern. Serge Denis erwähnt einen Fall am Haut de Cry im Wallis, wo sich ein subadultes Weibchen innerhalb eines Reviers quasi in Lauerstellung bereits über Monate aufhielt und bei der ersten Gelegenheit im März 2009, das zuvor ansässige alte Adlerweibchen ersetzte.

In Schottland werden Reviere schon im Jugendalter gegründet

Studien von besenderten Jungadlern aus Schottland zeigten, dass diese sich dort oft erstaunlich früh, schon im Alter von 2–3 Jahren, verpaarten, Territorien verteidigten und bereits als dreijährige Vögel erfolgreich brüteten (Whitfield et al. 2022, Benn et al. 2024). Bei unseren in den Alpen besenderten Jungadlern hat sich bisher nur einer von neun mindestens vierjährigen Vögeln über längere Zeit niedergelassen. Das widerspiegelt die bezüglich Dichteregulation völlig andere Situation in den Alpen gegenüber Schottland. Dort gibt es gemäß Whitfield et al. (2022) eine stattliche Zahl von unbesetzten Territorien, die immer wieder auch von noch nicht geschlechtsreifen Steinadlern besiedelt werden. Eine Situation, die für den Alpenraum heute undenkbar scheint. Jungvögel müssen hier ausgefallene Reviervögel ersetzen oder diese verdrängen, um eine Fortpflanzungschance zu erhalten oder – in seltenen Fällen – es zusammen mit Partnern schaffen, (kleine) neue Revierflächen von bestehenden Revieren abzuzwacken.

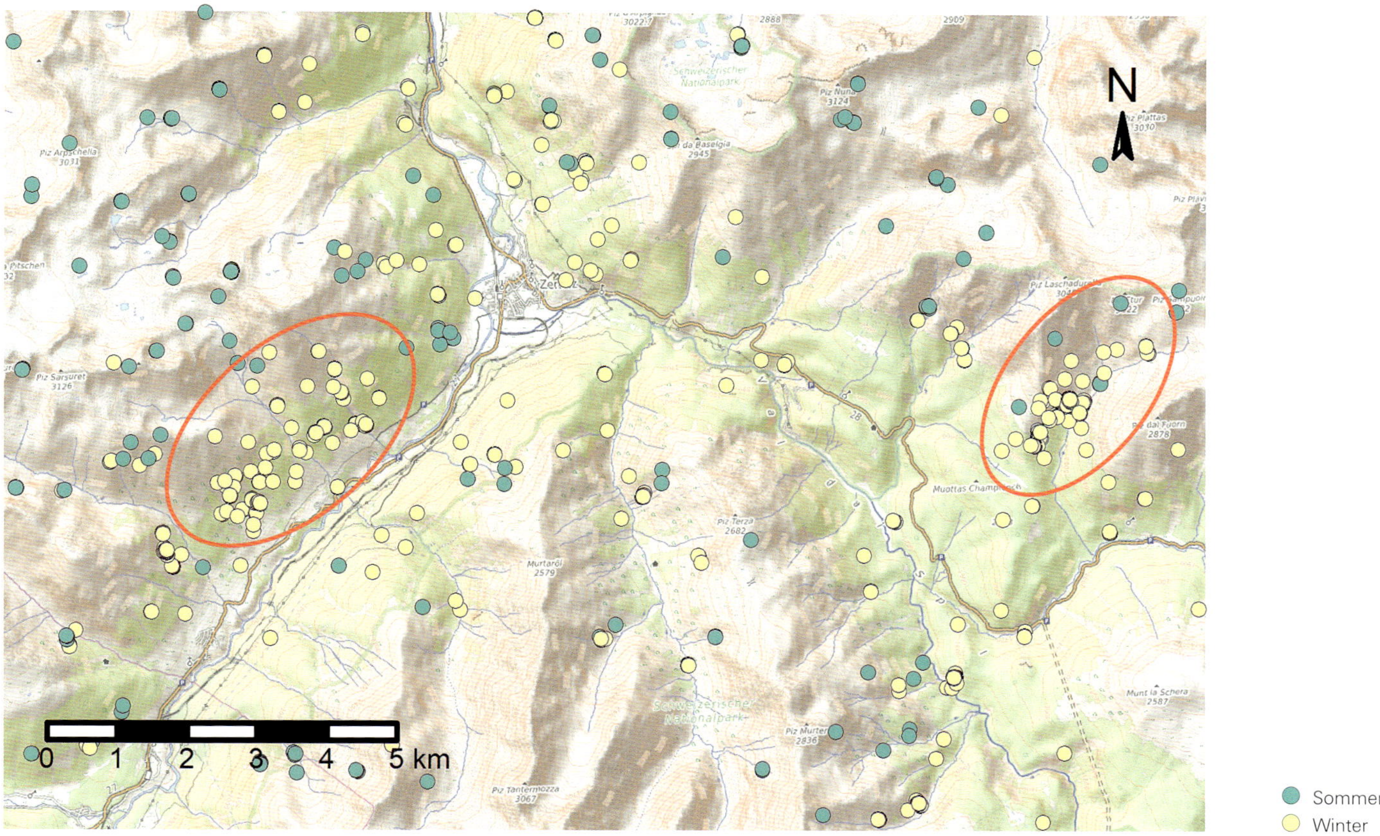

Einzeladlergebiete – im Winter besonders ausgeprägt

Die Bewegungen der Jungadler während des Dispersals sind heute – neben der Suche nach Nahrung – durch Ausweichstrategien gegenüber Reviervögeln geprägt. Haller (1982) entdeckte und beschrieb bereits in seiner ersten Steinadlerstudie Einzeladlergebiete in Graubünden bei Brail sowie bei Guarda im Winter und im Keschgebiet im Sommer. Diese Gebiete liegen abseits von Revierzentren oder in Lücken zwischen besetzten Revieren, wo das Risiko, von Reviervögeln attackiert zu werden, gering ist. Jenny (1992) beschrieb im Berner Oberland drei solche Gebiete, wovon eines am Brienzergrat, das bereits zu historischen Zeiten als solches bekannt war (vgl. Kapitel 1). In den drei untersuchten Gebieten traten vor allem im Spätwinter Einzeladler sehr regelmäßig auf, durchschnittlich wurde pro Stunde etwa ein Adler gezählt, der ins Gebiet ein- oder dort durchflog.

Abb. 25 Linke Seite: Begegnungen zwischen unverpaarten, immaturen Adlern und Reviervögeln (unten) haben oft eine aggressive Intension. Für beide Seiten bedeutet dies sozialer Stress (F. Wehrli, 13.10.2022, Val Bever GR).

Abb. 26 Winterliche Einzeladlergebiete bei Prazet (links) und in der Val Ftur (rechts). Hier liegen bedeutende Wintereinstände von Rothirschen oder Gämsen. Die gelben Punkte sind Peildaten von besenderten Jungadlern, die «Fressen» anzeigen (2018 bis 2023). Das Gebiet südwestlich Zernez wurde bereits um 1980 von Haller (1982 und 1996) als Einzeladergebiet identifiziert. (Daten: Steinadlerprojekt über Jungadler, Schweizerische Vogelwarte Sempach (Julia Hatzl) und Max-Planck-Institut für Verhaltensbiologie, Radolfzell.

Hallers Einzeladlergebiete werden bestätigt

Die modernen Untersuchungen unserer besenderten Jungadler mittels GPS-Technologie erlauben es heute, ein weit präziseres Bild über die Aufenthaltsorte der Einzelvögel zu erhalten. Spannend war natürlich die Frage, ob sich die damals von Haller gefundenen Einzeladergebiete mit den modernen Telemetriedaten bestätigen lassen. Tatsächlich existiert das winterliche Einzeladlergebiet zwischen Brail und Prazett, im linksseitigen Engadin südwestlich Zernez, weiterhin. Dort tummelten sich nicht weniger als 10 unserer seit 2017 besenderten Jungadler, und zwar ausschließlich im Winter (Abb. 26).

Das zweite Einzeladlergebiet bei Guarda im Unterengadin gibt es heute allerdings nicht mehr. Der Grund dafür ist offensichtlich. Dort hatte sich im Jahr 1999 ein neues Paar etabliert,

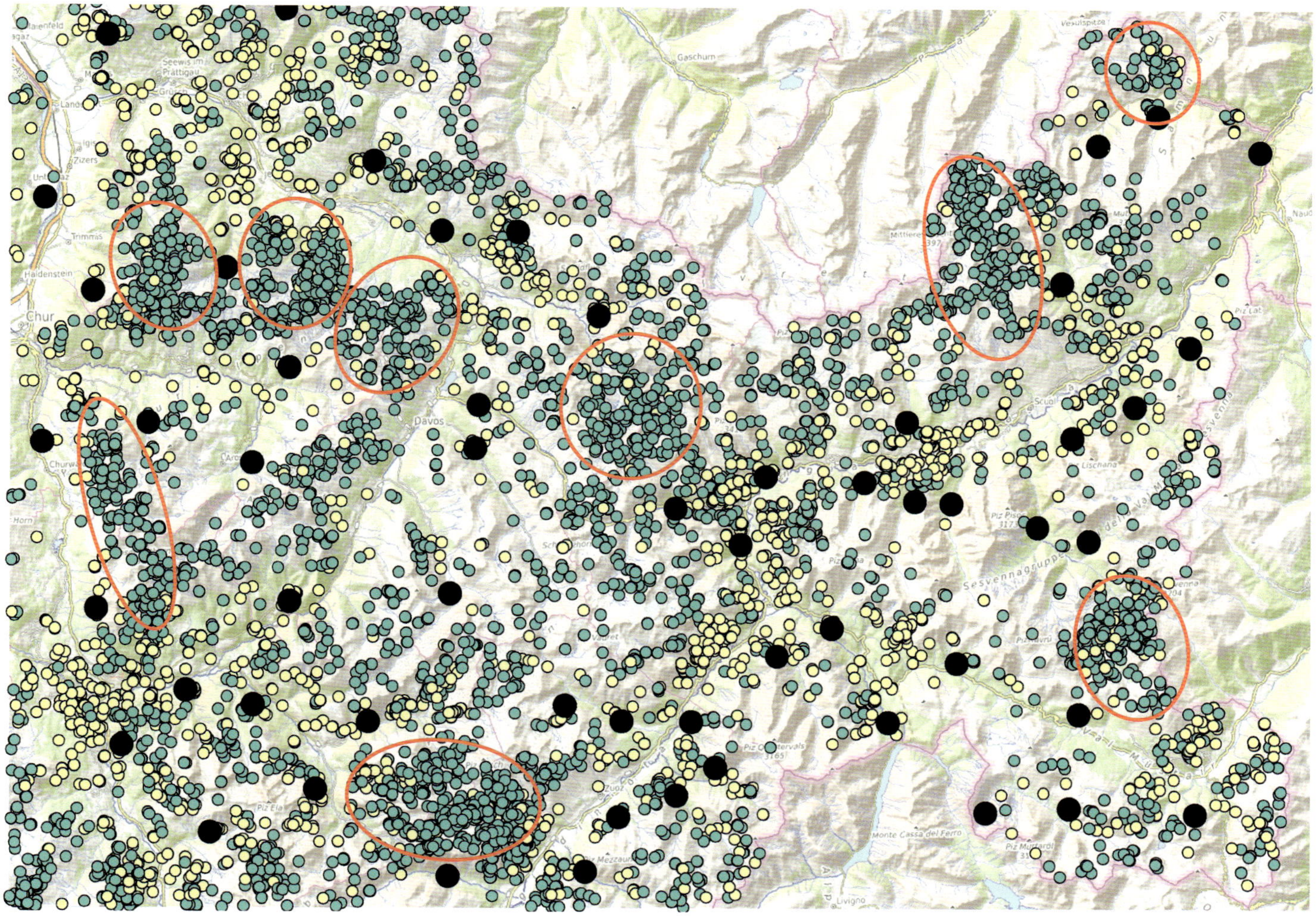

Sommer
Winter

Abb. 27 Linke Seite: In den winterlichen Einzeladlergebieten sind nicht selten drei oder sogar mehr immature Steinadler zusammen anzutreffen. Sie nutzen meist Lawinen zum Opfer gefallene Huftiere und zeigen als Aasfresser eine geierartige Lebensweise. Auch andere Arten, etwa Kolkraben, Elstern oder Bartgeier, werden von Aas angelockt.

Abb. 28 Mittels Peildaten von besenderten Jungvögeln identifizierte sommerliche Jugend-home-ranges im östlichen Graubünden 2018 bis 2023 (rot eingekreist). Die Datenpunkte repräsentieren Fressverhalten, das mittels Beschleunigungssensoren definiert wird. Die schwarzen Punkte sind die Revierzentren der ansässigen Steinadlerpaare. Die Jugend-home-ranges liegen abseits der Revierzentren. (Daten aus: Steinadlerprojekt über Jungadler, Schweizerische Vogelwarte Sempach (Julia Hatzl) und Max-Planck-Institut für Verhaltensbiologie, Radolfzell).

dessen Territorium die attraktiven Südhänge bei Guarda umfasst – für Einzeladler ist es dort gefährlich geworden. Vorweggenommen sei hier noch eine Auswirkung auf den Bruterfolg dieses neuen Paars: Es hat mit 0,21 Jungvögeln/Jahr eine der tiefsten Nachwuchsraten im Engadin und im Jahr 2009 letztmals erfolgreich gebrütet. Das ist der Preis, den die Reviervögel bezahlen, wenn sie ein attraktives Gebiet von Einzeladlern freihalten müssen.

Sommerliche Einzeladlergebiete sind *Jugend-home-ranges*

Dank der umfassenden GPS-Daten kommt heute eine weitere, bisher kaum bekannte Erkenntnis dazu. Jungadler belegen nämlich im Sommer anhaltend Einzeladlergebiete, die wir als *Jugend-home ranges* bezeichnen. Das sind 30–80 km^2 große Flächen, die – wie das bereits erwähnte Gebiet bei Tamangur – in der Regel weit entfernt von den nächsten Brutplätzen liegen. Hier halten sich zwischen Mai und Oktober zeitweise immer wieder die gleichen Jungadler auf. In den Wintermonaten löst sich diese räumliche Treue auf, die Jungadler streifen dann auf der Suche nach Tierkadavern in tieferen Lagen wieder weit he-

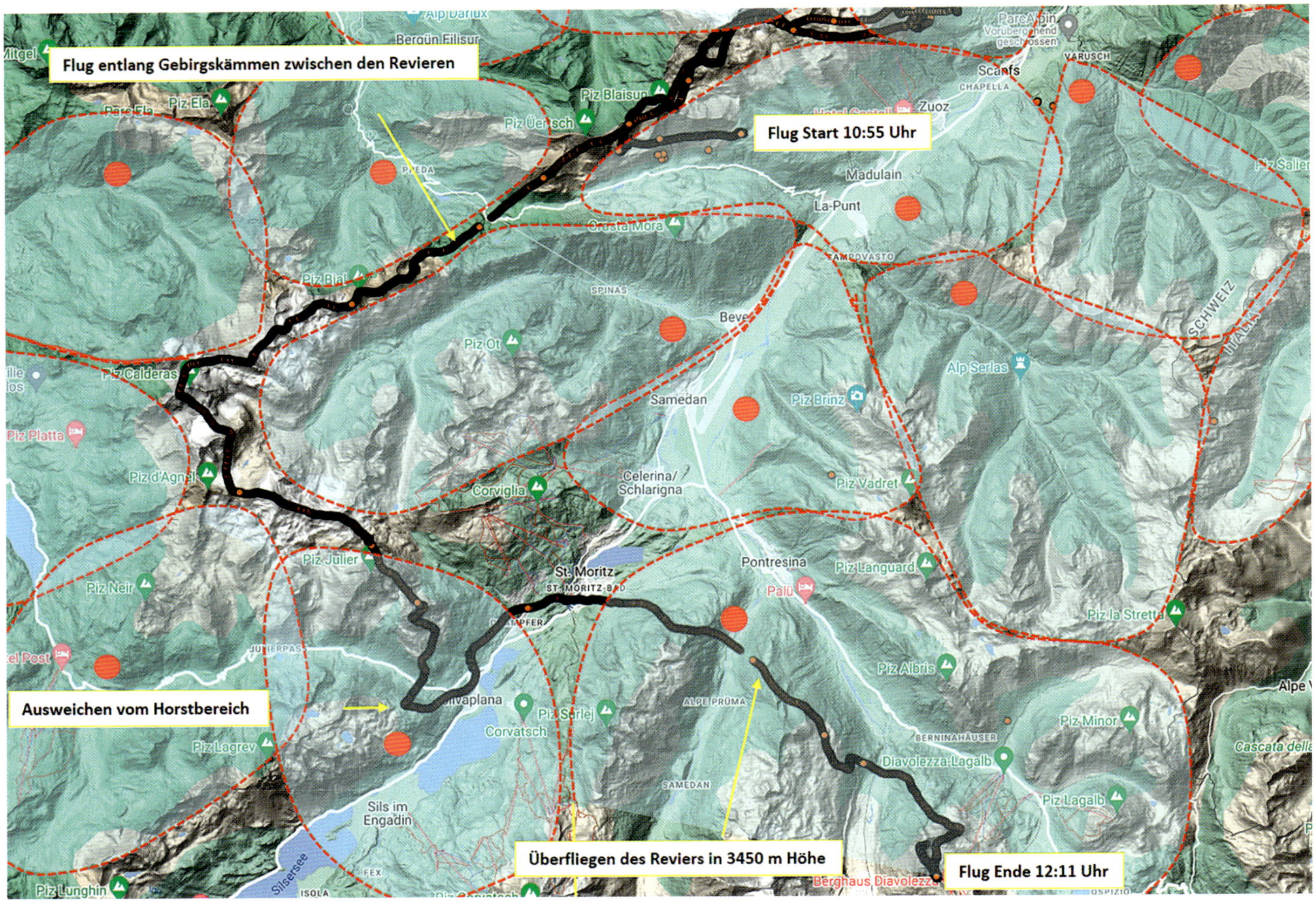

rum. Im Bereich der östlichen und zentralen Schweizer Alpen, die durch unsere besenderten Jungadler hauptsächlich beflogen wurden, konnten 14 solcher *Jugend-home-ranges* identifiziert werden. Darunter finden sich etwa die Greina Ebene, das Gebiet im Bereich des Gotthard-Hospizes oder das Surenental im Kanton Uri. In Graubünden gehören das engadinseitige Albulatal, das abgelegene Gebiet nördlich des Flüelapasses und das linksseitige Prättigau dazu (Abb. 28). Es sind zwischen 2000 und 2600 m hoch gelegene Ebenen oder Gebirgsstöcke mit reichhaltigen Murmeltier-, Gäms- und Steinwildvorkommen, die gut von den Revierzentren der Steinadlerterritorien abgeschirmt sind. Sie liegen zwar teilweise auch innerhalb besetzter Steinadlerterritorien, aber nur in deren peripheren Bereichen und meist ohne Sichtkontakt zu den Kernbereichen der Reviere, wo die Horste liegen.

Einzeladler passen ihre Flugrouten den besetzten Revieren an

Die Ausweichstrategien der Jungadler gegenüber besetzten Revieren äußern sich auch durch die von ihnen gewählten Flugrouten. Bei viel Sonnenschein liefern die solargespiesenen GPS-Logger so viel Energie, dass die Positionsdaten im Sekundentakt aufgenommen werden. Dies ermöglicht es, dass hoch aufgelöste Tracks übermittelt werden, sogenannte «superbursts», welche sehr genaue Flugwege aufzeichnen. So wählten Einzeladler oft Routen entlang oder zwischen den Grenzen der Reviere (Abb. 29) oder querten diese in großer Höhe. Bei längeren Flugstrecken wurde meist entlang von Gebirgskämmen geflogen, wo einerseits gute Thermikbedingungen vorherrschen, andererseits aber auch die Kernbereiche der Reviere gemieden werden.

Keine Rückkehr ins Heimatrevier

Noch ein weiterer interessanter, mit sozialen Beziehungen zusammenhängender Befund ging aus den Besenderungsdaten hervor. Jungadler streifen bis zur Gründung eines eigenen Reviers herum, ihr elterliches Revier suchen sie nach der Abwanderung jedoch nicht mehr auf. Es besteht keinerlei Tendenz, das während der Bettelflugphase fast ausschließlich genutzte Heimatrevier später wieder zu besuchen. In einzelnen Fällen sieht es sogar danach aus, als ob sie die ihnen bestens bekannten elterlichen Reviere meiden würden (Abb. 30). Das ist bemerkenswert, weil Heimatbesuche – aus menschlicher Sicht – naheliegend wären. Als mögliche Erklärung könnte die Theorie der Verwandtenselektion herbeigezogen werden (Hamilton 1963): Einzeladler vermeiden es, gegenüber den nächsten Verwandten (ihren Eltern) als Stressoren aufzutreten und damit die Produktion eigener Geschwister zu gefährden.

Abb. 29 Linke Seite: Flug von Jungadler «Tuors1 19» am 30.04.2024 von 10:55 Uhr bis 12:11 Uhr im Oberengadin (dicke schwarze Linie). Er wählte seine Flugroute in Umgehung der Reviere, insbesondere deren Zentren (orange Punkte) oder überflog die Territorien in großer Höhe. (Daten aus: Steinadlerprojekt über Jungadler, Schweizerische Vogelwarte Sempach (Julia Hatzl) und Max-Planck-Institut für Verhaltensbiologie, Radolfzell).

Abb. 30 Oben links: GPS-Positionsdaten von Jungadler Tuors1 19 während der Bettelflugperiode (26.07.2019 bis 15.12.2019) im Heimatrevier (gelb). Rechts: Peildaten nach der Emigration aus dem Heimatrevier während der Dispersalphase (16.12.2019 bis 01.06.2024). Ein Punkt entspricht einer Peilung pro 20 Minuten (linke Grafik) bzw. einer Peilung pro Tag (rechte Grafik). (Daten aus: Steinadlerprojekt über Jungadler, Schweizerische Vogelwarte Sempach (Julia Hatzl) und Max-Planck-Institut für Verhaltensbiologie, Radolfzell)

Zwischenartliche Konkurrenz

Schließlich sei an dieser Stelle auch die zwischenartliche Konkurrenz erwähnt, obwohl Beziehungen zu anderen Arten nicht zum Sozialverhalten im eigentlichen Sinn gehören. Steinadler geraten dann in Konflikt mit anderen Tierarten, wenn diese ähnliche ökologische Ansprüche haben, etwa bezüglich Ernährung oder Brutplätzen. Das sind vor allem andere Greifvogelarten und Rabenvögel. Besonders auffällig sind Konflikte mit dem wiederangesiedelten Bartgeier. Als Aasfresser, der sich auf die Nutzung von Knochen spezialisiert hat, nutzt er Tierkadaver auf eine etwas andere Weise. Wegen ähnlicher Ansprüche an die Brutplätze stehen Bartgeier und Steinadler aber nicht selten in Konkurrenz. Letztere sind grundsätzlich weniger wählerisch als Bartgeier und nisten im Gegensatz zu diesen auch auf Baumhorsten. Umgekehrt übernehmen Bartgeier immer wieder alte Steinadlerhorste, was Konflikte hervorruft. In den Zentralalpen waren bisher 29 % von insgesamt 59 durch Bartgeier genutzte Horste ursprünglich Steinadlerhorste (Jenny et al. 2024). In der Schweiz haben sich seit 2007 und bis 2024 30 Bartgeierpaare angesiedelt, 13 davon allein im Engadin. Die von Bartgeiern und Steinadlern genutzten Räume überlappen sich großflächig.

Zwischen Steinadlern und sich neu etablierenden Bartgeierpaaren sind Konkurrenzeffekte um Nistplätze und Nahrung gut belegt, insbesondere im Kanton Graubünden: In 43 % der Fälle von knapp 600 dokumentierten Annäherungen zwischen Steinadlern und Bartgeiern auf eine Distanz von unter 500 Metern, kam es zu territorialen Interaktionen, wobei die Attacken zu 57 % von Bartgeiern ausgingen. Bei einem Drittel dieser Interaktionen kam es zu heftigen Luftkämpfen mit Körperkontakt. Immature oder subadulte Steinadler wurden deutlich öfter von Bartgeiern attackiert (70 %) als Adultvögel (Anhang Abb. 8). Auseinandersetzungen mit Todesfolgen wurden bisher bei Steinadlern nicht nachgewiesen, hingegen ging der Tod von mindestens drei Bartgeiern auf Kämpfe mit Steinadlern zurück (Abb. 32). Welche Auswirkungen die Präsenz der Bartgeier auf die Reproduktion bei Steinadlern hat, ist bisher unklar. Nach der ersten Etablierung neuer Bartgeierpaare schienen sich die Steinadler mit der Situation zu arrangieren und brüteten wiederholt erfolgreich auch in Entfernungen von unter einem Kilometer von Bartgeierbrutplätzen. In Graubünden war die kürzeste Distanz bisher 860 m (2018 bei Poschiavo) und im Wallis lagen 2017 sogar nur 290 m zwischen den Brutplätzen der beiden erfolgreich brütenden Arten (Derborence; S. Denis).

Der seit 2007 deutlich verminderte Bruterfolg bei den Engadiner Steinadlerpaaren (Kapitel 6 Abb. 39) stimmt in etwa mit der Etablierungsperiode der Bartgeier überein (Jenny et al. 2018a). Es ist anzunehmen, dass neben den innerartlichen vermehrt auch zwischenartliche Konkurrenzeffekte, insbesondere mit dem Bartgeier, zum Tragen kommen. Bassi et al. (2013) wiesen 2008 bis 2011 im grenznahen italienischen Nationalpark Stilfserjoch verminderte Brutaktivität bei Steinadlerpaaren nach, die näher als fünf Kilometer von einem Bartgeierhorst entfernt nisteten. Im Engadin hat sich ein solcher Zusammenhang allerdings bisher nicht nachweisen lassen: Die Nachwuchsraten von Steinadlerpaaren in der Nähe von besetzten Bartgeierbrutplätzen sind hier bislang nicht tiefer als bei entfernteren Paaren (>2 km; Jenny et al. 2024).

Aus dem Steinadler- und Bartgeiermonitoring in Graubünden können folgende, die Produktivität der Arten betreffende, typische Konkurrenzeffekte zusammengefasst werden: Beim Auftreten eines neuen Bartgeierpaars kommt es oft und häufig zu territorialen Streitigkeiten mit Steinadlern, die im Extremfall zum Tod des Eindringlings führen können. Gelingt es dem Bartgeierpaar innerhalb eines Steinadlerreviers einen Horst zu bauen oder zu übernehmen, ziehen sich die Steinadler in der Regel zurück. Sie verlegen ihren Brutbereich um 0,5 bis 2 km. Die Auseinandersetzungen werden dann weitgehend eingestellt, die Paare tolerieren sich gegenseitig und können in relativer Nähe zueinander erfolgreich brüten. So geschehen bei den Revierpaaren in der Val Chamuera, bei Ova Spin, bei Poschiavo und am Spöl. Es gibt aber auch Gebiete, in welchen es Bartgeierpaaren trotz jahrelanger Bemühungen nicht gelingt, sich niederzulassen, was hauptsächlich auf besonders aggressive Revieradler zurückzuführen ist. Beispiele dazu sind die Val Bever und die Val Tasna.

An zweiter Stelle der Steinadlerkonkurrenten fungieren Kolkraben (Abb. 33). Es sind potenzielle Nesträuber, die auch in den gleichen Brutfelsen wie Steinadler brüten können. In zwei Fällen wurde die Übernahme von Kolkrabenhorsten durch Steinadler dokumentiert (Haller 1996). Kolkraben sind gegenüber Steinadlern deutlich weniger frech als zu Bartgeiern, und sie haben wohl kaum einen Einfluss auf die Produktivität der Steinadler. Weil sie potenzielle Beuten sind, bleiben Kolkraben achtsam, denn – wenn sie zu vorwitzig werden – können sie dem Adler zum Opfer fallen. Als Beispiel sei ein Fall bei Frutigen BE genannt: Am 15. Juni 1989 lag ein toter Kolkrabe im besetzten Steinadlerhorst, nachdem das ansässige Paar über Tage von einem Schwarzrock belästigt wurde (Abb. 33). Im

Abb. 31 Ein subadulter Steinadler verfolgt und verjagt einen adulten Bartgeier. Auseinandersetzungen zwischen Steinadlern und Bartgeiern kommen vor allem in der Etablierungsphase neuer Bartgeierpaare vor (P. Schwitter, Gemmi VS, 02.03.2021).

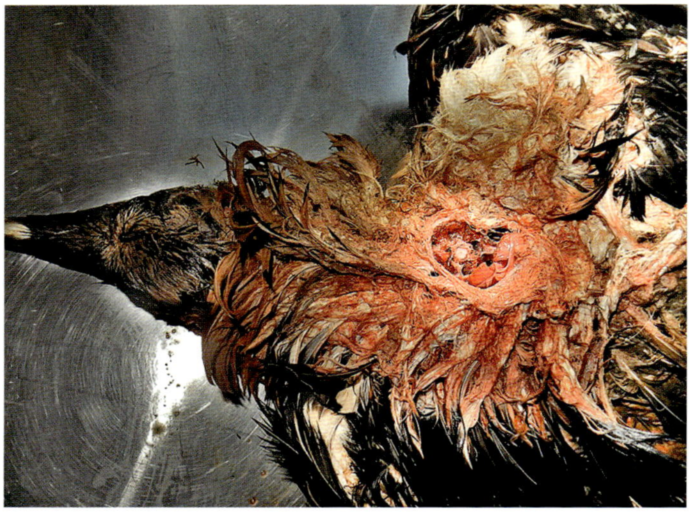

Horstbereich von Steinadlern herrscht Nulltoleranz: Kolkraben in Horstnähe werden im pfeilschnellen Sturzflug verjagt, ausnahmsweise sogar erbeutet. Trotzdem lassen sich Kolkraben regelmäßig dazu hinreißen, Steinadler in der Luft und auf Warten anzufliegen und ihre wehrhafteren, aber weit weniger wendigen Nachbarn unter Äußerung von Feindrufen zu mobben (Abb. 34).

Weitere Arten, die Steinadler gelegentlich mobben und Gegenattacken provozieren, sind Turmfalken *Falco tinnunculus*, Wanderfalken *Falco peregrinus*, Rabenkrähen *Corvus corone* oder Tannenhäher *Nucifraga caryocatactes*. Allerdings sind keine Fälle mit Verletzungskämpfen bekannt geworden. Andere Arten übernehmen manchmal Steinadlerhorste. Neben Bartgeiern sind dies auch der Wanderfalke, der Turmfalke und der Uhu *Bubo bubo* (vgl. Kapitel 6).

Abb. 32 Auseinandersetzungen zwischen Steinadlern und Bartgeiern können für die Letzteren tödlich enden. Dieses adulte Bartgeiermännchen wurde Opfer einer Attacke durch ortsansässige adulte Steinadler während der Brutzeit. Dabei wurde durch deren Krallen die Halswirbelsäule des Opfers durchtrennt. (D. Jenny, 23.05.2019, La Punt Chamues-ch GR).

Abb. 33 Von Steinadler erbeuteter und in den Horst gebrachter Kolkrabe (D. Jenny, 15.06.1989, Frutigen BE).

Abb. 34 Kolkraben brüten mitunter in den gleichen Felsen wie Steinadler. Ab und zu zeigen sie Hassreaktionen gegenüber ihren Brutplatzkonkurrenten (G. Mani, 28.06.2021, Davos GR).

Nachfolgende Doppelseite Von Jungadlern verlassener Steinadlerhorst auf einer Waldföhre. Weiße Daunenfederchen und Kotspritzer weisen auf kürzliche Besetzung hin. Einmal ausgeflogen, kehren die Jungvögel in der Regel nicht mehr in den Horst zurück (S. Denis, 23.08.2014, Trient, VS).

6 | Fortpflanzung

Auf der Liste der Eigenschaften, welche das Phänomen «Leben» ausmachen, steht die Fortpflanzung ganz oben. Die Erkenntnisse zur Evolution, in welchen ein stetiges Verändern der Lebewesen im Zentrum steht, machen deutlich, wie bedeutungsvoll dabei die Fortpflanzung ist. Im Lichte der Evolution sind lebende Individuen die Träger von Erbinformationen, welche von Generation zu Generation weitergereicht werden. Im Gegensatz zu den vergänglichen Trägern der Gene bleiben Erbinformationen über lange Zeit bestehen, jedenfalls solange eine Art nicht ausstirbt. Das Charakteristische dabei ist, dass sich die Informationen verändern können und damit Anpassung und Entwicklung ermöglichen. Die Veränderung der Erbinformation geschieht fast ausschließlich bei deren Weitergabe an die nächste Generation, eben der Fortpflanzung. Die sexuelle Form der Fortpflanzung war ein evolutionärer Geniestreich, weil sie ein riesiges Potenzial an genetischer Veränderungsmöglichkeiten in sich birgt. Bei der Paarung zweier Individuen wird deren Erbinformation vereinigt und neu kombiniert – in fast unendlich vielen Varianten. Die Nachkommen sind dann die Träger der neukombinierten Genotypen.

Warum dieser Exkurs zu den biologischen Grundlagen? Ganz einfach, sie unterstreichen die außerordentlich hohe Bedeutung der Verhaltensweisen, welche mit der Fortpflanzung einhergehen. Für den Steinadler wird dadurch verständlich, warum Territorialität, Balz, Nestbau, Paarung, Brutverhalten und Aufzucht von Jungvögeln so enorm viel Zeit und Energie in Anspruch nehmen. Im Jahresverlauf gibt es keinen einzigen Monat, in welchem das Thema Fortpflanzung bei den geschlechtsreifen Vögeln nicht bedeutungsvoll ist oder gar dominiert.

Bevor wir – beginnend mit der Paarung – einen Fortpflanzungszyklus betrachten, wollen wir die Kinderstuben der Steinadler beleuchten: die Horste, also die Brutplätze. Das Thema liegt quasi außer Konkurrenz zu den im Jahreszyklus verlaufenden Fortpflanzungsverhalten, denn der Bau und die Ausbesserung der Horste beschäftigt verpaarte Steinadler ganzjährig, wenn auch saisonal unterschiedlich intensiv.

Abb. 1 Typischer Felshorst in der Val Müstair. Grüne Nadelzweige, Kotspuren und Daunenfedern sind Zeichen der Besetzung. Die vor Wind und Wetter gut geschützten Felsnischen sind meist unzugänglich für potenzielle Nesträuber (R. Salis, 15.11.2018, Santa Maria GR).

Horste

Bei der Betrachtung eines Steinadlerhorstes, insbesondere, wenn er neu entdeckt wurde, besonders alt und groß ist oder an einer außergewöhnlichen Stelle im Fels oder auf Bäumen liegt, werden bei Adlerfreunden kleine Mengen Serotonine ausgeschüttet, Glückshormone. Horste repräsentieren den familiärsten Bereich im Steinadlerrevier, und es sind kunstvolle Bauwerke, die erahnen lassen, wie bedeutungsvoll die Kinderstuben für die erfolgreiche Aufzucht von Nachwuchs sind. Überdies erwecken die zum Teil riesigen Steinadlerhorste Respekt und Neugier, weil viele Fragen offen bleiben: Wie schaffen es die Paarvögel ohne ersichtlichen Plan, derart stabile Nester aus einem Geflecht von knüppeldicken Zweigen zu konstruieren? Wie verläuft der Entscheidungsprozess der Paarvögel über die Standortwahl? Warum werden von einigen Paaren mehrere Horste alternierend genutzt, von andern auch nur ein einziger?

Abb. 2 Unterhalb von alten Horsten wachsen oft orange leuchtende Schönflechten *Xanthoria elegans*. Diese Flechtenart ist auf direkte Düngung, oft durch Vögel, angewiesen (Scheidegger et al. 2023). Ihr Vorkommen in Felswänden liefert Hinweise auf alte, Jahrzehnte zurückliegende Brutplätze (D. Jenny, 11.11.2024, Val Susasca GR).

Ein typischer Steinadlerhorst besteht aus einem Geflecht aus Hunderten Zweigen und fingerdicken, 0,5–1,5 m langen Ästen, von denen die dicksten bis 5 cm Durchmesser erreichen können (Abb. 1). Steinadler bauen das Geäst meist in der Horstmitte stehend um sich herum auf, platzieren es mit hoher Präzision und erreichen damit auch auf schmalen, teilweise geneigten Felsbändern oder schwankenden Bäumen eine hohe Stabilität des Horstgebildes. Horste, insbesondere solche auf Bäumen, fallen zwar gelegentlich herunter, aber praktisch nur bei außergewöhnlichen Sturmereignissen oder wenn sie über die Jahrzehnte sehr hoch aufgebaut und damit instabil werden. Das Zentrum auf der horizontalen Plattform bildet die Nestmulde, in welcher das Gelege zu liegen kommt. Diese leichte Vertiefung wird mit einigen Reisigzweigen oder etwas dünneren Ästen ausgepolstert. Eine feine Horst-Auskleidung mit Schaf- oder Steinbockwolle, wie sie der Bartgeier pflegt, findet man beim Steinadler nicht. Dies ist ein wichtiges Unterscheidungsmerkmal zwischen Steinadler- und Bartgeierhorsten, welche ansonsten sehr ähnlich aussehen. Für einen oder zwei Nestlinge ist der Lebensraum bis zum Ausfliegen auf 2–3 m^2 Fläche beschränkt. Dass sie aus dem Nest fallen, kommt äußerst selten vor. Das wird einerseits durch angeborene Bewegungshemmungen sowie dem Festkrallen der Nestlinge am Horstrand, andererseits aber auch mit der vorerst noch vorhandenen Nestmulde und der später ausgeebneten Plattform verhindert.

Abb. 3 Sehr alter Horst «Pignaint» in der Val Susauna. Er misst von der Basis bis zur Plattform 1,60 m. Dendrochronologische Altersbestimmung der untersten Äste ergaben ein Horstalter von mindestens 300 Jahren. (D. Jenny, 04.07.2024, Val Susauna GR).

Horste werden 300-jährig und älter

Besonders hoch gebaute Horste sind stets auch besonders alt, einfach deshalb, weil mit jeder Besetzung eine weitere Schicht aus Ästen und Zweigen dazukommt und die Plattform entsprechend stetig höher zu liegen kommt (Abb. 3). Dazu wollten wir Genaueres wissen. Dank der Mitarbeit des Dendrochronologen Ulf Büntgen wurden im Jahr 2012 von zwei hoch aufgebauten Horsten im Oberengadin die untersten Äste auf deren Alter hin untersucht. Das überraschende Ergebnis ergab für die älteste Datierung dieser Arven- und Lärchenzweige das Jahr 1610. Wenn man das Lebensalter der Äste mitberücksichtigt, so wurden diese vor ziemlich genau 300 Jahren in den Felshorst eingebaut (Fischer 2012; Abb .4). Der ältere der beiden Horste wird bis heute genutzt. Bemerkenswert ist nicht nur das hohe Alter der Nester, sondern auch die Tatsache, dass die Zweige offenbar vollkommen gegen Nässe geschützt waren und so die Jahrhunderte überdauerten. Vermutlich können Adlerhorste noch wesentlich älter werden, denn aus anderen Regionen der Schweiz und dem nahen Ausland sind vier Meter und höher aufgebaute Horste bekannt.

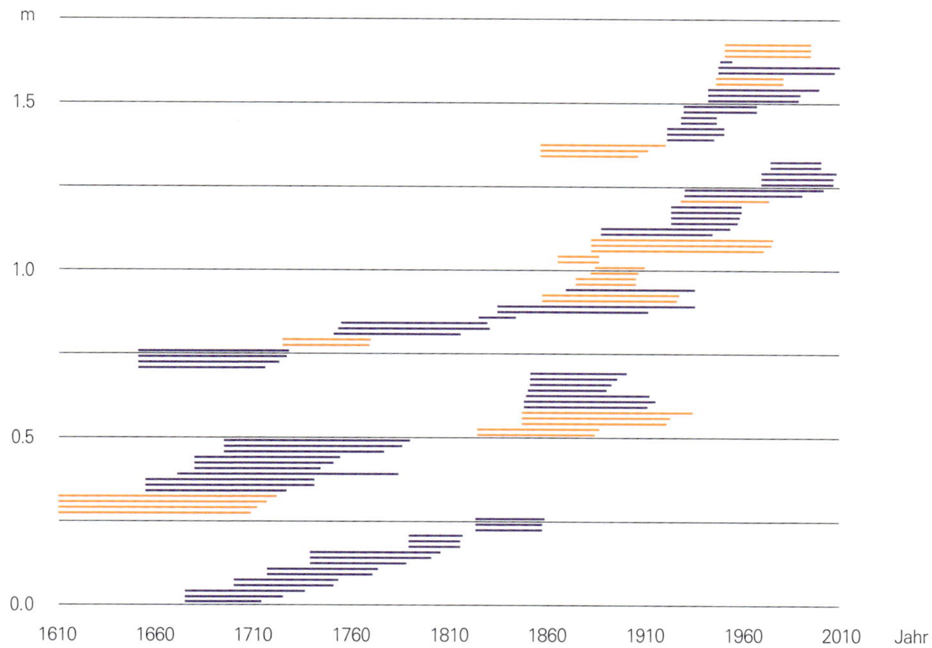

Noch höher gebaute Horste sind aus Schottland (5,2 m, Brown 1976) und aus den U.S.A. (Wyoming 6 m, Ellis 1996; Montana 7 m, Ellis et al. 2009) belegt. Solche säulenartig hohen Aufbauten sind nur in Felsen mit entsprechend stützenden Pfeilern beidseits des Horstes möglich. Sie dürften noch wesentlich älter sein als der oben beschriebene. Um bei Baumhorsten eine solide Plattform aufzubauen, wird in der Regel besonders viel Nistmaterial benötigt. Deshalb können speziell die Horste auf Bäumen in relativ kurzer Zeit erstaunliche Ausmaße erreichen, so ein gut 20-jähriger Horst auf einer Weißtanne im Napfgebiet mit ca. 1,5 m Höhe (Abb. 16). In Südschweden ist sogar ein Horst mit gut vier Metern Höhe auf einer Waldföhre bekannt, dessen Gewicht aufgrund eines relativ dünnen Baumstamms heute eine kritische Grenze erreicht. Er hat ein Alter von 25 Jahren, was einen jährlichen Zuwachs von 16 cm bedeutet (siehe Kasten Seite 74).

Abb. 4 Höhe des Horstaufbaus des Felshorstes «Pignaint» in der Val Susauna und dendrochronologisch zugeordnete Lebensperioden von Ästen in den entsprechenden Schichten des Horstaufbaus. Violett = Arve, orange = Lärche (aus: Fischer 2012)

Der Steinadlerhorst von Carl Mosca in der Val Sinestra

Juni 1944: In Europa ging der Zweite Weltkrieg in seine letzte Phase. In der Schweiz stellte Bundespräsident Stampfli erstmals die Idee einer Alters- und Hinterbliebenenversicherung AHV vor und im Engadin wurde gerade die private Berninabahn an die RHB verkauft.
Am 30. des Monats stiegen Carl Stemmler und der damalige Hirtenbub Carl Mosca aus Sent bei strömendem Regen durch den Wald oberhalb Sent auf. Der 13-jährige hatte vor Kurzem einen besetzten Steinadlerhorst entdeckt, zu welchem er den Adlerforscher und Naturschutzpionier Carl Stemmler aus Schaffhausen führen wollte. Völlig durchnässt erreichten die beiden schließlich den Horst, als eben die Sonne durch den Nebel drang. Stemmler beschrieb den Horstbesuch später in seinem Buch (Stemmler 1955): «Ohne schwierige Kletterei kamen wir in die Felsen hinauf und bald rief Carl (Mosca), ich solle die Sachen hier lassen und den Photoapparat bereit machen, dort sei der Horst. Mit der Leica in der Hand kletterte ich gegen den Grat und stand etwa zwei Meter von einem schönen grünen Horste entfernt, in welchem uns ein zur Hälfte ausgefiederter Jungadler breitbeinig mit offenen Flügeln erwartete. Mit offenem Schnabel fauchte der Junge wie ein Motor oder ein arbeitendes Pferd und wenn man sich gegen den Horst näherte, sei es auch nur mit der Hand, schlug er mit den Flügeln, immerfort fauchend.» Carl Stemmler fotografierte den Jungadler von allen Seiten und machte auch Aufnahmen vom jungen Carl Mosca mit Mütze, direkt neben dem Jungadler und zwar in dem Moment, als Mosca ein wenig die Hand gegen den Adler ausstreckte und dieser seine Flügel öffnete und fauchte (Abb. 5).

Abb. 5 Oben: Carl Mosca, Hirtenbub aus Sent, entdeckte den Steinadlerhorst in der Val Sinestra 1944 und zeigte ihn Carl Stemmler (C. Stemmler, 30.06.1944). Rechte Seite: ReFoto mit Carl Mosca am gleichen Horst nach 62 Jahren (D. Jenny, 01.07.2006).

Frohen Herzens über das Erlebte stiegen die beiden wieder ab durch den Wald. Über den Alpweiden von Sent flogen rufend fünf Alpenkrähen *Pyrrhocorax pyrrhocorax*. Die Alpenkrähen mit ihrem korallenroten Schnabel gibt es mittlerweile im Engadin nicht mehr, Steinadler hingegen schon und es geht ihnen sogar besser als zu Zeiten Stemmlers.

Der damalige Horst von der Val Sinestra kann heute noch besichtigt werden – im Museum Carl Stemmler in Schaffhausen. Stemmler hat ihn nach dem Ausflug des Jungadlers 1944 in ein Heutuch gepackt und nach Schaffhausen transportieren lassen. «Es ist wohl der einzige Steinadlerhorst im Originalzustand in irgend einem Museum Europas», hielt Stemmler in seinem Buch fest.

Juli 2006: 62 Jahre sind seit dem Horstbesuch der beiden Carls in der Val Sinestra vergangen. Carl Mosca wurde 1996 pensioniert, nach 39-jähriger Tätigkeit als Revierförster in Sent (2021 ist er im Alter von 90 Jahren verstorben). Mit dem damals 75-jährigen Carl Mosca stieg David Jenny 2006 zum gleichen Horst auf. Ziel war ein ReFoto, also eine Wiederholung der Aufnahme aus Stemmlers Buch. Mosca, trotz fortgeschrittenem Alter noch sehr rüstig, führte zum Standort unter dem Horst, als ob sein letzter Besuch erst kürzlich stattgefunden hätte. Dort angekommen, streckte er seine Hand gegen einen Adler-Nestling aus, wie er es damals tat. Der Jungadler reagierte mit Fauchen, genauso wie es seinerzeit von Stemmler beschrieben wurde. Allerdings hat sich die Zahl der Jungadler gegenüber 1944 erhöht; statt einem waren am 1. Juli 2006 zwei Jungadler im Horst.

Viel Symbolik liegt in den beiden Fotos, welche Moscas Wohnzimmer zierten. Sie belegen Vergänglichkeit und Konstanz zugleich. Und: Sie stehen stellvertretend für die positive Entwicklung des Adlerbestands in den Alpen. Im Engadin hat sich die Zahl der Adlerpaare seit den 1940er-Jahren auf mittlerweile 34 Paare in etwa verdoppelt.

1
Nistaktivität zeigende Reviervögel stürzen sich mitunter in Baumkronen. Sie nutzen den Schwung, um fingerdicke Zweige abzubrechen.

2
Das spielerisch wirkende Fallenlassen und wieder Auffangen von Zweigen hat vermutlich auch Balz-Funktion.

3
Kurz vor und während der Brut- und Nestlingsphase werden immer wieder grüne Zweige eingetragen. Die Funktion diese Verhaltens bleibt weitgehend unbekannt.

Nistaktivitäten – rund ums Jahr

Horstbauverhalten der Paarvögel wurde in Graubünden mit Ausnahme des Novembers in allen Monaten beobachtet, mit deutlicher Steigerung in der Vorbrutperiode ab Februar (Haller 1996). Beide Paarpartner beteiligen sich, wenn es darum geht, Äste und Zweige vom Boden aufzunehmen oder von Bäumen abzubrechen und auf die Horstplattform einzutragen. Beim Männchen scheint das Nestbauverhalten etwas ausgeprägter zu sein als beim Weibchen (Haller 1972). Dabei werden verschiedene Techniken angewendet, etwa, indem Zweige mit dem Schnabel von Baumwipfeln abgezwackt und nach dem Abflug mit den Fängen übernommen werden. Oft werden die Nistaktivitäten von den Partnern gemeinsam getätigt, abwechslungsweise und in schneller Folge. Spektakulär sind regelrechte Sturzflüge in Nadelbäume mit dem Ziel, den Schwung des Anflugs für das Abbrechen knüppeldicker Äste auszunutzen (Abb. 6). Durch dieses Verhalten werden vorab frische, grüne Zweige gesammelt, um nach dem eigentlichen Bau oder der Erneuerung des Horstes dessen Plattform zu decken und die Nestmulde auszukleiden.

Abb. 6 Linke Seite: Nistaktivität zeigen Reviervögel fast während des ganzen Jahres, besonders intensiv aber vor Brutbeginn ab Mitte Februar. Dabei stürzen sich die Adler mitunter in Baumkronen, um Zweige abzubrechen, fliegen fallengelassenen Ästen hinterher oder tragen meterlange Reisigzweige zum Horst. Oft bauen sie mehrere alte Horste neu auf, auch wenn nur einer besetzt wird. Oder es werden – insbesondere nach Partnerwechseln – ganz neue Horste erstellt.

Abb. 7 Mit Zweigen von Lärchen, Fichten, Buchen und Ebereschen begrünter Baumhorst (R. Salis, Langwies GR, 05.07.2019).

Horste werden begrünt

Grünzeug wird – mit großen individuellen Unterschieden – zur Zeit der Balz und der Bebrütung sowie in der Nestlingsperiode eingetragen (Abb. 7). Bei den Horstkontrollen in der Vorbrutphase sind begrünte Horstplattformen geeignete Hinweise für kommende Horstbesetzungen. Über den Zweck der Horstbegrünung kann allerdings nur spekuliert werden. Die überzeugendste Hypothese ist, dass Inhaltsstoffe in Koniferennadeln oder Laubblättern Parasiten abhalten (Bucher 1988, Dubiec et al. 2013). Weitere Erklärungen, wie die Aufnahme von Vitaminen oder Spurenelementen durch die Nestlinge oder das Abdecken von vergammelten Nahrungsresten wurden ins Feld geführt, eine wissenschaftliche Klärung hierzu steht aber aus.

Besonderheiten bei Steinadlerhorsten

Belaubte Zweige als Sonnenschirm?

Eine erstaunliche Beobachtung machte David Jenny im Berner Oberland am 24.05.1989, die eine bereits bei anderen Greifvögeln erwähnte Hypothese stützt, wonach zur Beschattung von Nestlingen Zweige eingetragen und als «Sonnenschirme» aufgestellt werden (Bush and Gehlbach 1978). In einem tiefgelegenen, auf 1100 m Höhe liegenden Felshorst des Paars Frutigen BE, der so gut wie direkt gegen Süden exponiert war, hatten die Brutvögel einen großen, mit Laub bedeckten Buchenast so platziert, dass er dem 3-wöchigen Nestling Schatten spendete. Der Ast war am Horstrand aufgerichtet und es sah so aus, als ob er mit Absicht auf diese Weise positioniert wurde. Eine weitere Variante, Schatten für sonnenexponierte Nestlinge zu spenden, beobachtete Hubert Heis aus S-chanf am 11.06.2017 in der Val Susauna GR. Dort flog ein Adlerweibchen mit einem Weißen Germer *Veratrum album* in den Baumhorst, platzierte sich mit dem großblättrigen Gewächs im Schnabel vor dem Nestling und spendete damit Schatten. So verharrte die Adlermutter für mindestens eine Stunde praktisch unbeweglich (Abb. 8).

Minihorst als Regendach?

Ein junges Adlerpaar baute bei S-chanf im Oberengadin im Jahr 2017 auf einer Arve im obersten Viertel des Baumes einen Horst. Das ausgedünnte Geäst des Baumes vermochte das Nest nur marginal vor Wind und Wetter zu schützen. Etwa 1,5 m über der Plattform bauten die Paarvögel im Jahr 2024 einen Minihorst aus dünneren Zweigen, welcher wohl als Regen- und Sonnenschirm und insbesondere als Schutz gegen Schneefall dienen sollte (Abb. 9).

Doppelhorste

Nicht selten werden zwei Horste in unmittelbarer Nähe zueinander oder direkt übereinander gebaut (Abb. 10) und alternierend genutzt. Bekannt ist das Phänomen vor allem bei Felshorsten, in seltenen Fällen kommt dies auch bei Baumhorsten vor. Derlei Zwillingshorste stützen die Parasiten-Hypothese, wonach Horste – auch wenn sie fast am gleichen Standort vorkommen – alternierend genutzt werden, um dem Risiko eines Parasitenbefalls auszuweichen (Bucher 1988). Parasiten wie Federlinge oder Lausfliegen überleben längerfristig einzig auf ihrem Hauptwirt, wo sie sich fortpflanzen. Sie können aber auf trockenen Substraten monatelang überdauern. Bei aufeinanderfolgenden Bruten im gleichen Horst besteht für die Steinadler daher ein erhöhtes Risiko, befallen zu werden.

Abb. 8 Linke Seite: Schattenspenden durch die Altvögel durch geöffnete Flügel, Aufstellen von Zweigen oder – wie hier dargestellt – durch eine belaubte Pflanze (hier ein Weißer Germer), ist bei sonnenexponierten Horsten dokumentiert worden.

Abb. 9 Oben: Baumhorst auf einer Arve mit Minihorst, der über der Plattform angebrachte Schutz vor Regen, Sonne und Schnee bot (D. Jenny, 05.08.2024, Val Susauna GR).

Abb. 10 Unten: Seit Jahrzehnten nicht mehr genutzte Zwillingshorste am Murtiröl bei S-chanf GR. Der letzte Brutnachweis geht hier auf das Jahr 1976 zurück (D. Jenny, 28.05.2006).

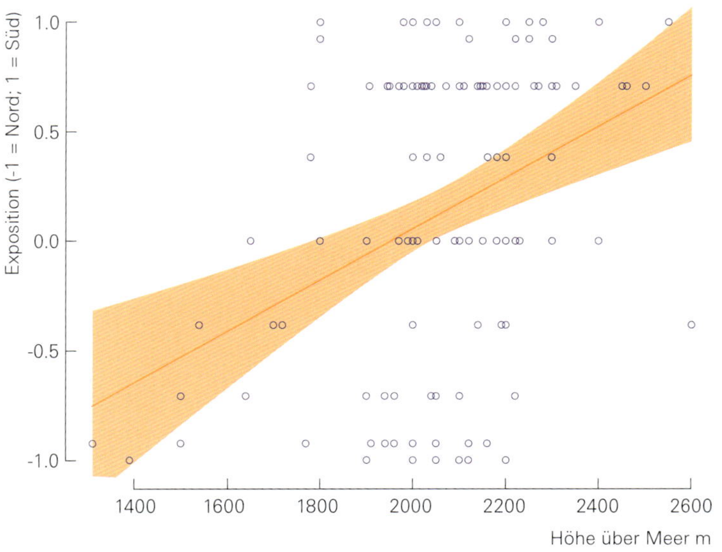

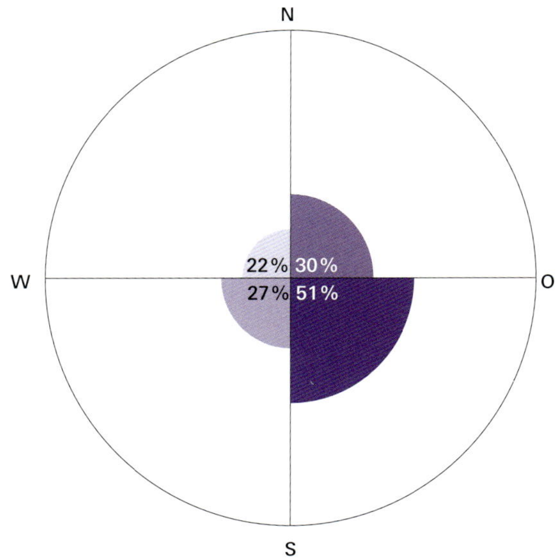

Starke Besonnung – ein kritischer Faktor

Intensive Sonnenbestrahlung kann für ein Gelege oder Nestlinge kritisch werden. Das unterstreichen die bevorzugten Horst-Expositionen im Engadin: Während bei mittleren Horsthöhen zwischen 1700 und 2200 m ü. M. die Exposition der Horste keine Präferenzen erkennen lassen, sind tiefer gelegene Horste häufiger gegen Norden und Horste in sehr hohen Lagen vermehrt gegen Süden ausgerichtet (Abb. 11).

Zudem kann das bei Horstbesonnung oft beobachtete Verhalten der Altvögel, sich mit halb geöffneten Flügeln vor die Jungvögel zu stellen, kaum anders als mit Schattenspenden interpretiert werden. Das dunkle Gefieder der Nestlinge in der späteren Phase der Entwicklung und die in dieser Phase verstärkte Sonneneinstrahlung bergen das Risiko einer Überhitzung (siehe auch Kasten Seite 150). Die Jungvögel hecheln in entsprechenden Situationen und sorgen so durch Verdunstung für Abkühlung. In ariden Gebieten der USA oder Afrika ist dieses Verhalten besonders ausgeprägt (Kochert et al. 2019). Der Bruterfolg steht mit der Horsthöhe im Engadin in keiner Weise in Verbindung, hingegen war dieser in südlich exponierten Horsten leicht höher als bei nördlicher Ausrichtung. (D. Jenny, unpubl. Daten).

Keine klaren Präferenzen bei den Expositionen

Bei den Horstexpositionen lassen sich abgesehen von den erwähnten höhenbedingten Präferenzen keine deutlichen Bevorzugungen erkennen. Eine bezüglich optimaler Thermik zu erwartende Ausrichtung nach Süden wird offensichtlich überlagert von andern Einflussfaktoren. Neben der Vermeidung von zu starker Sonneneinstrahlung sind es heute insbesondere die störenden Einflüsse der unverpaarten Einzeladler. Diese treten verstärkt an thermikreichen Südhängen auf und sind mit ein Grund, warum Steinadlerhorste oft auf der schattigen, eher störungsfreien Talseite errichtet werden (vgl. Kapitel 5). Insgesamt werden im Engadin südliche und südöstliche Horstlagen dennoch leicht bevorzugt (Abb. 12).

Vergleicht man die Horste im Engadin im oberen Talabschnitt mit denjenigen unterhalb von Zernez, fällt eine deutliche Verschiebung der bevorzugt genutzten Expositionen von Süd nach Nord auf (Anhang Abb. 9). Neben der tieferen Lage der Horste im unteren Engadin gilt es in den zahlreichen dortigen Haupttalrevieren (siehe Kasten Seite 124) zu berücksichtigen, dass die rechtsseitig anstehenden Engadiner Dolomiten ein besonders hohes Angebot an potenziellen Brutfelsen bieten. Dies macht deutlich, dass Untersuchungen zu Lebensraumpräferenzen stets auch die Verfügbarkeit der Ressourcen miteinbeziehen müssen.

Kriterien für die Standortwahl der Horste

Wenig bis gar nichts ist über die Entscheidungsfindung beim Horstestandort bekannt. Es wird vermutet, dass dabei das Weibchen die zentrale Rolle innehat (Dixon 1937). Wir wissen aber in etwa, welche Kriterien für die Wahl eines Horstestandorts wichtig sind, zumindest gilt dies für den Alpenraum: weiten Ausblick in die Umgebung, steile Lage mit Aufwinden, Nähe zu Jagdgebieten, Schutz vor Nest-Prädatoren und vor Menschen, Schutz vor Witterung, Schneefall und Steinschlag. Baumhorste sind meist deutlich weniger gut nach oben geschützt als Felshorste, welche bei gutem Felsangebot klar bevorzugt werden. Die Wahrnehmung des Menschen als Gefahr mag sich nach jahrhundertelanger Verfolgung im Erbgut der Reviervögel niedergeschlagen haben (siehe Kapitel 1), denn etwa 90 % der Felshorste im Alpenraum sind nur mittels alpiner Ausrüstung zu erreichen. In Graubünden werden Felshorste mehrheitlich in kleineren Felsen mit Wandhöhen unter 50 m gebaut (43 %; Haller 1996, n = 103), aber auch über hundert Meter hohe Felsen bieten perfekt geschützte Horstestandorte (16 %; Abb. 13).

Bodenhorste, wie sie etwa in sehr offenen und flachen Habitaten in Wyoming (Menkens & Anderson 1987) oder auf Inseln ohne Prädatoren in Schottland (Stuart et al. 2024) auftreten, sind bei Steinadlern in den Alpen bisher nicht bekannt. Serge Denis fand im Wallis im Juli 2018 einen in einem steilen Hang gebauten Horst, der einem Nest am Boden ziemlich nahekommt (Abb. 14).

Abb. 11 Linke Seite links: In hohen Lagen über 2200 m ü. M. sind Steinadlerhorste in Graubünden eher nach Süden ausgerichtet als in Lagen unterhalb 1800 m. Horste unterhalb 1800 m sind meist nach Norden ausgerichtet. Keine Präferenzen bezüglich Exposition gibt es hingegen in mittleren Höhenlagen. Angegeben sind Mittelwerte (schwarze Linie) und 95 %-Konfidenzintervalle (graues Polygon; aus: Jenny et al. 2024).

Abb. 12 Linke Seite rechts: Anteile bevorzugter Horst-Expositionen im Engadin (n = 136 Horste; D. Jenny unpubl. Daten).

Abb. 13 Rechte Seite: Brutplätze werden manchmal gut versteckt in kleinen Felsen, oft aber auch in hohen, über hundert Meter mächtigen Felswänden gebaut (oben: D. Jenny, 28.05.2006, Zuoz GR; unten: S. Denis, 11.06.2013, Höhbalmen, Zermatt VS).

bis nach Graubünden erstreckt. Horste auf 2500 m ü. M. oder höher sind schweizweit nur drei aus dem Wallis und zwei aus Graubünden bekannt. Die bisher höchsten bekannten Schweizer Horstestandorte mit nachgewiesenem Bruterfolg liegen bei Bivio in Graubünden auf 2630 m (Haller 1996) und in den Walliser Hochalpen bei 2700 m (S. Denis unpubl. Daten). Noch höher gelegene Horste um 3000 m werden bei Zermatt und in der Val de Bagnes vermutet (S. Denis). Bei den Tiefenrekorden in den Alpen ist ein Horst im Maggiatal, Tessin, auf 670 m (Jenny et al. 2018b), ein Horst im Toggenburg, St. Gallen, auf 690 m und einer in der Ruinaulta, Graubünden, auf 750 m (Haller 1996) zu erwähnen.

Im Jura liegen die Horste in bisher fünf bekannten Revieren zwischen 900 und 1170 m Höhe und bei den fünf aktuell bekannten Mittellandpaaren zwischen 690 m und 1140 m ü. M. Ob sich in den Alpen die mittleren Horsthöhen im Verlauf der letzten 30 Jahren veränderten, überprüfte Haller (1996) und Jenny et al. (2024) in Graubünden. Dabei zeigte sich, dass die vom Amt für Jagd und Fischerei AJF nach dem Jahr 2000 zusammengetragenen Horste im Durchschnitt 40 m höher lagen als diejenigen von Haller (1996; n = 103) aus den Jahren 1990 bis 1993. Inwiefern dabei Klimawandel-Effekte wirken, ist unklar, denn im hoch gelegenen Engadin mit auf durchschnittlich 2050 m liegenden Horsten (Abb. 16) fand sich auch ein gegenteiliger Trend: Die mittleren Horsthöhen lagen bei den acht seit 1990 im Engadin neu gegründeten Paaren um 38 m tiefer als in den traditionellen Revieren. Das hat möglicherweise mit einer etwas höheren Toleranz gegenüber der menschlichen Präsenz in Siedlungsnähe bei den neuen Paaren zu tun.

Die Höhenlage der Alpen-Horste entspricht dem Relief

Die Horste in den Schweizer Alpen liegen vorwiegend in Felsen unterschiedlicher Struktur zwischen 670 und 2700 m ü. M. (n = 791, Datenbank der Schweizerischen Vogelwarte Sempach). Entlang eines Süd-Nord-Streifens von 20 km Breite durch die Alpen (vgl. Abb. 3 in Kapitel 3) folgt die Höhenverteilung der Horste einer Kurve, welche in etwa der Massenerhebung entspricht (Abb. 15).

An der nördlichen und südlichen Peripherie der Alpen und in tief eingeschnittenen Alpentälern liegen die Brutstandorte um 1000 m ü. M., während im zentralen Teil der Alpen die Horste in der Regel auf über 1500 m ü. M. zu finden sind. Oberhalb 2000 m ü. M. liegende Horste gibt es ausschließlich im Bereich der Hochalpen auf einem von Südwest nach Nordost verlaufenden Band, das sich vom Wallis über das Gotthardmassiv

Abb. 14 Sehr einfach zugängliche Horste sind eine große Ausnahme. Das hier gezeigte, gut versteckte Nest kommt einem Bodenhorst nahe (S. Denis, 28.07.2018, Zentralwallis).

Abb. 15 Rechte Seite oben: In den Zentralalpen befinden sich die Steinadlerhorste meist auf über 1500 m ü. M., während in den nördlichen und südlichen Voralpen die Nesthöhen um 1000 m ü. M. liegen. In den tief eingeschnittenen großen Alpentälern können Horste ebenfalls so tief liegen. Die Punkte zeigen die Höhe der Nistplätze innerhalb eines 20 km breiten Transekts von Süden nach Norden entlang des alpinen Reliefs, In Abbildung 3 Seite 58 als grauer Balken dargestellt; aus: Jenny et al. 2024).

Abb. 16 Rechte Seite unten: Höhenverteilung der besetzten Horste in der Schweiz (grau), in Graubünden (orange) und im Engadin (violett). Horsthöhen aus Graubünden wurden erst nach dem Jahr 2000 berücksichtigt. Die Höhe der Horste richtet sich nach dem Angebot an geeigneten Lagen und damit auch nach der Topografie. Datengrundlagen: Schweizerische Vogelwarte Sempach, Amt für Jagd und Fischerei Graubünden AJF, David Jenny).

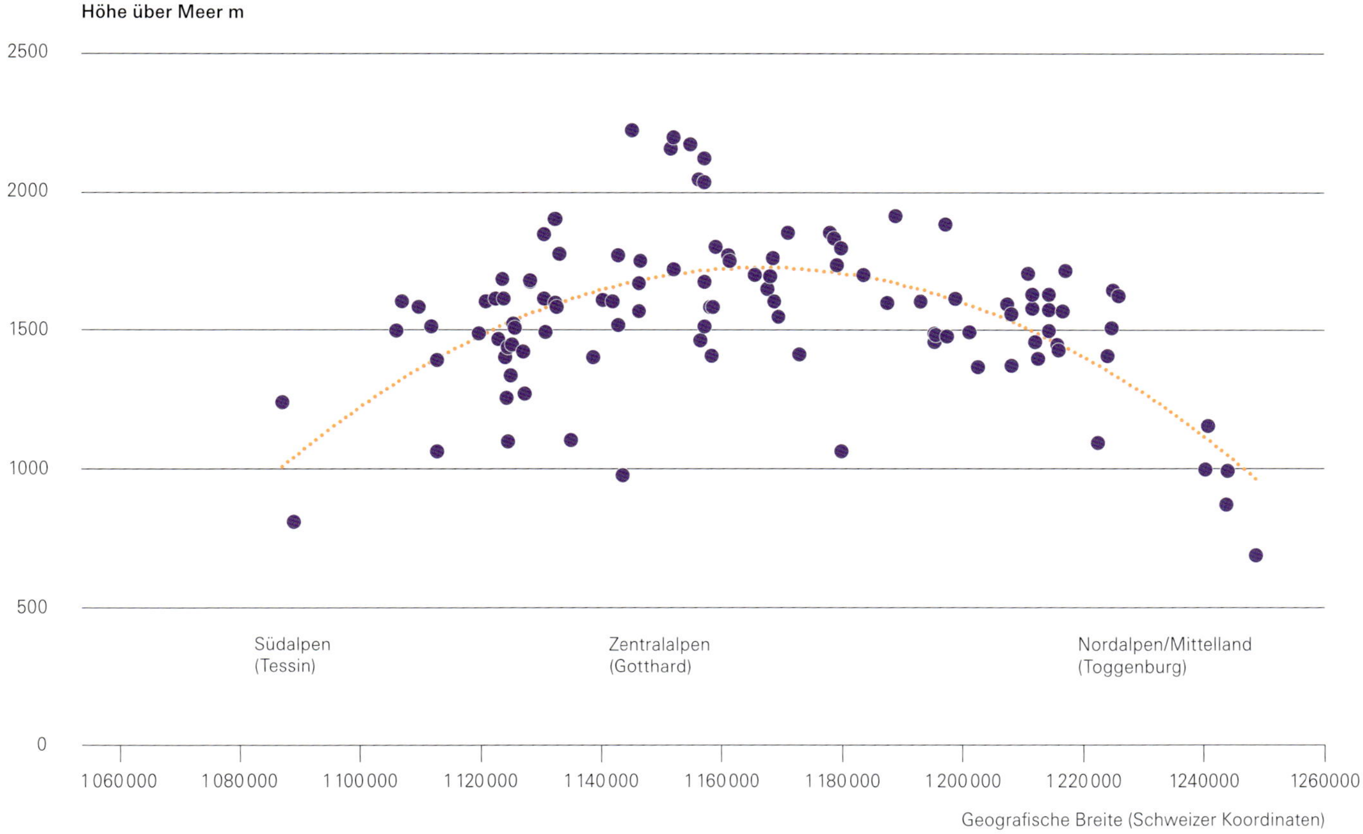
Höhe über Meer m
2500
2000
1500
1000
500
0
Südalpen
(Tessin)
Zentralalpen
(Gotthard)
Nordalpen/Mittelland
(Toggenburg)
1 060 000
1 080 000
1 100 000
1 120 000
1 140 000
1 160 000
1 180 000
1 200 000
1 220 000
1240000
1260000
Geografische Breite (Schweizer Koordinaten)

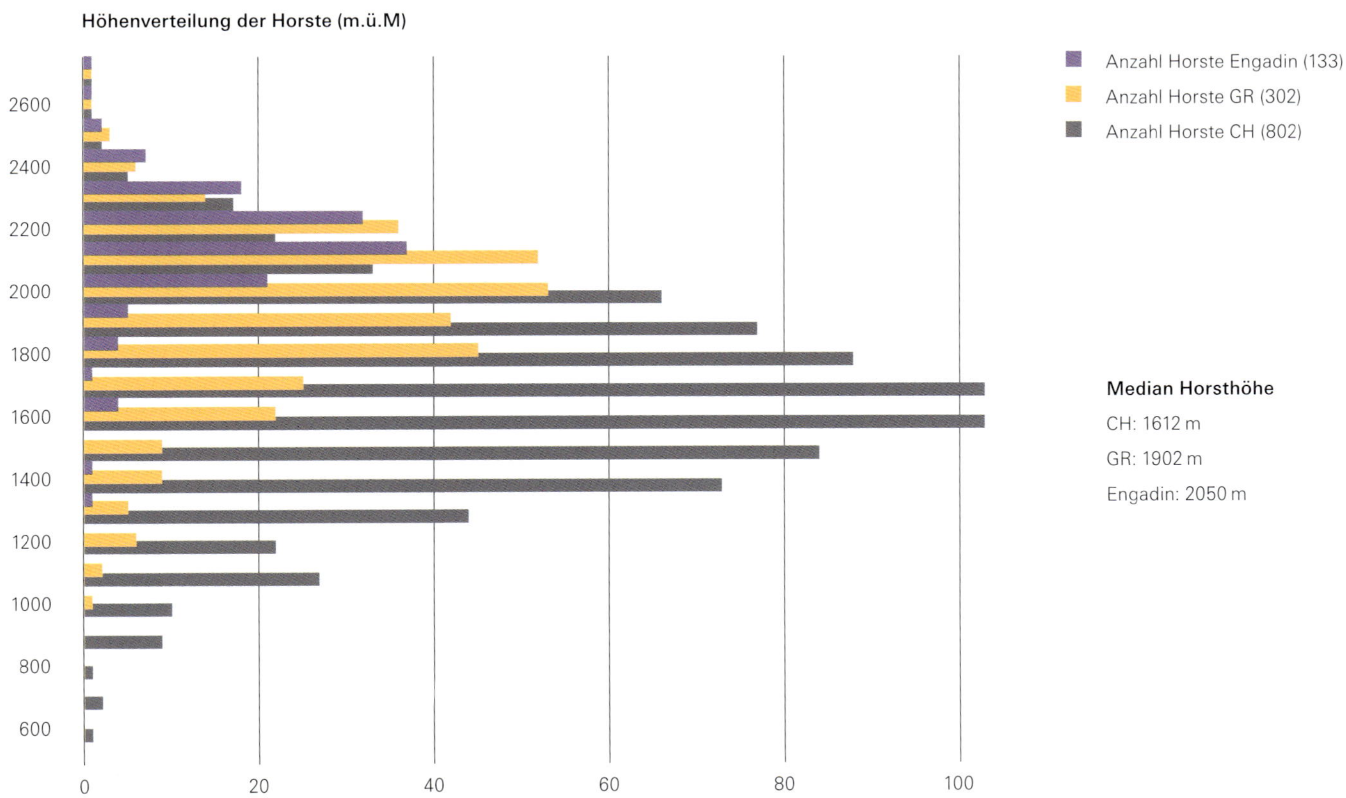
Höhenverteilung der Horste (m.ü.M)
2600
2400
2200
2000
1800
1600
1400
1200
1000
800
600
0
20
40
60
80
100
Anzahl Horste Engadin (133)
Anzahl Horste GR (302)
Anzahl Horste CH (802)
Median Horsthöhe
CH: 1612 m
GR: 1902 m
Engadin: 2050 m

Einen erheblichen Anstieg der Horsthöhe fand Haller (1996) in Graubünden im Vergleich zu sehr alten, vor 1900 besetzten Horsten. Diese 20 alten Plätze lagen im Mittel etwa 200 m tiefer als die neuzeitlichen Standorte. Damals waren weniger Brutpaare vorhanden. Diese konnten große, tälerübergreifende Reviere besetzen, aus deren weitem Einzugsgebiet Beute mit Vorteil zu einem tiefer gelegenen Horst transportiert wurde.

Paare wechseln ihre Horste immer wieder

Die meisten Paare bauen mehrere Horste, die sie abwechslungsweise benutzen. Im Engadin besetzten die Brutpaare im Verlauf von zwei Dekaden zwischen einem und acht Horsten (Abb. 17), am häufigsten waren es drei bis fünf. Zählt man auch alte, teilweise nicht mehr vollständig vorhandene Horste dazu, finden sich bis zu 20 Standorte in einem Revier (Derborence VS, S. Denis unpubl. Daten).

Warum Reviervögel ihre Horstestandorte immer wieder wechseln, ist nicht schlüssig geklärt, hat aber mit mehreren Faktoren zu tun. Dazu gehören der Schutz vor Parasiten und die Zugänglichkeit für Prädatoren oder Menschen. Aufgrund von besonders häufigen Wechseln bei Horsten, die wiederholt durch Fotografen aufgesucht oder zwecks Beringung von Nestlingen bestiegen wurden, stellte Jenny (1992) einen Zusammenhang zwischen Horstbesuchen durch Menschen und Horstwechseln im Folgejahr fest. Im Engadin wurden in 58 % der Besetzungen nicht die gleichen Horste wie im Vorjahr genutzt (n = 333, Jenny 2020 und unpubl. Daten), wobei die Variabilität zwischen den Paaren groß ist. Die Horstestandorte liegen vorzugsweise innerhalb eines ca. 15 km² umfassenden Kernbereichs der Reviere, meist im gleichen Felskomplex und oft unmittelbar neben- oder übereinander. Ausnahmsweise können Horste eines Paars aber sechs Kilometer auseinanderliegen. Die Nutzung und der Bau von unterschiedlichen Horsten hat auch mit individuellen Präferenzen, vermutlich vor allem des Weibchens, zu tun. Das zeigt sich bei Partnerwechseln, wenn Änderungen bei den bevorzugten Horsten auffallen oder gänzlich neue Nester gebaut werden. So besetzte etwa das Brutpaar in der Val Bever GR nach einem Partnerwechsel im Jahr 2006 bis 2024 fünf andere Horste als in der vorangegangenen Brutperioden.

Wenn wir auf die Art der Benutzung mehrerer Horste innerhalb der Reviere achten, so fällt ein häufiges Muster auf: In fast allen langfristig besetzten Revieren werden meist 1–3 Horste regelmäßig genutzt (Abb. 18), während andere Nester teilweise über Jahrzehnte verwaist bleiben oder nur ein- oder zweimal in 20 Jahren besetzt werden. Im Engadin ist ein Horst in der Val Sesvenna GR Rekordhalter bezüglich Besetzungen. In 24 Jahren war er 17-mal besetzt, wovon 15-mal erfolgreich und 7-mal mit zwei flüggen Jungvögeln. Neben Paaren mit hoher Horsttreue gibt es Paare, die immer wieder Horste wechseln und neue bauen.

Im Schweizerischen Nationalpark liegen mittlerweile Daten zur Horstbesetzung über mehr als 100 Jahre vor (Anhang Abb. 11). Im 170 km² großen einzigen Nationalpark der Schweiz siedeln heute sechs Steinadlerpaare, rechnet man Grenzpaare dazu, sind es sogar acht (1 Paar pro 47 km²). Fünf davon existierten bereits in den 1920er-Jahren, drei sind erst seit den 1990er-Jahren dazugekommen (Haller et al. 2013 mit Aktualisierungen durch D. Jenny). Betrachtet man Horstbesetzungen

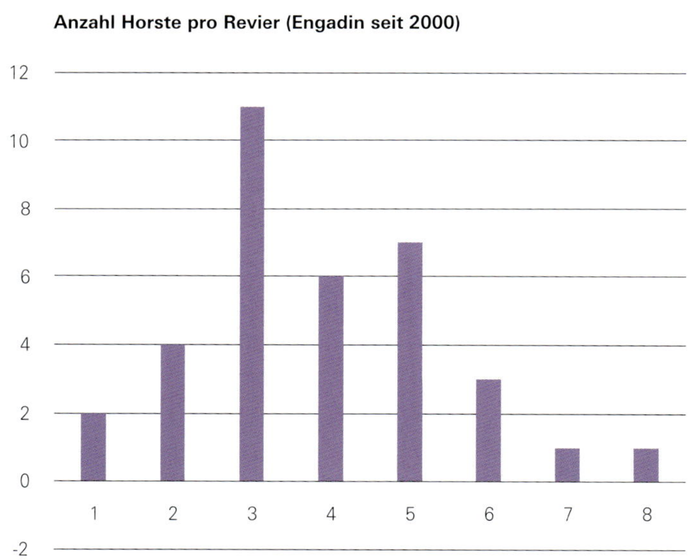

Abb. 17 Links: Anzahl besetzter Horste pro Revier im Engadin 2000 bis 2024 (D. Jenny unpubl. Daten).

Abb. 18 Rechte Seite: Horststandorte des Adlerpaars Arpiglia bei Zuoz im Engadin seit dessen Reviergründung im Jahr 2001. Angegeben ist das Jahr der Besetzung mit der Anzahl ausgeflogener Jungadler bzw. Brutabbruch (A). Fehlende Jahrgänge blieben ohne Eiablage. Bh steht für Baumhorst und Fh für Felshorst. Alle Horste liegen auf der rechten, schattigen Talseite etwas unterhalb der Waldgrenze. Große und für den Nahrungserwerb wichtige Revierteile liegen auf der gegenüberliegenden, besonnten Talseite (Basiskarte swisstopo).

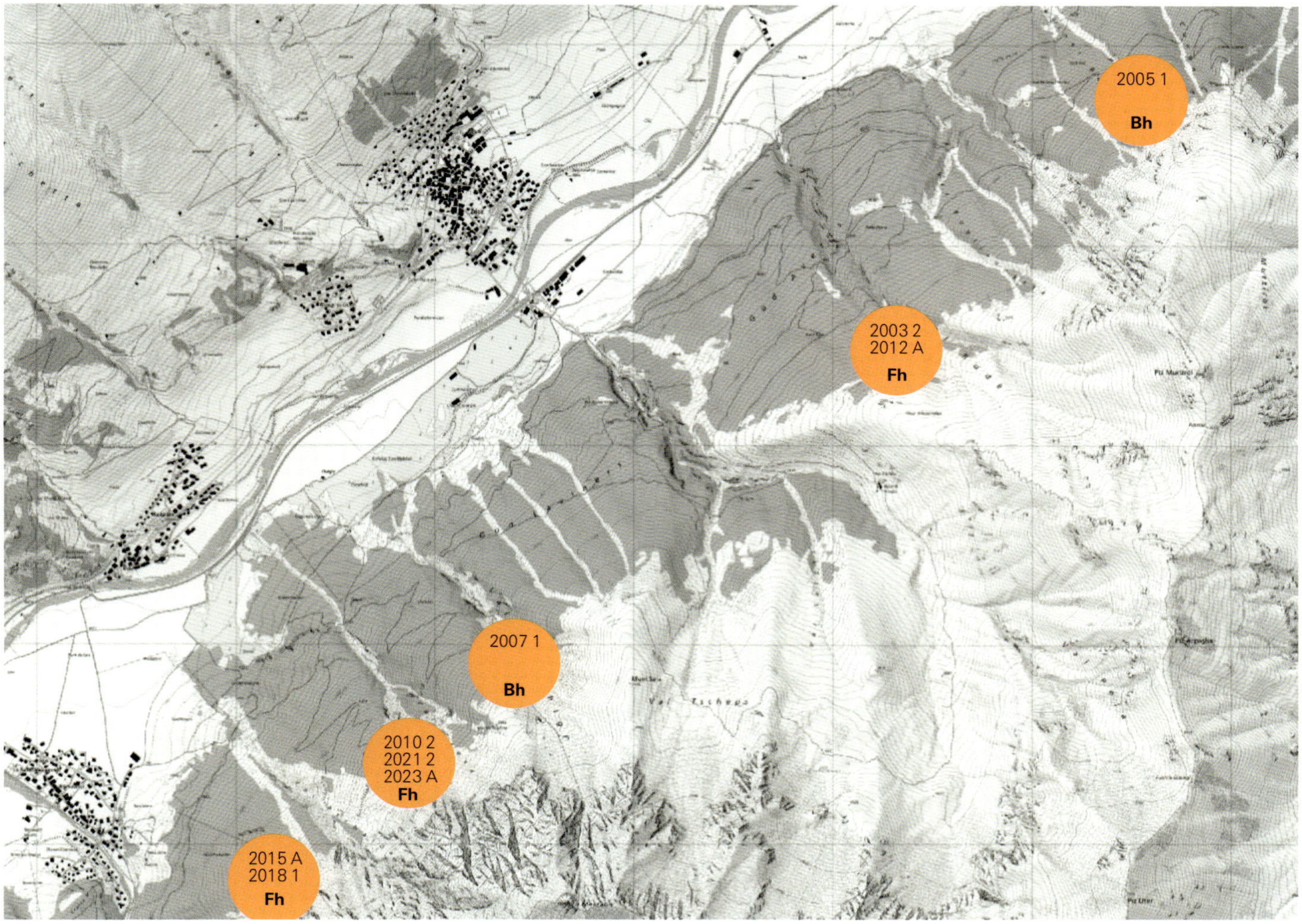

der Paare pro Dekade, so ist eine insgesamt hohe Standorttreue bei den Brutplätzen ersichtlich. Dennoch kommt es immer wieder zu Wechseln und Verlagerungen bei den benutzten Horsten. Diese Verschiebungen erstrecken sich meist über weniger als 3 km, ausnahmsweise aber weiter und sie erschließen nicht selten gegenüberliegende Talseiten oder auch benachbarte Geländekammern. Über Dekaden verwaiste Brutplätze können plötzlich wieder genutzt werden. Inwiefern solche Veränderungen mit Partnerwechseln zu tun haben, ist offen, grundsätzlich aber anzunehmen. Es sind insbesondere Neugründungen von Revieren, die zu neuen Horstbelegungen führen. Verschiebungen, die mit der Übernahme von Horsten benachbarter Paare einhergehen, kommen nur selten vor. So verlagerte sich ein Adlerpaar in der Val Nüglia 2002/2003 Richtung Westen und übernahm die Horste des dort ansässigen Paars Il Fuorn. Dieses wiederum verschob sein Revierzentrum nach Süden und brütete fortan nur noch in den dortigen Horsten.

Manchmal werden sogenannte Spielhorste gebaut. Das sind meist kleine, oft nur unfertig erstellte Nester, die insbesondere nach abgebrochenen Bruten vom Paar aufgebaut, aber nicht zum Brüten genutzt werden. So zeigte etwa das Paar in der hintern Val Susauna im April 2015 Nistaktivität an einem 20 m vom traditionellen Horst entfernten Standort, nachdem dort eine Brut aufgegeben wurde (Abb. 19). Dieses Verhalten zeigen Steinadler zwar seltener als Bartgeier, für beide Arten liegen dem Phänomen aber vermutlich die gleichen Ursachen zugrunde. Diese dürften mit dem starken Bruttrieb zu tun haben, welcher nach einem Brutverlust in Form von Nistaktivität abgebaut wird.

Baumhorste – im Alpenraum eher selten

Im Gegensatz zu Felshorsten bilden Baumhorste im Hochgebirge die Ausnahme, sind aber aus allen Teilen der Alpen bekannt. In den generell steilen westlichen Alpen liegt der An-

teil von Brutplätzen auf Bäumen tiefer als im moderateren Relief der östlichen Alpen (Anhang Tab. 14). Im Mittelland, wo das Angebot an geeigneten Brutfelsen sehr begrenzt ist, werden heute ausschließlich Baumhorste genutzt (7-mal auf Weißtannen, 2-mal auf Fichten, einmal auf einer Waldföhre). In den 1970er-Jahren waren in einem Revier im Napfgebiet aber noch Horste an Molassefelsen besetzt (Hauri 1970). Im Jura werden sowohl Fels- als auch Baumhorste bezogen. Die beiden Paare im östlichen Teil des Schweizer Jura brüteten bisher ausschließlich in Felsen. Die neueren Paare im Südwesten nutzten bis anhin Baumhorste. Insgesamt bevorzugen die Adler Felshorste gegenüber Baumhorsten. Der Anteil Letzterer hängt in erster Linie vom Brutfelsangebot ab. Während geeignete Horstbäume fast unbeschränkt zur Verfügung stehen, mangelt es gebietsweise an geeigneten Felsen. Wenn wir den Blick auf andere, insbesondere flachere Steinadler-Lebensräume in Europa werfen, kann der Baumhorstanteil aber sehr viel höher sein und bis zu 97 % erreichen (Finnland; Koskimies & Ollila 2024). Im Vergleich zu Felshorsten sind Baumhorste gegen Wind und Wetter deutlich stärker exponiert. Der Bruterfolg in ins-

Abb. 19 Spielhorste werden meist in der Nähe von traditionellen Brutplätzen vor allem nach Brutverlusten aufgebaut. Sie werden nicht zum Brüten benutzt und sind oft nur rudimentär ausgestattet (D. Jenny, 27.04.2015, Val Susauna GR).

Abb. 20 Rechte Seite links: Alter Horst in einer Weißtanne im Napfgebiet BE. Das ansässige Adlerpaar besetzt das im Schweizer Mittelland zuerst wiederbesiedelte Revier seit mindestens den 1960er-Jahren (D. Jenny, 23.07.1987). Rechts: Arvenhorst in der hinteren Val Susauna GR (D. Jenny, 06.07.2017).

gesamt 25 Baumhorst-Bruten (0,68 Jungvögel pro begonnene Brut) war im Engadin leicht geringer als derjenige in 369 Felshorsten (0,74, D. Jenny unpubl. Daten). Wintereinbrüche mit bis zu 5 cm Neuschnee während der Bebrütungsphase konnten den Bruten auf Bäumen in der Regel nichts anhaben. Brütende oder hudernde Adler lassen sich dann buchstäblich einschneien (vgl. Abb. 28.) und verharren mitunter ganze Tage praktisch reglos auf dem Gelege. Dennoch finden in besonders schneereichen Wintern weniger Bruten auf Bäumen statt. Im Engadin war der Anteil besetzter Baumhorste im Monat April mit der maximalen Schneehöhe in den Jahren 2000 und 2010 (Messstation Samedan) deutlich negativ korreliert.

Im Verlauf der Bestandsverdichtung hat der Baumhorst-Anteil in den Alpen zugenommen. Dies ist Ausdruck der sinkenden Verfügbarkeit geeigneter Felsstandorte. So stieg der Anteil an Revieren mit Baumhorsten im Verlauf der letzten Jahrzehnte deutlich an: Vor 1955 waren in den Kantonen Bern und Graubünden keine Baumhorste bekannt (Haller 1988). Carl Stemmler dokumentierte in seiner Horstübersicht aus der ganzen Schweiz 1955 neben 96 Felshorsten nur zwei Baumhorste. In den Jahren 1970 bis 1994 fand Haller (1996) in Graubünden deutlich mehr Baumhorste, nämlich in 19 % der Reviere. Bis 2024 erhöhte sich dieser Anteil weiter, im südlichen Graubünden bis auf fast 30 % (Jenny et al. 2024 und Amt für Jagd und Fischerei Graubünden; n = 34 Reviere). 2024 waren hier knapp 11 % aller Horste Baumhorste. Der Anteil an Baumhorsten blieb aber in den meisten Revieren stets kleiner als derjenige von Felshorsten, mit wenigen Ausnahmen. Nur in den Mittellandrevieren und in wenigen Alpenrevieren sind überwiegend Baumhorste bekannt, etwa in den Revieren Dischma GR und Cinuos-chel GR.

Abb. 21 Fotos von Baumhorsten von oben links im Uhrzeigersinn: D. Jenny, 25.06.2022 Tschierv GR; D. Jenny, 23.04.2023 Val Susauna GR; D. Jenny, 12.05.2023 Zernez GR; D. Jenny, 5.07.1989 Buchholterberg BE; D. Jenny, 30.05.1989 Eriz BE.

Die horsttragenden Baumarten sind fast ausschließlich Nadelbäume (Abb. 20 und 21). Je nach Region dominieren Fichten *Picea abies* (Nordalpen, Jura), Weißtannen *Abies alba* (Mittelland) oder Arven *Pinus cembra* (Südbünden). Auch Lärchen *Larix decidua* und Waldföhren *Pinus silvestris* werden häufig genutzt. Ausnahmsweise wählten Steinadler auch schon in Felsen wachsende Bergföhren *Pinus mugo* (Abb. 40) oder Weiden *Salix* sp. als Horstestandorte. Als bisher einzigartig für die Schweiz gilt ein Horst auf einer Buche *Fagus sylvatica*, der von einem der neuen Jura-Paare gebaut wurde (Abb. 22). Baumhorste werden nahe am Stamm auf dicken Ästen und meist im oberen Drittel des Baums gebaut. In seltenen Fällen befinden sich zwei Horste auf dem gleichen Baum, belegt ist dies von einem Brutpaar im Dischmatal GR (Haller 1996) oder von jenem im Napfgebiet BE (Ch. Rogenmoser schriftl.).

Nicht immer werden Steinadlerhorste von Steinadlern errichtet. Es kommt vor, dass Brutplätze von anderen felsbrütenden Arten übernommen und ausgebaut werden, zum Beispiel vom Kolkraben. Heinrich Haller besuchte 1971 im Sertigtal einen besetzten Kolkrabenhorst, an derselben Stelle, wo 20 Jahre später ein neu etabliertes Steinadlerpaar sein erstes Gelege zeitigte. Der umgekehrte Fall, dass nämlich andere Vogelarten Steinadlerhorste übernehmen, ist wesentlich häufiger. Bekannt wurden solche Fälle von Turmfalken, Wanderfalken, Uhus und vor allem vom Bartgeier (vgl. Kapitel 5).

Abb. 22 Steinadlerhorst auf einer Buche, der bisher einzig bekannte auf dieser Baumart. Eines der im Jura jüngst neu angesiedelten Paare baute diesen Horst auf knapp 1000 m ü. M. (K. Beuret, 30.07.2024, Val de Travers NE).

Unspektakuläre Balz, kurzer Geschlechtsakt

Das Balzverhalten verläuft relativ unspektakulär. Paare fliegen ein bis zwei Monate vor Brutbeginn, im Verlauf Februar/März, oft gemeinsam und zeigen ab und zu Girlandenflüge, manchmal im Duett. Gelegentlich werden von einem oder beiden Partnern gemeinsam Objekte wie Grasbüschel oder Zweige fallengelassen und durch einen Stoßflug in der Luft wieder aufgefangen. Solche Verhaltensweisen zu zweit wurden meist als Flugspiele bezeichnet (Glutz von Blotzheim et al. 1971, Watson 1997), wobei deren eigentliche Funktion unklar bleibt. Paarungswillige Partner landen auf einem Felsvorsprung oder seltener auf einem Baum. Das Weibchen zeigt seine Bereitschaft, in dem es vorausfliegt und zuerst landet, während dessen Partner folgt, direkt neben dem Weibchen Platz nimmt und nach wenigen

Sekunden das Weibchen in seiner leicht nach vorne geneigten Körperhaltung bespringt. Oft, aber nicht immer, geht der Kopula lautstarkes Rufen beider Partner voraus. Gegenseitiges Verfolgen im Flug und anschließendes Verkrallen, wie es etwa Weißkopfseeadler beim sogenannten «talon locking» zeigen, kommt beim Steinadler kaum vor und geht, wenn beobachtet, vermutlich auf Verwechslungen mit territorialen Auseinandersetzungen zurück (Simmons & Mendelsohn 1991): Bei aggressiven Interaktionen kommt das gegenseitige Verkrallen zwischen den Kontrahenten nämlich häufig vor.

Die Vereinigung von männlichem und weiblichem Erbgut findet in einer kurzen Zeitspanne vor dem Beginn der Brutperiode, ab Ende Januar, statt. Dabei springt das Männchen

Abb. 23 Anflug und Landung des noch subadulten Männchens auf dem Rücken des adulten Weibchens mit anschließender Kopula. Nur wenn das Weibchen mit seiner geduckten Haltung Bereitschaft signalisiert, wird es besprungen (Adlerpaar Flüela bei Davos; G. Mani, 05.03.2023).

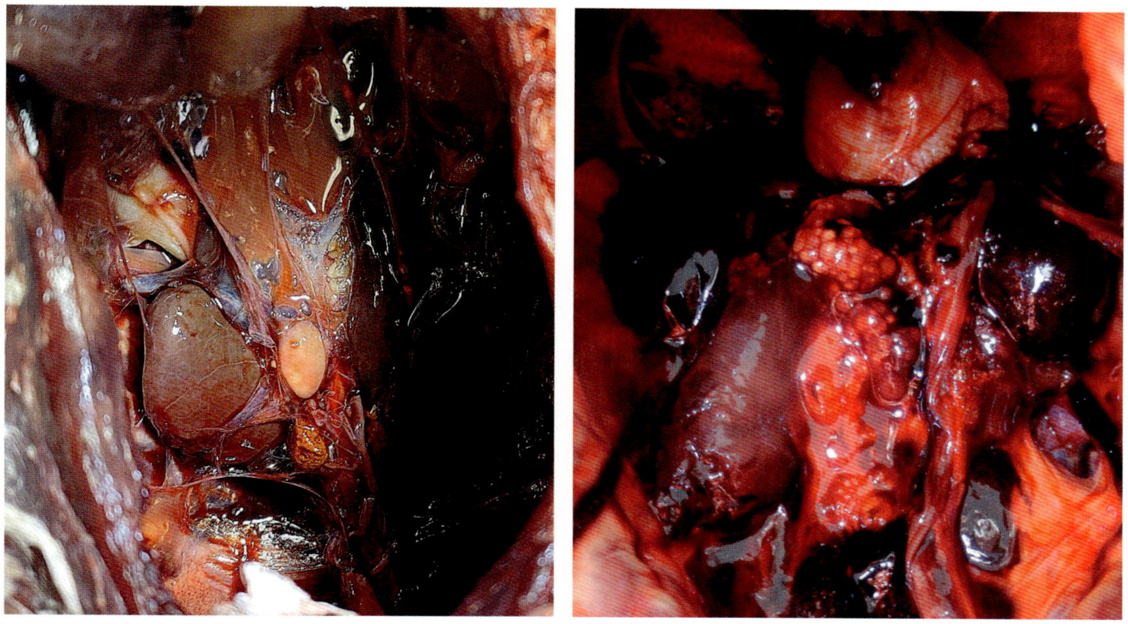

auf den Rücken seiner Partnerin und versucht flügelschlagend seine Kloake mit derjenigen des Weibchens für etwa 1–2 Sekunden in Kontakt zu bringen. Dazu muss das Weibchen den Schwanz anheben und ihn seitwärts wegbiegen und das Männchen den seinen nach unten drücken. Der ganze Akt dauert meist nur etwa 5–10 Sekunden.

Ganz ähnlich wie bei vielen andern Tierarten scheint das Weibchen mit seiner Bereitschaft für den Geschlechtsakt die Wahl zu treffen, wann und mit wem es sich fortpflanzt. Auch in vorwiegend monogamen Paarbeziehungen wird der Moment und die Häufigkeit der Kopulas weitgehend durch das Weibchen bestimmt, welches seine Bereitschaft mit seiner leicht nach vorne geduckten Haltung signalisiert (Abb. 23). Im Verlauf des März steigt die Frequenz des meist in der Horstumgebung vollzogenen Geschlechtsakts bis auf 10 oder mehr pro Tag und endet meist abrupt mit der Eiablage bzw. dem Brutbeginn. Dass die kurzen Kopulas so häufig stattfinden, liegt auch im Interesse des Männchens. Mit jedem Akt steigt die Wahrscheinlichkeit einer erfolgreichen Befruchtung und die Sicherheit, tatsächlich der zukünftige Vater zu sein. Damit wird auch die Paarbindung gefestigt. Fremdgehen kommt allerdings auch beim Steinadler vor und ist ein Hinweis darauf, dass die monogame Paarbeziehung nicht unbedingt obligatorisch ist.

Abb. 24 Links: Die Hodengröße (helles Gebilde in der Bildmitte) ist bei adulten Männchen jahreszeitlich großen Schwankungen unterworfen. Die Schwell- bzw. Fruchtbarkeitsperiode dauert von Anfang März bis Anfang Mai (Anhang Abb. 10). Das Bild gehört zu einem adulten Männchen, das am 7. Juli 2021 im Safiental durch innerartliche Kämpfe umkam. Die Schwellperiode war zu diesem Zeitpunkt beendet. Rechts: Reife Ovarien eines subadulten Weibchens, das am 12.04.2017 durch eine Kollision mit einer Drahtleitung zu Tode kam (D. Jenny, 22.04.2022, AJF Chur).

Partnerwechsel und Trios

Haller (1996) in Graubünden und Jenny (1992) im Berner Oberland konnten mehrmals Partnerwechsel nachweisen, auch wenn zuvor keine Brutpartner ausgefallen waren. Zudem gibt es, wenn auch weit seltener als bei Bartgeiern, Trios. Ein solches existiert seit mindestens 2014 im schweizerisch-italienischen Grenzgebiet in der Val Mora GR (Bassi 2024). Drei Brutvögel beteiligen sich gemeinsam am Brutgeschäft mit mäßigem Bruterfolg (Nachwuchsrate 0,27), wobei die Geschlechteranteile nicht mit Sicherheit feststehen. Dieses Trio und ein zweiter Nachweis im Walliser Mattertal 2013–2015 (S. Denis) sind die bisher einzigen in der Schweiz (Anteil 0,5 % der Paare), wohingegen bei Bartgeiern in den Alpen ein Anteil von ca. 5 % nachgewiesen ist (D. Jenny, unpubl. Daten) und in den Pyrenäen gar ein solcher von 30–35 % (Margalida 2020). Steinadler-Trios wurden auch aus andern, insbesondere nördlichen Arealteilen, beschrieben (Schottland: Dennis 1983; Lappland: Laistal 1966; Norwegen: Bergo 1988), wobei auch hier die Geschlechteranteile meist unklar blieben.

Fruchtbarkeit, Eiablage, Gelegegröße

Die Phase der Fruchtbarkeit umfasst beim Steinadler eine kurze Periode zwischen Mitte März und Anfang Mai. Diese stimmt weitgehend mit der Zeit der Kopulationen überein, wobei sie nur dann bis gegen Mai fortgesetzt werden, wenn keine Eiablage stattfindet. Haller (1996) zeigte die Fruchtbarkeitsperiode anhand der gemessenen Hodengrößen bei subadulten und adulten Männchen auf (Anhang Abb. 10), welche Ende März/Anfang April mit bis zu 3800 mm^3 ihr Maximum erreichten. Die Reifung der weiblichen Eizellen betrifft etwa dieselbe Zeitperiode (Mitte März bis Anfang Mai; Abb. 24).

Nach der Befruchtung der Eizellen vergehen etwa sechs Tage bis zur Ausbildung des fertigen Eis (Grier 1973). In dieser relativ kurzen Phase bewegt sich das Ei durch den Eileiter und erhält Nährstoffe, Kalkschale und zum Schluss im Uterus Farbtupfer. Steinadlereier werden meist als Zweiergelege in Abständen von 3–5 Tagen gelegt.

Der Eiablage gehen intensive Nestvorbereitungen und eigentliches Probesitzen des Weibchens in der Nestmulde voraus. Dieses Verhalten unterscheidet sich aber erkennbar vom eigentlichen Brüten, weil erst nach der Eiablage das Gelege praktisch permanent bedeckt bleibt. Die Bebrütung beginnt während oder kurz nach der Ablage des ersten Eis.

Zweiergelege sind die Regel, manchmal wird aber auch nur ein Ei gelegt. Drei Eier sind in der Schweiz extrem selten. In andern Arealteilen hingegen, etwa in Nordamerika, können diese bis zu 18 % der Gelege ausmachen (Fischer 1995). Haller (1996) konnte in Graubünden nachweisen, dass der Anteil an 2er-Gelegen bei erfolgreicher Bebrütung deutlich höher lag (1,9 Eier/kontrolliertes Gelege, n = 22) als bei Gelegen, die verlassen wurden (1,4 Eier/kontrolliertes Gelege, n = 28). Dies hat mit der höheren Chance für erfolgreiches Schlüpfen bei zwei Eiern, statt nur einem Ei zu tun. Ersteier lassen sich in den meisten Fällen von Zweiteiern unterscheiden. Während bei den Ersteren deutlich dunkle Farbtupfer erkennbar sind, bleibt das zweite Ei oft mehr oder weniger weiß (Watson 2010). Der Pigmentvorrat in den Farbdrüsen des Uterus ist nach dem ersten Ei bereits weitgehend aufgebraucht (Abb. 25).

Abb. 25 Alpine Steinadler legen in den meisten Fällen Zweiergelege. Diese Faustregel gilt aber nicht für alle Verbreitungsgebiete der Art. In nördlicheren Arealteilen (Nordamerika, Nordeuropa) werden regelmäßig Dreiergelege gezeitigt (D. Jenny, 22.03.1989, Frutigen BE).

Relativ große Eier, manchmal taub und sehr selten als Nachgelege

Steinadlereier sind etwa so groß wie Gänseeier und wiegen etwa doppelt bis dreimal so viel wie ein Hühnerei (Abb. 26). Große Greifvögel wie der Steinadler investieren aber verhältnismäßig weniger Biomasse in ihr Gelege (ca. 5 % des Körpergewichts) als etwa Turmfalken (bis 50 %). In Anbetracht der Körpergröße ausgewachsener Steinadler fällt auf, wie schnell das Wachstum eines wenige Millimeter kleinen Embryos bis zur Größe des ausfliegenden Nestlings mit 90 cm Körperlänge vorangehen muss. Ab dem Schlüpfen bis zum Ausfliegen mit 11 Wochen bedeutet das ein Wachstum von täglich einem Zentimeter.

Die meist in Zweiergelegen bebrüteten Eier maßen bei einer Stichprobe aus Graubünden im Mittel 76,8 mm x 57,4 mm (n = 23, Haller 1996) und wogen als Leerschalen 13,5 g. Frische Vollgewichte liegen nur aus Angaben von Tierpärken vor und betragen ca. 140 g (Fischer 1995).

Unbefruchtete Gelege werden meist deutlich länger bebrütet, als eine normale Bebrütungsperiode dauert. Man spricht von «Übersitzen». Bei den Brutüberwachungen im Berner Oberland stellte Jenny (1992) fest, dass bei tauben Gelegen bis zu 67 Tage weitergebrütet wird, also mehr als drei Wochen länger als normal (Paar Giessbach 1989). Gemäß Brown (1969) soll in Schottland in einem Fall ein unfruchtbares Gelege sogar 115 Tage lang bebrütet worden sein. Es erstaunt, dass die Brutvögel so viel Zeit und Energie in ein biologisch sinnloses Unterfangen investieren und offenbar nicht oder erst sehr spät in der Lage sind zu erkennen, dass ein Gelege unbefruchtet ist.

Ersatzgelege, die nach einem frühen Brutabbruch – im zweiten Anlauf sozusagen – gezeitigt werden, sind, im Gegensatz zu vielen andern Greifvogelarten, beim Steinadler kaum bekannt. Aus der Schweiz liegt ein einziger Nachweis vor (Glutz von Blotzheim et al. 1971): In einem Tessiner Revier wurde in einem Baumhorst ein verlassenes, später verschwundenes Ei gefunden und später zwei Dunenjunge in einem nahe gelegenen Felshorst desselben Paares festgestellt. Aus Schottland wurden bei zwei von 200 Bruten Nachgelege vermutet (Watson 1997) und in Idaho sogar nur bei zwei von 384 Brutversuchen (0,5 %; Katzner et al. 2020). Der Hauptgrund für die Seltenheit von Nachgelegen mag sein, dass erneute Kopulationen, Befruchtung und Eibildung Zeit beanspruchen, was einen (zu) späten Brutbeginn zur Folge hätte. Tatsächlich belegte Dixon (1937) im Fall eines Nachgeleges in Schottland einen fast um einen Monat späteren Brutbeginn als beim Erstgelege.

Abb. 26 Steinadlerei (links) und Hühnerei im Größenvergleich. Welche Funktion die typisch gefleckte Pigmentierung der Eischale hat, bleibt weitgehend unklar, hat aber vermutlich mit Tarneffekten zu tun (D. Jenny).

Konstante Brutperioden, aber individuelle Unterschiede

Die Eiablage erfolgt in der Schweiz meist zwischen Mitte März und Anfang April. Im Engadin begann die Legeperiode in den Jahren 2000 bis 2024 in zwei Dritteln aller Fälle zwischen 27. März und 10. April (Abb. 27), mit einem mittleren Legedatum am 29. März. Frühestes Legedatum war der 15. März und das späteste der 13. April. Auch in anderen Teilen der Alpen, im Mittelland und im Jura dürften die Legeperioden ähnlich liegen. Es lassen sich bisher keinerlei saisonale Verschiebungen der Legebeginne erkennen. Haller (1996) verglich Daten aus Graubünden zwischen 1965–1979 und 1980–1994, erkannte aber keine Veränderungen, und dies gilt auch für die aktuelle Stichprobe aus dem Engadin. Hingegen unterscheiden sich die festgestellten einheimischen Legeperioden teilweise erheblich von jenen in nordamerikanischen oder mediterranen und afrikanischen Populationen. Die extremsten Abweichungen beziehen sich auf den Yukon in Kanada mit dem mittlerem Legedatum am 1. Mai (Mossop et al. 1986) sowie auf eine Eiablage am 11. November in der Sahara in Niger (Clouet & Goar 2004). Klimatische Bedingungen, abhängig von der geografischen Breite, beeinflussen die Saisonalität der Brutperiode maßgeblich. Inwiefern beim weit verbreiteten Steinadler genetische Vorgaben oder phänotypische Anpassungen das Timing des Brütens mitbestimmen, muss offen bleiben. Vermutlich sind beide Faktoren wirksam.

Was durch langjährige Erfahrung bei Brutkontrollen auffällt, sind erhebliche individuelle, von den einzelnen Paaren abhängige Unterschiede. Gewisse Paare scheinen traditionell frühe Brüter zu sein, andere hingegen beginnen regelmäßig spät mit dem Brutgeschäft. Hervorzuheben ist etwa das Paar Il Fuorn GR, das schon um den 20. März mit Brüten beginnt oder – als Spätbrüter – das Paar Bernina GR, dessen Jungvögel nicht vor Anfang August ausfliegen. Das mag mit den Präferenzen der einzelnen Brutpartner zu tun haben und hängt wohl auch mit deren Erfahrung zusammen. Untersuchungen beim Bartgeier haben jedenfalls ergeben, dass mit dem Lebensalter und der Erfahrung von Brutvögeln die Brutperiode stetig früher beginnt (Jenny 2016). Bei Partnerwechseln können derlei Traditionen durchbrochen werden. Tatsächlich sind abrupte Änderungen bezüglich Brutbeginn bei Paaren ein Hinweis darauf, dass neue Partner aufgetreten sind. Meist verschiebt sich das Legedatum dann nach hinten, weil oft jüngere Partner den neuen Platz einnehmen.

Die Bebrütung von Eiern (Abb. 28) mit einer Wärmeversorgung des heranwachsenden Embryos von außerhalb des Körpers der Eltern ist ein Merkmal der Vögel. Die Eitemperatur

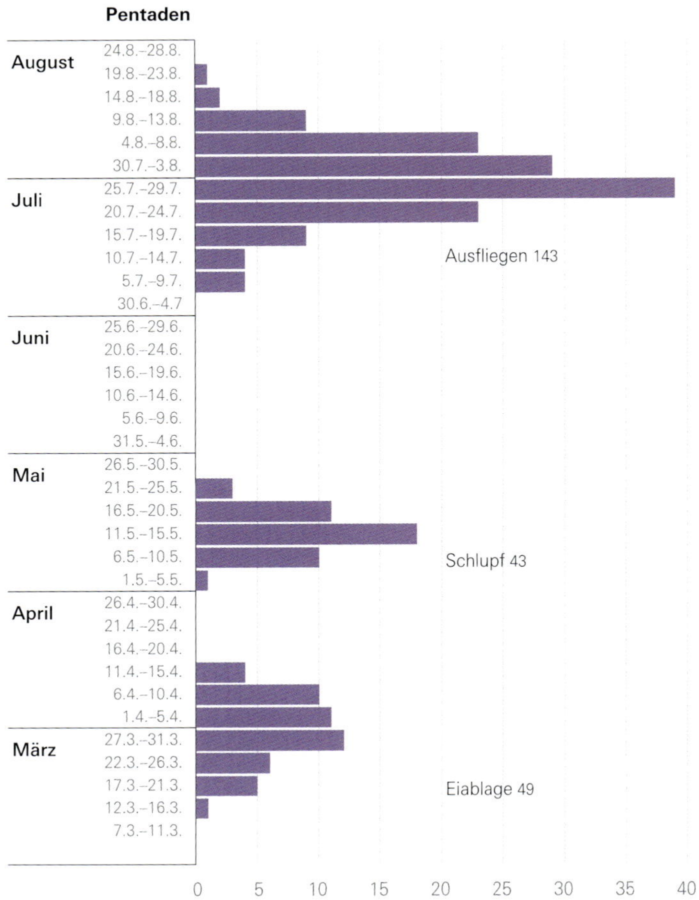

Abb. 27 Verteilung des Legedatums, des Schlupftermins und des Zeitpunkts beim Ausfliegen der Jungvögel über die Pentaden in den Monaten März bis August bei Steinadlerpaaren im Engadin zwischen 2000 und 2024. Die Ziffern bezeichnen die Anzahl berücksichtigter Ereignisse (D. Jenny, unpubl. Daten).

Abb. 28 Rechte Seite: Brütende Reviervögel verharren stundenlang fast unbeweglich auf ihrem Gelege. Wind und Wetter oder gar Schneefall scheinen dem Brutgeschäft wenig anhaben zu können. Auf Störungen reagieren die Brutvögel hingegen meist mit Nervosität oder gar Wegfliegen vom Nest.

sollte dabei möglichst konstant bleiben. Auch Schutz und Verhinderung von Überhitzung der Eier und die Regulierung der Feuchtigkeit müssen gewährleistet sein. Bei Greifvögeln im Allgemeinen und dem Steinadler im Speziellen dauert diese Periode – bedingt durch deren relativ große Körper – überdurchschnittlich lang. Die Periode bis zum Schlüpfen des ersten Nestlings umfasst 41 bis 45 Tage (Watson 2010). Meist sind es aber erstaunlich konstante 42 Tage. Etwas länger dauert es, wenn bei einem Zweiergelege nur das zweite Ei befruchtet ist. Die Eitemperatur beim Steinadler entspricht in etwa der Körpertemperatur und liegt bei rund 40 °C.

Ablösungen beim Brutgeschäft – das Weibchen dominiert

Die Partner lösen sich beim Brutgeschäft ab, wobei das Weibchen den größten Teil übernimmt und nachts sogar ausschließlich brütet. Die intensiven Untersuchungen mittels Sender-Eiern, automatischen Kameras und Direktüberwachung im Berner Oberland (Jenny 1992) ergaben folgende Anteile an der Bebrütung während des Tages: Weibchen 71 %, Männchen 18 % (582 Stunden, verteilt auf 19 Bruten bei 10 Paaren, 1987–1990). Collopy (1984) kam in Nordamerika auf ähnliche Anteile (Weibchen 83 % und Männchen 14 %), während Bassi (2024) in Norditalien höhere Anteile beim Männchen dokumentierte

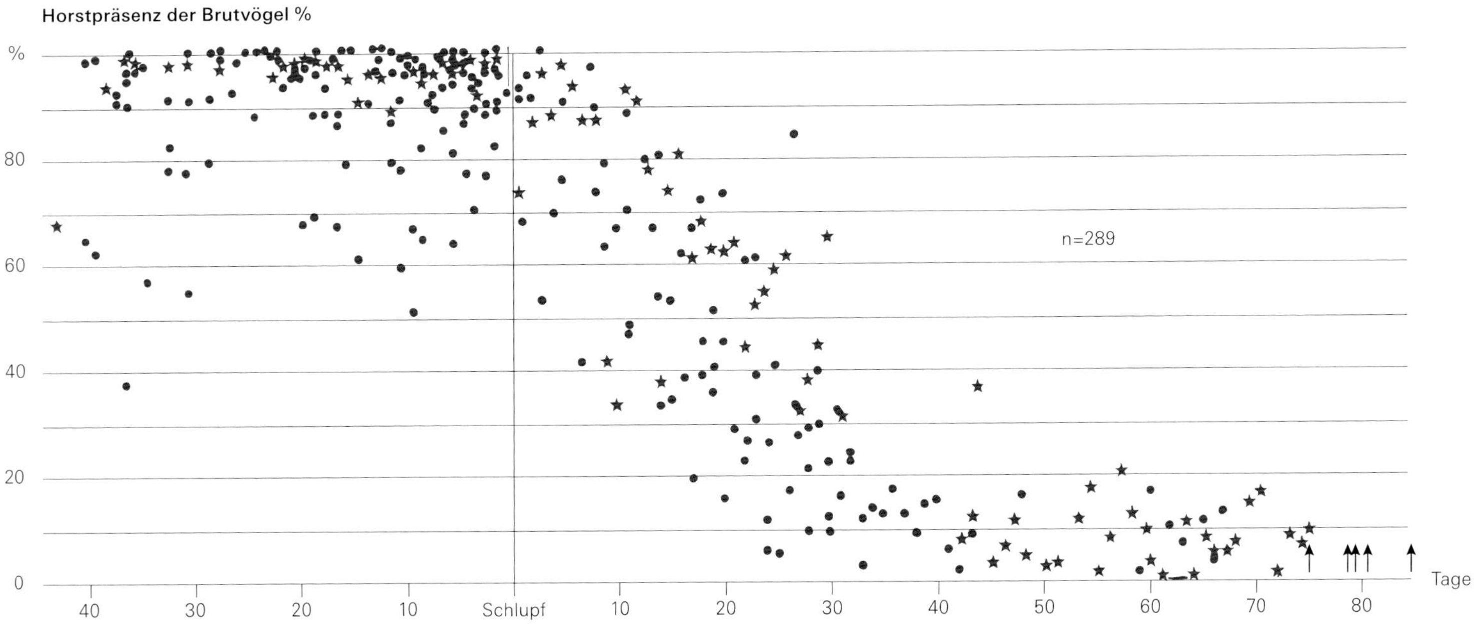

(Weibchen 57 %, Männchen 38 %). Tatsächlich sind die Unterschiede bei den Geschlechteranteilen zwischen einzelnen Paaren groß und hängen unter anderem stark von ihrer territorialen Aktivität ab. Diese wird, wie im Kapitel 5 beschrieben, von der Lage des Territoriums beeinflusst, ob und wie häufig dort einfliegende unverpaarte Adler Revierkämpfe provozieren. Der Weibchen-Anteil blieb bei der Untersuchung im Berner Oberland erstaunlich konstant bei 69–73 %, während das Männchen, je nach Stärke der territorialen Aktivität, sehr unterschiedlich, zu 4–23 % Anteil brütete. Nur in Ausnahmefällen wurde ein brütendes Weibchen durch ihren Partner mit Nahrung im Horst versorgt. Brutpausen dauerten meist wenige Minuten, in Ausnahmefällen aber bis zu 78 Minuten. Lange Brutunterbrechungen konnten meist mit der territorial bedingten Abwesenheit des Männchens erklärt werden, wobei das Weibchen nach langen Brutphasen das Gelege für seine Ernährung verlassen musste. Auch menschbedingte Störungen können lange Brutpausen provozieren.

Bei den Brutablösungen am Horst zeigt sich die Dominanz des Weibchens deutlich. Ein brütendes Männchen wird durch den Anflug der Partnerin meist zum Abstreifen vom Nest genötigt. Anders, wenn das Weibchen brütet. Dieses verlässt nach langen Brutphasen den Horst oft unverhofft und veranlasst so den unter Umständen entfernt im Luftraum fliegenden Partner, das Brutgeschäft zu übernehmen. Bei diesen länger dauernden Brutwechseln kommt es manchmal auch zu gemeinsamen Flugspielen inklusive Girlandenflügen. In der Regel erfolgen Brutablösungen tagsüber alle 1 bis 2 Stunden. Bei der Suche nach neuen Brutplätzen ist dieses Wissen hilfreich, denn es erlaubt in diesem Rhythmus auf Horstan- oder Abflüge zu warten und dadurch Bruten zu entdecken. Die Horstpräsenz während der Bebrütung variierte stark von Paar zu Paar und beeinflusste den Bruterfolg. Nach dem Schlüpfen geht die Präsenz der Altvögel stetig zurück (Abb. 29). Bei Paaren mit hohen mittleren Präsenzzeiten am Horst in der Bebrütungszeit (über 90 %) lag die Nachwuchsrate bei 0,5 Jungvögeln pro Jahr, bei Paaren mit geringerer Präsenz bei lediglich 0,2 (Jenny 1992). Bemerkenswert ist die Feststellung, dass bei zwei im Mittelland brütenden Paaren ausschließlich sehr hohe Horstpräsenzen gemessen wurden, die nie, auch tagsüber, unter 96 % lagen (Jenny 1992).

Etwa die Hälfte der Paare brütet nicht – in den Alpen

Häufiger, als aus vielen andern Arealteilen bekannt ist, kommt es bei den Steinadlerpaaren in der Schweiz vor, dass sie gar keine Eier legen. Man spricht von Brutausfall oder Nichtbrüten. Der Anteil von Paaren, die keinen Brutversuch starten, liegt in der Engadiner Population gegenwärtig im jährlichen Mittel bei über 50 % und hat im Verlauf der letzten 20 Jahre deutlich zugenommen (vgl. Kapitel 5 Abb. 17). Das ist bemerkenswert, denn aus biologischer Sicht macht es für geschlechtsreife, verpaarte Reviervögel keinen Sinn, freiwillig auf Brüten zu verzichten. Das bedeutet, dass es wichtige Gründe bzw. Sachzwänge geben muss, die es den Paaren verunmöglichen, das Brutgeschäft aufzunehmen. In der dichteregulierten Alpenpopulation liegen diese zu einem großen Anteil in der permanenten Verfügbarkeit beider Reviervögel für die Verteidigung ihrer Territorien begründet. Wie in Kapitel 5 ausgeführt,

1

2

3

Abb. 29 Linke Seite: Präsenz der Brutvögel im Horst während des Tages (in Prozent). Links zur Zeit der Bebrütung (42 Tage) bis zum Schlupf und rechts im Verlauf der Nestlingsphase bis zum Ausfliegen des/der Jungvögel (21 Bruten 1987–1990 im Berner Oberland). Die Brut eines Paars bei Frutigen BE 1989 ist mit Sternchen hervorgehoben. Kleine Pfeile ganz rechts markieren das Ausfliegens an 5 Horsten (aus: Jenny 1992).

Abb. 30 Kleine Küken bis im Alter von 2–3 Wochen werden gehudert. Bei diesem fast ausschließlich vom Weibchen gezeigten Verhalten werden die Nestlinge gewärmt und vor Hitze und Regen geschützt.

1
Bis etwa zwei Wochen nach dem Schlupf werden Nestlinge praktisch permanent unter dem Bauchgefieder gewärmt und geschützt.

2
Als Schutz vor zu starker Sonneneinstrahlung beschatten Weibchen ihre kleinen Küken. Das Schattenspenden mit den halb geöffneten Flügeln wird «shading» genannt.

3
Bei Nässe und Regen werden die Flügel als Regenschirme eingesetzt. Dies ist insbesondere in nach oben kaum geschützten Baumhorsten der Fall.

Abb. 31 Frisch geschlüpfte Küken sind fast blind und auf die behutsame Fürsorge der Altvögel angewiesen. In den ersten drei Wochen ist das Leben eines Nestlings durch rasches Wachstum und die Gefiederentwicklung charakterisiert. Dabei werden die weißen Nestlingsdaunen allmählich durch dunklere Deck-, Kontur- und Schwungfedern ersetzt.

Abb. 32 Ab einem Alter von ca. 30 Tagen breiten sich bei den Nestlingen die dunklen Federfluren aus. Zuerst am Rücken und an den Flügeln, später an den Flanken und am Bauch. Nur der Kopf bleibt lange weiß.

scheint die Aufrechterhaltung eines Reviers beim langlebigen Steinadler wichtiger zu sein als alljährliches Brüten.

In der gesamten Graubündner Population wies Haller (1996) von 1978 bis 1994 zu 43 % ausbleibende Brutaktivität nach, und im Wallis fand Serge Denis 2005 bis 2023 sogar 57 % der Paare ohne Eiablage. Die Zahl an Paaren, die mit Brüten aussetzten, variierte alljährlich stark zwischen 19 % und 71 % und ist die wichtigste Ursache für die heute geringe Produktion an Jungvögeln. Das liegt zum großen Teil an den dichteabhängigen Effekten, welche – wie ausführlich in Kapitel 5 beschrieben – durch eine hohe Zahl unverpaarter Einzeladler ausgelöst werden. Allerdings setzen auch in weit weniger gesättigten Populationen immer wieder einzelne Paare mit Brüten aus. Deren Zahl liegt dort aber wesentlich tiefer als in den Alpen und wird nicht durch Konkurrenzeffekte begründet. Watson (1997) wies 1982–1986 in Schottland bei 13–26 % der Paare Nichtbrüten nach und in einer stark rückläufigen Population in Israel dokumentierte Mayrose et al. (2024) einen Nichtbrüteranteil von 23 %.

Dass Paare nicht zur Brut schreiten, lässt sich auch physiologisch erklären. Ein hohes soziales Stresslevel oder Nahrungsmangel können die Kondition der Brutvögel für den energieaufwendigen Brutprozess so stark beeinträchtigen, dass die Fortpflanzung auf spätere Brutperioden – mit allenfalls besseren Voraussetzungen – verschoben wird.

Hudern, Füttern, Schützen und Futter bringen – ein Rund-um-die-Uhr-Job für die Altvögel

Das Schlüpfen aus dem Ei ist für die Steinadlerküken ein Kraftakt, der bis zu eineinhalb Tage dauern kann (Ellis & Schmitt 2017). Die Häufigkeit von Brutverlusten ist in der Schlüpfphase leicht erhöht, was darauf hindeutet, dass eine natürliche Selektion in Richtung hoher Vitalität bereits bei den schlüpfenden Nestlingen stattfindet. Aus größerer Distanz zum Horst sind Brutabbrüche in der Schlupfphase am Verhalten der Brutvögel erkennbar, welche dann irritiert wirken und immer wieder in der Nestmulde herumpicken. Die Schlupfphase umfasst in der Schweiz eine etwa dreiwöchige Periode zwischen 1. und 20. Mai. Im Engadin lag der Median beim 12. Mai (Abb. 27).

Frisch geschlüpfte Küken sind hilflos, zu koordinierten Bewegungen unfähig und so gut wie blind. Das ändert sich aber fast stündlich und bereits nach einem Tag werden kleine Futterbissen vom fütternden Altvogel aufgenommen, nach etwa 10 Tagen können Küken sehen. Gefüttert wird fast ausschließlich vom Weibchen, von dem in den ersten 2–3 Wochen regelmäßige und langwierige Fütterungssequenzen beobachtet werden können, bei welchen kleine Fleischstücke von eingetragenen Beutetieren zuerst abgezerrt und dann Mal um Mal dem Küken hingehalten werden (Abb. 31).

Ein gesundes Küken übernimmt die Bissen und schlingt sie herunter. Bis im Alter von etwa 45 Tagen – mit abnehmender Tendenz – müssen die Nestlinge zudem gewärmt und durch Hudern vor Wind und Hitze geschützt werden (Abb. 30). Auch dies erfolgt fast ausschließlich durch das Weibchen. Das äußerst behutsame, hingebungsvoll erscheinende Fürsorgeverhalten, vor allem des Weibchens, wirkt von einem so wehrhaften Greifvogel berührend und unterstreicht die Bedeutung der Jungenaufzucht und damit Weitergabe vererbter und erworbener Eigenschaften an die nächste Generation.

Küken entwickeln sich rasch, wachsen und ändern stetig ihre Erscheinung

Kleine Küken legen täglich etwa 50 g zu, später dann etwa 70 g pro Tag. Das erste weiße Dunenkleid wird bald ersetzt durch ein zweites, leicht weniger hellweiß erscheinendes. Ab etwa der 3. Woche entwickelt sich das Jugendkleid mit dunkelbraunen bis fast schwarzen Konturfedern, die an der Basis viel Weiß zeigen. Die Federfluren werden dann fast täglich besser wahrnehmbar und immer mehr durch dunkle Partien ersetzt. Zuerst an den Flügeln (Großfedern), dann an den Flanken und am Rücken und später auch am Kopf, der erst ab dem 50. Tag mehrheitlich dunkel erscheint (Abb. 32). Noch im Dunenkleid finden bei Nestlingen während einer sensiblen Phase Prägungen statt. Sie lernen dann, wie ein späterer Sexualpartner aussieht, welche Nahrung passend ist oder auch, wie und wo geeignete Brutplätze erstellt werden (Baumgart 2015).

Bei Zweierbruten erscheint das zweitgeschlüpfte Küken stets erkennbar kleiner, bedingt durch dessen etwa 3–5 Tage späteren Schlupf (Abb. 33). Häufig überlebt nur eines der Geschwister, was manchmal durch das Phänomen des Kainismus erklärt werden kann (siehe Kasten «Kainismus»).

Ab etwa der 3. Woche beginnen sich die geschlechtsspezifischen Größenunterschiede abzuzeichnen. Weibliche Nestlinge legen dann täglich etwa 20 g mehr Gewicht zu als Männchen (Ellis 1979). Unverdauliches wie Haare, Hufe und teilweise Knochen würgen Nestlinge in Form von Gewöllen ab etwa der vierten Woche aus. Vorher erhalten sie von den Altvögeln fast ausschließlich Fleischstücke ohne unverdauliche Teile.

Abb. 33 Zwei Jungvögel im Alter von ca. zwei, vier und sechs Wochen. Das zweitgeschlüpfte Küken bleibt in der frühen Entwicklungsphase erkennbar kleiner. Dazu kommt ein geschlechtspezifischer Unterschied: Weibchen sind etwas größer als Männchen.

Kainismus

Aggressive Interaktionen zwischen Geschwistern, die zum Tod eines Nestlings führen können, sind bei fast allen Arten der Gattung *Aquila* bekannt. Bei zwei Arten und auch beim Bartgeier kommt es zum obligatorischen Kainismus, bei welchem stets nur ein Nestling überlebt (Klippenadler und Raubadler). Beim Steinadler und den andern *Aquila*-Vertretern ist Kainismus oder Geschwistertötung zwar verbreitet, führt aber nicht zwangsläufig zum Tod eines Kontrahenten. Zudem kommen aggressive Interaktionen zwischen Geschwistern nicht bei allen Zweierbruten vor. Man spricht von fakultativem Kainismus. Über die Ursache und die Auslöser dieses aus menschlicher Sicht oft irritierenden Verhaltens wurde viel spekuliert, teilweise mit fantasievollen Argumenten. Fest steht jedenfalls, dass wir es mit einem komplexen Verhalten zu tun haben, welches wir nicht mit einer Abnormität erklären können, denn es kommt unter Greifvögeln und Eulen weit verbreitet vor. Die nach relativ starren Vorgaben ablaufenden aggressiven Interaktionen finden bei Zweier- (oder Dreier-) Bruten während der ersten vier Lebenswochen junger Steinadler insbesondere dann statt, wenn zwischen dem erst- und dem zweitgeschlüpften Küken markante Größenunterscheide bestehen. Dabei pickt und drangsaliert das größere bzw. ältere Geschwister das kleinere (Abb. 34). So geschwächte Küken betteln weniger und verhungern schließlich. In der Schweiz sind bisher nur wenige Fälle mit eindeutigem Kainismus dokumentiert worden. So etwa 2010 bei der zweiten Brut im Schweizer Jura durch Hubert Uebelhart. Als einer der ersten filmte Alfred Columberg 1976 ausgeprägten Kainismus bei einem Horst nahe Disentis, und David Jenny beobachtete einen Fall bei Grindelwald im Jahr 1988. Stemmler (1955) bezweifelte das Vorkommen des Phänomens sogar, vermutlich deshalb, weil er um das Image der damals noch bedrängten Steinadler fürchtete. Erfolgreiche Zweierbruten kommen in der Schweiz regelmäßig vor (17,5 % aller erfolgreichen Bruten im Engadin, Kapitel 6), sodass von einer relativ geringen Quote von Geschwistertötungen ausgegangen werden kann. Studien aus Nordamerika belegen hingegen teilweise sehr hohe Kainismus-Quoten (3 von 7 Zweierbruten; Collopy 1980) und in den Karpaten führten Kropil & Majda (1996) sogar 40 % der Verluste bei Nestlingen auf Geschwistertötung zurück.

Bei der Frage nach den Ursachen und Auslösern für Kainismus, stehen Nahrungsmangel und Unerfahrenheit der Eltern im Vordergrund. Ersteres belegt Watson (1997) mit Vergleichen von schottischen Teilpopulationen, wo das Phänomen mit dem Nahrungsangebot zusammenhing. Aber auch bei guter Nahrungsversorgung am Horst können aggressive Interaktionen bei Geschwistern auftreten. Möglicherweise spielt auch die zeitliche Verfügbarkeit des Weibchens für lange Fütterungssequenzen eine Rolle. Diese kann bei hoher territorialer Aktivität wohl limitierend wirken. Auch menschliche Störungen, die Horstabwesenheiten provozieren, sind mögliche Ursachen. Jedenfalls erstaunt es aus menschlicher Sicht, dass Eltern zwar äußerst behutsam ihre Jungen schützen und füttern, aber bei den Streitereien unter den Geschwistern zuschauen. Ein totes Küken wird in der Regel an das Geschwister verfüttert, was biologisch sinnvoll ist, denn verfügbare Nährstoffe werden mit Vorteil genutzt. Es lohnt sich, auch auf die Erfahrungen aus der Zucht zurückzugreifen, denn selbst bei Gefangenschaftsvögeln mit optimaler Nahrungsversorgung ist Kainismus bekannt. Izquierdo & Alvarez (2024) erwähnen ein Brutpaar, bei dessen Küken alljährlich Geschwistertötung auftrat und führen das Phänomen auf genetische Ursachen zurück.

Insgesamt tappen wir beim Kainismus des Steinadlers noch etwas im Dunkeln. Es ist aber anzunehmen, dass ähnlich wie beim obligatorischen Kainismus anderer Greifvogelarten, die Reserve-Funktion für das Vorhandensein eines zweiten Kükens spricht, wobei bereits im frühen Nestlingsalter natürliche Selektion wirksam werden dürfte.

Abb. 34 Der bei alpinen Steinadlern selten auftretende Kainismus oder die Geschwistertötung findet vor allem während der frühen Nestlingsphase statt (hier ca. 1–2 Wochen alte Küken). Als Auslöser werden Nahrungsmangel oder Störungen am Brutplatz vermutet.

Geschlechterrollen der Altvögel bei der Jungenaufzucht

Werfen wir noch einen Blick auf das Verhalten der Altvögel, welche in der Nestlingsphase durch die Nahrungsversorgung und Brutpflege ihrer Nestlinge besonders stark gefordert werden. Zusätzlicher Stress, etwa durch störende Fotografen, Helikopter, durch konkurrenzierende Artgenossen oder andere Vogelarten wie Kolkraben oder Bartgeier, können sich dann empfindlich auf das Wohlergehen der Brut auswirken und sind nicht selten für Brutverluste verantwortlich. Während das Weibchen mit Füttern und Hudern des Nachwuchses die Hauptrolle bei der Brutfürsorge innehat, ist das Männchen mit dem Nahrungserwerb (zu etwa 80%; Collopy 1984) und der Revierverteidigung beschäftigt. Anders als während der Bebrütung, bringt es mehr oder weniger regelmäßig fast ausschließlich frisch getötete Beutetiere zum Horst. Das Weibchen beteiligt sich ebenso, wenn auch in geringerem Maß, beim Beuteschlagen. Dessen Anteil nimmt im Verlauf der Nestlingsphase zu, was damit zu tun hat, dass es immer weniger mit Hudern beschäftigt ist und zudem der Nahrungsbedarf bei älteren Nestlingen größer wird. In der späteren Phase ist das Männchen auch etwas häufiger mit Füttern beschäftigt, allerdings zeigt es sich dabei oft ungelenk: Im Vergleich zum Weibchen wirken die Fütterungsversuche des Männchens unsicher und es gelingt ihm oft nicht, die Bissen fachgerecht an den Jungvogel zu übergeben.

Im Gegensatz zu immer wieder verbreiteten Berichten, wonach die Altvögel gegen Ende der Nestlingsphase mit Beutebringen zurückhaltender werden (z.B. Brown 1952, Watson 1997), konnte bei den überwachten Bruten im Berner Oberland und Graubünden bis zum Ausfliegen zwar oft unregelmäßiges, aber anhaltendes Futtereintragen bis zum letzten Tag beobachtet werden. Das Ausfliegen des ausgewachsenen Nestlings scheint nicht durch ein Aushungern durch die Elternvögel provoziert zu werden, sondern ist vielmehr die Folge einer intrinsischen, sich steigernden Motivation des Jungvogels. Anfliegende Altvögel lösen hingegen – je nach Hungerzustand des Nestlings – lautes und oft anhaltendes Betteln aus. Sogar Flugzeuge oder Drohnen können bei den Jungvögeln Betteln auslösen. Mit zunehmenden Alter werden diese erkennbar fordernder und verhalten sich manchmal sogar aggressiv gegenüber ihren Versorgern, insbesondere gegenüber dem Männchen.

Große Unterschiede bestehen im Reinlichkeitsverhalten der Altvögel. Während gewisse Paare ihren Horst nach dem Verzehr der Beuten stets sauber halten und die Beutereste wegtragen und entsorgen, findet man in andern Horsten ganze Lagerstätten alter Knochen und Fellfetzen, mit entsprechend starken Gerüchen.

Die elterliche Präsenz in der frühen Nestlingsphase nimmt ab dem 10. Tag nach dem Schlüpfen ab (vgl. Abb. 29) und erreicht ab dem 30. Tag einen anhaltend geringen Wert von etwa 10% Anwesenheit pro Tag. Dies ist eine Folge der stetig sich weiterentwickelnden Fähigkeiten des Nestlings, selber genügend Wärme zu produzieren und selbstständig zu fressen. Allerdings sind auch hier große Unterschiede zwischen den Brutpaaren festzustellen. Gewisse Eltern scheinen ihre Nachkommen regelrecht zu verwöhnen, indem sie sie noch bis kurz vor dem Ausfliegen wie ein kleines Küken füttern, bei anderen finden dann nur noch Sekundenbesuche statt, an denen sie Nahrung bringen. Nach der Huderphase übernachten beide Eltern in der Regel in Horstnähe auf einer Fels- oder Baumwarte, den Horst stets im Blick. Prädation von Nestlingen ist eine Gefahr, insbesondere nachts, wenn die Altvögel zwar in der Nähe sind, aber schlafen. Nachgewiesen ist ein Fall eines Marders, der 2012 einen Nestling aus einem gut zugänglichen Horst bei Zuoz holte; vier Jahre zuvor waren zwei 5-wöchige Jungvögel in der Val Tasna vermutlich einem Uhu zum Opfer gefallen (D. Jenny).

Ausfliegen will gelernt sein

Im Alter von ca. 50 Tagen sind Jungvögel bezüglich des Körpergewichts zu 85% ausgewachsen. Ab dieser Phase beginnen sie, die weitere Horstumgebung wahrzunehmen und mit Angstreaktionen auf Annäherungen von Besuchern zu reagieren (sich ducken, fauchen, abwenden). Horstbesuche zur Beringung sind ab dieser Phase zu unterlassen, weil das Risiko des zu frühen Abfliegens vom Horst droht. Etwa ab dem 45. Tag beginnen Nestlinge mit dem Flügelschlagen (Abb. 35). Sie springen dann in zunehmendem Maß im ganzen Horst herum und schlagen kräftig mit den Flügeln. Dies dient der Kräftigung der Flugmuskulatur aber auch dazu, die Flügelschlagmotorik zu trainieren. Offensichtlich besteht ein wachsender Trieb, den Horst zu verlassen. Immer wieder springen die Jungen bis zum Horstrand, um dort zu stoppen und nach respektvoll erscheinendem Blick wieder in den Horsthintergrund zu gehen. Bei diesen Aktionen verlieren die Nestlinge viele weiße Daunen, welche dann den Horst übersäen. Die heftigen Übungen können in seltenen Fällen dazu führen, dass der Jungvogel mitsamt

Abb. 35 Ab etwa der sechsten Lebenswoche beginnen die Nestlinge mit ersten Flügelproben, die im späteren Verlauf immer häufiger und intensiver werden. Dabei springen sie flügelschlagend im Horst herum und riskieren mitunter, aus dem Nest zu fallen

einem Teil des Horstes zu Tal stürzt. So geschehen am 22. Juli 1986 beim Brutpaar am Schilt GL. Der in die Tiefe fallende Jungvogel versuchte auf einer Fichte zu landen, rutschte dann aber zu Boden und spazierte anschließend hangaufwärts, wo er von seinen Eltern weiterhin gefüttert wurde (Abb. 36).

Zwischen der zehnten und zwölften Lebenswoche verlassen Jungvögel den elterlichen Horst, meist um Ende Juli. Die Ausflugphase erstreckt sich etwa über zwei Wochen mit einem Median am 29. Juli (Abb. 27). Frühestes Ausflugdatum war in der jüngeren Engadiner Stichprobe der 6. Juli, das späteste der 17. August. Haller (1996) dokumentierte über einen viel längeren Zeitraum in Graubünden Rekordwerte am 1. Juli 1968 (Revier Uigls) und am 2. September 1932 (Revier Bernina). Wenige, direkt beobachtete Erstausflüge aus dem Horst erfolgten fast alle morgens zwischen 8:00 und 10:00 Uhr.

Weibchen verweilen länger im Horst und sind etwas weniger aktiv als Männchen

Anhand von Daten der in Bündner Horsten besenderten Nestlinge lässt sich festhalten, dass die Jungadler ihren Horst im Alter von durchschnittlich 78 Tagen verließen (min. 62, max. 90 Tage, n = 32; Zimmermann 2021). Aktivere Nestlinge und solche mit einem höheren durchschnittlichen Körpergewicht flogen dabei früher aus als weniger aktive und leichtere Individuen (Zimmermann 2021). Weibchen verweilten etwas länger im Horst und flogen im Durchschnitt drei Tage später aus als Männchen (Abb. 37), ein Befund, den Serge Denis im Wallis erstmals feststellte und der später durch die Besenderungsdaten bestätigt wurde. Die Nestlingsperiode dauerte bei Männchen rund 76 Tage, bei den größeren und etwas langsamer wachsenden Weibchen ca. 80 Tage. Männchen waren im Horst tendenziell aktiver als Weibchen. Schließlich zeigten Vögel in mehrheitlich gegen Norden exponierten Horsten eine höhere Aktivität im Horst als Individuen von stärker südlich ausgerichteten Horsten (Zimmermann 2021). Nebst dem weiter oben bereits diskutierten Sonneneinstrahlungseffekt durch die unterschiedliche Exposition legen diese Resultate nahe, dass eine höhere Aktivität im

Abb. 36 Am Tag zuvor unbeabsichtigt ausgeflogener Jungadler. Sein erster Flug endete ungestüm in einer Fichte. Später spazierte er hangaufwärts und begann schließlich auf einem Baumstrunk zu betteln (D. Jenny, 23.07.1986, Ennenda GL).

Abb. 37 Ausflugdaten (Tage im Jahr) von weiblichen (orange) und männlichen (violett) Jungadlern. Weibchen verlassen ihren Horst etwas später als Männchen (aus: Zimmermann 2021).

Nest mit einer rascheren Entwicklung von Fähigkeiten einhergeht (Hatzl et al. 2024a).

Einmal ausgeflogen, kehren junge Steinadler mit wenigen Ausnahmen nicht mehr in ihren Horst zurück. Sie zeigen fortan keine Bindung mehr zum Nest, auf dem sie ihre ersten 11 Lebenswochen verbracht haben. Bemerkenswert ist ein Vergleich mit dem Bartgeier, bei welchem etwa die Hälfte der Jungvögel ihren Horst auch nach dem Jungfernflug noch nutzen, um dort zu fressen oder zu übernachten.

Bruterfolg, Nachwuchsrate, Brutgröße – Messgrößen für die Fortpflanzung

An dieser Stelle wollen wir die Parameter zum Fortpflanzungserfolg genauer beleuchten. Die sogenannte Bettelflugphase, die auf das Ausfliegen des Jungadlers aus dem Horst folgt und eigentlich noch zur Fortpflanzungsperiode gehört, wird bei den Berechnungen zum Bruterfolg nicht mit einbezogen. Das hat vor allem praktische Gründe. Unter normalen Umständen gelingt es nur mit allergrößtem Aufwand, das Überleben des Jungvogels bis zu seiner Abwanderung aus dem Heimatrevier zu dokumentieren. Auf die letzte Fortpflanzungsphase gehen wir daher erst am Schluss dieses Kapitels ein.

Folgende standardisierten Maße eignen sich, um Bruterfolgs-Werte zu vergleichen:

- Nachwuchsrate: Anzahl ausgeflogene Jungvögel pro anwesendes Paar
- Bruterfolg: Anteil erfolgreicher Bruten pro begonnene Brut (%)
- Brutgröße: Anzahl ausgeflogene Jungvögel pro erfolgreiche Brut
- Anteil Zweierbruten: Anteil Bruten mit 2 ausgeflogenen Jungvögeln pro erfolgreiche Brut (%)

Die Werte zu den Fortpflanzungsleistungen sind – absolut gesehen – nicht besonders hilfreich zur Einschätzung der Vitalität einer Population. Sie gäben zwar Aufschluss darüber, ob eine Population wächst, stabil ist oder schrumpft, aber nur dann, wenn auch die Verlustraten bekannt sind. Letztere bleiben aus praktischen Gründen aber meist im Dunkeln. Daher liegt die Bedeutung der Daten zum Fortpflanzungserfolg – die in der Regel recht genau gemessen werden können – darin, sie zu vergleichen. Gibt es Trends? Wo sind sie tief, wo hoch? Aus diesen Vergleichen gilt es dann die richtigen Schlüsse zu ziehen. So sind etwa tiefe oder sinkende Fortpflanzungswerte

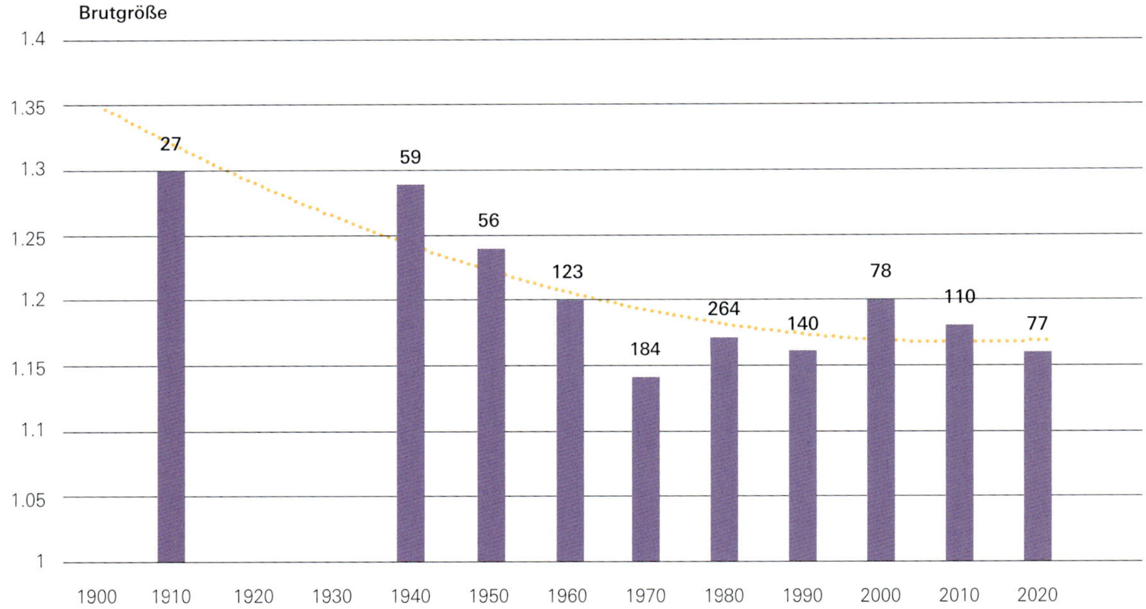

nicht unbedingt alarmierend, sondern können auch Ausdruck von Sättigung, also hoher Vitalität einer Population, sein.

Jede sechste Brut mit zwei Jungvögeln, extrem seltene Dreierbruten

In den meisten Fällen wird ein einziger Jungvogel pro Brut flügge. Relativ oft überlebt nur eines von zwei geschlüpften Küken, was manchmal auch ohne aggressive Handlungen zwischen Geschwistern, etwa wegen Nahrungsknappheit, vorkommt. Dennoch kommen immer wieder auch erfolgreiche Zweierbruten vor.

Der Anteil an Bruten mit zwei flüggen Jungadlern lag im Engadin seit dem Jahr 2000 bei 17,1 % aller 251 erfolgreichen Bruten (D. Jenny unpubl. Daten). Dieser Anteil liegt auch im Wallis ähnlich hoch, bei 16,7 % (2005–2024, n = 108; S. Denis unpubl. Daten). Im Berner Oberland, wo vergleichbare Daten nur aus einer früheren Periode vorliegen, lag er von 1987 bis 1991 wesentlich tiefer, bei 9,7 % von 62 erfolgreichen Bruten (Jenny 1992). Dies könnte auf ein im Kanton Bern – zumindest für die damalige Epoche – geringeres Nahrungsangebot hinweisen.

Bruten mit drei flüggen Jungvögeln sind äußerst selten und in der Schweiz bisher nur in zwei Fällen belegt. Dreierbruten gab es 1974 im Wallis (Praz & Fellay 1974) und 1982 in Graubünden (Revier Val d'Err, Haller 1982). Aus anderen Arealteilen sind teilweise weit häufiger Bruten mit drei flüggen Nestlingen bekannt, was zu dem dort hohen Anteil an Dreiergelegen passt. So sind in den nordamerikanischen Staaten Idaho oder Alaska Anteile von bis zu 7 % Dreierbruten dokumentiert (Katzner et al. 2020). In Idaho liegt der Anteil erfolgreicher Zweierbruten sogar höher als derjenige von Bruten mit einem flüggen Jungadler und entsprechend ist die Brutgröße in Nordamerika mit 1,4 bis 1,6 flüggen Nestlingen deutlich höher als in der Alpenpopulation (Katzner et al. 2020). Der insgesamt größere Anteil an Mehrfachbruten in Nordamerika mag genetische Grundlagen haben, denn die dortige Unterart *A. c. canadensis* ist etwas kleiner als die Nominatform und die Gelegegröße steht bei Greifvögeln grundsätzlich negativ mit der Körpergröße in Verbindung.

Die Brutgröße war früher größer

In Graubünden ging die Brutgröße seit den ersten bekannten Datengrundlagen zu Beginn des 20. Jahrhunderts bis 1970 von 1,30 auf 1,14 zurück (Haller 1996; Abb. 38) und pendelte sich nach einem zwischenzeitlichen leichten Anstieg bei einem Wert von 1,16 Jungvögeln pro erfolgreiche Brut ein (Abb. 32). Um die vorletzte Jahrhundertwende waren Bruten mit zwei Jungvögeln deutlich häufiger. Auch wenn die historischen Daten weit weniger zahlreich sind als die heutigen: Es gibt verschiedene Belege, die den Trend bestätigen. So fällt auf, dass anlässlich von Aushorstungen (vgl. Kapitel 1) meist von zwei Jungadlern die Rede war. Haller (1996) erwähnt bei 18 Bruten

Abb. 38 Entwicklung der Brutgröße in Graubünden ab 1910 (Haller 1996). Ab dem Jahr 2000 wurden ausschließlich Daten aus dem Engadin berücksichtigt (D. Jenny unpubl. Daten). Die Ziffern über den Säulen beziehen sich auf die Anzahl berücksichtigter Bruten.

aus der zweiten Hälfte des 19. Jahrhunderts eine Brutgröße von 1,61, allerdings unter dem Vorbehalt, dass im Falle von Aushorstungen die Sterblichkeit im späten Nestlingsalter unberücksichtigt bleibt. Die im Vergleich zu früheren Zeiten heute geringere Brutgröße dürfte mit dem reduzierten Nahrungsangebot in den kleiner gewordenen Revieren zusammenhängen und ist damit Ausdruck der dichter gewordenen Population. Dass zwischen der Brutgröße und dem Nahrungsangebot ein positiver Zusammenhang besteht, wurde bereits in Kapitel 4 erläutert. Seit 1970 hat sich die Brutgröße im Engadin aber kaum mehr merklich verändert.

Im Wallis sieht es etwas anders aus. Dort lag die Brutgröße in den frühen 2000er-Jahren bei geringen 1,10, hat danach wieder leicht zugenommen und liegt gegenwärtig bei 1,23. Diese Zunahme ist schwierig zu erklären, weist aber auf die Dynamik innerhalb der Population hin. Dabei sind auch neue Strategien in Betracht zu ziehen: Etwa, wenn sehr kleine Reviere entstehen, in welchen Revierpaare die Vorteile von überschaubaren Territorien zu nutzen wissen, sofern diese genügend große Nahrungsgrundlagen bieten.

Nachwuchsraten – ein Maß für die evolutionäre Fitness

Einen besonders detaillierten Blick werfen wir auf die Nachwuchsrate. Die Anzahl flügger Jungvögel pro Paar und Jahr ist wohl das geeignetste Maß, um die Produktivität von Paaren oder Teilpopulationen zu erfassen und zu vergleichen. Die Nachwuchsrate widerspiegelt letztlich die Fitness von einzelnen Steinadlern im evolutionären Sinn. Damit ist der Beitrag gemeint, den diese Individuen zum Genbestand durch Fortpflanzung in der Folgegeneration leisten. Dieses Potenzial gilt es aus Sicht jedes Lebewesens zu optimieren. Beim Steinadler spielt dabei neben der Vitalität und der Angepasstheit, die Konkurrenzfähigkeit gegenüber Artgenossen eine entscheidende Rolle. Und diese ist, wie eingangs erwähnt, in der Alpenpopulation gegenwärtig sehr stark gefordert.

Die Erhebungen zur Reproduktion bedürfen intensiver, langjähriger Überwachung von Brutpaaren bzw. von Teilpopulationen. Für die Datenqualität ist es wichtig, auch Negativnachweise zu erbringen. Es reicht nicht, besetzte Horste und den Bruterfolg zu dokumentieren, sondern es gilt auch Nichtbrüten sicher nachzuweisen. Dies ist meist mit erheblichem Aufwand bei der Feldarbeit verbunden. Daher können fundierte Datengrundlagen lediglich aus einigen überschaubaren Untersuchungsgebieten erbracht werden. Diese sollen als Stichprobe den gesamten Bestand in den Schweizer Alpen repräsentieren. Es sind dies der Kanton Graubünden (Haller 1996), insbesondere das Engadin (Jenny et al. 2024), der Kanton Wallis mit einem besonders intensiv untersuchten westlichen Teil (S. Denis) und ein Gebiet in den westlichen Nordalpen, welches Teile der Kantone Bern, Freiburg und Waadt umfasst (Savioz et al. 2020, vgl. Kapitel 3 Abb. 3).

Variierende Nachwuchsraten, abnehmende Unterschiede

Die Nachwuchsraten der Steinadler in den Schweizer Alpen liegen heute im Durchschnitt bei relativ tiefen 0,3–0,4 flüggen Jungvögeln pro Paar und Jahr. Sie variieren stark von Region zu Region und von Jahr zu Jahr. Auch zwischen einzelnen Brutpaaren bestehen große Unterschiede. Die einzelnen Revierpaare tragen denn auch ganz unterschiedliche Anteile zur gesamten Jungenproduktion bei. Im Engadin produzierten zwischen 2000 und 2020 30 % von 33 Paaren insgesamt 51 % der Jungvögel (Jenny et al. 2024).

In Graubünden fand Haller zwischen 1974 und 1990 Werte zwischen 0,00 und 1,13 (n = 475 Paarjahre) flüggen Jungvögeln bei einzelnen Paaren, was auf hohe individuelle Variabilität hinweist, aber auch Ausdruck von unterschiedlich wirksamen Einflussfaktoren auf die Revierpaare sein kann. In jüngerer Zeit hat sich die Variabilität aber merklich verringert, sowohl zwischen Regionen und von Jahr zu Jahr als auch zwischen Paaren. Im Engadin schwankte die Nachwuchsrate seit dem Jahr 2000 bei den Paaren deutlich weniger stark, nämlich zwischen 0,08 (Paar Cinuos-chel) und 0,92 (Paar S-charl; n = 795 Paarjahre, Abb. 39) und im westlichen Wallis seit 2005 zwischen 0,00 (Paar Nendaz) und 0,61 (Paar Le Pleureur; n = 380, Anhang Abb. 12). Mit der Verdichtung der Population ist eine Art Homogenisierung einhergegangen. Als in früheren Zeiten noch Verbreitungslücken auftraten, haben sich ortsgebundene Einflussfaktoren wie die Nahrungsverteilung und Verfügbarkeit von Brutfelsen vermutlich stärker ausgewirkt als bei flächendeckender Besiedlung. Diese wiederum dürfte auch eine gleichmäßigere Verteilung der unverpaarten Vögel mit deren Effekten auf den Bruterfolg bewirkt haben.

Rückläufige Trends bei den Nachwuchsraten

In Graubünden erhob Haller (1996) in den Jahren 1970 bis 1994 in 27 Revieren eine durchschnittliche Nachwuchsrate von 0,48 Jungvögeln pro Paar und Jahr. Aufgrund historischer Daten konnte er zeigen, dass die Reproduktionsleistung in früheren Dekaden deutlich höher war: Beinahe alljährlich erfolgreiches Brüten ist aus den Anfängen des 20. Jahrhunderts belegt, ab den 1940er-Jahren zeigt sich eine Abnahme mit späteren Schwankungen: In den drei Jahrzehnen zwischen den 1970er- und den 1990er-Jahren wurden Nachwuchsraten von 0,41, 0,57 und 0,42 gemessen. In den jüngsten Dekaden 2000–2009 und 2010–2019 flogen im Engadin durchschnittlich

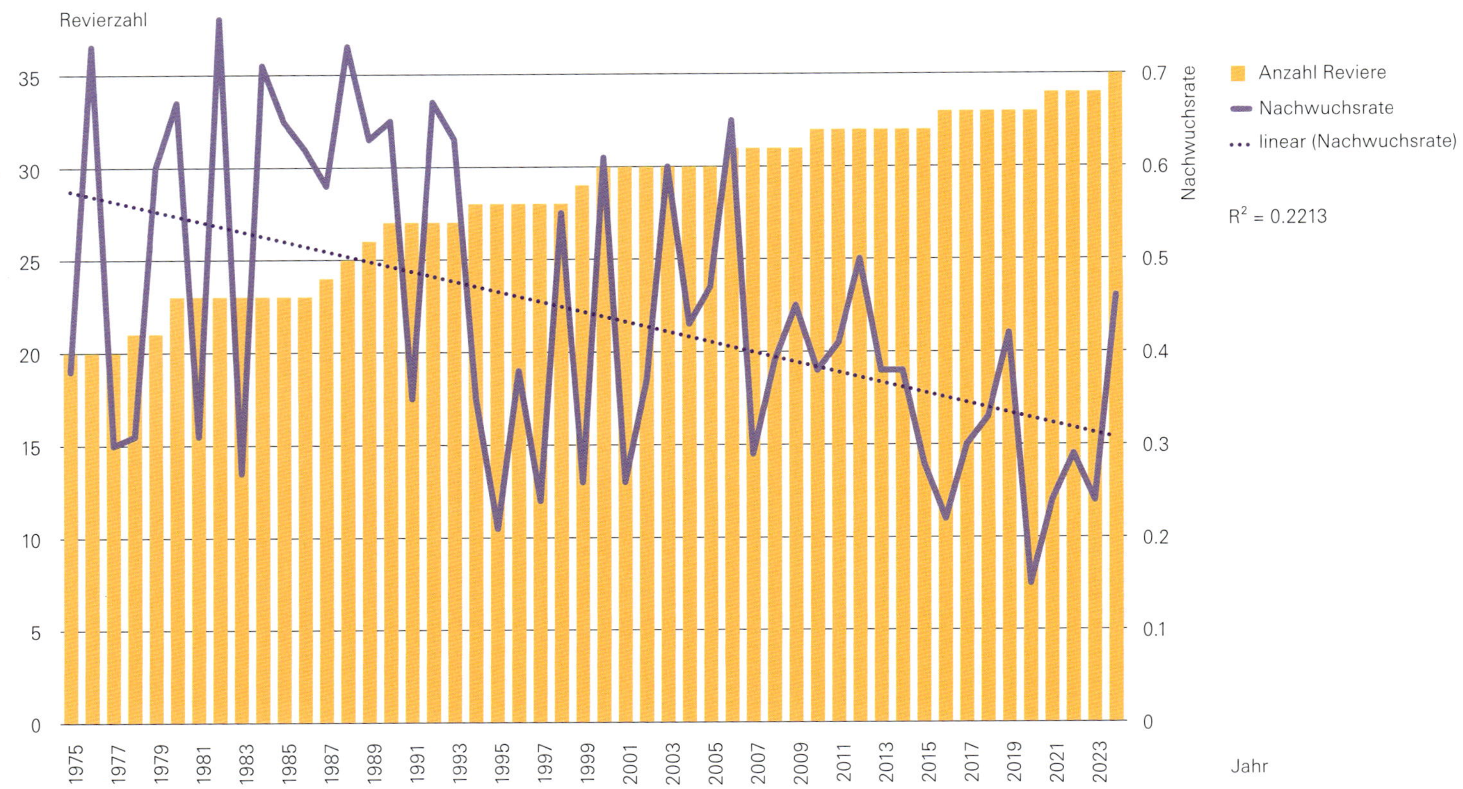

0,45 bzw. 0,36 Jungvögel pro Paar und Jahr aus Jenny et al. (2024) und seit 2020 setzte sich der Rückgang der Nachwuchsrate weiter fort, auf aktuell 0,28 bis im Jahr 2024. Dies ist im Vergleich zu 36 andern Steinadlerstudien in Europa, die Ellis et al. (2024) in ihrem umfangreichen Steinadlerbuch zusammenstellen, der tiefste bekannte Wert überhaupt. Solche Vergleiche sind allerdings mit Vorsicht aufzunehmen, denn nicht immer wird in den Vergleichsstudien klar, inwiefern auch nichtbrütende Paare in die Berechnungen mit einbezogen wurden. Sie bestätigen aber zweifellos die heute sehr tiefen Reproduktionszahlen im Alpenraum ganz allgemein und in den Zentralalpen im Besonderen. Diese tiefen Nachwuchsraten können aber mit einer gewissen Gelassenheit zur Kenntnis genommen werden, denn es gibt eine bemerkenswerte Feststellung: die Population wächst auch heute noch, wenn auch nur leicht. Das bedeutet, dass die heute tiefe Produktivität immer noch ausreicht, um Überschüsse zu erzielen, oder mit anderen Worten: Die Überlebensraten der Steinadler sind erstaunlich hoch, wohl wesentlich höher als bisher angenommen (Anhang Abb. 4).

Dass die Werte zur Reproduktion früher deutlich höher waren, belegen u.a. historische Texte, etwa vom legendären Wildhüter Andrea Rauch, der bei einem Adlerpaar aus Pontresina lange Fortpflanzungsreihen von 23 Jungvögeln in 21 Jahren aufführte (Rauch 1937); und Stemmler (1955) erwähnte durchgehende Horstbesetzungen am Chlushorn bei Boltigen zwischen 1920 und 1936. Eine solch hohe Produktivität gibt es heute im Alpenraum nicht mehr.

Beim Betrachten der Entwicklungskurve im Verlauf der letzten 50 Jahre im Engadin zeigt sich der abnehmende Trend deutlich (Abb. 39). Etwas aus der Reihe fällt der jüngste Wert im Jahr 2024, mit einem für diese Phase außergewöhnlich hohen Wert von 0,46. Dass es sich wohl um einen Ausreißer handelt, zeigen neuste Befunde zur Brutaktivität aus dem Jahr 2025, welche wiederum auf sehr geringe Nachwuchsraten mit einem rekordhohen Nichtbrüteranteil hindeuten.

Bei näherem Hinsehen fällt neben der starken jährlichen Schwankung auch eine Wellenform der Kurve auf, mit zeitweilig sogar ansteigenden Tendenzen, so von 1995 bis 2006. Derart antizyklische Trends sind typisch für komplex beeinflusste Variablen und sie zeigen auf, wie wichtig langfristige Datenreihen sind, um Megatrends zu erkennen. Das zeigen auch die Daten aus dem Wallis, wo die entsprechenden Datenreihen kürzer sind (Anhang Abb. 12). Hier lässt sich im Verlauf von 20 Jahren kein Trend bei der Nachwuchsrate erkennen, hingegen sind die jährlichen Schwankungen auch hier groß.

Abnehmende Nachwuchsraten zeichnen sich auch im Grenzgebiet der Kantone Bern, Freiburg und Waadt ab, wo ein

Team um den äußerst verdienstvollen Steinadlerspezialisten Gaby Banderet† seit den 1960er-Jahren einen Steinadlerbestand überwacht (Anhang Abb. 13). Ähnlich wie in Graubünden war die Jungenproduktion in den Dekaden vor 1990 generell deutlich höher als heute und erreichte bis 1980 noch Werte von 0,6 und mehr. Die rückläufige Tendenz der Nachwuchsrate, aber auch die jährlichen Schwankungen, sind ein vielerorts belegtes Phänomen in Populationen, die nach Phasen der Verfolgung wieder erstarkt sind. Eine mit dem Populationswachstum einhergehende sinkende Reproduktionsrate, wie sie aus den Abbildungen 39 (und Abb. 13 im Anhang) hervorgeht, lässt sich auch bei anderen langfristig erhobenen Datenreihen zum Bruterfolg im Alpenraum erkennen (Fasce et al. 2011, Chambert et al. 2020, Wentworth et al. 2024). Außerhalb der Alpen sind sowohl rückläufige als auch konstante oder zunehmende Trends bekannt. Sie widerspiegeln die Bedingungen, denen die Populationen unterliegen. Dabei spielen natürliche Ressourcen, (menschbedingte) Störungseinflüsse, aber eben auch Populations-Wachstumsprozesse die entscheidenden Rollen. Wenn es um die Erklärung der tiefen und sinkenden Fortpflanzungswerte in den Alpen geht, ist das Populationswachstum und die hohe Paardichte zum dominierenden Aspekt geworden, weil – wie in Kapitel 5 ausgeführt – dichteabhängige Konkurrenzeffekte wirksam sind.

Abb. 39 Linke Seite: Nachwuchsrate (Anzahl flügge Jungvögel pro anwesendes Paar) im Engadin seit 1975 (violette Linie). Orange hinterlegt ist die Paarzahl, die stetig angewachsen ist. Daten vor dem Jahr 2000 aus Haller (1996) und AJF Graubünden; nach 2000 aus Jenny et al. (2024) mit Ergänzungen bis 2024.

Abb. 40 Verlassenes Einergelege in einem Horst auf einer über den Felsrand herunterhängenden Bergföhre. Die meisten Brutabbrüche fallen in die Bebrütungsphase. Die Gründe bleiben oft unbekannt, haben aber meist mit innerartlichen Konkurrenzeffekten oder menschbedingten Störungen zu tun (D. Jenny, 04.06.1991, Gental BE).

Tiefe Fortpflanzungsraten aufgrund vieler Nichtbrüter

Hauptverantwortlich für die heute geringen Nachwuchsraten in den Alpen ist – wie oben beschrieben – ein hoher Anteil an nichtbrütenden Paaren, dies als Folge von dichteabhängigen Effekten (Anhang Abb. 14). Solche sind keineswegs auf den Steinadler beschränkt, sondern sind in der Natur weit verbreitet, wenn auch in unterschiedlicher Ausprägung und nicht überall erkannt.

Ein Vergleich mit dem exponentiell wachsenden Bartgeierbestand in Graubünden verdeutlicht dies. Dort liegt die Rate an Nichtbrütern bei sehr geringen 4,1 % (n = 171 Paarjahre, D. Jenny unpubl. Daten), also gut als zehnmal tiefer als beim Steinadler. Dies ermöglicht eine gegenüber dem Steinadler

mehr als doppelt so hohe Nachwuchsrate von 0,74 Jungvögeln pro Paar und Jahr und dies, obwohl Bartgeierpaare nie mehr als ein Junges aufziehen.

Brutverluste fallen vor allem in die Bebrütungszeit

Wenn es um die Erklärung von geringen Nachwuchsraten geht, fallen Brutabbrüche weniger stark ins Gewicht als Nichtbrüten. Im Engadin kam es seit dem Jahr 2000 in 20 % der Paarjahre (n = 787; Jenny et al. 2024) zu Brutverlusten. Leicht geringer war der Anteil an Brutverlusten im westlichen Teil der Alpen (17 % Brutabbrüche 2000–2019, n = 484; Savioz et al. 2020). Die meisten Brutverluste erfolgten während der Bebrütungsperiode (Abb. 40). Im Engadin fielen 79 % der Brutabbrüche in diese empfindliche Brutphase. In der Stichprobe von Haller (1996) aus Graubünden fielen 89 % der Brutverluste in die Bebrütungsphase und im Wallis sogar 91 % (S. Denis 2020 unpubl. Daten).

Der Verlust von Nestlingen war entsprechend seltener, er betraf im Engadin 21 % der abgebrochenen Bruten (Jenny et al. 2024). Die meisten Verluste bei Nestlingen fielen in die frühe Phase bis drei Wochen nach dem Schlüpfen (Abb. 41).

Beim Anteil der Brutverluste lässt sich keine steigende Tendenz feststellen, wie sie beim Anteil von Nichtbrüten im Engadin ersichtlich ist. Hingegen sind auch bei Brutverlusten die jährlichen Schwankungen groß.

Die Gründe für Brutverluste sind vielfältig und in vielen Fällen bleiben sie unklar. Während der Bebrütung spielen inner- und zwischenartliche Auseinandersetzungen der Brutvögel mit Artgenossen oder konkurrierenden Vogelarten eine wichtige Rolle. Es gibt aber auch große individuelle Unterschiede bezüglich Fruchtbarkeit und Fortpflanzungskompetenz, wobei Erfahrung und Alter der Brutvögel wichtig sind. Und natürlich kann das Nahrungsangebot und die Zugänglichkeit zu Beutetieren limitierend wirken, etwa in Schlechtwetterphasen. Auch menschbedingte Störungsfaktoren können Brutverluste bewirken. Darauf wird im Kapitel 8 näher eingegangen.

Im Mittelland und im Jura sind die Nachwuchsraten höher

Trotz limitiertem Nahrungsangebot und im Vergleich zum alpinen Bestand höherem Störungspotenzial durch menschliche Aktivitäten ist die Reproduktion bei den wenigen Brutpaaren im Alpenvorland höher. Durch deren isolierte Lage sind hier die dichteabhängigen Konkurrenzeffekte stark vermindert. Die Nachwuchsrate lag bei drei zwischen 1983 und 1994 überwachten Paaren während 32 Paarjahren zwischen 0,50 und 0,63 Jungvögeln pro Paar und Jahr (Haller 1994). Im Kanton Bern erreichten zwei dieser Mittellandpaare zwischen 1983 und 1991 eine Nachwuchsrate von 0,61 (18 Paarjahre). Diese lag deutlich höher als in der Berner Alpenpopulation in der gleichen Periode (0,38, 165 Paarjahre, Jenny 1992).

Die beiden ersten Brutpaare im Solothurner und Berner Jura brüteten bisher ausschließlich in Felsen. Die Nachwuchsrate bei diesen Paaren lag bis 2024 mit 0,41 Jungvögeln pro Paar und Jahr (Albert Bassin; n = 27) etwa gleich hoch wie bei den Brutpaaren im Mittelland und war damit ebenfalls höher als bei den meisten Alpenpaaren.

Abb. 41 Im Horst tot aufgefundenes, am Kopf stark verletztes Adlerküken aus einer Zweierbrut. Weil es schwierig ist, solche Abgänge in frühen Nestlingsphasen zu erfassen, ist die Dunkelziffer bei den Nestlingsverlusten erheblich (H. Haller, Mai 1981, Val Tasna GR).

Abb. 42 In den ersten Wochen nach dem Ausfliegen bleiben Jungadler meist in Horstnähe, fliegen wenig und betteln oft anhaltend (Fotofallenaufnahme D. Jenny, 30.07.2024, Tschierv GR).

Bettelflugphase

Kommen wir zum letzten Abschnitt der Fortpflanzung, in welcher Jungadler den Horst verlassen haben, aber noch vollständig von ihren Eltern abhängig sind. Die Jungvögel hört man in dieser Phase oft lauthals rufen: «jjagg, jjagg, jjagg». Es sind Bettelrufe, welche ihren Eltern signalisieren, dass sie Nahrung wünschen.

Kurz nach dem Verlassen des Horstes verweilen Jungadler meist bettelnd auf Baumwarten, exponierten Felswarten (Abb. 42) oder am Boden in Horstnähe, wo sie von den Altvögeln mit geschlagenen Beutetieren versorgt werden. Nach und nach weiten sie ihren Flugradius aus und erhöhen, wetterabhängig, ihre tägliche Flugleistung. Manchmal kommt es zu Verfolgungsflügen, bei welchen die Altvögel mit oder ohne Nahrung vorausfliegen (Abb. 43), wobei Jungadler fordernd mit sichtlich gesteigerter Aggressivität auftreten können. Etwa ab der 3. Woche nach dem Ausfliegen überqueren Jungadler in der Regel ihre heimatlichen Bergtäler, um die dem Horst gegenüberliegende Talseite zu nutzen. Oft bedeutet dies ein Wechsel von der Schatten- zur Sonnenseite, wo thermische Aufwinde das Fliegen erleichtern.

Mit wenigen Ausnahmen schlagen Jungadler in dieser Phase noch keine Beutetiere. Sie fressen von den Eltern herangetragene Nahrung oder Aas. Mit dem Fliegen sind die Jungvögel rasch vertraut. Bei erschwerten Bedingungen wie Landeanflügen oder starken Winden kommen aber Unerfahrenheit und Unbeholfenheit deutlich zum Ausdruck. Es kann geschehen, dass Jungadler nahe am Talgrund landen, von wo sie kaum mehr auffliegen können. In solchen Fällen gehen sie zu Fuß unter Umständen mehrere Hundert Meter hangaufwärts, um sich aus erhöhter Position in die Luft zu schwingen. In Extremfällen lassen sich Jungadler in ungünstiger Lage gar behändigen. So geschehen im Juli 2012, als bei Vinadi GR ein am Straßenrand stehender Jungadler von einem vorbeifahrenden Postautochauffeur aufgegriffen und später durch Wildhüter an einem geeigneten Abflugort freigelassen wurde. Jungadler sind dann meist nicht krank oder geschwächt, sondern einfach am falschen Ort gelandet. In solchen Fällen ist es wichtig, die Situation richtig einzuschätzen und passend zu reagieren. Dabei gilt es insbesondere zwei Dinge zu beachten: 1) gesunde Jungadler müssen nicht in Pflege gebracht und transportiert werden und 2) sie sollten behändigt und an einem Abhang freigelassen werden, der zum Lebensraum der Elternvögel gehört.

Während der Bettelflugphase halten sich Jungadler sehr genau an die Territoriumsgrenzen ihres Heimatreviers (siehe Kasten Seite 106). Anhand der Tracks von 39 besenderten Jungadlern aus Graubünden wissen wir aber, dass sie dieses auch ab und zu verlassen und Ausflüge unternehmen können, die bis zu 112 km vom Heimatrevier wegführen und zwei Wochen dauern (Zimmermann 2021, Abb. 44). Die Zahl solcher Exkursionen variiert zwischen den Individuen stark, von 0 bis 21, wobei sich Weibchen etwas öfter und länger entfernen als Männchen. Die Beschleunigungssensoren der besenderten Jungadler brachten zutage, dass sie während dieser Exkursionen Aas fressen und auch in anderen Revieren betteln. Sie kehren aber später in ihr angestammtes Revier zurück, wo sie wie-

Abb. 43 Jungadler folgen ihren Elternvögeln oft lauthals bettelnd. Diese scheinen dabei eine gewisse Erziehungsfunktion wahrzunehmen, indem sie das herbeigetragene Futter erst nach längeren Flugphasen übergeben und die Jungadler während der Nahrungssuche als Begleiter tolerieren (S. Denis, 22.10.2016, Saillon VS).

der durch ihre Eltern mit Nahrung versorgt werden. Sie lernen dadurch ihre weitere Umgebung kennen und sich selber durchzuschlagen. Das kann für die Phase nach dem definitiven Verlassen des elterlichen Reviers zum Überleben beitragen. Lernprozesse haben in der Bettelflugphase große Bedeutung. Auch wenn Jungadler bis zur Emigration noch nicht zu erfolgreichen Jägern werden, so lernen sie doch auch von ihren Eltern, wie man an das Beuteschlagen herangeht. Es kommt dann vor, dass diese ihren Nachwuchs auf Jagdflüge mitnehmen und ihm sozusagen erfolgreiches Jagen beibringen, so wie dies in Kapitel 4 beschrieben wurde.

Die Bettelflugphase erfolgt quasi in geschützter Heimstätte. Sie dient der Vorbereitung auf die Periode danach, wenn es für die Jungadler gilt, selbstständig zu überleben, einen Platz in einem Revier zu ergattern und sich fortzupflanzen. Dank der elterlichen Fürsorge sind die Überlebensraten in der Phase der Abhängigkeit außerordentlich hoch. Kein einziger unserer 39 besenderten Bündner Jungadler ist in dieser Periode gestorben.

Bemerkenswert ist die Feststellung, dass die Phase der Bettelflüge sehr unterschiedlich lange dauern kann. Während früh emigrierende Jungvögel ihr Heimatrevier schon im September verlassen, tun dies andere erst im März oder sogar April des kommenden Jahres. Einmal ausgewandert, kehren sie nicht mehr in ihr Heimatrevier zurück. Ob eine frühe oder späte Emigration für die Bewältigung der anschließenden Herausforderungen im Adlerleben vorteilhaft ist, wissen wir nicht. Die kleine Stichprobe der besenderten Vögel reicht nicht aus, um dazu sichere Aussagen machen zu können.

Bei den in Graubünden besenderten Jungadlern, die mindestens drei Jahre alt geworden sind, haben zwei von acht Jungvögeln das elterliche Revier vor dem 10. Februar verlassen. Es hat sich gezeigt, dass aktivere Jungadler früher auswandern als passivere (Hatzl et al. 2024b), und dass die Altvögel den Zeitpunkt der Auswanderung mitbestimmen. In zwei dokumentierten Fällen von sehr früh emigrierten Jungvögeln waren die Eltern beteiligt: Auf einen 2018 in der Surselva besenderten Jungadler wurden am 21.09.2018 heftige Attacken durch einen seiner Elternvögel beobachtet. Es sah so aus, als wollten die Eltern ihren Nachwuchs verjagen. Zehn Tage später verließ dieser Jungvogel sein Heimatrevier. Ein anderer 2020 bei Davos besenderter Jungadler verließ sein elterliches Revier bereits am 09.09.2020, so früh wie kein anderer. Seine Überlebenschancen waren gering; er wurde denn auch sieben Wochen später bei Bergün verhungert aufgefunden. Die Beobachtungen des Davoser Wildhüters machten deutlich, dass beim Elternpaar anfangs September territoriale Kämpfe zu einem Partnerwechsel führten. Vermutlich war dies der Grund für die vorzeitige Abwanderung.

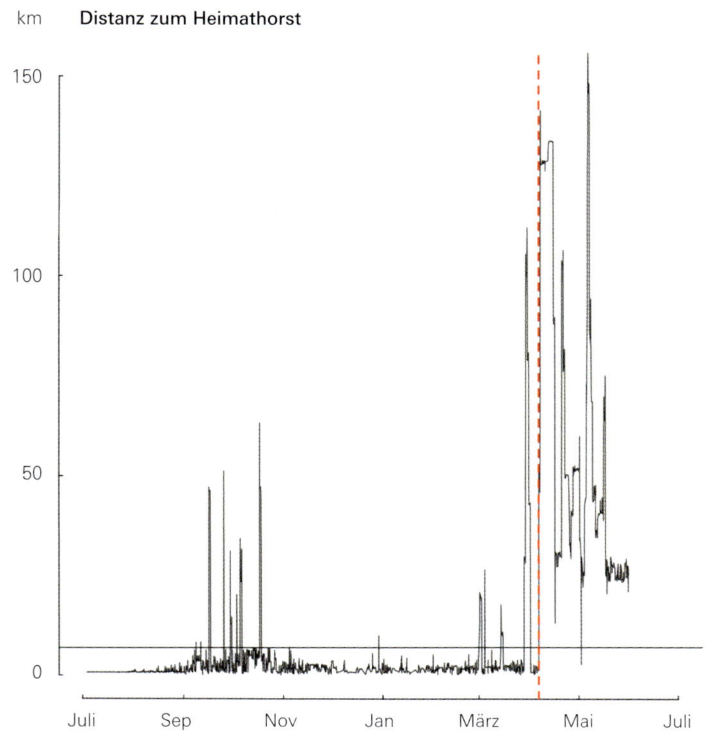

Abb. 44 Bewegungsaktivität eines besenderten Jungvogels während der Bettelflugphase (Tasna18; Ausflug am 28.07.2018). Angegeben ist die Distanz zum Revierzentrum des elterlichen Territoriums (links) über die Monate. Exkursionen aus dem Heimatrevier sind mit einer Distanz von 7 km und mehr Entfernung definiert (schwarze horizontale Linie). Erkennbar sind acht zum Teil mehrtägige Exkursionen bis über 100 km vom Horst entfernt (aus: Zimmermann 2021). Die vertikale rote Linie markiert das Datum der Emigration (06.04.2019).

Jungadler erhalten einen Sender

Im Rahmen des Forschungsprojekts der Schweizerischen Vogelwarte Sempach und dem Max-Planck-Institut für Verhaltensbiologie in Radolfzell und weiteren Partnern über die Ausbreitungsökologie von jungen Steinadlern musste eine statistisch ausreichend große Stichprobe an Jungadlern besendert werden. Wir führten diese Besenderungen im Kanton Graubünden durch, wo zwischen 2017 und 2023 insgesamt 38 Nestlinge in ihrem Horst einen Sender erhielten. Bei den Besenderungs-Aktionen hatten wir die einmalige Gelegenheit, Jungvögel im Alter um 50 Tage hautnah zu erleben. Die Aktionen mussten akribisch genau geplant werden, denn das zur Verfügung stehende Zeitfenster war auf maximal zwei Wochen Ende Juni/Anfang Juli beschränkt. Dann sind die Jungvögel meistens um sieben Wochen alt – körperlich weit entwickelt, aber noch nicht ausgefiedert. Später droht bei Annäherung von Menschen die Gefahr, dass die Jungvögel vom Horst abspringen. Da bei den meisten Bruten die Nestlingsentwicklung in etwa parallel verläuft, galt es in kurzer Zeit, möglichst viele besetzte Horste für die Besenderung der Jungen aufzusuchen. Im Jahr 2019 konnte unser Team innerhalb von 10 Tagen 14 Jungadler mit GPS-Sendern ausrüsten. Das war nur möglich, weil bei vier Horsten je zwei Jungvögel besendert werden konnten und fast täglich eine Aktion durchgeführt wurde. Zweimal lagen die Horste auf Bäumen, ansonsten in Felsen.

Die Nestlinge wurden nach der Horstbesteigung durch einen Bergführer in eine Tasche gepackt (Abb. 45), am Seil heruntergelassen oder heraufgezogen, wo das Team den Vogel vermaß, besenderte und beringte. Schließlich wurde dieser wieder in den Horst zurückgebracht. Die so behandelten Jungvögel reagierten ganz unterschiedlich auf die für sie zweifellos mit Stress verbundene Situation. Es gab aggressive Individuen, die sich mit ihren kräftigen Fängen wehrten und andere, die das Ganze fast lethargisch über sich ergehen ließen. Um den Stress möglichst gering zu halten, wurde den Sprösslingen eine Falkenhaube aufgesetzt, welche merkbar beruhigende Wirkung hatte. Dazu sollten die Behandlungen rasch über die Bühne gehen. Die Handhabung und Vermessung der Adler (Abb. 46) war stets ein eindrücklicher Moment, den alle Teammitglieder mit konzentrierter Ruhe würdigten. Die Jungadler wogen zwischen 2,9 und 4,7 kg, Weibchen waren im Mittel 1 kg schwerer als Männchen. Anhand ihres Gewichts und den Körperproportionen am Kopf wurden die Geschlechter eingeschätzt, die später mittels genetischer Analysen von kleinen Federn überprüft wurden. In 84 % der Fälle schätzten wir das Geschlecht richtig ein, was bedeutet, dass eine Geschlechtsbestimmung in diesem Alter möglich, aber nicht immer zuverlässig ist. Die Kopfpartie war jeweils in der Übergangsphase vom weißen Dunenkleid zum dunklen Jugendkleid, was den Jungspunden den etwas unedlen Ausdruck «zerzauste Sonderlinge» gab, deren dunkle, ausdrucksvolle Augen dazu in Kontrast standen. Die geöffneten Flügel brachten die meist noch bis zur Hälfte im Blutkiel steckenden Hand- und Armschwingen ans Licht und am stummeligen Schwanz hingen meist noch viele weiße Daunenfedern. Der flauschige Körper hatte insgesamt etwas Babyhaftes an sich, was durch den puderartig herben Geruch verstärkt wurde. Die Montage des solargespiesenen Senders erfolgte stets zu zweit und musste genau justiert werden: nicht zu eng und nicht zu locker. Mittels eines einem Klettergurt ähnlichen Gurtzeugs mit zwei Beinschlaufen wurde der Logger auf dem unteren Rücken fixiert, und zum Schluss erhielten die Jungadler je einen Fußring links und rechts, wovon einer mit gut ablesbaren großen Ziffern versehen war. Nach jeder erfolgten Besenderung erfüllte die Mitglieder des Teams ein entspannter, fröhlicher Schauer und auch Vorfreude auf die bald zu erwartenden Datensätze zum Bewegungsverhalten der Steinadler-Sprösslinge.

Abb. 45 Wildhüter Romano Salis packt den Jungadler auf einem Baumhorst in eine Tasche, die anschließend an einem Seil heruntergelassen und vom Besenderungs-Team in Empfang genommen wird (K. Safi, 03.07.2017, S-chanf GR).

Abb. 46 Ein Nestling im Alter von 50 Tagen wird vermessen und anschließend besendert. Von links: David Jenny, Wildhüter Thomas Wehrli, Kamran Safi (Max-Planck-Institut für Verhaltensbiologie Radolfzell). G. Largiadèr, 03.07.2017, S-chanf.

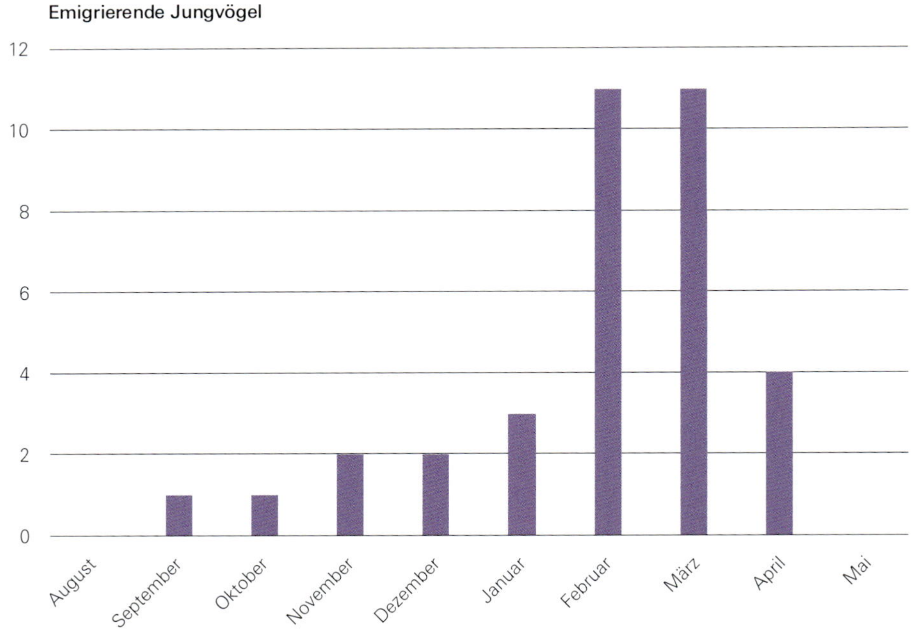

Früh auswandern oder möglichst lange im Heimatrevier bleiben?

Dass Elternvögel mitentscheiden, wann ihr Nachwuchs das Weite sucht, beruht auf einer weiteren Erkenntnis: Lange im Revier verbleibende Jungvögel können das nachfolgende Brutgeschäft negativ beeinflussen. Erfolgt nämlich der Ausflug des Jungvogels aus dem elterlichen Revier später als Mitte März, kommt es bei den Altvögeln meist zu einem Brutausfall bzw. Nichtbrüten. Bei 11 von 12 besenderten Jungadlern in Graubünden war dies der Fall. Zu einer Ausnahme kam es lediglich bei einem oberhalb Maienfeld markierten Jungadler, der erst am 20. März 2020 auswanderte und dessen Elternpaar trotzdem in jenem Jahr brütete, allerdings mit spätem Brutbeginn. Verbleiben die Jungvögel bis im April, überlappt sich deren Präsenz mit der Brutperiode.

Die Frage ist, ob die Reviervögel auf eine Brut verzichten, weil der Nachwuchs partout nicht auszieht oder ob sie aus bereits genannten Gründen betreffend Dichtestress nicht zur Brut schreiten und daher den Jungen tolerieren, weiterfüttern und ihn so optimal auf das spätere Leben vorbereiten. Der Unterschied zwischen diesen zwei Varianten scheint marginal, ist aber aus evolutionärer Sicht höchst bedeutungsvoll. Die Fitness ist der entscheidende Treiber allen Geschehens in der Natur, entsprechend gilt es die Weitergabe der eigenen Gene zu maximieren. Dies kann durch neue Nachkommen geschehen – oder aber durch die optimale Versorgung der bereits existierenden jungen Generation, auf dass diese ihrerseits eine hohe Fitness erreichen möge. Letzteres ist typisch für sogenannte K-Strategen wie den Steinadler, insbesondere dann, wenn sich deren Population im Bereich der Kapazitätsgrenze befindet. Qualität vor Quantität ist die Devise und Konkurrenzfähigkeit oberste Maxime. Ein länger gefütterter Jungvogel hat vermutlich bessere Überlebenschancen als frühe Emigranten. Daher gibt es wohl eine Tendenz, dass Jungadler möglichst lange im Heimatrevier verbleiben. Die meisten ziehen erst im Februar oder März des kommenden Jahres aus dem Heimatrevier aus (Abb. 47), also kurz vor Beginn der nächsten Brutperiode.

Nach diesem Abstecher in evolutionäre Hintergründe kehren wir zurück zu den Jungadlern und den Sachzwängen, denen sie unterliegen.

Abb. 47 Zeitpunkt der Emigration aus dem Heimatrevier bei 35 zwischen 2017 und 2021 in Graubünden besenderten Jungadlern.

Abb. 48 Rechte Seite: Nach der Emigration aus ihrem Heimatrevier ernähren sich Jungadler vorwiegend von toten Huftieren, die sie mit Artgenossen und anderen Aasfressern teilen. Sie signalisieren mittels ihres kontrastreichen Federkleids mit den weißen Flügelflecken ihre Präsenz auf weite Distanzen. Daraus ergibt sich ein lockerer sozialer Zusammenhalt unter Altersgenossen, ein für aasfressende Großvögel typisches Verhalten, das dem Auffinden von Nahrung dienlich ist. (S. Denis, 18.01.2013, Trient VS.)

Die Auswanderung aus dem Heimatrevier unterscheidet sich von einem vorübergehenden Ausflug dadurch, dass die Jungvögel das Bettelverhalten aufgeben. Damit ist ein markanter Wechsel bei ihrer Überlebensstrategie verbunden. Es gilt, selbstständig zu sein, für sich selbst zu sorgen und das bedeutet vorerst, Nahrung in Form von Tierkadavern zu finden. Mit diesem Wechsel geht ein deutlicher Anstieg der Sterblichkeit einher. In unserer Stichprobe mit besenderten Jungadlern aus Graubünden sank die Überlebensrate von 100 % während der Bettelflugperiode auf durchschnittlich 89 % pro Jahr in den Lehr- und Wanderjahren (Anhang Abb. 4).

Bis zur Geschlechtsreife, die mit 4–5 Jahren eintritt, befliegen die jungen Adler Streifgebiete von 10 000 bis über 42 000 km^2. Sie wandern aber nicht planlos herum, sondern nutzen – wie bereits in Kapitel 5 beschrieben – sommerliche *Jugend-home-ranges*, die sie mit Altersgenossen teilen (Abb. 49). Mehr oder minder paarfreie Räume sind auch im Winter auszumachen, Haller (1982, 1996) nannte sie Einzeladlergebiete. Durch die geklumpte Verteilung der wild lebenden Huftiere in der kalten Jahreszeit bietet sich Nahrung in Form von Kadavern räumlich konzentrierter an und Jungadler geraten deshalb in dieser Zeit häufiger in Kontakt zu Reviervögeln. Hatzl et al. (2024a) unterscheidet bei den Wanderbewegungen der Jungadler mobile von stationären Phasen und zeigt auf, dass vor allem die letzteren stark von der Präsenz und der Verteilung der Brutzentren der Revierpaare beeinflusst werden. Während mobiler Phasen legen Jungadler Tagesstrecken von 30–50 km, in Extremfällen bis zu 230 km zurück und erreichen Maximalhöhen von 4000 m. Sie lernen dabei immer effizienter zu fliegen. Eine kürzlich publizierte Studie zeigte anhand der Daten unserer besenderten Vögel, dass diese im Verlauf ihrer frühen Jugendentwicklung die Reliefenergie stetig energiesparender nutzen und immer weniger Aufwand, etwa mittels Schlagflug, aufwenden, um Distanzen zurückzulegen (Nourani et al. 2024). Sie nutzen dabei nicht nur thermische und dynamische Aufwinde, sondern auch Schwerewellen, die z. B. im Lee hinter Gebirgskämmen entstehen (Carrard et al. 2025).

Die zentrale Frage, wie und wann sich die Jungadler niederlassen und Revierinhaber werden, kann anhand der besenderten Steinadler nur ansatzweise beantwortet werden. Bis 2024 gab es nämlich nur von zwei Vögeln solche Informationen. Der erste war ein im Südtirol 2019 besenderter weiblicher Jungadler, der sich im Alter von vier Jahren 115 km von seinem Geburtsort entfernt in der Lombardei niederließ und ein 100 km^2 großes Revier besetzte. Der zweite, ein Männchen mit Namen Almen19, wurde 2019 im Domleschg GR mit einem Sender ausgerüstet und besetzte im 6. Lebensjahr ein Revier nur 18 km vom Geburtsort entfernt südlich Tiefencastel. Allerdings verließ er das Revier im Herbst 2024 wieder und es blieb bis zum Redaktionsschluss dieses Buches offen, ob und wo er sich niederlassen wird. Dass die überwachten Adler nur vereinzelt sesshaft werden konnten, unterstreicht die Schwierigkeit, in der dicht besiedelten Population ein Revier gründen zu können.

Abb. 49 GPS-Track von einem 2017 in der Val Susauna GR (schwarzer Punkt) besenderten Jungadler. Aufgezeichnet sind die Bewegungen bis 2 Jahre nach der Emigration aus dem Heimatrevier. Gelb sind die Routen im Sommer (Mai–Oktober) und blau im Winter. Im Sommer blieb der Jungvogel oft stationär in einem «Jugend-home-range» (gestrichelte schwarze Umrandung), das er mit Art- und Altersgenossen teilte (aus: Jenny et al. 2024). Basiskarte swisstopo.

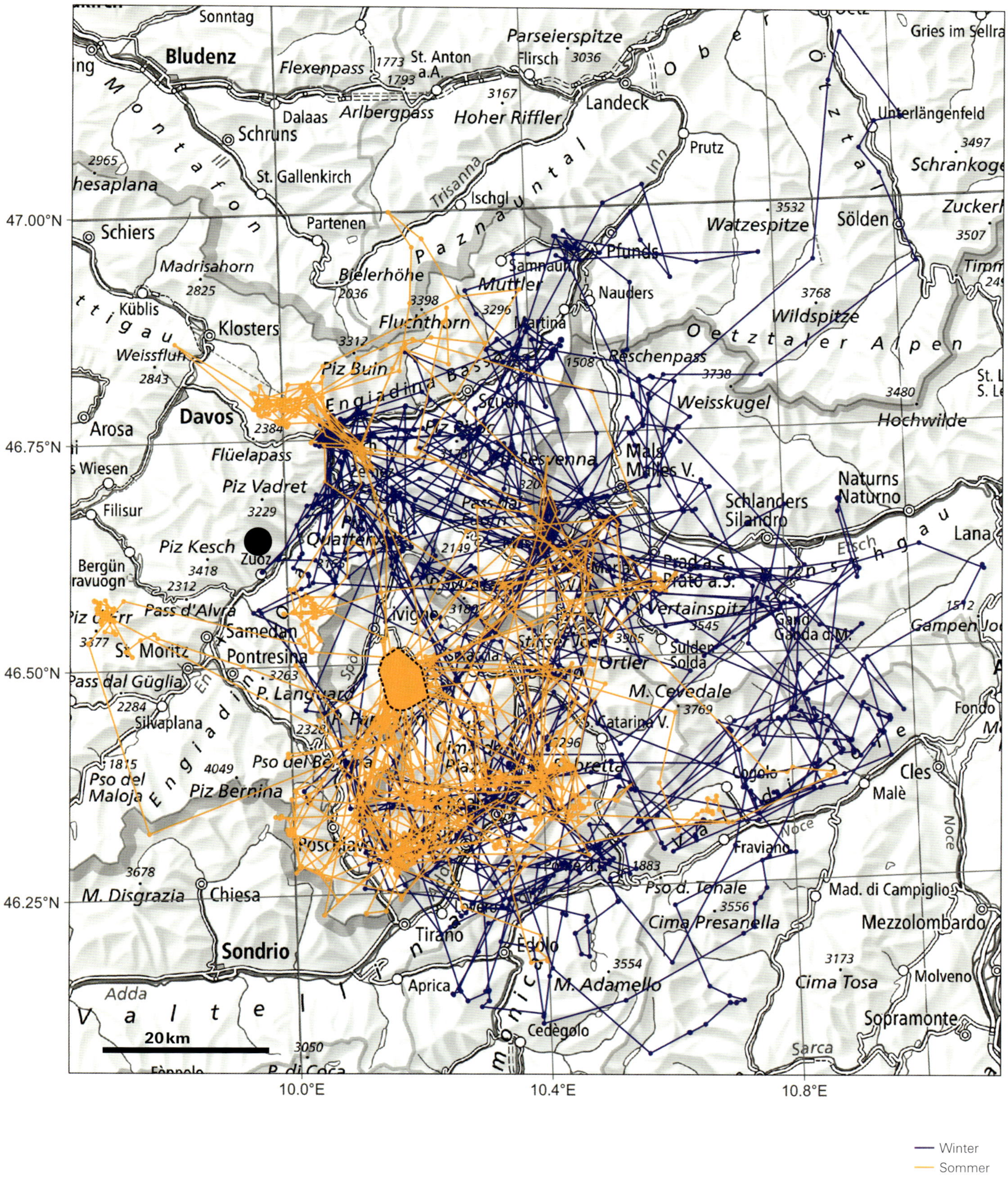
47.00°N
46.75°N
46.50°N
46.25°N
10.0°E
10.4°E
10.8°E
20 km
Winter
Sommer

Technologische Entwicklungen ermöglichen Erkenntnis-Schübe

Das naturwissenschaftliche Wissen über Greifvögel steckte im 19. Jahrhundert noch in den Kinderschuhen und war geprägt von moralischen Wertvorstellungen. Großen, kräftigen Beutegreifern wie Steinadlern wurden immer wieder unrealistische Eigenschaften angedichtet. Die Entwicklung und Objektivierung des Wissens über diese Artengruppe waren nicht nur eine Frage des kulturellen Wandels und der Bildung, sondern hing auch stark von den technischen Möglichkeiten ab, wie Informationen über die schwierig zu beobachtenden und seltenen Vogelarten zu beschaffen waren. Naturforscher des 19. Jahrhunderts wie Friedrich von Tschudi oder Albert Girtanner stützten sich weitgehend auf das Zusammentragen von Wissen aus zweiter oder dritter Hand; gezielte Feldarbeit war schon deshalb nicht opportun, weil es kaum brauchbare optische Beobachtungsinstrumente gab. Um Vögel aus der Nähe zu betrachten, galt lange Zeit die Flinte als geeignetes Werkzeug. Die Qualität der Ferngläser verbesserte sich in der ersten Hälfte des 20. Jahrhunderts, wobei der militärische Einsatz im Vordergrund stand (Abb. 50). Davon profitierte die Jägerschaft, aber auch die Naturforschung. Carl Stemmlers Methodik beruhte selbst in seinen späteren Jahren noch wenig auf gezielter Feldarbeit, optische Instrumente spielten eine untergeordnete Rolle. Horste wurden nicht aus größerer Distanz überwacht, sondern bestiegen. In der Vogelkunde kamen ab etwa den 1960er-Jahren auch Fernrohre oder Spektive zum Einsatz, vor allem bei Zählungen von Wasservögeln, später auch bei Brutüberwachungen von Greifvögeln. Das war ein entscheidender Fortschritt, weil es damit möglich wurde, den Bruterfolg seltener Vogelarten aus der Distanz und störungsfrei zu dokumentieren. Die ersten umfassenden ökologischen Studien über den Steinadler von Heinrich Haller ab den 1970er-Jahren basierten auf systematischen Erhebungen im Feld. Fernglas und Spektiv waren dabei unverzichtbare Werkzeuge. Es folgte der Einsatz von Dummy-Eiern und einfacher Überwachungskameras in der Arbeit von David Jenny um 1990. Damit wurden minutiöse Aufzeichnungen des Brutgeschehens an Horsten möglich. In der damals ausschließlich analogen Technologie wurden Wachspapierstreifen und Super-8 Kameras verwendet, die Auswertungen erfolgten noch computerlos, also ausschließlich von Hand. Um Einzelvögel gezielt überwachen zu können, setzte Heinrich Haller 1989–1993 erstmals beim alpinen Steinadler die Radiotelemetrie ein, versuchsweise auch satellitengestützt durch das System ARGOS. Diese pionierhafte Technologie war damals aber der mobilen Handpeilung beim Steinadler noch unterlegen. Den Vögeln persönlich auf den Fersen zu bleiben, machte täglich weite Fahrten mit dem Auto nötig und erforderte zusätzlich sportliche Ausdaueraktionen, um den Kontakt zu halten. Haller hat für das Empfangen erster Signale das 3146 m hohe Flüela-Schwarzhorn insgesamt 51 mal bestiegen, vorab im Winter (Jenny 2018a). Seither hat sich die Radiotelemetrie enorm weiterentwickelt. Solargespiesene GPS-Logger wurden leichter, weil sie ohne schwere Batterien auskommen. Ab den 2010er-Jahren war die GPS-Technologie – auch dank einer Vielzahl von Satelliten – für Wildtiere so ausgereift, dass es weltweit zu einem großen Schub an Anwendungen kam. Der Steinadler galt und gilt als Modellart für die Radiotelemetrie, GPS-basierte Forschungsprojekte schossen fast wie Pilze aus dem Boden. In Nordamerika, Spanien, Frankreich, Schottland, Norwegen, Schweden und anderen Ländern werden heute hochauflösende Tracks von Steinadlern aufgezeichnet und Millionen von Datensätzen generiert. Dazu kommt die Übermittlung von Beschleunigungsdaten, die Aufschluss über die Aktivität und das Verhalten bringen. Der Erkenntnisgewinn ist enorm. Wenn wir in die Zukunft schauen, stehen weitere Innovationsschritte wie etwa die Übermittlung von akustischen Daten oder Herzfrequenz-Telemetrie an, die mit künstlicher Intelligenz gesteuert und ausgewertet werden können. Und so staunen wir, wie das Wissen zum Steinadler nicht nur weiterwächst, sondern sich geradezu potenziert. Es schafft die Basis für modernen Artenschutz, zeigt aber auch eine wachsende Kluft zwischen Forschung und Praxis. Es ist nicht leicht, die Auswertung großer Datenmengen am Computer und Felderfahrung zusammenzubringen.

Abb. 50 Technische Innovationen in der Feldforschung im Verlauf von 100 Jahren. Oben links: Armeefeldstecher Kern aus dem Jahr 1929. Oben rechts: Dummy-Ei und Empfänger mit Autobatterie, Regler, Empfänger und Wachspapierrolle aus dem Jahr 1990. Unten: Hochauflösender GPS-Logger, wie er im Besenderungsprojekt 2017–2023 zum Einsatz kam.

7 | Entwicklung der Population in den Alpen, im Mittelland und im Jura

Vorhergehende Doppelseite Adultes Steinadlermännchem beim mittäglichen Streifflug durchs Revier. Den scharfen Adleraugen entgeht nichts. Auch im Winter werden von den Reviervögeln gelegentlich Beutetiere geschlagen (H. Müller, 16.12.2023, Oberried VS).

Bestandsaufnahmen und -trends als Grundlage für den Artenschutz

In diesem Kapitel geht es um die Entwicklung des Steinadlerbestands innerhalb der Schweiz und um den europäischen Vergleich. Bestandsaufnahmen sind wichtige Grundlagen für den Artenschutz, sie sind aber stets Momentaufnahmen. Veränderungen geben Hinweise über den Zustand und die Gefährdung einer Population. Beim Steinadler sind wir diesbezüglich heute in einer komfortablen Situation, weil sein Bestand in allen Vorkommensgebieten der Schweiz stabil ist oder anwächst. Rückblickend wissen wir, dass diese Situation auf der Wiedererstarkung einer einst durch menschliche Einflussnahme bedrängten Population fußt.

Nehmen wir diese Entwicklung etwas genauer unter die Lupe. Die aktuelle Populationsgröße des Steinadlers in der 41 285 km^2 großen Schweiz soll dabei Vergleichsbasis sein: Der Bestand umfasste 2024 gut 370 Brutpaare (Jenny et al. 2024 und Datenbank Schweizerische Vogelwarte Sempach). Dazu kommt eine unbekannte Zahl von Einzelvögeln, also meist noch nicht geschlechtsreife Adler, die weit im Alpenraum umherstreifen und sich nicht an Landesgrenzen halten. Die Verteilung der Brutpaare und deren Reviere ist heute weitgehend bekannt und wurde bereits in Kapitel 3 eingehend beschrieben (Abb. 9 Seite 64).

Auf Naturfreunde üben besetzte Steinadlerhorste eine starke Anziehungskraft aus. Rapporte über Jungvögel in Horsten, Beringungsaktionen und vor allem Foto-Exkursionen sind zahlreich, sie gehen bis ins 19. Jahrhundert zurück und finden Niederschlag in Zeitungsberichten, Artikeln in der Boulevardpresse, aber auch in Zusammenstellungen durch Wildhüter auf Jagdämtern. Es sind rückblickend wertvolle Grundlagen für die Rekonstruktion ehemaliger Vorkommen des Steinadlers.

Derlei Daten liefern allerdings kaum Hinweise über die Absenz von Paaren oder nicht erfolgte Bruten. Für statistisch relevante

Abb. 1 Brutkontrollen erfolgen meist vom Talboden oder Gegenhang aus mit Feldstecher und Fernrohr. Das Bestätigen der einzelnen Individuen bei Revierpaaren (oder auch Feststellen eines Partnerwechsels) erfordert insbesondere im Winter ein stundenlanges Ausharren und Beobachten an exponierten, oft schwer erreichbaren Stellen in den betreffenden Revieren (Oben: David Jenny, 25.04.2023, Zernez GR; rechte Seite links: Heinrich Haller, 11.03.2017, Ova Spin GR; rechte Seite rechts: Serge Denis, 01.03.2025, Ardon/Chamoson VS).

Im Horstfieber – Herausforderungen und Nutzen von Bestandsaufnahmen und des Brutpaarmonitorings

Vergleichszahlen braucht es aber sichere Negativnachweise. Das ist essenziell, um zu einer fundierten Bestandsaufnahme bzw. zu einem Brutpaarmonitoring zu gelangen. Bei der Erfassung des Steinadlerbestands und des Bruterfolgs ist der Aufwand für sichere Negativnachweise mittlerweile größer geworden als für die Erfassung der besetzten Horste. Das ist vor allem dem heute hohen Anteil an nichtbrütenden Paaren geschuldet.

Die Feldarbeit beginnt bei der Erfassung des Bruterfolgs kurz vor der Brutzeit Mitte März. Meist wird vom Talboden aus größerer Distanz der Kernbereich eines Reviers überwacht, bekannte Horste kontrolliert und auf das Verhalten der Reviervögel geachtet (Abb. 1). Steinadler können jederzeit neue Horste bauen und besetzen, daher reicht es nicht, nur bekannte Horst zu kontrollieren. Neue Horste, insbesondere Baumhorste, sind oft nur mit erheblichem Aufwand zu finden und es gilt, auf Brutablösungen zu warten. Solche finden in einem 1–2 stündigen Rhythmus statt, wobei es sich lohnt, auf individuelle Merkmale der Vögel zu achten. Mit dieser Information lässt sich leichter auf einen besetzten Horst und dessen Standort schließen. Wenn Paare nicht brüten, braucht es oft einen hohen Aufwand, um dies zu bestätigen: Erst wenn beide Paarvögel über die Bebrütungsperiode hinweg wiederholt und längere Zeit abseits der Horste beobachtet worden sind, kann man sich sicher sein, dass keine Eiablage erfolgte. Besetzte Horst werden alle paar Wochen kontrolliert, um über Bruterfolg oder -misserfolg Aufschluss zu erhalten.

Die Suche nach neuen Paaren erfolgt oft nach Hinweisen aus zweiter Hand, nicht selten aber auch intuitiv aufgrund des Studiums topografischer Karten. Bei Suchaktionen «ins Blaue hinaus» ist die Chance auf Erfolg allerdings gering, sodass – wie häufig bei Wildtieren – hohe Frustrationstoleranz gefragt ist. Etwa so wie anlässlich einer viertägigen Steinadlersuche im Schwarzwald (D) durch Heinrich Haller und David Jenny und weitere Beobachter im Jahr 1991 (Paulsen 1991). Diese blieb erfolglos. Humorvolle Kommentare haben dabei zur Stimmungsauflockerung und zur mentalen Frust-Verarbeitung beigetragen. Beim Horstesuchen gibt es aber stets Spannendes, nicht selten Unerwartetes zu entdecken. Die frühjährlichen Kontrollen sind bei nicht wenigen Adlerfreunden über die Jahre hinweg zu einer unverzichtbaren, saisonalen Tätigkeit geworden, die manchmal auch als «Horstfieber» bezeichnet wird.

Bestandsschätzungen waren früher zu pessimistisch

Beginnen wir beim Tiefpunkt des Bestands, der gegen Ende des 19. Jahrhunderts und zu Beginn des 20. Jahrhunderts im ganzen Alpenraum erreicht war. Dessen Ursache waren in erster Linie direkte menschliche Nachstellungen, wie sie im Kapitel 1 beschrieben sind. Trotz der Nachstellungen vermochte sich in Graubünden und Glarus, im Berner Oberland, im Wallis und in anderen, genügend Nahrung bietenden Regionen der gesamten Alpen stets eine als Population überlebensfähige Anzahl Paare zu halten. In diesen Refugien dürfte zur Zeit des Bestandstiefs vor gut 100 Jahren rund ein Drittel des heutigen Paarbestands vorhanden gewesen sein (Jenny et al. 2024).

Die damaligen Steinadlerpaare siedelten vorab in überdurchschnittlich nahrungsreichen Gebieten, oft innerhalb oder in der Nähe von Wildschutzgebieten. Sie brüteten praktisch ausschließlich in Felsen, vorzugsweise in solchen mit großen Dimensionen, meist deutlich unterhalb der klimatischen Waldgrenze. Dies lässt darauf schließen, dass die besten Lagen ausgewählt worden sind, die überdies den weiträumigen Beutetransport zum Horst ermöglicht haben.

Da aus historischen Zeiten keine systematisch erhobenen Datengrundlagen existieren, ist es schwierig, über die damaligen Revierzahlen Aufschluss zu erhalten. Immerhin skizzierten Studer & Fatio (1889) die Arealausdehnung bzw. die Grenzen des Steinadlervorkommens gegen Ende des 19. Jahrhunderts (Abb. 3). Diese Grundlagen und Angaben zu einzelnen Horsten in verschiedenen Alpenregionen der Schweiz erlauben es, eine Schätzung vorzunehmen. Haller (1988, 1996) rekonstruierte die Bestandsverhältnisse in den Kantonen Bern und Graubünden aufgrund historisch bekannter Brutplätze. Daraus lassen sich für die Schweizer Alpen Bestandsverhältnisse in etwa extrapolieren. Die Zahl der mit Paaren (Abb. 2) besetzten Territorien während des Bestandstiefs um die Jahrhundertwende und bis ca. 1920 lag wohl nie unter 100 Revieren, was einem Drittel bis einem Viertel des aktuellen Bestands (2024) entspricht. Es ist deutlich mehr als von Adlerkennern damals angenommen wurde. Carl Stemmler gab im Jahr 1932 einen Bestand von 50 Paaren an, Ulrich Corti schätzte die Populationsgröße 1935 auf 20–30 Paare und Paul Géroudet ging 1949 von 40 Paaren aus. Der Steinadlerbestand lag demnach in der Schweiz stets höher als am «Rande der Ausrottung». Er ist mit den intensiven Nachstellungen besser zurechtgekommen als der Ende des 19. Jahrhunderts ausgerottete Bartgeier. Die Hintergründe dazu sind in Kapitel 1 dargelegt.

Schon vor seiner gesamtschweizerischen Unterschutzstellung im Jahr 1953 kam es zur Trendwende, denn einzelne Kantone setzten Schutzbestimmung bereits früher um (vgl. Kapitel 1). Dennoch war der Totalschutz für den Steinadler die entscheidende Basis für dessen Bestandserholung in der Schweiz.

Die zweite wichtige Ursache beruht auf dem verbesserten Nahrungsangebot. Die heutige hohe Revierdichte ist nur auf der Basis eines guten Beutetierangebots möglich. Dieses hat sich im Verlauf des 20. Jahrhunderts durch die Bestandszunahme und -ausbreitung von wild lebenden Huftieren ebenso wie von Alpenmurmeltieren markant verbessert (Breitenmoser & Breitenmoser-Würsten 2008). Rothirsch und Alpensteinbock sind als wiedereingewanderte bzw. wiederangesiedelte Arten neu dazugekommen. Diese Entwicklung hat die Kapazität des Lebensraums für den Steinadler bedeutend erhöht.

Zwei verschiedene Trends beschreiben die Entwicklungen im Verlauf der Erstarkung der Population: Arealausweitung und Bestandsverdichtung. Werfen wir zuerst einen Blick auf die Besiedlung neuer Gebiete.

Rückeroberungen seit dem Bestandstiefpunkt

Theophil Studer und Victor Fatio publizierten 1889 in ihrem *Katalog der Schweizerischen Vögel* eine Verbreitungskarte des Steinadlers, woraus die damalige Arealgrenze ersichtlich ist (Abb. 3). Zu jener Zeit war in etwa der Tiefpunkt des Bestands erreicht. Damals belegte der Steinadler im Alpenraum eine um etwa 10 % kleinere Fläche als heute. Die Alpenrandgebiete im Norden und im Süden und das alpennahe Mittelland waren noch unbesiedelt. Auch aus dem Jura war die Art verschwunden. Insgesamt sind die vom Steinadler besiedelten Flächen in der Schweiz seither um knapp ein Viertel angewachsen, die Verbreitung hat sich um etwa 20 km in die Voralpengebiete ausgedehnt. Die zögerliche Ausbreitung ging mit der Erholungsphase des Steinadlerbestands im Verlauf des 20. Jahrhunderts einher. 1967 wurde ein erster Horst im Gebiet des Napfs, einer den Alpen vorgelagerten Molasseerhebung, errichtet (Hauri 1970). Um 2000 waren insgesamt 5 Paare im hügeligen Alpenvorland der Kantone Bern und St. Gallen beheimatet (Haller 1994). Eines dieser Reviere nahe Thun ist seit 2005 allerdings wieder verwaist (Jenny 2019). Es bleibt bis heute der einzige Nachweis eines aufgegebenen Reviers in der Schweiz nach 1900.

Abb. 2 Bei den Bestandserhebungen sind revierbesitzende Paare als Einheit zu betrachten. Sie lassen sich dank der Besetzung von Territorien und Brutplätzen weit besser zählen als einzeln lebende Individuen. Die Anzahl unverpaarter, meist junger Steinadler muss zusätzlich geschätzt werden, um den Gesamtbestand zu eruieren (S. Denis, 11.10.2015, Saillon VS).

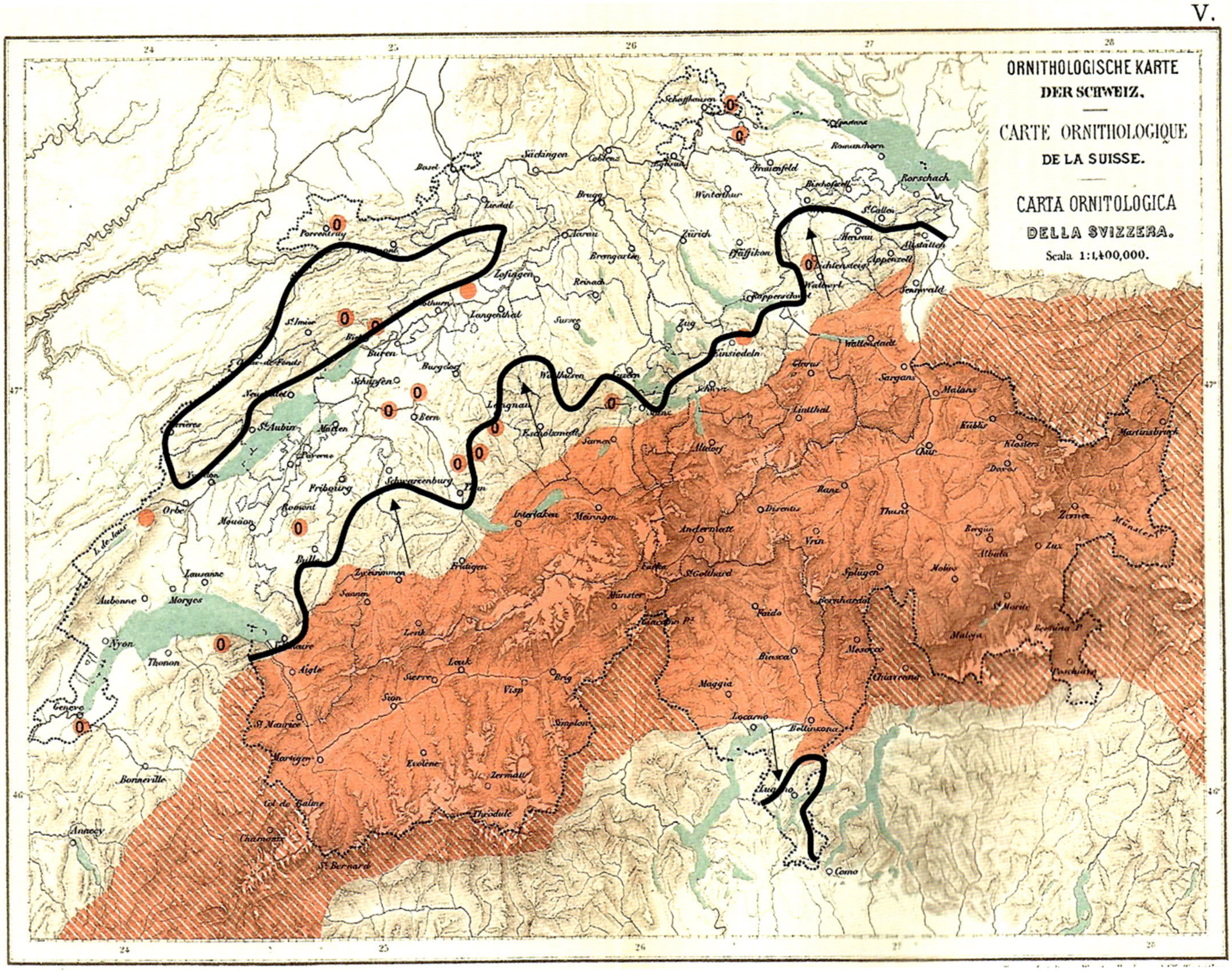

Haller (1988) zeigte die Arealausweitung im Kanton Bern exemplarisch und belegte dort, dass die Ausbreitung schon vor der Mitte des 20. Jahrhunderts erfolgte (Abb. 4), also noch vor der Unterschutzstellung des Steinadlers im Jahr 1953. Erklärbar ist dies durch die schon zu Beginn des 20. Jahrhunderts rückläufigen Abschusszahlen und die sich langsam erholenden Huftier- und Murmeltierbestände. Im Kanton Bern erstreckt sich die Besiedlung durch den Steinadler über alle drei genannten Landschaftstypen, Alpen, Mittelland und Jura. Hier zeigten sich die Arealvergrößerungen, aber auch die etappenweise Verdichtung der Population seit Ende des 19. Jahrhunderts beispielhaft.

Mit dem 1974 im Raum Buchholterberg neu gegründeten Revier war die Arealausweitung im Kanton Bern zum Mittelland hin abgeschlossen (Haller 1988). In anderen peripheren Bereichen der Population erfolgten neue Besiedlungen am Alpenrand und im Mittelland bis in die 1990er-Jahre, danach nicht mehr. Haller (1994) dokumentierte diese Entwicklung im St. Gallischen Alpenvorland, wo sich kurz vor 1980 im Tössbergland und um 1990 im Toggenburg je ein Paar ansiedelte. Ein drittes Mittelland-Paar ließ sich Ende der 1990er-Jahre

Abb. 3 Eine erste Verbreitungskarte des Steinadlers veröffentlichten Theophil Studer und Victor Fatio 1889 in ihrem Katalog der Schweizerischen Vögel. Das Brutgebiet des Steinadlers ist rot getönt, Einzelnachweise mit roten Punkten vermerkt. Ergänzt wurde diese Karte mit den heutigen (2024) Verbreitungsgrenzen (schwarze Linien). Mit Pfeilen sind die seit 1889 neu besiedelten Flächen angedeutet.

noch weiter nördlich bei Mogelsberg nieder (vgl. Kapitel 3 Abb. 9). Es ist das bisher am weitesten von der Alpenpopulation entfernte Revier. Auch in den südlichen Ausläufern der Alpen, die nur in einem kleinen Zipfel im Südtessin innerhalb der Schweiz liegen, siedeln heute vier vorgelagerte Paare. Im Sotto Ceneri haben sich in den 1990er-Jahren zwei Paare am Monte Tamaro und eines am Monte Generoso niedergelassen (Jenny 1996).

Von Null auf 2000 km² Fläche in 15 Jahren – die Wiederbesiedlung des Jura

Seit 2009 – nach 150-jähriger Abwesenheit – hat der Steinadler auch im Schweizer Jura als Brutvogel Fuß gefasst (Müller & Volet 2010). Die erste erfolgreiche Brut wurde im Regionalen Naturpark Thal im Solothurner Jura nachgewiesen. Im französischen Teil des Jura kam es schon ab 1994 zur Wiederbesiedlung mit bis anhin vier Brutpaaren (Wentworth et al. 2024). Dort entstand das allererste Revier am Ort, wo sich der Alpenbogen der Jurakette am stärksten annähert – bei Fort de L'Écluse nahe Genf. Auch das erste Jurarevier in der Schweiz bildete sich – wohl kaum zufällig – an der Stelle, welche zum äußersten Paar im Napfgebiet die geringste Distanz aufweist. Der kleine Bestand im Schweizer Jura wuchs zuerst zögerlich, danach schneller, und umfasst heute mindestens fünf, eventuell sechs Paare (Abb. 5). Von weiteren 1-2 Paaren gibt es Hinweise, aber noch keine sicheren Nachweise. Die Arealausweitung erfolgte bisher ausschließlich in Richtung Westen, wo sich in den Kantonen Bern, Neuenburg und Jura schrittweise neue Paare ansiedelten. Details dazu finden sich in Kapitel 3. Die besiedelte Fläche mit brütenden Paaren weitete sich im Jura innerhalb von 15 Jahren auf fast 2000 km² aus. Hier besteht noch erhebliches Potenzial für eine weitere Bestandszunahme und Ausdehnung des Brutgebiets. Allerdings lassen die im Vergleich zum Alpenraum weniger guten Voraussetzungen bezüglich Nahrungsangebot, Brutplatzangebot und Störungspotenzial kaum eine so hohe Populationsdichte wie in den Alpen zu. Gegenüber den Bedingungen im alpennahen Mittelland sind die Voraussetzungen im Jura aber eher besser.

Im Alpenraum waren die für Revierpaare geeigneten, peripheren Gebiete bereits in den 1980er-Jahren von Steinadlerrevieren weitgehend belegt (Haller 1988, 1996) und einer weiteren Ausbreitung – mit Ausnahme des Jura – scheinen seither

Abb. 4 Links: Veränderungen des Brutareals und des Bestands des Steinadlers in den Berner Alpen, im Alpenvorland und im Berner Jura (ausgezogene Linie = Kantonsgrenze) seit Ende des 19. Jahrhunderts (gestrichelte Linie = Nordgrenze des regelmäßigen Steinadlervorkommens nach Studer & Fatio 1889). Die Punkte zeigen die Revierverteilung vor 1988 (orange und gelb, Haller 1988) und danach bis 2024 (grün). Alte, traditionell bekannte Reviere, die bereits 1920–1940 bestätigt wurden, sind orange dargestellt. Ein Revier ist seit 2005 verwaist (rot). Basiskarte Swisstopo.

Abb. 5 Entwicklung der Anzahl Reviere mit Brutaktivität im Jura. Seit der ersten Brut 2009 wuchs der Bestand stetig und zunehmend bis auf heute 5 oder 6 Revierpaare. Weitere 1–2 Paare werden vermutet (Grundlage: Datenbank der Schweizerischen Vogelwarte Sempach und A. Bassin).

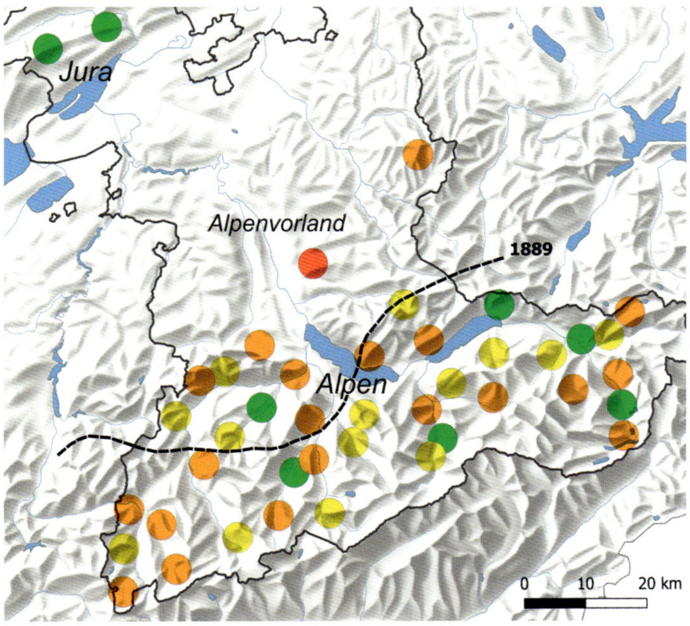

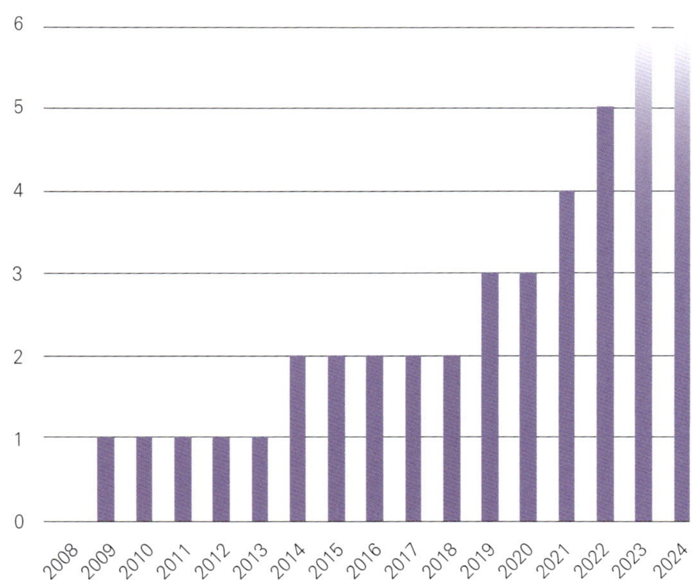

Grenzen gesetzt. Die Ansiedlung von wenigen neuen Paaren ist in den Randgebieten der Population aber dennoch möglich. Ein größeres Wachstumspotenzial besteht hingegen bei der Zahl der Reviere innerhalb des bestehenden Areals. Wenden wir uns also dem zweiten Trend im Verlauf der Populationsentwicklung zu, der Bestandsverdichtung.

Im Alpenraum – Verdichtung nach innen

Parallel zur Ausbreitung und den dadurch verbundenen Neubesiedlungen verdichtete sich der Bestand. Innerhalb der Alpenpopulation wurden und werden Reviere neu gegründet. Sie haben eine Dichtezunahme und zwangsläufig kleinere Reviere zur Folge. Ansässige Paare müssen dabei Revierteile abgeben. In diversen Teilgebieten ist der Verlauf der Bestandszunahme des Steinadlers bekannt, und bei manchen neueren Paaren kann ihr Auftreten sogar exakt datiert werden. Dabei wird deutlich, dass sich die Brutpopulation in Raum und Zeit in unterschiedlicher Weise verdichtet hat (Haller 1996; s. auch Henninger et al. 1986, Jenny 1992, 2019). So gab es in Teilen Graubündens in der zweiten Hälfte der 1980er-Jahre einen Bestandsschub, eine Entwicklung, die im Berner Oberland und auch im Wallis erst später eintrat. Das Engadin galt in den 1950er-Jahren als das am dichtesten von Adlern besiedelte Gebiet der Schweiz (Glutz von Blotzheim 1962). Der dortige Bestand hat sich seither in etwa verdoppelt (D. Jenny unpubl. Daten). Andere nahrungsreiche und zusätzlich stärker in Landschaftskammern gegliederte Regionen – zum Beispiel der Raum südlich des Walensees und Gebiete im südwestlichen Graubünden – wiesen einst geringere Revierdichten auf und erreichen heute Rekordwerte (Kapitel 3 Abb. 9).

Historische Dokumente belegen die Entwicklung

Carl Stemmler (1955) dokumentierte in seiner Monografie über den Steinadler in den Schweizer Alpen als Erster den Schweizer Steinadlerbestand. Wie andere zeitgenössische Kenner unterschätzte auch er die damalige Revierzahl. Seine Methode basierte auf ihm zugetragenen Informationen über besetzte Horste, die er in den meisten Fällen aufsuchte und bestieg. Die daraus abgeleitete Übersichtskarte (Anhang Abb. 15) zeigt Brutnachweise, lässt aber keine Schlüsse auf Verbreitungslücken, etwa im Tessin oder in Teilen des Wallis, zu. Die 52 kartierten Reviere sind daher Minimalangaben; der Bestand dürfte vermutlich mindestens doppelt so hoch gewesen sein. Gesichert scheint allerdings, dass es bis in die 1960er-Jahre im Gebiet zwischen dem Vierwaldstätter- und dem Walensee, im weiteren Raum um den Furkapass sowie im mittleren Tessin nur vereinzelte Adlerpaare gab. Diese siedelten in großem Abstand zueinander oder gar mit Verbreitungslücken (Glutz von Blotzheim et al. 1971). 30 Jahre später waren diese Regionen flächendeckend besiedelt. Die Revierverteilung ist bis heute generell gleichförmiger geworden. Das Gebiet im Bereich des Grossen Aletschgletschers ist in den Schweizer Alpen aktuell der einzige größere revierfreie Raum geblieben. Durch seine hochalpine, teilweise vergletscherte Lage genügt er den Bedürfnissen für Brutvögel nicht.

Die erste systematische Bestandsaufnahme stammt aus den Jahren 1964/1965, beruhte auf einer Umfrage und ergab rund 70 Paare (Glutz von Blotzheim 1965, 1966). Dabei ist allerdings eine relativ hohe Dunkelziffer mit einzuberechnen. Rückblickend können wir festhalten, dass damals wohl schon mehr als 110 Paare vorhanden gewesen sind. 10 Jahre später wurde die Populationsgröße im Rahmen des ersten Schweizer Brutvogelatlas (Schifferli et al. 1980) mit 100–150 Paaren angegeben, in den 1980er-Jahren waren es 200–250 Paare (Haller 1988), in den 1990er-Jahren gut 300 Paare (Haller 1996, Schmid et al. 1998) und im dritten Brutvogelatlas 350-360 Paare (Knaus et al. 2018). Seither ist der Bestand nochmals auf heute gut 370 Paare angewachsen (Abb. 6).

In Teilen des Kantons Graubünden ließ sich die Bestandsentwicklung aufgrund historischer Angaben über einen langen Zeitraum detailliert nachzeichnen (Haller 1996). Schon um 1900 waren im Oberengadin mindestens fünf besetzte Reviere bekannt: Val Fedoz, Val Roseg, Val Chamuera (Abb. 7), Val Bever und Val Trupchun. Dies legt nahe, dass der Bestand auch am Tiefpunkt der Entwicklung überlebensfähig war.

In Graubünden waren wohl nie weniger als 50 Reviere besetzt. Heute umfasst der Bündner Bestand ziemlich genau ein Drittel des Schweizer Bestands, woraus sich ableiten ließe, dass in der Schweiz vor 125 Jahren bis zu 150 Paare lebten. Allerdings

Abb. 6 Bestandsentwicklung des Steinadlers in der Schweiz. Angegeben ist die Anzahl Brutpaare. Die Zahlen beruhten vorerst auf Schätzungen und Rekonstruktionen (auslaufende Säulen), die mit den Revierkartierungen in größeren Alpenabschnitten seit den 1980er-Jahren (vorab Graubünden und Kanton Bern) sowie den gesamtschweizerischen Erhebungen für die Brutvogelatlanten der Vogelwarte ab 1995 wesentlich genauer wurden. Grundlage für die Angaben: Stemmler 1955, Glutz von Blotzheim 1965/1966, Schifferli et al. 1980, Haller 1988, 1996, Schmid et al. 1998, Knaus et al. 2018, Jenny et al. 2024.

Abb. 7 Ein Brutfels des Adlerpaars in der Val Chamuera; im Hintergrund ist der markante, helle Gipfel des Piz Üertsch zu erkennen. An diesem bereits in den 1890er-Jahren dokumentierten Brutplatz wurden damals wiederholt Aushorstungen durchgeführt (D. Jenny, 10.11.2024, Val Chamuera GR).

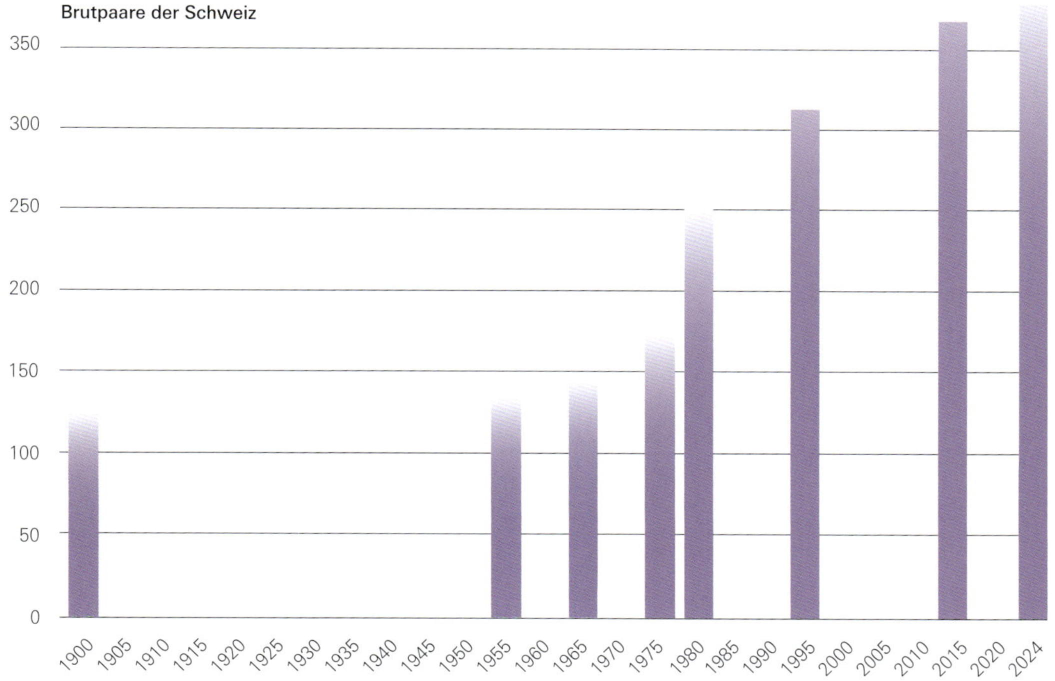
Brutpaare der Schweiz
350
300
250
200
150
100
50
0
1900
1905
1910
1915
1920
1925
1930
1935
1940
1945
1950
1955
1960
1965
1970
1975
1980
1985
1990
1995
2000
2005
2010
2015
2020
2024

braucht es eine Korrektur nach unten, da die Bedingungen für den Steinadler bezüglich Nahrungsgrundlage und direkter Verfolgung in Graubünden durch die Abgeschiedenheit der Lebensräume besser waren als in andern Alpenteilen. Dies geht auch aus Stemmlers Revierverteilungs-Karte hervor. Grundsätzlich zeigt die Bestandsentwicklung in Graubünden und in der gesamten Schweiz aber einen ähnlichen Verlauf und entspricht einer sigmoiden Wachstumskurve: Nach langsam sich entwickelndem Anlauf steigt sie in einer Wachstumsphase stark an und flacht danach aufgrund dichteabhängiger Regulationseffekte ab (Kasten Seite 117; Kapitel 5).

Im besonders gut untersuchten Engadin, wo vergleichbare Datenreihen bis 1975 zurückgehen, zeigt sich dieses Bild exemplarisch (Haller 1996, Jenny et al. 2024). Dank dem Monitoring von David Jenny liegen seit der Jahrtausendwende exakte Daten für das ganze Tal vor. Die Zahl der besetzten Reviere wuchs im Verlauf der letzten 24 Jahre von 20 auf 35 an, also um 43 % (Abb. 9). Auch hier lässt sich eine leicht abflachende Wachstumskurve erkennen. Allerdings sind auch in jüngster Zeit neue

Abb. 8 Blick ins bisher kleinste Revier in Graubünden. Es umfasst lediglich 12 km^2 und wurde 2017 gegründet, wobei es auf Anhieb zu einer erfolgreichen Brut kam. Das damals ausgeflogene Weibchen war der erste besenderte Nestling in der Schweiz (D. Jenny, 30.10.2024, Val Susauna GR).

Abb. 9 Rechte Seite: Entwicklung der Paarzahl im Engadin seit 1975. Datengrundlage bis ins Jahr 2000: Haller (1996) und Amt für Jagd und Fischerei Graubünden. Ab 2000: Jenny et al. (2024) inkl. Ergänzungen bis 2024.

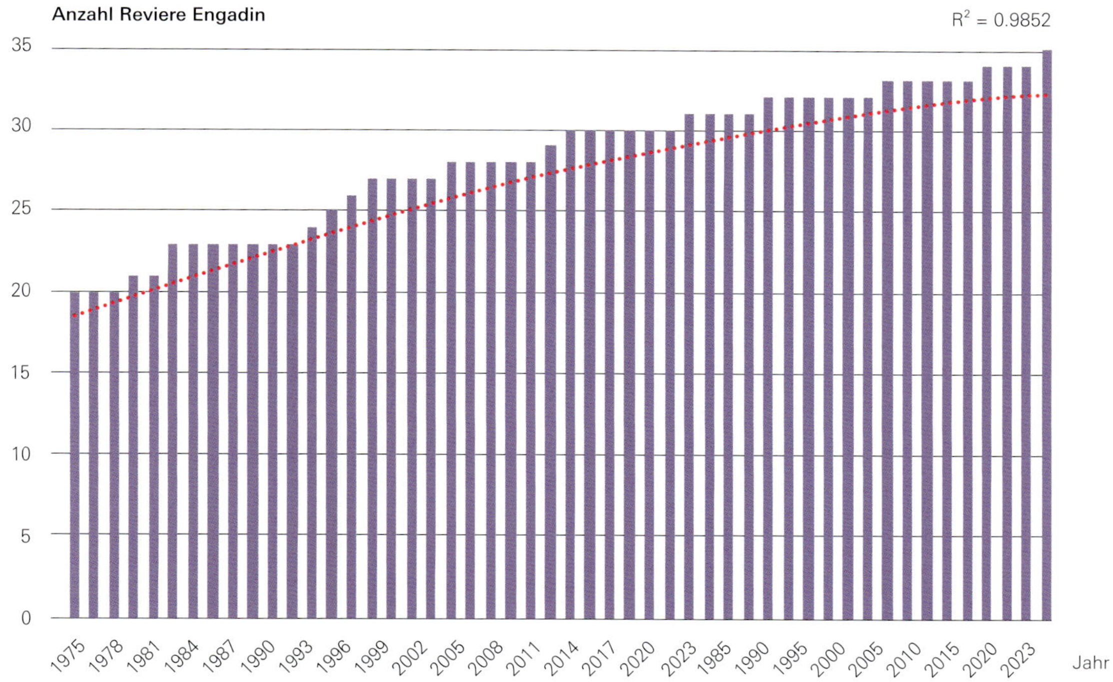

Paare dazugekommen, was bedeutet, dass mit einer weiteren Verdichtung zu rechnen ist. Insbesondere im dünner besiedelten Oberengadin gibt es noch Potenzial für weitere Revierpaare.

Mit dem Anwachsen der Revierzahl verdichtete sich die Population. Im Kanton Graubünden hat sich die für ein Paar zur Verfügung stehende Fläche schrittweise von 111 km² um Mitte des 20. Jahrhunderts über 70 km² um 1990 auf heute knapp 60 km² verringert (Anhang Tab. 15). Im Oberengadin ist die Verdichtung zwischen Samedan und Brail augenfällig, die Revierzahl wuchs 1975 bis 2024 von sechs auf elf an (Abb. 10). Die freien Räume zwischen den Revieren, die oft von unverpaarten Einzeladlern genutzt werden, sind deutlich geschrumpft. Besonders kleine Reviere mit weniger als 30 km² Fläche wie Susauna II oder Chaschauna (Abb. 8) existieren erst seit dem letzten Jahrzehnt. Sie sind Ausdruck der hohen Paardichte, aber auch von neuen Strategien. Kleine Reviere können, wie im Kapitel 6 dargelegt, auch Vorteile bieten.

Abb. 10 Raumbelegung der Paare im mittleren Engadin in den Jahren 1975 (links) und 2024 (rechts). Neue Paare sind rot beschriftet. Die Revierzahl hat sich in 50 Jahren fast verdoppelt. Datengrundlage: Haller (1996) und D. Jenny (unpubl. Daten, Schweizerische Vogelwarte Sempach und Amt für Jagd und Fischerei Grubünden).

Auch in anderen Teilen der Schweizer Alpen sind die Bestandsverdichtungen im Verlauf der letzten Jahrzehnte gut dokumentiert. Im Kanton Bern erhöhte sich die Zahl der Paare seit 1987 (Haller 1988, Jenny 1992) von 35 auf aktuell 42 Paare (Jenny 2019 und Datenbank Vogelwarte). Im Wallis ist die Zahl der besetzten Reviere während der Erhebungen für den Schweizerischen Brutvogelatlas von 57 im Jahr 1996 auf 69 im Jahr 2016 angestiegen und liegt aktuell bei 75 Paaren (S. Denis, Kasten Abb. 11). Hier war die Verdichtung in den letzten 30 Jahren mit 24 % Zunahme noch akzentuierter als in Graubünden mit 10 %.

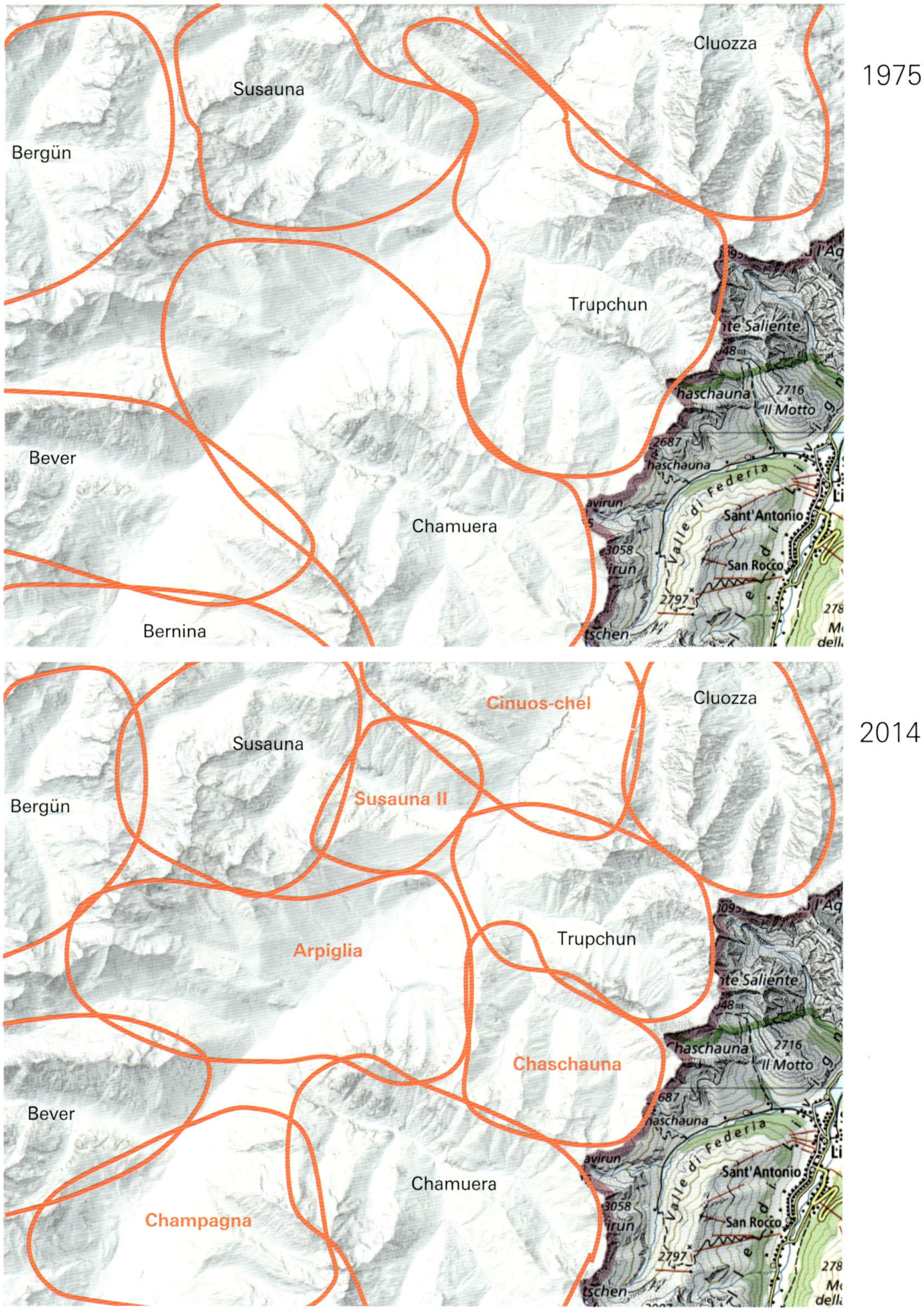

Abb. 10 Raumbelegung der Paare im mittleren Engadin in den Jahren 1975 (oben) und 2024 (unten). Neue Paare sind rot beschriftet. Die Revierzahl hat sich in 50 Jahren fast verdoppelt. Datengrundlage: Haller (1996) und D. Jenny (unpubl. Daten, Schweizerische Vogelwarte Sempach und Amt für Jagd und Fischerei Graubünden).

Bestandswachstum im Wallis

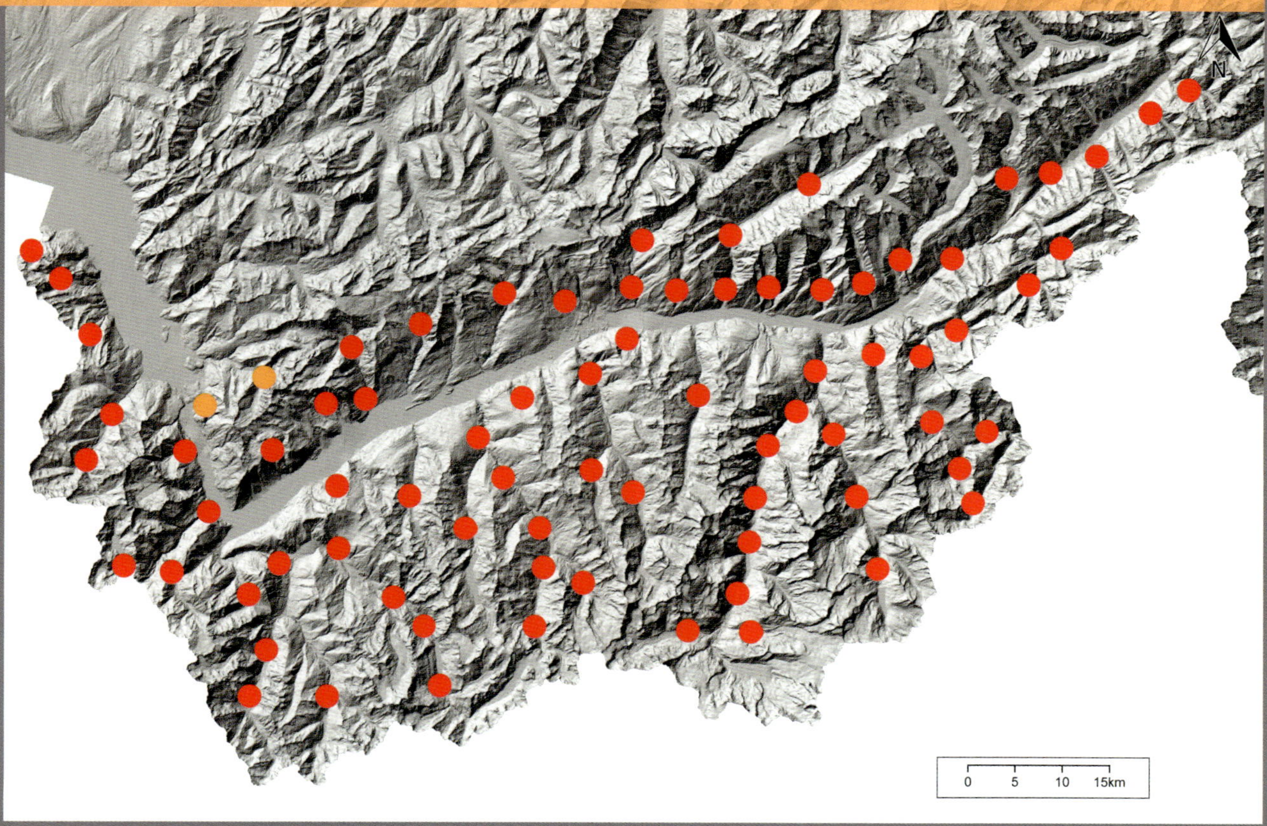

Etwa ein Fünftel der Schweizer Steinadler lebt heute im 5224 km^2 großen Kanton Wallis. Zwischen 1910 und 1950 waren im Wallis 23 besetzte Steinadlerreviere bekannt (S. Denis). Systematisch erhobene Angaben zum kantonalen Bestand gibt es seit den Erhebungen von Pierre-Alain Oggier in den 1990er-Jahren (Oggier 1994). Damals wurden 57 Revierpaare nachgewiesen. Davon ausgehend lässt sich die Bestandsentwicklung bis heute herleiten.

Während der letzten drei Dekaden verdichtete sich der Bestand stetig. Die neuen Paare rekrutierten sich auffallend oft aus noch jungen Individuen. Diese ließen sich zuerst in den größeren Seitentälern, später auch in kleinen Tälern nieder. In besonders geeigneten Teilgebieten wie im Mattertal wuchs die Revierzahl im Verlauf der letzten 30 Jahre von vier auf heute sieben an. Auffallend kleine, nur etwa 20 km^2 umfassende Reviere wurden erstmals 2011 in der Val Ferret festgestellt. Später schien dies auch in anderen Teilen des Wallis bei neuen Paaren die Regel zu werden. Der Trend gipfelte in einem 2016 neu gegründeten nur gerade 8 km^2 großen Revier oberhalb Fully, dessen Paar auf Anhieb erfolgreich brütete (Denis 2021). In derselben Region entstand im Jahr 2020 nochmals ein weiteres erfolgreiches Minirevier (15 km^2). Weitere, aber noch nicht definitiv bestätigte Paare werden bei Liddes, in der hinteren Val Ferret und bei Vissoie vermutet. Den aktuell 75 Walliser Revierpaaren (Abb. 11) stehen durchschnittlich je 69,5 km^2 Fläche zur Verfügung. Stellt man die für Steinadler nicht nutzbaren Gletscherflächen und Hochgebirgslagen in Abzug, sind es noch etwa 57 km^2 pro Paar.

Abb. 11 Verteilung der Revierpaare im Kanton Wallis 2024 (Erhebungen S. Denis). Zwei im Kanton Waadt brütende Paare (Pont de Nant und Lavey) befliegen große Teile des Kantons Wallis und wurden auf dieser Karte mitberücksichtigt (orange Punkte). Basiskarte: swisstopo.

Die Schweizer Alpenpopulationen im Vergleich

Werfen wir noch einen Blick auf die Situation in den umliegenden Alpenländern und darüber hinaus. Von den benachbarten Ländern existieren einzig aus Frankreich hinreichend lange Datenreihen über die Entwicklung des Bestands, die einen Vergleich mit der Schweiz zulassen. Wentworth et al. (2024) fanden in zwei Alpenregionen, Hautes-Alpes und Isère, deutlich positive Bestandsentwicklungen. Im ersten Gebiet wuchs die Paarzahl zwischen 1972 und 2019 von 12 auf 78 Paare (Faktor 6,5!) und bei Isère zwischen 1985 und 2019 von 22 auf 53 Paare (Faktor 2,4). Auch wenn die Bestände früher – wie in der Schweiz – wohl unterschätzt wurden, ist das Wachstum dieser Populationen unbestritten und offenbar noch ausgeprägter als in der Schweiz. In beiden Fällen ging mit dem Wachstum auch ein Rückgang der Nachwuchsrate einher: im Fall der Hautes-Alpes von 0,62 auf 0,48 Jungvögeln pro Paar und Jahr und in Isère von 0,64 auf 0,55. Die Produktivität liegt damit aber immer noch deutlich höher als in den Schweizer Alpen. Auch vom weiter westlich liegenden Massif Central liegen Datenreihen vor, seit 1976. Der Bestand wuchs dort von 10 auf 38 Paare bei leicht rückläufiger Nachwuchsrate.

In Italien, im zentralen Apennin, hat die Steinadlerpopulation in den letzten Jahrzehnten ebenfalls zugenommen, dies nach einem vergleichsweise späten Bestandstief in der zweiten Hälfte des 20. Jahrhunderts (Zocchi & Panella 1996, Angelini et al. 2017, Borlenghi 2017). Noch in den 1990er-Jahren war dort die bei drei Paaren gemessene Horstpräsenz zur Zeit der Bebrütung deutlich höher als in den Schweizer Alpen (Vogeley 1996). Sättigungseffekte waren aufgrund des geringen Nahrungsangebots und tieferer Siedlungsdichte kaum wirksam.

In Spanien hat sich die Paarzahl seit den 1980er-Jahren etwa verdoppelt (Bautista 2024). Hier zeigt sich gemäß Bautista (2024) eine wesentlich höhere Produktivität (0,50–1,17) als in den Schweizer Alpen. Auch in den fennoskandischen Ländern sind die Population seit den 1980er-Jahren stark angewachsen, so etwa in Norwegen von ca. 500 auf 1100 bis 1500 Paare (Gjershaug et al. 2024).

Im Kontext der andern europäischen Steinadlerpopulationen reiht sich jene der Schweizer Alpen in die zahlreichen prosperierenden Populationen ein. Am Tiefpunkt vor 120 Jahren war die Bestandsdichte hierzulande aber wohl höher als anderswo in den Alpen und sie hat sich daher nicht ganz so dynamisch entwickelt wie in den benachbarten Ländern.

Bilanz zur Entwicklung des Bestands

Die Steinadlerpopulation in der Schweiz hat sich vom einstigen Aderlass durch direkte Verfolgung vollständig erholt. Das Wachstum des Bestands seit dem Tiefpunkt ist mit Daten gut belegt und eindrücklich. Es lassen sich dabei drei Hauptmerkmale erkennen: 1) Das Brutgebiet in der Schweiz hat sich um ein Viertel vergrößert 2) der Jura wurde neu besiedelt 3) Die Population hat sich um den Faktor 3,5 verdichtet. Dabei ist die Wachstumskurve aufgrund hoher innerartlicher Konkurrenz abgeflacht.

Blicken wir in die Zukunft, so ist von einer weiteren, moderaten Verdichtung in den Alpen auszugehen, und im Jura wird sich das Brutgebiet weiter ausdehnen. Trotz heute tiefer Nachwuchsrate werden immer noch Überschüsse produziert, die das Wachstum ermöglichen. Neue Ansiedlungen in den tiefen Lagen sind punktuell möglich, ein flächiges Vordringen Richtung Mittelland ist aber nicht zu erwarten.

Wenn wir die Situation im europäischen Vergleich betrachten, stellen wir vielerorts ähnliche Entwicklungen fest (Anhang Tab. 3). Dies unterstreicht einmal mehr die Anpassungsfähigkeit des Steinadlers. Der Faktor Mensch hat sich in der Vergangenheit limitierend ausgewirkt, doch wenn dessen Einschränkungen wegfallen, steht einer – ausreichende Lebensraumbedingungen vorausgesetzt – vitalen Entwicklung des Steinadlerbestands nichts im Wege. Was im großräumigen Vergleich mit Bestandsentwicklungen im übrigen Europa und in Nordamerika allerdings auffällt: Das Phänomen «Konkurrenz» manifestiert sich nirgends so deutlich wie hierzulande. Dies hat einerseits mit der in den Schweizer Alpen besonders akzentuierten Bestandssättigung zu tun, andererseits aber auch mit einem scharfen Blick auf ökologische Zusammenhänge. Dieser wurde dank weit zurückreichenden Datenerhebungen, dem zweiseitigen Fokus auf Revierpaare und Einzelvögel sowie dem Einsatz moderner technischer Hilfsmittel möglich.

Abb. 12 Distanzen zwischen dem Fundort von nestjung beringten Jungadlern und ihrem Geburtsort in Abhängigkeit vom Alter der Steinadler (in Tagen). Alle weiter als 120 km vom Heimathorst entfernten Wiederfunde betrafen Vögel im Alter von weniger als 600 Tagen (gelb umrahmt). Alle Wiederfunde nach mehr als 5000 Tagen waren näher als 50 km vom Geburtsort entfernt (rot umrahmt). Ringfunddaten der Schweizerischen Vogelwarte Sempach 1953 bis 2014 (n = 47).

Heimatliebe

Mit «Heimatliebe» oder «Philopatrie» wird das Phänomen bezeichnet, welches zur Rückkehr von Jungvögeln nach ihren Lehr- und Wanderjahren in die Nähe ihres Geburtsorts führt. Dabei lassen sich zwei Phasen unterscheiden: Zum einen der Wegzug in die Ferne kurz nach dem Verlassen des Heimatreviers und zum andern die Rückkehr in die Region ihrer Herkunft vor oder beim Erreichen der Geschlechtsreife im Alter von ca. vier Jahren. Biologisch ist es sinnvoll, sich dort zu verpaaren und fortzupflanzen, wo man herstammt und genetisch angepasst ist. Heinrich Haller belegte das Phänomen in seiner Steinadler-Monografie (1996) mit den Fundorten von beringten Steinadler-Nestlingen. Wiederfunde mit größeren Distanzen zum Heimatrevier (>120 km) betrafen ausschließlich höchstens zweijährige Jungadler, während zwei- und mehrjährige Vögel aus 20–120 km Entfernung vom Geburtsort gemeldet wurden. Neuere Ringfunddaten der Schweizerischen Vogelwarte Sempach bestätigen dieses Muster (Abb. 12). Die Daten unserer in Graubünden besenderten Jungadler zeigen ein ähnliches, wenn auch in Teilen abweichendes Ergebnis. Hier fällt auf, dass ein größerer Anteil bei den frisch aus dem Heimatrevier emigrierten Jungadlern in der Heimatregion verbleibt und sich innerhalb einer Fläche in der Größenordnung von 25 000 km² bewegt. Allerdings gibt es Ausnahmen. Das sind Jungadler, die sich kurz nach dem Verlassen des Heimatreviers in andere Teile der Alpen verlagern und dort auch verweilen. So zog ein im Averstal GR im Jahr 2020 besenderter Nestling im April 2021 in die Ostalpen im Bereich der 250 km entfernten Hohen Tauern (A) und ist dort geblieben. Ein im Engadin 2019 besenderter Jungadler zog es nach Westen, wo er bis zum Ausfall des Senders nach 2 Jahren bei Engelberg OW ein *Jugend-home-range* bezog. Große Erkundungstouren, die bis zu 320 km vom Heimatrevier wegführten, fanden bei besenderten Jungadlern ausschließlich im ersten Lebensjahr statt.

Die entscheidende Frage nach der Distanz zwischen dem Geburtsort und dem Ort seiner Niederlassung als verpaarter Vogel muss leider weitgehend offenbleiben, weil dies bisher nur bei zwei sendertragenden Vögeln bekannt wurde (vgl. Kapitel 6). Die beiden nestjung besenderten Jungadler sind im Alter von vier bzw. fünf Jahren in Entfernungen von 18 km und 115 km vom Ort ihrer Herkunft zumindest ansatzweise Reviervögel geworden, zu Bruten kam es allerdings noch nicht. Größere Datensätze sind aus

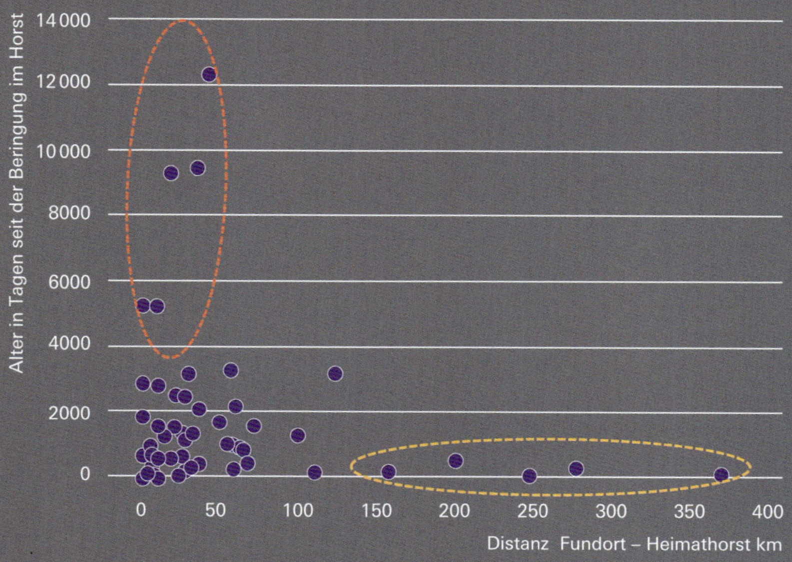

Schottland bekannt, die sich aber aufgrund stark unterschiedlicher Bedingungen nur eingeschränkt mit der Alpenpopulation vergleichen lassen. Dort haben sich 25 Jungadler in durchschnittlich 46 km, also in recht kurzer Entfernung vom Heimathorst, niedergelassen (Whitfield et al. 2022).

In unseren Datensätzen fällt auf, dass das Heimatrevier nach dem Selbstständigwerden von Jungadlern kaum mehr aufgesucht oder sogar gemieden wird, was auf einen weiteren Aspekt hinweist: Jungadler können so vermeiden, die eigenen Eltern zu konkurrenzieren. Philopatrie-Effekte beim Steinadler sind in den Alpen offenkundig. Sie scheinen sich ähnlich wie beim in den Alpen wiederangesiedelten Bartgeier abzuspielen (Jenny et al. 2015). Dort ließen sich im Mittel 85 % der adulten Vögel im Umkreis von weniger als 50 km vom Horst ihrer Eltern entfernt nieder.

8 | Todesursachen, Gefährdung und Schutz des Steinadlers

Vorhergehende Doppelseite Ein adultes Steinadler-Weibchen, das sich den rechten Flügel brach, erhält nach vier Wochen auf der Pflegestation von Werner Fischer Flugtraining zur Stärkung der Flugmuskulatur (D. Jenny, 01.10.2020, Ftan GR).

Obwohl in den meisten europäischen Ländern die Steinadlerbestände heute wachsen oder zumindest stabil sind, bleibt dieser Spitzenprädator – bedingt durch seine naturbedingte Seltenheit – verletzlich. Im Alpenraum haben die Populationen mittlerweile den Bereich der Kapazität ihrer Lebensräume erreicht oder sind auf dem Weg hierzu. Große Beutegreifer entwickeln stets nur eine vergleichsweise geringe Individuenzahl, bei welcher Verluste nicht so leicht kompensiert werden können. Dies steht im Gegensatz zu manch andern Vogel- oder Säugetierarten, die auf einer tieferen trophischen Stufe stehen, deren Raumansprüche kleiner sind und die deswegen größere Bestände zu bilden vermögen.

Der Status der Population, das heißt, ob diese wächst, stabil ist oder sinkt, lässt sich grob durch drei Faktoren erklären: die Produktivität, die Mortalität und die Zu- bzw. Abwanderung. Letzteres ist beim Alpensteinadler praktisch vernachlässigbar, da er ganzjährig sesshaft ist und – bedingt durch Philopatrie (Kasten Seite 211) – eine eher geringe Neigung hat, auszuwandern und entfernte Lebensräume zu besiedeln. Über die Fortpflanzung und deren Erfolg wissen wir heute mindestens aus den Untersuchungsgebieten gut Bescheid. Größere Wissenslücken gibt es hingegen nach wie vor bei Fragen zur Sterblichkeit der Steinadler. Gemeint sind Fakten zu den Sterbe- bzw. Überlebensraten, welche zusammen mit den Fortpflanzungsraten ein modellhaftes Verständnis der Populationsentwicklung ermöglichen. Wir erkennen zwar, ob eine Population zunimmt oder schrumpft, das Zusammenspiel von Nachwuchs und Sterblichkeit kennen wir aber nicht genau. Und wir wissen nicht, bei welchen Veränderungen dieser Werte ein Populationstrend kippt. Bei Arten mit geringer Individuenzahl ist diese Balance labil, also wenig resilient gegenüber neuen Einflüssen. Und derlei neue Einflüsse sind – menschbedingt – heute häufig und sie nehmen tendenziell zu.

Relativ hohe Überlebensraten

Die Sterberisiken des Steinadlers haben sich im Verlauf von gut 100 Jahren drastisch verändert. War es damals die direkte Verfolgung durch Abschüsse und Aushorstungen, so stehen heute – neben den erwähnten innerartlichen Kämpfen – Kollisionen mit Leitungen, Verkehrsträgern und Infrastrukturen, Stromschläge und Vergiftungen im Vordergrund. Es sind Auswirkungen der modernen Gesellschaft, die heute bis in die abgelegensten Alpentäler wirken. Die Sterblichkeit der Steinadler war zu Zeiten seiner gezielten Verfolgung, trotz der vielen neuen Sterberisiken, allerdings wesentlich höher als heute. Das geht allein schon aus der Tatsache hervor, dass der Bestand anfangs des 20. Jahrhunderts zusammenbrach und er sich heute nicht nur erholt hat, sondern sich weiter verdichtet. Trotz bemerkenswert geringer Produktivität wächst der Bestand auch heute noch leicht, erklärbar durch hohe Überlebensraten. Diese liegen in unserer Stichprobe von in Graubünden sendermarkierter Adler bei 0,90 pro Jahr während der ersten fünf Lebensjahre seit dem Flüggewerden, wobei die Sterblichkeit im vierten Lebensjahr deutlich erhöht ist (Anhang Abb. 4). Das bedeutet, dass 60 % der insgesamt 39 besenderten Bündner Steinadler die spätestens im Alter von fünf Jahren erreichte Geschlechtsreife erlebten. Verpaarte Adultvögel haben grundsätzlich höhere Überlebensraten, die wir aber aus methodischen Gründen kaum kennen. Insgesamt liegen unsere Werte in den Alpen deutlich höher als in Studien aus Nordamerika, wo die Überlebensraten basierend auf 270 telemetrierten Steinadlern zwischen 0,84 (juvenile), 0,80 (immature) und 0,91 (adulte) lagen (Hunt et al. 2017).

Europa- und weltweit gibt es Dutzende von ökologischen Steinadlerstudien, die sich fast alle auch mit Artenschutzfragen befassen. Dort finden sich meist Statistiken zur Mortalität und deren Ursachen und daraus abgeleitete Maßnahmen. Auch wir machen diese Erhebungen und führen Buch über tot oder verletzt gefundene Steinadler. Es handelt sich dabei insbesondere um Totfunde aus den Kantonen Graubünden und Wallis, aber auch aus anderen Teilen der Schweiz. In Graubünden werden tot gefundene Steinadler systematisch durch das kantonale Amt für Jagd und Fischerei erfasst und Untersuchungen zur Ermittlung der Todesursachen durchgeführt, Gewebeproben entnommen und wichtige Körpermaße erhoben (Abb. 1). Auch am Institut für Fisch- und Wildtiergesundheit der Universität Bern (FIWI) werden pathologische Untersuchungen an toten Steinadlern durchgeführt. Diese Analysen geben einen recht guten Einblick in die Risiken und Gefahren, welchen Steinadler heute ausgesetzt sind (Tab. 1). Sie bringen zwar hauptsächlich qualitative Ergebnisse zutage, sie ermöglichen es aber, bei den Schutzmaßnahmen die richtigen Prioritäten zu setzen. Und sie zeigen auf, wo es aufgrund von Wissenslücken Forschungsbedarf gibt.

Bevor wir uns den Statistiken zuwenden, sei noch eine wichtige Unterscheidung gemacht. Nämlich diejenige zwischen natürlichen und menschbedingten Todesursachen. Anteilmäßig sind in unserer Stichprobe von tot aufgefundenen Tieren mit bekannter Todesursache jene etwas häufiger, die einer natürlichen Todesursache erlagen als jene, die einer menschbedingten Ursache zum Opfer fielen. Dazu sind zwei Dinge anzumerken. Erstens: Beim Vergleich der beiden Kohorten ist von einem systematischen Fehler auszugehen, weil Unfallopfer eher gefunden werden als natürlich gestorbene Steinadler. Zweitens: Der hohe Anteil bei den natürlichen Ursachen geht vor allem auf die große Zahl von Kampfopfern zurück (Anhang Abb 16). Innerartliche Auseinandersetzungen mit Todesfolgen sind heute beim Steinadler in den Alpen das größte Sterberisiko.

Unter Berücksichtigung der erwähnten Begleitumstände umfasst die durch menschliche Einflüsse bedingte Zahl von Opfern knapp die Hälfte aller Fälle mit bekannter Todesursache (45,5 %, n = 134). Verglichen mit aus der Literatur bekannten

Abb. 1 Linke Seite: Tot gefundene Steinadler werden am Amt für Jagd und Fischerei Graubünden (AJF) systematisch untersucht. Neben Vermessungen und Probeentnahmen für toxikologische Analysen stehen Abklärungen zur Todesursache im Vordergrund. Links: Hannes Jenny, AJF; rechts David Jenny (G. Derungs AJF, 10.04.2024).

Tab. 1 Todesursachen bei 170 in der Schweiz zwischen 2004 und 2024 tot oder sterbend gefundenen Steinadlern. 59 % der Funde stammen aus dem Kanton Graubünden. Sie wurden beim Amt für Jagd und Fischerei in Chur untersucht. Datengrundlage für alle andern Funde: Institut für Fisch- und Wildtiergesundheit der Universität Bern, Jagdbehörden der Kantone VS, VD, FR, BE, TI, LU, NW, SZ, UR GL, SG. Menschbedingte Todesursachen sind fett hervorgehoben.

Todesursache		**Anzahl Opfer**		**%**
Innerartliche Auseinandersetzungen (Kampfopfer)	sicher	44		
	vermutlich	21	65	38,2
Unbekannt			35	20,6
Vergiftung	Blei	11		
	Barbiturate	6		
	Insektizide/Rodentizide	3	20	**11,8**
Kollision	Hochspannungsleitung	10		
	Kabel (Seilbahn, Heuseil)	4		
	unbekannt	3	17	**10,0**
Beschuss	Schrot (eingewachsen)	6		
	illegaler Abschuss	2		
	erschossen	2	10	**5,8**
Stromschlag			5	**2,9**
Trauma unbekannt			4	**2,4**
Altersschwäche			3	1,8
Kollision mit Flugzeug			3	**1,8**
verhungert			2	1,2
Weidezaun (verheddert)			1	**0,6**
Lawinenopfer			1	0,6
Windkraftanlage			1	**0,6**
Krankheit			1	0,6
erschlagen			1	**0,6**
ertrunken			1	0,6
Total			170	**100**

Statistiken zur Mortalität aus anderen Gebieten des Steinadlerareals ist dieser Wert auffallend gering. Er steht in Kontrast zu den oft weit höheren Anteilen an anthropogen bedingten Todesursachen von 80–96 % etwa aus Südeuropa, aus dem Balkan und aus Fennoskandien (Bautista 2024, Grubač 2024, Hedfeldt 2024).

Es gilt noch festzuhalten, dass bei Sektionen von Kadavern die Todesursache oftmals nicht ersichtlich wird, insbesondere bei altersbedingt oder durch Krankheiten gestorbenen Vögeln. Diese hinterlassen meist weit weniger gut erkennbare Veränderungen als Unfallopfer und sie sind wohl auch deshalb in der Stichprobe untervertreten. Auch bei 13 besenderten und tot gefundenen Jungadlern waren sichere Diagnosen in der Minderzahl. Immerhin traten dort etwas häufiger auch natürliche Todesursachen wie Verhungern oder Prädation zutage. Bei Letzterem war allerdings oft nicht sicher zu erkennen, ob die von einem Fuchs oder Marder zugefügten Verletzungen dem noch lebenden oder bereits toten Vogel zugefügt wurden.

Der in unserer Stichprobe hohe Anteil an Kampfopfern ist Ausdruck hoher Dichte und innerartlicher Konkurrenz, was ausführlich in Kapitel 5 beschrieben wurde. Der Anteil an Opfern von Auseinandersetzungen zwischen Artgenossen ist im Kanton Graubünden noch deutlich höher als in der gesamtschweizerischen Stichprobe. In diesem Gebirgskanton liegt der Kampfopfer-Anteil bei 50 % (n = 100). Wenn man die Fälle mit unbekannter Todesursache weglässt, sind es in jüngster Zeit sogar 61 % (n = 82). Nichtsdestotrotz bedeuten menschbedingte Todesursachen einen Aderlass für die Population, und sie sind aus Sicht des Artenschutzes relevant und grundsätzlich vermeidbar.

Schauen wir uns nun die menschbedingten Todesursachen genauer an und beleuchten deren Hintergründe. Dies, um adäquate Schutzmaßnahmen abzuleiten.

Tod durch Gift

An erster Stelle bei den anthropogenen Todesursachen stehen Vergiftungen. Das ist besorgniserregend, umso mehr, als mit einer beachtlichen Dunkelziffer zu rechnen ist. Der Nachweis von Giften im Tierkörper ist stets mit einem hohen Aufwand verbunden, der meist nur dann erbracht wird, wenn Hinweise auf akute Vergiftungen bei kranken oder toten Vögeln vorliegen. Oft sind bei mit Gift kontaminierten Vögeln aber keinerlei äußere Merkmale zu erkennen (Abb. 2) und so ist davon auszugehen, dass bei der Kohorte der Fälle mit unbekannter Todesursache auch weitere, nicht diagnostizierte vergiftete Vögel sind. Eine zusätzliche Schwierigkeit ergibt sich durch die Tatsache, dass nicht in allen auf Gift untersuchten Fällen geklärt werden kann, ob die Giftstoffe unmittelbare Todesfolgen hatten oder ob andere Ursachen letztlich zum Tod führten. In 18 Fällen waren die Vergiftungen jedoch akut.

Typische Symptome bei noch lebenden Vögeln waren Lähmungen oder Krämpfe; bei toten Tieren sind über den Grenzwerten für Toxizität liegende Konzentrationen von Giftstoffen im Körpergewebe entscheidend. Acht Steinadler mit akuten Vergiftungssymptomen wurden lebend behändigt und in Pflege gebracht. Drei davon – alle mit Bleivergiftungen – konnten erfolgreich behandelt und wieder ausgewildert werden (Abb. 3). Eine Therapie bei Bleivergiftung basiert auf der Applikation eines sogenannten Chelatbildners (z. B. EDTA), welcher das Schwermetall bindet und wasserlöslich macht, sodass es ausgeschieden werden kann.

Forschung bringt Licht ins Bleiproblem bei Greifvögeln

Systematische toxikologische Untersuchungen bei Steinadlern wurden bisher in der Schweiz nur bezüglich des giftigen Schwermetalls Blei durchgeführt, denn Blei figuriert unter den Vergiftungsfällen an erster Stelle (55 %, n = 20). Obwohl die Giftigkeit von Blei schon lange bekannt war, ist dessen besonders hohe Toxizität für Greifvögel erst seit den 1990er-Jahren in den Fokus der Forschung getreten. Seither sind zahlreiche Publikationen erschienen, welche die fatale Wirkung des Bleis auf Greifvögel belegen (Fünfstück 2006, Pain et al. 2019, Bassi et al. 2021).

Aufgenommenes Blei wird in den Knochen eingelagert und akkumuliert. Neben akuten Symptomen, die auf sehr hohe Bleibelastungen zurückgehen, wirken Bleikonzentrationen in Knochen oft auch subletal, also nicht tödlich. Sie können sich aber auf die Vitalität der Steinadler auswirken. So zeigte eine schwedische Studie, dass subletale Bleikonzentrationen im Gewebe von Steinadlern deren Flughöhen und Flugaktivität negativ beeinflussen (Ecke et al. 2017).

Eine umfangreiche Blei-Studie mit Steinadlern aus der Schweiz wurde ab 2012 an der Schweizerischen Vogelwarte Sempach lanciert. Sie basierte auf der Analyse von Gewebeproben toter und schwer verletzter Adler aus der Schweiz, die am Rechtsmedizinischen Institut der Universität Zürich mittels eines Massenspektrometers (Abb. 4) genaue Ergebnisse über die Konzentration des Bleis und dessen unterschiedlicher Isotope im Gewebe erbrachte. Die Resultate ergaben bei den in den Knochen gemessenen Bleikonzentrationen von insgesamt 46 untersuchten Steinadlern bemerkenswert hohe Werte (Madry et al 2015, Ganz et al. 2018; Abb. 5).

Der Durchschnittswert lag bei 16 µg/g Blei. 65 % der Steinadler wiesen erhöhte Bleiwerte über 10 µg/g auf, bei 30 % lag

die Bleikonzentration über 20 µg/g und bei 18 % sogar über 30 µg/g. Höchstwerte waren 46 und 56 µg/g Blei. Die Grenzwerte für stark erhöhte Bleikonzentrationen in Knochen von Vögeln, die klinische Vergiftungen zur Folge haben können, werden bei 20 µg/g angesetzt (Pain et al. 2019).

Abb. 2 Dieses tot aufgefundene adulte Weibchen wies in den Knochen einen Bleiwert von 32,2 µg/g auf, was einer klinischen Vergiftung entspricht (L. Felber, 23.04.2011, Schrattenfluh LU).

Abb. 3 Steinadler mit akuter Bleivergiftung können – sofern sie rasch behändigt werden – erfolgreich therapiert werden. Dieses adulte Weibchen wurde nach 5-wöchiger Pflege wieder freigelassen. Im Bild: Andi Lischke, Leiter der Greifvogelstation Berg am Irchel (M. Burkhardt, 27.03.2013, Menzberg LU).

Abb. 4 Bleianalysen von Gewebeproben toter Steinadler wurden mittels eines hochempfindlichen Plasma-Massenspektrometers am Rechtsmedizinischen Institut der Universität Zürich durchgeführt (D. Jenny, 18.07.2014, Zürich).

Derart hohe Bleibelastungen wurden in der Schweiz erstmals bei Greifvögeln nachgewiesen. Neben Steinadlern wurden auch Rotmilane, Bartgeier und Kolkraben untersucht (Abb. 6). Die Bleiwerte in den Knochen der Steinadler waren deutlich höher als in den meisten bisher bekannten Studien. Unsere untersuchten Leber- und Knochenproben stammten mehrheitlich aus Graubünden, und wir machten uns natürlich Gedanken über die Herkunft des Bleis. Es lag auf der Hand, Jagdmunition als mögliche Bleiquelle in Betracht zu ziehen, denn das Bündnerland ist der traditionsreichste Jagdkanton.

Auf der Suche nach der Bleiquelle

Die Klärung der Frage nach der Herkunft des Bleis war eine Herausforderung, denn es gab Zweifel sowie Widerstand aus Jägerkreisen, die mögliche alternative Bleiquellen wie das Gestein oder die Atmosphäre ins Feld führten. Es brauchte handfeste Indizien. Wir machten uns die Eigenschaften von Schwermetallen, die in unterschiedlichen Isotopen vorkommen, zunutze. Deren Signaturen sind wie Fingerabdrücke und sie lassen eine schlüssige Rückverfolgung zu, wie das Blei in die Steinadler gelangen konnte. Es wurden Vergleichsproben aus

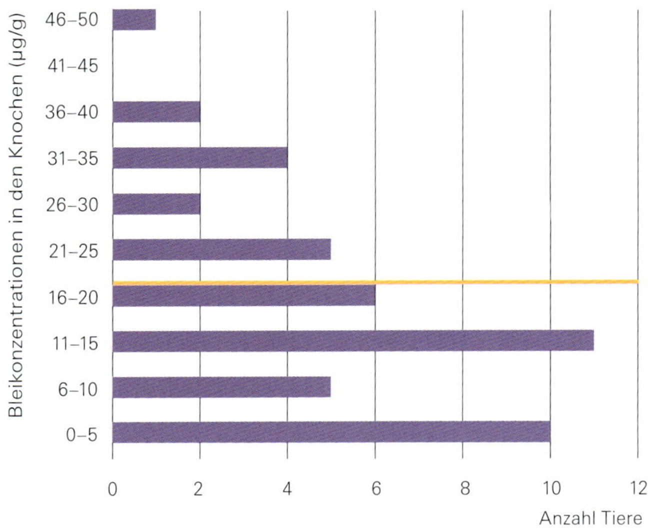

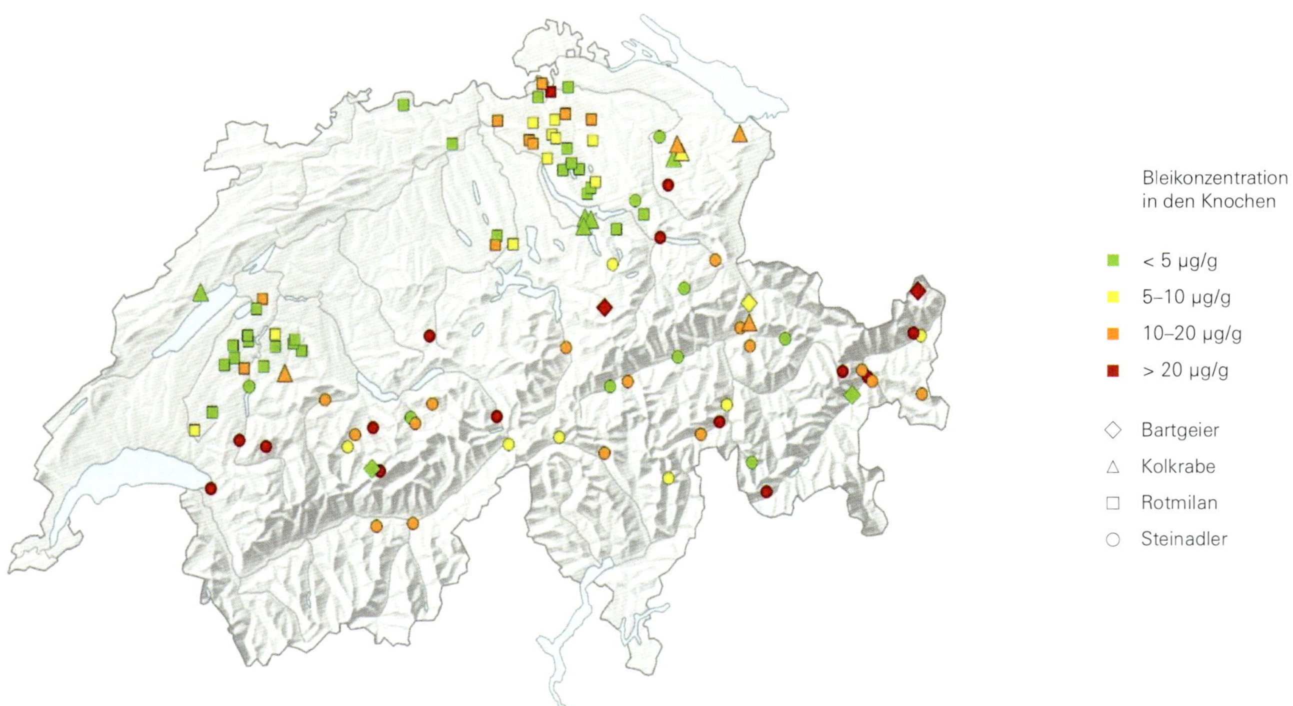

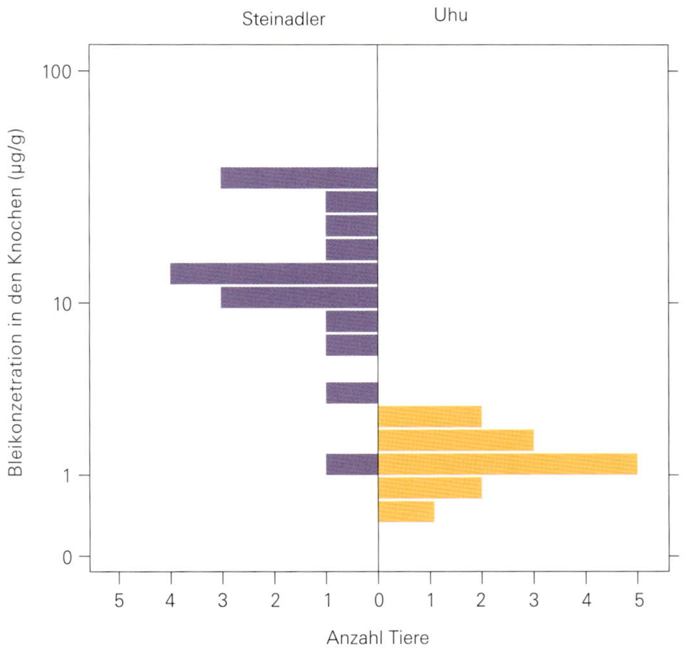

Abb. 5 Linke Seite: Bleikonzentrationen in den Knochen von insgesamt 46 untersuchten Steinadlern aus den Schweizer Alpen (2008 bis 2020). Werte von mehr als 20 µg/g werden als klinische Vergiftung taxiert (Gelbe Linie; aus: Ganz et al. (2018).

Abb. 6 Linke Seite: Fundorte von zwischen 2006 und 2013 gefundenen toten Steinadlern, Bartgeiern, Rotmilanen und Kolkraben und deren Bleiwerte in den Knochen (aus: Ganz et al. 2018).

Abb. 7 Bleikonzentrationen in den Knochen toter Steinadler und toter Uhus (logarithmische Skala) im Vergleich. Die Großeule ernährt sich im Gegensatz zum Steinadler nicht oder kaum von Aas (aus: Madry et al. 2015).

dem Boden, von Beutetieren und von nicht oder kaum aasfressenden Vögeln wie dem Uhu untersucht und die Blei-Isotope von Bleimunition mit den in Geweben von Steinadlern gefundenen Signaturen verglichen. Alle geprüften Indizien wiesen auf Jagdmunition als Bleiquelle hin (Madry et al 2015). Die in den Steinadlerknochen gefundenen Blei-Isotopen-Verhältnisse $^{207}Pb/^{208}Pb$ und $^{206}Pb/^{208}Pb$ waren von denjenigen der Jagdmunition nicht zu unterscheiden (Anhang Abb. 17). Hingegen waren die Isotopenverhältnisse von möglichen alternativen Bleiquellen wie die Knochen von Beutetieren signifikant verschieden von den Bleisignaturen von Steinadlern und von der Jagdmunition. Zu den untersuchten Beutetieren gehörten Steinböcke und Murmeltiere. Zudem wurden Bodenproben analysiert, ebenso wie Uhus, die nur ausnahmsweise Aas aufnehmen und erwartungsgemäß sehr geringe Bleikonzentrationen aufwiesen (Abb. 7, Madry et al. 2015). Mit diesen eindeutigen Befunden konnten die Bündner Jagdbehörden von der negativen Auswirkung von Munitionsblei auf große Greifvögel, zu denen auch der Bartgeier gehört, überzeugt werden. Bei der Frage, wie genau das Munitionsblei in die Steinadler gelangt, gab es allerdings noch Klärungsbedarf.

Jagdliche Aufbrüche als hauptsächliche Bleiquellen

In den Schweizer Alpen werden im Verlauf der hauptsächlichen Jagdperiode im Herbst, der sogenannten Hochjagd, in erster Linie Huftiere erlegt. Daneben werden auch kleinere Säugetiere und Vögel vorzugsweise im Spätherbst und während der Wintermonate bejagt. Blei von beschossenen Tieren können grundsätzlich auf drei Wegen in aasfressende Greifvögel gelangen: Durch Überreste der bejagten Tiere, die draußen verbleiben, durch die unsachgemäße Entsorgung von Kadavern und durch den vorzugsweise von Wildhütern getätigten Hegeabschuss von geschwächtem oder krankem Wild, das in der Natur belassen wird. Auch angeschossene Tiere, die nicht gefunden werden, kommen als Bleiquellen in Frage. In Graubünden wurde untersucht, inwiefern die in der Natur belassenen Eingeweide von durch Jäger geschossenen Huftieren von Aasfressern konsumiert werden. Bei solchen Aufbrüchen platzierte Fotofallen machten deutlich, dass Steinadler dieses Nahrungsangebot systematisch nutzen. Dies gilt vor allem für im Hochgebirge erlegte Tiere, Steinböcke und Gämsen. Wenn sich die Jäger vom Abschussort entfernt hatten, war die Bühne für Steinadler und andere Aasfresser frei, um die liegen gelassenen Eingeweide zu nutzen. Sechs von acht dieser Adler waren immatur oder subadult (Abb. 8). In einer Studie aus der grenznahen italienischen Provinz Sondrio wies Bassi (2024) in 62 % von insgesamt 153 untersuchten jagdlichen Aufbrüchen Bleirückstände nach. Als weitere Bleiquelle fungieren auf der Passjagd erlegte und anschließend im Freien (illegal) entsorgte Füchse. Ein auf diese Weise 2013 im Entlebuch vergiftetes adultes Weibchen konnte nach 5-wöchiger Therapie wieder freigelassen werden. Wenn Steinadler beschossen werden und überleben, erhöhen sich Bleiwerte im Gewebe durch eingewachsene Schrotkugeln, die im Körper verbleiben. Allerdings sind die Auswirkungen geringer als bei oraler Aufnahme von Blei. Bei einem im Hinterrheintal 2011 geschwächt behändigten adulten und später gestorbenen Männchen zeigten sich auf dem Röntgenbild drei eingewachsene Schrotkugeln. Dessen Blut- und Knochenbleiwerte waren erhöht (7 µl/dl, 12 µg/g), blieben aber unter dem Schwellenwert für klinische Vergiftungen.

Lukas Jenni, ehemals Leiter der Vogelwarte Sempach, initiierte 2013 eine Untersuchung von Steinadlerfedern mit dem Ziel, den Verlauf der Bleikontamination zu eruieren. Untersucht wurden Schwungfedern bei Steinadlern, die aus der ganzen Schweiz stammten. Vier Fünftel von insgesamt 18 untersuchten Individuen, die Blei in den Schwungfedern eingelagert hatten, wiesen nur in einem von drei Kielabschnitten einer Flugfeder erhöhte Bleiwerte auf. Bei den anderen beiden Abschnitten waren die Werte niedrig. Dies zeigt, dass die Bleiaufnahme episodisch – also nach einer mit Blei versetzten Futteraufnahme – und nicht kontinuierlich erfolgt (Jenni et al. 2015). Das Muster von Blei in Flugfedern und Knochen zeigte zudem, dass die mehrmalige Aufnahme einer subletalen Menge Blei durch dasselbe Individuum öfter vorkommt. In einer weiteren Studie wurden Schwungfedern auch auf das Stresshormon Corticosteron hin untersucht und die Frage gestellt, ob dessen Einlagerung in den Federn mit der Bleiaufnahme korrespondiert (Ganz 2016). Dies konnte zwar weder bestätigt noch verworfen werden, es zeigte sich aber, dass sich Blei während etwa zwei Wochen nach dessen Aufnahme erkennbar in den Federn einlagert.

Die Zukunft ist bleifrei – allerdings erst in ferner Zukunft

In Graubünden reagierte man rasch. Die Wildhüter wurden angewiesen, Hegeabschüsse von kranken Wildtieren ab sofort nur noch mit bleifreier Munition durchzuführen. Das Amt für Jagd und Fischerei machte Umfragen zur Akzeptanz eines Bleimunitionsverbots bei der Jägerschaft. Die Ergebnisse fielen erstaunlich positiv aus, auch weil inzwischen mittels Vorträgen, Artikeln in Jagdzeitschriften (Jenny 2015a, Jenny et al. 2016, Jur 2016) und TV-Beiträgen zu dieser Problematik

informiert und sensibilisiert worden war. Ab 2020 wurde schließlich Bleimunition auf der Bündner Hochjagd verboten. Heute, vier Jahre nach der Einführung des Verbots, verläuft die Anwendung bleifreier Jagdmunition problemlos. Allerdings mit einer kleinen Einschränkung, denn auf der Niederjagd auf kleine Wildtiere wie Schneehasen oder Schneehühner wird nach wie vor Bleischrot verwendet. Trotzdem, in Graubünden ist das Bleiproblem weitgehend gelöst. Auch in den Kantonen Wallis und Appenzell Ausserrhoden hat man inzwischen für die Huftierjagd ein Verbot von Bleimunition eingeführt. Anders sieht es in den übrigen Kantonen aus, und wenn man über die Landesgrenzen hinausschaut, tut sich erst recht wenig. Die Ablehnung eines in anderer Hinsicht umstrittenen neuen Jagdgesetzes durch das Schweizer Volk verhinderte 2020 eine gesamtstaatliche Einführung eines Bleimunitionsverbots. Der Versuch, das Bleimunitionsverbot auf der Basis der Motion Munz auf dem parlamentarischen Weg einzuführen, scheiterte im März 2023 knapp mit 99 gegen 94 Stimmen.

Fälle mit Bleivergiftungen bei Steinadlern und anderen Greifvögeln traten und treten außerhalb der drei erwähnten Kantone weiterhin regelmäßig auf. Angesichts der Erfolgsgeschichte in Graubünden kommt dies einem großen Wermutstropfen gleich. Warum die Entwicklung Richtung «bleifrei» ins Stocken geraten ist, auch im europäischen Umfeld, bleibt unverständlich.

Abb. 8 Linke Seite: Nach dem jagdlichen Abschuss eines Steinbocks dauert es meist nur wenige Stunden, bis sich Steinadler bei dem im Freien deponierten Aufbruch einfinden und ausgiebig davon fressen (Foto: D. Jenny, 12.10.2014, Val Sinestra GR).

Abb. 9 Zwei vergiftete immature Steinadler wurden im März 2016 bei Einsiedeln SZ zusammen tot aufgefunden. Zu diesem Zeitpunkt hielt sich ein besenderter Wolf in der Umgebung auf (J. Fuchs, 20.03.2016, Egg SZ).

Barbiturate – tödliche Narkosemittel

Abgesehen von Bleivergiftungen sind Steinadler weiteren giftigen Stoffen ausgesetzt, auf die sie als langlebige Art mit hoher Empfindlichkeit reagieren. Es sind dies vor allem zwei Wirkstoffgruppen: Barbiturate (Narkosemittel) und Pestizide. Barbiturate werden als Narkosemittel bei der Euthanasie von Haustieren verwendet und gelangen in die Umwelt, wenn eingeschläferte Tiere illegal entsorgt werden. Bei Einsiedeln im Kanton Schwyz wurde in den Mägen von zwei toten Steinadlern (Abb. 9.) mit Barbituraten kontaminiertes Ziegenfleisch gefunden. Einer unserer besenderten Steinadler verschwand, nachdem er an einem Schafkadaver im grenznahen Vorarlberg gefressen hatte. Eine Untersuchung von Gewebeproben des ausgelegten toten Schafs ergab Barbiturat-Werte. Vier weitere besenderte Steinadler verschwanden auf rätselhafte Weise, notabene im gleichen österreichischen Bundesland. Ermittlungen ergaben, dass es zwar illegale, doch gängige Praxis ist, kleinere, eingeschläferte Nutztiere im Freien zu entsorgen. Bei einem weiteren Fall in Mels SG verstarb ein subadultes Steinadler-Männchen zwei Stunden nachdem es behändigt wurde und einen Fleischklumpen auswürgte. Dieser war versetzt mit Pentobarbital.

Pestizide und Rodentizide mit tödlichen Nebenwirkungen

Auch hochtoxische, verbotene Insektizide kamen bei gezielten Untersuchungen von Gewebeproben toter Steinadler zum Vorschein. Bei den beiden bereits erwähnten toten immaturen Steinadlern nahe Einsiedeln wurden neben Barbituraten auch Paraoxon in der Leber nachgewiesen. Dies ist ein deutlicher Hinweis, dass diese Individuen Giftköder konsumiert hatten. Auffallend war, dass dieser Fall zeitlich und räumlich mit dem Auftreten eines Wolfes in der Gegend übereinstimmte. Im Juli 2022 verstarb ein Nestling anlässlich einer Besenderungsaktion oberhalb von Maienfeld GR. Bei der anschließenden

Analyse am FIWI in Bern fand sich Carbofuran in dessen Leber. Wie dieser verbotene, äußerst giftige Stoff in den Körper des noch nicht ausgeflogenen Jungvogels gelangte, bleibt rätselhaft. Bedenklich ist auch die Ausbringung von Rodentiziden. Das sind für die Bekämpfung von Nagetieren eingesetzte Blutgerinnungs-Hemmer, auf welche Greifvögel sehr sensitiv reagieren. In der Schweiz ist ein Verbot dieses Giftstoffs in Vorbereitung. Im grenznahen Italien wiesen unsere italienischen Kollegen 2018 und 2022 diesen Stoff bei zwei gestorbenen jungen Steinadlern nach.

Man kommt nicht umhin, zu vermuten, dass wir es bei den wenigen bekannt gewordenen Fällen von Opfern von Pestiziden und Rodentiziden unter den Steinadlern und von Greifvögeln ganz allgemein mit der Spitze eines Eisbergs zu tun haben (Buij et al. 2025). Erst die systematische Untersuchung von großen Stichproben wird uns das volle Ausmaß der Problematik dieser Stoffe für Greifvögel vor Augen führen.

Giftköder gegen Wölfe – ein ökologischer GAU

Da Steinadler in den Alpen gegenüber Pestiziden eher wenig exponiert sind, sind sie durch diese Stoffe grundsätzlich weniger belastet als etwa Rotmilane im intensiv genutzten Kulturland. In Frankreich und Spanien stehen bei den Todesursachen für diesen aasfressenden und jagenden Greifvogel Pestizidvergiftungen deutlich an erster Stelle (Aebischer & Scherler 2021). Aber auch beim Steinadler stehen Vergiftungen in einigen süd- und osteuropäischen Ländern an erster oder zweiter Stelle bei den Todesursachen, so etwa in Spanien, Griechenland oder Bulgarien (Ellis et al. 2024). Diese gehen oft auf das Auslegen von Giftködern zurück, welche zur illegalen Bekämpfung von Wölfen und anderen großen Beutegreifern ausgelegt werden. Betroffen sind ebenso weitere aasfressende Tierarten, die quasi mitvergiftet werden. Diese Bedrohung wird vermehrt wohl auch unsere Lebensräume betreffen, denn im Zuge der Ausbreitung von Großraubtieren ist zu befürchten, dass vermehrt hochtoxische Stoffe in die Natur ausgebracht werden.

Tödliche Kollisionen mit Kabeln

Die zweithäufigste menschbedingte Todesursache des Steinadlers in der Schweiz sind Kollisionen mit technischen Einrichtungen. Es überrascht in Anbetracht des dichten Hochspannungsnetzes in der Schweiz nicht, dass knapp 60 % der Opfer unter solchen Leitungen gefunden wurden (n = 17; Abb. 10). Aber auch der Aufprall an Trag- oder Zugseilen von Bergbahnen kann schwere Traumata mit tödlichen Verletzungen zur Folge haben. Meist sind es Frakturen an Flügeln oder am Rumpfskelett oder innere Blutungen – mit fatalen Auswirkungen. Erstaunlich ist, dass fünf bis zehn Zentimeter dicke, eigentlich gut sichtbare Leitungen von Steinadlern offenbar nicht immer wahrgenommen werden. Dazu gibt es zwei mögliche Erklärungen: Bei Nebel oder in dichten Wolken fliegen Steinadler oft mit kurzem «optischen Radar»; Ausweichen gelingt dann nicht immer rechtzeitig. Die zweite Erklärung hat mit der Fluggeschwindigkeit zu tun. Im raschen Stoßflug oder bei Girlandenflügen werden nicht selten mehr als 100 km/h erreicht. Bei schlechten Sichtbedingungen besteht dann ein erhöhtes Kollisionsrisiko. Steinadler sind insbesondere bei Gir-

Abb. 10 Hochspannungsleitungen sind für die meisten Kollisionen von Steinadlern an Kabeln verantwortlich. Dieses subadulte Weibchen erlitt schwere Frakturen (D. Jenny, 14.03.2014, Zernez GR).

landenflügen sozial motiviert, sogar erregt und dadurch wohl etwas weniger vorsichtig. Vermutlich sind deshalb in der Stichprobe der Kollisionsopfer adulte und subadulte Vögel mit 86 % der Fälle stark übervertreten, denn erst in dieser Alterskategorie kommt es zu ausgeprägtem territorialem Verhalten einschließlich Girlandenflügen. Das Anbringen von gut sichtbaren Markierungen an Leitungen und Kabeln in regelmäßigen Abständen ist jedenfalls hilfreich, wurde aber in der Schweiz für den Schutz von Greifvögeln bisher leider nur in wenigen Ausnahmefällen in die Tat umgesetzt.

Abb. 11 Überreste eines Steinadlers und Schäden am Höhenleitwerk eines Segelflugzeugs nach einer Adlerattacke mit Kollisionsfolge im Juli 1975 am Sanetschpass BE (R. Notter).

Abb. 12 Immatures Steinadler-Weibchen mit einer offenen Flügelfraktur nach einer Kollision mit einem Segelflugzeug (D. Jenny, 30.09.2004, Müsella GR).

Kollisionen mit Flugzeugen – oft mit tödlichen Folgen für Steinadler

Auch mit Flugzeugen kollidieren Steinadler ab und zu. Interessant ist die Feststellung, dass solche Fälle in den letzten Jahrzehnten zurückgegangen sind, ohne dass eine schlüssige Erklärung dafür vorliegt. Die meisten Kollisionen mit Flugzeugen datieren vor 2004, sind also in der in Tabelle 1 aufgeführten Stichprobe gar nicht enthalten. In jener von Jenny (2010) zusammengestellten Übersicht sind insgesamt 20 Ereignisse dokumentiert. Danach waren in 65 % der Fälle Segelflugzeuge beteiligt. Mindestens zwei Drittel gehen auf Attacken durch Steinadler auf die Tragflächen (Abb. 11), die Pilotenkanzel oder das Leitwerk der Flugzeuge zurück (Anhang Tab. 16). Die Angriffe hatten in mindestens der Hälfte aller Zusammenstöße für die Steinadler tödliche Folgen (Abb. 12). Auch Hängegleiter wurden attackiert, was aber für die Steinadler bisher stets glimpflich verlief (siehe auch den Fall einer Attacke auf einen Gleitschirm in Kapitel 5). In zwei Fällen kam es zu Zufallskollisionen, wenn etwa Piloten und Steinadler gemeinsam Aufkreisen.

Für Piloten sind Nahbegegnungen mit Steinadlern eindrückliche Erlebnisse, Kollisionen hingegen Schreckmomente. In den letzteren Situation blieben die Flugzeuge glücklicherweise stets flugfähig. Ein Fall wird vom betroffenen Piloten beispielhaft wie folgt beschrieben: «Der Steinadler tauchte erneut frontal vor mir auf und zeigte wieder seine Angriffsstellung. Innert Sekundenbruchteilen zog er seine Flügel an und streckte seine Krallen aus. Weil er wenig tiefer war, zog ich brüsk auf und legte die Tragflächen in eine enge Rechtskurve. Trotzdem ging im nächsten Moment ein scharfer Schlag durch das Flugzeug und ich sah den Adler etwa anderthalb Meter neben mir auf der Flügelnase aufschlagen». Solche und ähnliche Vorfälle gelangten früher etwa alle 3–4 Jahre via Medienberichte an die Öffentlichkeit. Seit etwa 20 Jahren fehlen entsprechende Schilderungen; einzig aus dem Engadin gab es noch zwei ähnliche Fälle, denen aber nur Hinweise zugrunde liegen. Die Zusammenstöße von Steinadlern mit Flugzeugen haben offenbar abgenommen. Mögliche Erklärungen könnten Anpassungen vonseiten der Steinadler sein. Auslösend für Steinadlerangriffe ist angeborenes, normalerweise gegen Rivalen gerichtetes agonistisches Verhalten. Wie in Kapitel 5 ausgeführt, scheinen die Reviervögel heute mit dem hohen Dichtestress aufgrund von Lerneffekten und Selektionsprozessen besser zurechtzukommen als noch vor der Jahrtausendwende. Dies mag auch für «fehlgeleitetes» Aggressionsverhalten gegen Flugzeuge gelten.

Gleitschirme im Visier von besonders aggressiven Steinadlern

Tendenziell zugenommen haben allerdings (für den Aggressor nicht tödliche) Angriffe gegen Gleitschirme, was sich durch deren stark gestiegene Präsenz im Luftraum leicht erklären lässt. Solche Vorkommnisse sind ab und zu Gegenstand von Medienberichten, zumal wenn Piloten Verletzungsspuren davontragen (Jenny 2020). Berüchtigt war ein besonders aggressiver Steinadler im Berner Oberland, der den Übernamen «Hannibal» erhielt. Er attackierte im Jahr 2008 wiederholt Gleitschirme, indem er auf das Obersegel stieß, mit Löchern in der Kalotte als Folge. Im Herbst 2018 gelangte im Kanton Waadt eine Luftattacke eines Steinadlers auf einen Gleitschirmpiloten in die Presse. Der Adler fügte dem Piloten dabei Verletzungen an Armen und Händen zu (Hugon 2018). Im Februar 2020 kollidierte bei Grenoble ein Steinadler mit einem Gleitschirm und verhedderte sich im Gurtzeug des Piloten, was in einem eindrücklichen Video auf youtube dokumentiert wurde (Abb. 13).

Abb. 13 Adulter Steinadler kurz vor der Kollision aus der Perspektive eines Gleitschirmpiloten. Der untere der beiden Steinadler verhedderte sich kurz darauf im Gurtzeug. Der Vorfall verlief für beide Seiten glimpflich (C. Pain, 22.02.2020, Grenoble Frankreich).

Abb. 14 Rechte Seite: Gleitschirmfliegen im Bereich von Steinadler-Brutgebieten kann das Abstreifen der Brutvögel vom Gelege provozieren (D. Jenny, 05.03.2022, Zernez mit Piz Linard im Hintergrund).

Besetzte Horste vor Störungen aus der Luft besser schützen

Neben vielen andern Dingen gehören auch Hängegleiter zu den Störungsrisiken brütender Steinadler. Heute steigen in der Schweiz mehr als 20000 aktive Piloten mit ihren Paraglidern regelmäßig in die Lüfte. Deren Fluggebiete überlagern sich weitgehend mit den Steinadler-Lebensräumen in den Alpen (Abb. 14) und im Jura. Statistiken über Brutverluste beim Steinadler aufgrund von Gleitschirmen gibt es zwar nicht, denn diese sind sehr schwierig festzustellen. Es sind aber Einzelfälle bekannt und dabei fällt auf, dass in Zonen mit besonders hoher Hängegleiter-Flugaktivität Steinadlerpaare über Jahre nicht oder mit sehr geringer Häufigkeit erfolgreich brüten. So sind etwa im Bereich der Gleitschirm-Hotspots bei Engelberg OW oder im unteren Prättigau GR seit dem Jahr 2000 keine erfolgreichen Bruten mehr nachgewiesen worden. Ähnlich sieht es auch in anderen Fluggebieten aus, so bei Wasserauen AI oder am Niesen BE, wo in den letzten 25 Jahren nur ein- bzw. zweimal erfolgreiche Bruten festgestellt wurden (Datenbank Schweizerische Vogelwarte Sempach, Nik Reusser). Wenn Piloten in unmittelbarer Umgebung eines besetzten Horstes fliegen, wird in der Regel das Abstreifen des Brutvogels vom Horst provoziert. Eine solche Reaktion wurde bereits im April 1992 anlässlich der damaligen Schweizer Meisterschaft im Gleitschirmfliegen oberhalb Burglaunen BE festgestellt (D. Jenny pers. Beobachtung). Signer & Koch (2020) listen in einer Literaturschau Konflikte zwischen Steinadlern und Gleitschirmen auf, wobei in vier von sechs Zusammenstellungen negative Effekte auf den Bruterfolg erwähnt werden.

2020 lancierten der Schweizerische Hängegleiterverband SHV in Kooperation mit der Schweizerischen Vogelwarte Sempach ein Horsteschutzprojekt mit dem Ziel, die Brutplätze von großen Greifvogelarten wie Steinadlern, Bartgeiern und Wanderfalken sowie von Uhus mittels Schutzzonen um besetzte Horste besser vor Störungsrisiken aus der Luft zu bewahren. David Jenny, selber Gleitschirmpilot, erarbeitete das entsprechende Konzept. In einer laufenden Testphase in Graubünden wird die Methodik auf Wirksamkeit und Effizienz geprüft (Jenny 2023). Dabei werden gegenüber Gleitschirm-Flugaktivitäten besonders exponierte Horste ausgewählt. Deren Besetzung im Frühjahr wird durch die Wildhut möglichst früh erfasst. In Absprache mit Pilotenvertretern bezeichnet der SHV solche Horste und legt Schutzzonen von 500 m Radius fest, die dann während der sensiblen Phase (für den Steinadler 15. März bis 15. Juni) auf den Piloten-Apps bekanntgemacht werden. Die Gleitschirmflieger werden gebeten, die Schutzzonen zu respektieren. Am Ende der Testphase erfolgen die Auswertungen der Ergebnisse und der Entscheid, ob und allenfalls wie das Projekt auf weitere Kantone ausgeweitet wird.

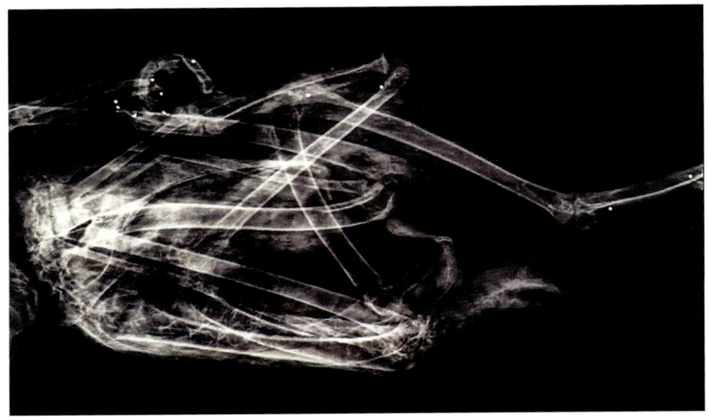

Im Gegensatz zur oft zitierten Aussage, dass sich Steinadlerattacken gegen Segelflugzeuge oder Hängegleiter auf die Brutzeit beschränken, zeigen unsere Daten, dass sie unabhängig vom Brutgeschäft der Steinadler ganzjährig vorkommen. Bei Begegnungen mit Steinadlern gilt für Piloten ganz allgemein, die Anzeichen von Attacken richtig zu deuten. Das heißt insbesondere, bei den stets aggressiv motivierten Girlandenflügen sich möglichst rasch aus dem Staub zu machen oder im gleichen Drehsinn wie die Steinadler aufzukreisen.

Auch Modellflugzeuge (Komenda-Zehnder & Zehnder 2010) oder Drohnen werden von Steinadlern gelegentlich attackiert. Aus der Schweiz sind vier Fälle dokumentiert (2 im Engadin, je 1 im Berner Oberland und im Wallis), bei denen Steinadler kleine Drohnen angriffen und diese weitgehend zerstörten. Neben fehlgeleiteter Aggression gegen Rivalen wird in diesen Fällen auch Motivation zum Beuteschlagen vermutet. Die Adler kamen dabei nicht zu Schaden.

Opfer von Windkraftanlagen – eine zunehmende Gefährdung

Kollidieren Steinadler mit Windkraftanlagen, kommt eine politische Dimension ins Spiel, weil Vogelschutzfragen bei Windkraftprojekten eine wichtige Rolle spielen. Windkraftanlagen sind in der Schweiz bis anhin vergleichsweise selten, daher gibt es hierzulande wenig Erfahrung bezüglich Kollisionen von Großvögeln mit den Rotorblättern. Aktuell gibt es an neun Standorten in den Alpen und im Jura Windkraftanlagen, nur eine davon hat mehr als fünf Turbinen (Chasseral 16 Turbinen; Kapitel 3 Abb. 11). Bisher gelangte ein einziger Fall mit einem Steinadler als Kollisionsopfer 2022 in die Presse (Witschi 2022). Der adulte Steinadler wurde am 12.11.2021 innerhalb der Windkraftanlage Mont Soleil mit schweren Frakturen tot aufgefunden (Abb. 15). Es handelte sich um das Männchen eines Jurapaars, das seit 2013 am Chasseral ansässig war. Dieses Männchen, das insgesamt fünf Jungvögel aufgezogen hatte, wurde bereits im Folgejahr durch einen 4-jährigen Vogel ersetzt. Das neue Paar hat allerdings in den drei Jahren nach dem Wechsel nicht mehr gebrütet. Daraus lässt sich eine durch den Verlust eines Reviervogels erhebliche Einbuße an Produktivität bei einem der wenigen Jurapaare ableiten.

Das Potenzial an Kollisionsopfern bei seltenen Großvögeln gilt es in der Diskussion um den Ausbau von Windkraftanlagen jedenfalls ernst zu nehmen. Insbesondere beim nach wie vor sehr seltenen Bartgeier sind durch Windkraftanlagen erhöhte Sterberisiken mit in die Populationsmodellierungen einzukalkulieren (Vignali et al. 2022) und Zonen im Bereich von Brutplätzen für mögliche neuen Anlagen auszuschließen. In Ländern mit großen Windkraftfarmen können Steinadler zu den regelmäßig durch Kollisionen mit Turbinen betroffenen Opfern gehören. Das gilt insbesondere für Spanien (Bautista 2024) und Fennoskandien (Giershaug et al. 2024, Hedfeldt 2024). In einer der weltweit größten Windfarmen überhaupt, am Altamont Pass in Kalifornien mit 5000 Turbinen, liegt die Zahl der jährlichen Kollisionsopfer bei 67 bis 75 Steinadlern (Pagel et al. 2013). Hunt (2024) konnte anhand von 272 besenderten Steinadlern zeigen, dass praktisch ausschließlich nicht territoriale adulte und subadulte Vögel, jedoch keine juvenilen, zu den Kollisionsopfern gehörten. Der Grund liegt im Jagdverhalten: Einzig ältere, erfahrene Adler können damit rechnen, die dort häufigen Erdhörnchen zu erbeuten.

Abb. 15 Das bisher einzige bekannt gewordene Steinadler-Kollisionsopfer an einer Windkraftanlage in der Schweiz (Bird Life Schweiz, November 2021, Mont-Crosin BE).

Abb. 16 Auf dem Röntgenbild dieses im Misox GR tot gefundenen adulten Steinadlers sind zwölf eingewachsene Schrotkugeln zu erkennen (Amt für Jagd und Fischerei Graubünden, 29.08.2018).

Abb. 17 Rechte Seite: Dieser völlig verbrannte Flügel gehörte einem juvenilen Steinadler-Weibchen. Es erlitt an einer Mittelspannungsleitung im Lugnez GR einen tödlichen Stromschlag und löste einen Kurzschluss aus (D. Jenny, 11.05.2017, AJF Chur).

Illegaler Beschuss – ein aus der Zeit gefallenes Sterberisiko

Obwohl Steinadler seit Jahrzehnten ganzjährig geschützt sind, kommt es in der Schweiz selten auch heute noch zu Fällen illegaler Tötung. Sie beeinflussen die Populationsdynamik der Steinadler in den Schweizer Alpen im Gegensatz zu vergangenen Epochen allerdings nicht mehr. Dank systematischem Röntgen von Totfunden kommen solche Fälle ab und zu ans Licht. Bei sechs von acht mit Schrot versetzten Steinadlern waren die Geschosse im Knochen- oder Muskelgewebe eingewachsen. Das bedeutet, dass der Beschuss nicht unmittelbare Todesfolge hatte und andernorts stattfand.

In keinem der Fälle konnte die Täterschaft sicher geklärt werden. Bei je einem bei Greyerz FR und bei Lostallo GR (Abb. 16) gefundenen Opfer mit 7 bzw. 12 Schrotkugeln im Körper kann von einem direkten Abschuss ausgegangen werden. Nur einmal gab es Hinweise auf einen möglichen Täter und sein Motiv: Im Hinterrheintal, wo 2011 ein adultes Steinadler-Männchen mit drei Schrotkugeln verletzt aufgefunden wurde und später starb, outete sich ein älterer Jäger als Steinadlergegner. Seine Begründung war, dass der Steinadler für den Rückgang des lokalen Gämsbestands verantwortlich sei, was zu stark sinkendem Jagderfolg führe. So selten solche Fälle heute noch vorkommen, sie sind bedenklich. Im grenznahen Südtirol sorgte im Juni 2020 ein Fall für Empörung, in welchem ein brütendes Steinadler-Weibchen im Horst erschossen wurde (Feichter 2020). Die Tat wurde öffentlich verurteilt und auf die Überführung der Täterschaft eine Belohnung von 1000 Euro ausgesetzt. Für detaillierte Informationen zur Steinadler-Wilderei in der Südostecke der Schweiz und angrenzenden Gebieten siehe Haller (2016).

In zwei Fällen in unserer Stichprobe wurden flugunfähige Steinadler in der Überzeugung, sie von ihren Leiden erlösen zu müssen, von Wildhütern erschossen. Dies war unnötig und bedauerlich, weil scheinbar krank wirkende Vögel – oft sind es kürzlich ausgeflogene Jungadler – meist nur zu behändigen und allenfalls zu füttern sind, damit sie an geeigneter Stelle freigelassen werden können. Als Grundregel sollte gelten, flugunfähige Greifvögel niemals am Fundort zu töten, sondern sie, wenn immer möglich, in Obhut zu nehmen und in Pflege zu bringen. Sollten sich dort unheilbare Verletzungen ergeben, kann ein Vogel auf fachmännische Art und Weise euthanasiert werden.

Der illegale Abschuss von Steinadlern ist in den meisten europäischen Ländern in den letzten Jahrzehnten zurückgegangen. Es gibt allerdings Ausnahmen. In den südosteuropäischen Balkan-Ländern Serbien, Nordmazedonien, Montenegro, Griechenland, Bosnien-Herzegowina, Bulgarien und Albanien steht der Abschuss von Steinadlern auch heute noch an erster oder zweiter Stelle bei den Steinadler-Sterberisiken (Grubaĉ 2024). Überraschend hoch ist der Anteil illegal geschossener Steinadler auch in Nordamerika. In einer großen Stichprobe von 1427 toten Vögeln aus Wisconsin gingen 13,7% auf «shooting» zurück (Russel & Franson 2014). Auch in Schottland wird «illegal killing» als wichtigste Todesursache aufgeführt (Benn et al. 2024).

Stromschlagopfer liegen meist unter Mittelspannungsleitungen

Auch Stromschläge gehören zu den häufigeren Sterberisiken des Steinadlers. Vier der fünf Stromschlagopfer in unserer Stichprobe lagen tot unter 16-Kilovolt-Mittelspannungsleitungen in den Kantonen Graubünden, Schwyz, Bern und Tessin. Ein Steinadler erlitt bei einer Transformatorenstation den tödlichen Stromschlag.

Alle Opfer wiesen schwere Verbrennungsspuren an Flügeln (Abb. 17), den Fängen oder am Rumpf auf. Inspektionen vor Ort deuten darauf hin, dass die Steinadler in der Nähe der Leitungen landeten und dass sie, nachdem sie flügelschlagend vom Boden abhoben, mit den relativ dünnen Leitungen kollidierten und einen Kurzschluss auslösten. Weniger wahrscheinlich erscheint die Annahme, dass sie nach Manier des Uhus die Strommasten als Sitzwarten nutzten und beim Landen oder Auffliegen vom Mastkopf die Leitungen berührten. Die Vorfälle lagen im Durchschnitt bei relativ tiefen 1280 m ü. M., also weit unterhalb der hauptsächlich genutzten Höhenlagen des Steinadlers; höher oben kommen Mittelspannungsleitungen kaum mehr vor. Stromschläge an Hochspannungsleitungen sind bei uns äußerst selten, weil die Abstände zwischen stromführenden Elementen zu groß sind, um sie mit dem Körper überbrücken zu können.

Anteilmäßig stehen Stromschlagopfer bei uns weit weniger im Vordergrund, als es aus einigen anderen Ländern bekannt ist. In Spanien steht «electrocution» mit 60% Anteil bei den Sterberisken mit Abstand an erster Stelle (Bautista 2024). Auch in Frankreich und Ungarn sind hohe Sterberaten durch Stromschlag belegt (Firmánsky 2024, Wentworth et al. 2024) und somit wesentlich häufiger als bei uns. Sie sind dort aber tendenziell zurückgegangen. Durch die Isolation gefährlicher Strommasten können die Risiken für Greifvögel relativ einfach vermindert werden. Allerdings gilt dies nur, wenn Strommasten als Sitzwarten genutzt werden und nicht, wenn fliegende Vögel mit den Leitungen kollidieren. Diese Risiken werden nur durch die Verkabelung der Leitungen in den Boden behoben. Erfreulicherweise wurden und werden in der Schweiz immer mehr der gefährlichen Mittelspannungsleitungen unterirdisch verkabelt.

Störungen am Brutplatz

Obwohl systematische Erhebungen zur Häufigkeit und Auswirkung von menschbedingten Störungen an Brutplätzen hierzulande fehlen, lassen sich anhand von Einzelfällen und langjährigen Erfahrungen durch Spezialisten Störungseffekte und entsprechende Trends als Einflussfaktoren auf die Fortpflanzung der Steinadler abschätzen. Auch hier geht es letztlich darum, die richtigen Prioritäten bei Artenschutzmaßnahmen zu setzen.

Greifvögel und Vögel ganz allgemein sind während der Brutzeit gegenüber äußeren Einflüssen anfällig und reagieren bei Störungen mit Stress, mit dem Verlassen ihrer Brut oder mit Aggression gegenüber Störenfrieden. Der Bruterfolg kann dabei beeinträchtigt werden. Bei seltenen, gefährdeten und verletzlichen Vogelarten sind diese Einflüsse auch auf der Ebene von Populationen relevant. Brütende Steinadler reagieren besonders empfindlich auf Störungen des Brutgeschäfts. Insbesondere in der Bebrütungsperiode und in der frühen Nestlingsphase ist die Präsenz der Brutvögel am Horst so gut wie permanent erforderlich. Längere, störungsbedingte Absenzen der Altvögel vom Nest können das Erkalten von Eiern (Abb. 18) oder kleinen Nestlingen zur Folge haben. Wiederholte oder anhaltende Störungen haben meist die Aufgabe der Brut oder mangelnde Nahrungsversorgung der Nestlinge zur Folge. Ersatzgelege sind bei Steinadlern äußerst selten und so kann ein Störungsereignis die Investitionen eines ganzen Jahres in den Nachwuchs zunichtemachen. Warum brütende Steinadler auf Menschen, die sich in die Nähe des Horstes begeben, so sensibel reagieren, hat vermutlich mit den anhaltend schlechten Erfahrungen der Brutvögel zu tun, die sich auch genetisch manifestieren. In Kapitel 1 ist dies bereits erläutert worden.

Jenny (1992) führte im Kanton Bern 27% von 30 registrierten Brutabbrüchen sicher oder sehr wahrscheinlich auf anthropogene Störungen zurück. Bei den vor 30 Jahren erhobenen Daten standen Störungen am Horst durch Fotografen und Helikopterflüge im Vordergrund. Als weitere, die Brut gefährdende Aktivitäten wurden aufgeführt: Sprengarbeiten, militärische Schießübungen, Wilderei, Gleitschirmfliegen (siehe Kasten Seite 225), Forstarbeiten und Freiklettern. Der Einfluss von Störungseffekten ist regional sehr unterschiedlich und hängt mit der lokalen Infrastruktur sowie der Bevölkerungsdichte und Distanz zu bewohnten Gebieten zusammen. Im weniger dicht besiedelten Graubünden dokumentierte Haller (1996) nur «vereinzelte», durch menschliche Störungen bedingte Brutabbrüche während der Bebrütung (n = 81) und zwei Fälle während der Nestlingsperiode (Helikopterflüge, Aushorstung). Allerdings haben die Hinweise auf störungsbedingte Brutabbrüche in der

jüngsten Phase auch in Graubünden zugenommen. Seit dem Jahr 2000 gab es im Engadin bei 6,1 % von insgesamt 130 berücksichtigten, abgebrochenen Bruten Hinweise auf menschliche Störungen (D. Jenny unpubl. Daten). Es handelte sich in sechs Fällen um Aktivitäten von Fotografen nahe beim Horst. Je ein Fall betraf Helikopterfliegen im Horstbereich und Holzschlag. Es muss mit einer beträchtlichen Dunkelziffer gerechnet werden, da Störungen, die zum Brutabbruch führen, selten bekannt werden.

Im Wallis sind Störungen durch Nestfotografie so häufig wie nirgendwo sonst

Im Kanton Wallis scheinen die störungsbedingten Einflüsse auf den Bruterfolg besonders ausgeprägt zu sein. Serge Denis stellte bei einem wiederholt durch Fotografen gestörten Horst im Unterwallis bei 70 % der Bruten Verluste von Jungvögeln fest. Bei anderen Horsten wiesen Spuren wie Mauerhaken, Seile und Verstecke auf regelmäßige Besuche hin (Abb. 19). Dies führte höchstwahrscheinlich in mindestens zwei Fällen zum Abbruch der Brut oder in anderen Fällen zum verfrühten Ausfliegen der Jungadler.

Ein Steinadlerpaar in der hinteren Val d'Entremont VS ist aufgrund des relativ einfach zu erreichenden und gut einsehbaren Horstes während der Brutzeit gegenüber Fotografen besonders stark ausgesetzt. In den letzten zwei Jahrzehnten waren daher Bruten nur in seltenen Fällen erfolgreich. Aufgrund der Störungen wurden Gelege meist schon während der Bebrütungsphase verlassen, was zwischen 2008 und 2024 achtmal der Fall war. Viermal verhungerten ein oder zwei Nestlinge im Horst (Abb. 20) und zweimal flogen sie vorzeitig aus. Der Gang an die Öffentlichkeit mit ganzseitigen Zeitungsartikeln verbesserte die Situation vorübergehend.

Insgesamt waren im Wallis 55 % der Brutabbrüche auf menschliche Störungen zurückzuführen (n = 45). Davon entfielen 29 % sicher und 18 % sehr wahrscheinlich auf Nestfotografie und je 2 % auf Basejumping, Helikopterflüge, Tourenskifahrer und Wanderer (S. Denis unpubl. Daten).

Die wenigen Brutpaare im Mittelland besiedeln relativ tief gelegene Zonen mit höheren Bevölkerungsdichten. Steinadler schlagen hier häufig Hauskatzen und Haushühner (vgl. Kap. 4) und sind deshalb gegenüber Nachstellungen und Horstfotografie besonders stark exponiert. 1988 schoss ein Bauer auf den weiblichen Brutvogel bei einem Paar nahe Thun, woraufhin die Brut aufgegeben wurde (Jenny 1992). Horstfotografie wird bei einem weiteren, sehr tief gelegenen Brutplatz im Toggenburg teilweise aus Distanzen von unter 100 m betrieben, wobei sich bei den dortigen Brutvögeln durch Habituation eine erhöhte Toleranz gegenüber Menschen entwickelte. Dasselbe gilt auch für die Paare im Jura. Die Neubesiedlungen locken Fotografen an, wobei die empfohlene Minimaldistanz zum Horst von mindestens 300 m oft nicht eingehalten wird. Trotzdem ist die Produktivität dieser Paare überdurchschnittlich (vgl. Kap. 6).

Störungsbedingte Brutabbrüche beeinträchtigen zunehmend die heute geringe Reproduktionsrate der Alpensteinadler,

Abb. 18 Seit mehreren Tagen verlassenes Gelege in der Val d'Entremont VS. Während der Bebrütung sind Steinadler besonders störungsanfällig. Brutvögel verlassen bei Annäherung zum Horst ihr Gelege, die Eier erkalten. Brutverluste aufgrund menschbedingter Störungen treten in entsprechend exponierten Revieren, wie hier im Wallis, besonders häufig auf (S. Denis, 06.04.2008).

zusätzlich zu den Effekten innerartlicher Konkurrenz. Durch Sensibilisierung soll das Bedürfnis nach Adlerfotografien an besetzten Brutplätzen gezügelt werden. An der Vogelwarte in Sempach zeigten Informationskampagnen mit Vorträgen, Medienberichten (Jenny 2015b) und Merkblättern in den 2010er-Jahren Wirkung: Es gab spürbar weniger kritische Fälle von unangebrachter Nestfotografie. Die Erfahrung zeigt aber, dass wirksame Sensibilisierungsoffensiven stetig wiederholt werden müssen. Am wirkungsvollsten sind Selbstkontrollen innerhalb der Naturfotografen-Szene, wenn etwa heikle Nestfotos entsprechend kritisch kommentiert werden.

Um Störungen an Brutplätzen durch Forstarbeiten wie Holzschläge oder durch den Bau von Waldstraßen zu vermeiden, sind Absprachen zwischen Wildhütern und Förstern unumgänglich. Dabei empfiehlt es sich, nach einem standardisierten Verfahren vorzugehen, um geplante Holzschläge wenn nötig verschieben oder verlegen zu können. Förster sollten in ihrem Wirkungskreis grundsätzlich über eine kartografische Übersicht zu potenziellen Brutplätzen störungssensibler Arten verfügen.

Noch ein weiteres Störungsrisiko sei hier angefügt. Liegen Brutplätze im Bereich von militärischen Zonen, wo Schießübungen stattfinden, sind Bruten in ihrer Frühphase gefährdet.

Beim Adlerpaar in der vorderen Val Susauna GR, das ein besonders kleines Revier verteidigt (Kapitel 7 Abb. 8), kam es Ende April/Anfang Mai zwischen 2019 und 2023 während der Bebrütungsperiode dreimal in Folge zu Brutabbrüchen. Diese Ereignisse fielen jeweils in die erste oder zweite Woche nach Beginn von Schießübungen der Fliegerabwehr auf dem nahe gelegenen FLAB Schießplatz der Schweizer Armee bei S-chanf. Der ohrenbetäubende Schießlärm hatte zu den Brutverlusten geführt. Gelegentlich auch nachts durchgeführtes Schießen bewirkten dabei vermutlich besonders starken Stress für die brütenden Adler. Dank konstruktiven Gesprächen mit dem zuständigen Waffenplatzkommandanten konnte zumindest ein Verzicht auf nächtliche Schießübungen während der Brutzeit erwirkt werden. 2024 kam es dann wiederum zu einer erfolgreichen Brut in der Val Susauna.

Zunahme von Störungen sind ein weltweites Phänomen
Im internationalen Vergleich ist die Bedeutung störungsbedingter Brutabbrüche ähnlich wie in der Schweiz einzuschätzen. Statistiken hierzu existieren allerdings nur ganz vereinzelt. In den meisten länderspezifischen Beiträgen im voluminösen Übersichtswerk *The Golden Eagle around the World* (Ellis et al. 2024) wird generell auf den wachsenden, störenden Einfluss von Freizeitaktivitäten auf das Wohlergehen brütender Steinadler hingewiesen. Aus dem Westen Nordamerikas gibt es auch quantitative Angaben: Diese machen deutlich, dass zwischen 46 und 85 % der Brutabbrüche durch menschliche Störungen am Brutplatz bedingt sind (Bautista et al. 2024). Je nach Region im Steinadler-Areal stehen mit unterschiedlicher Gewichtung Kleinflugzeuge und Hängegleiter, Klettersport, Trekking, Helikopterflüge und Holzschlag im Vordergrund. Die Entwicklungen haben in erster Linie mit höheren Bevölkerungsdichten und mit wohlstandsbedingt zunehmenden Freizeitaktivitäten zu tun. Ein Aspekt scheint in der Schweiz allerdings stärker ins Gewicht zu fallen als in anderen Ländern: die Fotografie am Nest. Hier sind verstärkt Anstrengungen zur Sensibilisierung und Information nötig.

Abb. 19 Linke Seite: Ausgewachsener Jungadler im Horst mit darüberliegendem Versteck für Fotografen im Unterwallis. Aufgrund langer Abwesenheiten der Altvögel vom Horst starb einer von zwei Jungvögeln (S. Denis 13.07.2013, Val de Bagnes VS).

Abb. 20 In diesem besonders störungsexponierten Horst in der Val d'Entremont VS kam es wiederholt zum Hungertod von Nestlingen (S. Denis, 18.07.2021).

Gemäß der «Roten Liste» nicht mehr gefährdet – trotzdem bleibt der Bestand verletzlich

Abschließend sei noch auf den globalen (Schutz-)Status des Steinadlers hingewiesen. Mit einem geschätzten Weltbestand von 150 000–240 000 Individuen wird der Steinadler heute auf der Roten Liste der Weltnaturschutzunion IUCN als «nicht gefährdet» bzw. «least concern LC» eingestuft (*The IUCN Red List of Threatened Species* 2021). Auch in Europa mit vielerorts zunehmenden Beständen und geschätzten 15 000–20 000 adulten Steinadlern ist die Art nicht gefährdet. Auf der Roten Liste der Brutvögel der Schweiz wird der Steinadler als «potenziell gefährdet» bzw. «near threatend NT» taxiert (Knaus et al. 2021). Vor 2021 galt er hierzulande noch als «verletzlich» bzw. «vulnerable VU», wurde nun aber zurückgestuft. Diese Anpassung geht auf die angewachsenen Bestände zurück, ist aber auch als Angleichung an die europäische Lage zu verstehen. Zwei Bemerkungen seien dazu angefügt: Die gegenüber dem übrigen Europa etwas kritischere Einstufung in der Schweiz mag mit dem vergleichsweise geringen Populationsanteil von gut 4 %, bezogen auf den Gesamtbestand auf unserem Kontinent, zu tun haben. Im Vordergrund steht aber die besondere Verantwortung der Schweiz für die Erhaltung der alpinen Steinadlerpopulation, denn unser Land beherbergt rund ein Viertel aller Adler des größten Hochgebirges im Herzen von Europa. Dass die Art aufgrund der vitalen Populationen heute nicht mehr als gefährdet eingestuft wird, ist gerechtfertigt. Allerdings bleiben Steinadler aufgrund ihrer ökologischen Stellung als Spitzenprädatoren stets verletzlich.

9 | Synthese und Ausblick

Vorhergehende Doppelseite Halbstarke Steinadler wandern weit herum, stets auf der Suche nach Nahrung und den Kontakt mit Revierinhabern vermeidend. Hier ein immatures Weibchen im zweiten Winter mit einer markanten Mauserlücke im Schwanz (H. Müller, 11.11.2023, Oberried VS).

Im letzten Kapitel versuchen wird, die vielen aufgeführten Informationen zum Steinadler etwas zu ordnen, sie einzubetten, zu gewichten und einen Blick in die Zukunft zu wagen.

Der Steinadler ist ein übergeordneter Beutegreifer und eignet sich gut, um das Zusammenspiel zahlreicher Faktoren in naturnahen alpinen Ökosystemen besser zu verstehen. Sein Vorkommen ist ein Beleg für weitgehend intakte Lebensräume, die vom Menschen nur moderat beeinflusst werden. Als sogenannte Spitzenprädatoren stehen Steinadler zuoberst in der Nahrungspyramide. Sie sind abhängig von der Präsenz und hinreichenden Häufigkeit geeigneter Beutetiere, und sie üben aufgrund ihrer naturgegebenen Seltenheit in der Regel nur einen geringen Einfluss auf die Populationsgrößen ihrer Beutetiere aus. Dieser Aspekt ist angesichts der in der Vergangenheit gehegten Ressentiments gegen den Steinadler wichtig. Denn sein Einfluss auf Murmeltier- oder Gämsbestände oder auch auf Nutztiere wie Schafe oder Ziegen wurde früher maßlos überschätzt. Auch in jüngster Zeit poppen Falschurteile bezüglich des Einflusses von Steinadlern und Beutegreifern allgemein auf Beute- und Haustierbestände wieder auf und es gilt, dieser teilweise politisch motivierten Argumentation mit Fakten entgegenzuhalten. Das Verständnis der vielfältigen Zusammenhänge setzt ein ökologisches Grundwissen über die alpinen Lebensräume voraus, für welche der heute in den Alpen omnipräsente Steinadler als Modellart zu verstehen ist.

Vorerst versuchen wir aber, den Status der Alpenpopulation im weltweiten und im europäischen Verbreitungsgebiet des Steinadlers einzuordnen.

Die Alpenpopulation im Kontext der weltweiten Verbreitung

Von seinem ausgedehnten, die Nordhemisphäre umspannenden Verbreitungsareal macht die alpine Population einen Anteil von gerade mal 3 % aus, bezogen auf Europa sind es etwa 17 %. Eine außerordentliche Stellung nehmen die Alpen aber durch ihre überdurchschnittlich guten Lebensgrundlagen für den Steinadler ein, welche hohe Siedlungsdichten ermöglichen. Damit verbunden sind dichteabhängige Konkurrenzeffekte, welche eine Angleichung der Brutpaardichte an die Kapazität der Lebensräume zur Folge haben. Diese gut erforschten Effekte scheinen nirgendwo im Verbreitungsgebiet des Steinadlers stärker zu wirken als im Zentrum der Alpen. Sie sind ein Beleg für die Vitalität der Population, denn menschbedingte Einflüsse haben hier insgesamt einen geringeren Einfluss auf die Bestandsentwicklung, als dies in vielen außeralpinen Gebieten der Fall ist.

Die Vitalität der Population äußert sich auch auf der genetischen Ebene, denn die Alpenpopulation ist nicht isoliert, sondern steht in Verbindung mit Nachbarpopulation im Westen und im Osten. Genetischer Austausch wurde insbesondere im mediterranen Raum, zwischen Spanien und bis zum Balkan, nachgewiesen (Nebel & Zachos 2024). Bemerkenswert ist die Erkenntnis, dass sich die nördlichen Populationen in Fennoskandien und Schottland genetisch deutlich von der mediterranen Linie unterscheiden und nur wenig Austausch zwischen den beiden genetisch recht homogenen Gruppen besteht. Möglicherweise geht diese Trennung auf anhaltende Isolation während der Eiszeiten zurück. Jedenfalls ist die genetische Variabilität innerhalb der Alpenpopulation und im Verbund mit den Nachbarpopulationen in Spanien, dem Zentralmassiv und dem Balkan trotz gebietsweise großer Bestandseinbußen während der Zeit der Verfolgung erstaunlich breit geblieben (Nebel & Zachos 2024) und bietet Gewähr für genetische Vitalität und Resilienz. Eine Qualität des Alpenbestands ist es zudem, dass dieser autochthon ist. Im Gegensatz zu wiederangesiedelten Populationen, wie etwa beim Bartgeier in den Alpen oder beim Fischadler in der Schweiz, ist die genetische Integrität des Steinadlers in den Alpen, aber auch gesamteuropäisch, stets gewährt geblieben.

Dichteabhängige Effekte zeigen sich in der Schweiz, wo etwa ein Viertel bis ein Fünftel des Alpenbestands lebt, besonders deutlich. Hier lässt sich vielerorts ein im Verlauf der letzten Dekaden rückläufiger Trend bei der Produktivität erkennen. Dieser erklärt sich in erster Linie durch den innerartlichen Dichtestress und ist daher Ausdruck einer natürlichen Regulierung, die ohne menschliche Einflussnahme wirkt. Das ist eine Qualität, welche im vom Menschen geprägten aktuellen Zeitalter, dem sogenannten Anthropozän, bei großen Beutegreifern alles andere als selbstverständlich ist. Die Lebenstafeln von besenderten Jungadlern aus Graubünden zeigen zudem, dass die

Abb. 1 Das Weibchen des Adlerpaars in der Val Tasna GR kontrolliert von einer Baumwarte in Horstnähe die Umgebung, nachdem es seinen Jungvogel gefüttert hat (siehe auch Abb. 1, Kap. 2). Nach 10 Minuten schwingt es sich auf und segelt im Aufwind davon (D. Jenny, 03.06.2012).

Überlebensraten höher sind als bisher angenommen, vor allem auch im Vergleich zu anderen Verbreitungsgebieten. Und: trotz der heute geringen Produktivität von nur etwa 0,3 Jungvögeln pro Paar und Jahr wächst die Zahl der Reviere weiter, wenn auch moderat. Das sind gute Nachrichten.

Es gibt allerdings Einschränkungen: Diese betreffen die vielen menschbedingten Belastungsfaktoren, die zunehmen und sowohl den Bruterfolg als auch die Sterblichkeit der Steinadler beeinflussen. Das gilt für viele Teile seines Verbreitungsgebiets. Mehr noch, in den meisten Statistiken aus aller Welt zur Sterblichkeit beim Steinadler stehen menschliche Einflüsse mit Abstand an erster Stelle. Unsere Untersuchungen aus den Schweizer Alpen bilden hier eine Ausnahme. Diese lässt sich allerdings einfach erklären. In unseren Daten liegt der Anteil bei den durch innerartliche Kämpfe umgekommenen Adlern markant höher als in allen anderen Studien. Damit verschiebt sich der Anteil bei den Opfern Richtung natürliche Todesursachen und die menschbedingte Mortalität geht anteilmäßig zurück. Nichtsdestotrotz sind Steinadler den wachsenden anthropogenen Sterberisiken auch bei uns ausgesetzt.

Es ist nicht ganz einfach, die positiven und die negativen Aspekte zusammenzubringen und die richtige Gewichtung bei den damit verbundenen unterschiedlichen Botschaften vorzunehmen. Anders gesagt: Wie lässt sich die hohe Vitalität der Alpenpopulation mit der nach wie vor kompromisslosen Forderung nach unbedingtem Schutz des Steinadlers in Einklang bringen?

Als Antwort steht einmal mehr der Begriff «Verletzlichkeit» im Vordergrund, und dies gleich in mehrfacher Hinsicht. Es ist nicht nur die relative Seltenheit von Steinadlern aufgrund ihrer Position als Spitzenprädatoren, sondern auch deren geringes Fortpflanzungspotenzial, welche stets mit einer latenten Gefährdung verbunden ist. Steinadler gehören zu den klassischen K-Strategen, also Arten, deren Populationen sich oft im Bereich der Kapazität ihrer Lebensräume befinden. Damit verbunden sind eine zurückhaltende Natalität und Ausbreitungsdynamik, dafür aber hohe Investitionen in die Qualität des Nachwuchses. Die Lebensstrategie beruht auf Konkurrenzfähigkeit und nicht auf hohen Individuenzahlen, die hohe Verluste auszugleichen vermögen. Gegenüber Unfällen an Infrastrukturen oder Vergiftungen nützt Konkurrenzfähigkeit allerdings nichts. Die modernen menschbedingten Sterberisiken sind in den Überlebensstrategien der Steinadler nicht vorgesehen. Um damit umzugehen, wären hohe Nachwuchsraten, welche die Verluste kompensieren würden, die bessere Strategie. Und so besteht für den Steinadler, trotz der aktuell hohen Siedlungsdichten in den Alpen, ein gewisses Risiko, dass die hohen menschbedingten Verlustraten das labile Gleichgewicht zwischen Populationswachstum und -rückgang zum Kippen bringen. Rein theoretisch betrachtet, wäre es ein Leichtes, durch Abschüsse die Population wieder in Bedrängnis zu bringen, so wie dies zu Beginn des 20. Jahrhunderts bereits der Fall war. Der hohe Schutzanspruch an brütende Steinadler und deren Lebensräume lässt sich deshalb nicht nur rechtfertigen, sondern er ist im Sinne der Erhaltung der Art unbedingt einzufordern.

Gefährdungsrisiken mit Fokus auf die Schweiz

Mit dem Ziel, sie zu gewichten und entsprechend einzuordnen, werden einige der in Kapitel 8 dokumentierten Gefährdungsrisiken mit Blick auf die Schweiz nochmals kurz aufgegriffen.

Die Anfälligkeit von Greifvögeln gegenüber Umweltgiften ist hoch und äußert sich beim Steinadler meist nur im Fall akuter und dadurch erkennbarer Vergiftungen. Neben der längst fälligen großräumigen Verbannung von Blei in der Jagdmunition besteht Handlungsbedarf bei der Erforschung von nichttödlichen Effekten von Giften auf die Vitalität der Greifvögel auf der Basis breit angelegter toxikologischer Analysen, wie sie kürzlich in 22 europäischen Ländern durchgeführt wurden (Buij et al. 2025). Solche Studien sind wichtig, um die meist versteckt wirkenden Negativeffekte von Giften und deren Auswirkungen auf Ökosysteme überhaupt zu erkennen. Bei Greifvögeln akkumulieren sich die Giftstoffe entlang der Nahrungskette. Der Steinadler eignet sich daher gut als Indikator. Dies gilt besonders auch in alpinen Ökosystemen, welche grundsätzlich weniger belastet sind als intensiv genutzte tiefere Lagen. Untersuchungen zur Umweltbelastung durch Gifte im Gebirge können wegweisend sein, um sich der Gefahr durch persistente Schadstoffe auch in abgelegenen Gebieten bewusst zu werden. Gezielte, illegale Vergiftungen spielen in der Schweiz im Vergleich zu anderen Regionen mit Steinadlervorkommen eine bis anhin zum Glück untergeordnete Rolle. Mit Blick in die Zukunft mit der verbreiteten Präsenz von Großraubtieren in den Alpen gilt es, wachsam zu sein, denn das Risiko illegaler Vergiftungsaktionen, insbesondere gegen Wölfe, wird tendenziell ansteigen.

Kollisionen mit Kabeln und Leitungen, aber auch Stromschläge, sind vermeidbare Sterberisiken, nicht nur für Steinadler, sondern für alle Großvögel. Verkabelung, Sichtmarkierung oder Isolation sind wirkungsvolle technische Maßnahmen, die in der Schweiz noch viel zu wenig Anwendung gefunden haben. Im Bereich der Mittelspannungsleitungen wurde in der Schweiz dank der Initiative der Schweizerischen Vogelwarte Sempach aber einiges zum Schutz der Vögel unternommen, insbesondere im Engadin und im Wallis (Bundesamt für Umwelt BAFU 2009; Rey & Heynen 2018).

Ein gewisses Unbehagen entsteht im Hinblick auf die zahlreichen projektierten Windkraftanlagen im Jura und in den Alpen. Hier lassen sich Erfahrungen aus anderen Ländern mit ausgedehnten Windparks einbringen, die zeigen, dass Steinadler zu den kollisionsgefährdeten Arten gehören. Beim in den Alpen flächendeckend vorkommenden Steinadler wird es schwierig, überhaupt Standorte ohne Kollisionsrisiko zu finden. Beim Bartgeier, dessen Schutzstatus höher eingestuft wird, gelten im «Kantonalen Richtplan Energie Graubünden» Minimalabstände von 5 km um Brutplätze. Ob solche Lösungen zum Ziel führen? Fest steht, dass der Steinadler als betroffene Art bei der Planung von Windkraftanlagen mit einbezogen werden muss. Dabei sollten nicht nur die Brutplätze berücksichtigt werden, sondern auch häufig durch Jungadler aufgesuchte Einzeladlerzonen, die sich beispielsweise durch die jüngsten Untersuchungen besenderter Steinadler abgezeichnet haben.

Störungen an Brutplätzen gehören in der Schweiz und andernorts zu den zunehmenden Risiken. Das hat einerseits mit der hohen Steinadlerdichte in den Alpen zu tun, aber auch mit der hohen und wachsenden Präsenz der Menschen. Selbst relativ abgelegene Gebirgsregionen sind durch mancherlei Nutzungen belastet, insbesondere durch Freizeitaktivitäten. Als Besonderheit für die Schweiz sind Störungen durch Nestfotografie zu nennen, die hierzulande offenbar häufiger auftreten als anderswo. Brutplätze können mit Schutzzonen während der Brutzeit belegt werden; besser ist es allerdings, wenn zu den Standorten besetzter Horste Stillschweigen bewahrt werden kann. Es braucht von Fall zu Fall eine Abwägung zwischen «aktiv schützen» oder «geheimhalten», stets jedoch eine enge Zusammenarbeit mit den kantonalen Jagd- und Naturschutzbehörden. Im Fall des Horstschutzprojekts für Hängegleiter geht man mit der Ausscheidung und Bekanntmachung von temporären Schutzzonen rund um besonders exponierte Brutplätze in die Offensive. Ob sich diese Methodik bewährt, wird sich erst zeigen. Unabhängig von spezifischen Maßnahmen bleibt die Sensibilisierung für die Belange der Natur bei bestimmten Zielgruppen wie Naturfotografen, Bergsteigern oder Luftsportlern eine Daueraufgabe.

Rückblick und Ausblick

Die weltweite Verfolgung des Steinadlers bis zu Beginn des 20. Jahrhunderts führte – wie im vorliegenden Buch eingehend dargelegt – vielerorts zu seinem Verschwinden, so auch im Schweizer Jura und im Mittelland. In den Alpen hat der stets als Greifvogel der Berge wahrgenommene Steinadler überlebt, wohl in höherer Zahl als lange Zeit angenommen wurde. Seine historische Verbreitung ist in der Schweiz dank Pionieren wie Carl Stemmler um die Mitte des 20. Jahrhunderts gut belegt, und Heinrich Haller setzte mit seinen Erkenntnissen zur Bestandsregulierung der Steinadler in Graubünden bereits anfangs der 1980er-Jahre einen weiteren wichtigen Markstein. Heute hat sich der Steinadler von seinem ehemals negativen Image weitestgehend befreien können. Zu verdanken ist dies dem in einer bemerkenswert kurzen Phase von weniger als 100 Jahren erfolgten gesellschaftlichen Wertewandel, aus dem neben vielerlei kulturellen Fortschritten auch ein ökologisches Grundverständnis hervorging. Und eben auch dank der erwähnten Vorreiterrolle von Steinadlerkennern und -forschern. Parallel dazu erfolgte eine rasante Entwicklung der wissenschaftlichen Methodik mit immer neuen technologischen Möglichkeiten. Heute gelten moderne GPS-Technologie und die Anwendung von künstlicher Intelligenz als Standardmethoden bei der Erforschung von Wildtieren und so auch des Steinadlers. Das jüngst erschienene, 920 Seiten umfassende Werk *The Golden Eagle Around the World* von Ellis et al. (2024) liefert eine eindrückliche Übersicht dazu. Die Pionierphase der Steinadlerforschung gehört der Vergangenheit an. Heute ist die Vernetzung der fast über den ganzen Planeten verteilten Fachleute zum Thema «Steinadler» erforderlich und weiter im Aufbau. Die heutigen Herausforderungen liegen darin, die vielfältigen Erkenntnisse unter den Interessierten auszutauschen und in Form von wirksamen Schutzmaßnahmen umzusetzen.

Die Gesamtschau auf den Steinadler macht das Ausmaß seines Facettenreichtums und seine bemerkenswerte Anpassungsfähigkeit erst richtig klar und lässt uns darüber staunen. Die vergleichsweise enge Schweizer Perspektive auf den Steinadler trägt zur Synthese aber nicht unwesentlich bei. Neben den erwähnten gut belegten historischen Grundlagen sind es die Erkenntnisse zur natürlichen Regulierung durch innerartliche Konkurrenz, welche nirgends sonst derart akzentuiert in Erscheinung treten – und entsprechend dokumentiert sind – wie hierzulande. Außerdem sind die durch die Schweizerische Vogelwarte Sempach initiierten Forschungen über die Bleiproblematik zu erwähnen, welche zur Einführung bleifreier Jagdmunition in einigen Kantonen führten, was nun hoffentlich auch andernorts Schule macht. Fast gleichzeitig zu einer europa- und weltweiten breiten Anwendung moderner GPS-Technologie wurden auch in den Schweizer Alpen Jungadler mit Loggern ausgerüstet. Die dabei generierten großen Datenmengen stehen erst am Anfang ihrer Auswertung. Sie ermöglichen aber schon jetzt detaillierte Einsichten in die Raumnutzung der Steinadler, die mittels herkömmlicher Methodik verborgen blieben. So zeigten unsere besenderten Bündner Adler trotz Dichtestress erstaunlich hohe Überlebensraten. Sie brachten unter anderem zahlreiche mehrtägige Exkursionen während der Bettelflugphase aus dem Heimatrevier bei Jungadlern zum Vorschein, genauso wie sommerliche *Jugend-home-ranges*, um den Brutplätzen der Revierpaare auszuweichen; überdies zeigen die Studien, dass das Flugverhalten der älter werdenden Vögel stetig effizienter wird. Alle diese neuen Erkenntnisse tragen zum besseren Verständnis des Steinadlers bei. Diese kommen nicht nur dem potenziell gefährdeten Greifvogel zugute, sondern erlauben auch einen präziseren Einblick in das komplexe Gefüge alpiner Ökosysteme.

In Zukunft sind im Alpenraum weitere Veränderungen zu erwarten, die auch die Lebensgrundlagen des Steinadlers betreffen. Allen voran sind die zunehmenden direkten und indirekten menschlichen Einflüsse zu erwähnen. In Kapitel 3 zeigten wir auf, wie die Verbreitungsgrenzen des Steinadlers in der Schweiz weitgehend durch die menschliche Präsenz bzw. durch hohe Bevölkerungsdichten bestimmt werden. Die Ausdehnung von durch Menschen dicht besiedelte Regionen, etwa am Alpenrand, könnten zum Verlust einzelner Steinadlerreviere führen. Das großflächige Verschwinden von Revieren ist allerdings unwahrscheinlich, weil die Topografie im Alpenraum so hohe Bevölkerungsdichten wie im Mittelland ausschließt.

Ein vermehrt negativer Einfluss auf die Brutaktivität oder den Bruterfolg der Steinadler durch wachsende menschliche Präsenz ist allerdings möglich und zeichnet sich gebietsweise bereits ab, etwa in Gebieten mit starkem Flugbetrieb, insbesondere von Hängegleitern oder Helikoptern. Auch die punktuelle Störung an Brutplätzen durch Horstfotografie nimmt tendenziell zu, sollte aber mit den erwähnten Maßnahmen zumindest in Schach gehalten werden können.

Ein großes Thema ist der fortschreitende Klimawandel, der die Gebirge und deren Lebensräume besonders stark verändern wird. So erstaunt es nicht, dass auch der Steinadler in den Fokus von Forschenden gerät, die die Auswirkungen der

Klimaerwärmung untersuchen. Selbstverständlich ist auch der Steinadler in den Alpen von diesen Veränderungen betroffen, allerdings wohl weit weniger als manch andere, sensiblere Arten. Als Indikator für diesen Wandel eignet sich der Steinadler kaum oder nur bedingt; und zwar aus dem einfachen Grund, dass er außerordentlich anpassungsfähig ist. Er besiedelt – abgesehen von limitierenden Faktoren wie geschlossenem Wald oder hohen Bevölkerungsdichten – fast alle Lebensräume mit mindestens hinreichendem Beutetierangebot. Gute Indikatoren für Klimaveränderungen sind viel stärker an bestimmte Lebensraumtypen gebunden. Dazu gehören mehrheitlich oder weitgehend auf die alpine Höhenstufe beschränkte Arten wie Schneehasen oder Alpenschneehühner, allenfalls auch Schneesperlinge *Montifringilla nivalis,* Bergpieper *Anthus spinoletta* oder Alpenbraunellen *Prunella collaris.* Bei einem Anstieg der Waldgrenze könnten Steinadler ihr Jagdgebiet vermehrt auf lückige alpine Wälder ausdehnen und in Rückzugsgebieten von Gletschern gibt es eventuell Platz für einzelne neue Paare. Die Jagd- und Lebensweise der Steinadler würde sich bei angestiegener Wald- und Schneegrenze wohl leicht verändern, aber kaum Auswirkungen auf lebensbestimmende Faktoren wie Bruterfolg oder Überlebensraten haben. Bei dessen alpiner Hauptbeute, dem Murmeltier, und bei den Huftierbeständen sind zwar Anpassungen zu erwarten, diese sind aber – zumindest mittelfristig – marginal. Dazu kommt die enorme Flexibilität des Steinadlers bezüglich seines Beutetierspektrums. Er würde sich auf neue, vom Klimawandel profitierende Beutetiere einstellen.

Indirekte Auswirkungen des Klimawandels sind beim Steinadler aber teilweise bereits erkennbar, denn die Klimaerwärmung führt zur Verlängerung der schneefreien Jahreszeit. Eine Schneedecke ist für Steinadler ein wichtiger Schutzfak-

tor in der sensiblen Phase der Bebrütung. Die Zugänglichkeit zu Steinadler-Brutplätzen von März bis Mai wird tendenziell erleichtert, womit das Störungsrisiko an Horsten steigt. Speziell bei den tieferliegenden Brutstandorten, am Alpenrand, im vorgelagerten Mittelland und im Jura, besteht die Gefahr, dass potenzielle Störenfriede wie beispielsweise forsche Naturfotografen bereits früh im Jahr problemlos in die Nähe von besetzten Horsten gelangen können.

Insgesamt dürfen wir für den Steinadler dank seiner ausgeprägten Anpassungsfähigkeit optimistisch in die Zukunft schauen. Voraussetzung ist allerdings, dass sein uneingeschränkter Schutz weiterhin gewährleistet bleibt.

Schlussbemerkungen

Steinadler stehen in Verbindung mit zahlreichen anderen Arten, mit der Begleitfauna und -flora. Dazu gehören Beutetierarten, konkurrierende Vogelarten, aber auch Pflanzenarten, die ihnen zum Beispiel als Grundlage für den Horstbau dienen. Das Wissen über die Rolle des Steinadlers in der Lebensgemeinschaft wird dank der Forschung stetig erweitert, bleibt aber wegen der komplexen und sich ständig ändernden Vernetzungen doch bruchstückhaft. Zudem besteht bei der naturwissenschaftlichen Annäherung eine grundsätzliche Schwierigkeit, weil diese nie gänzlich objektiv ist. Denn neben der sauberen Erhebung und Analyse von Daten, dem kritischen Hinterfragen von Ergebnissen und der Diskussion mit Fachpersonen sowie der Konsultation der Literatur bleibt stets Platz für Subjektives; nämlich dann, wenn Forschende ihre Intention einbringen und sich durch persönliche Präferenzen, Gewichtungen, Erfahrungen sowie allenfalls gar von Vorurteilen leiten lassen. Das geschieht bereits bei der Auswahl der Fragestellungen, wobei sich der Leitgedanke bewährte, stets nach dem Nutzen der Erkenntnisse für das Forschungsobjekt, in unserem Fall für den Steinadler, zu fragen. Den Artenschutz weiterzubringen, erscheint uns ein sinnvoller Ansatz für die wissenschaftliche Arbeit zu sein.

Der Spielraum für die Forschenden, der sich aus der subjektiven Komponente ergibt, birgt auch große Vorteile. Er schließt emotional gefärbte Erfahrungen ein. Daraus entstehen Motivation und Neugier und so werden die notwendigen Energien frei, um sich den herausfordernden Fragestellungen anzunehmen. Dazu kommt, dass mit Leidenschaft kommunizierte Erkenntnisse für die Öffentlichkeit besser zuträglich sind, und dass durch die Freude an kreativ geprägten, spannenden Untersuchungen auch ganz neue, bisher versteckte Zusammenhänge ans Licht gelangen können.

Der charismatische Steinadler ist Teil der noch weitgehend naturnahen Gebirgsökosysteme im Zentrum Europas, den Alpen und dem Jura, und damit wichtiger Botschafter für den Schutz dieser einmaligen Landschaften. Er ist seit jeher auch Teil unserer Gedankenwelten und hat es geschafft, sich vom einst verfehmten Raubtier zum faszinierenden Greifvogel und Sympathieträger zu mausern – dank Forschung und Information. Dieses Buch möge zu einem modernen Naturbild beitragen.

Wie wir zu Adlerforschern wurden

David Jenny

Mein Steinadler-Schlüsselerlebnis hatte ich im Alter von 19 Jahren. Nach der Matura arbeitete ich temporär in einer Metallwarenfabrik in Ennenda GL. Vom dortigen Arbeitsplatz führte der Blick immer wieder zu einem wilden Tälchen am Schiltmassiv hoch, das zur Laubenwand und Richtung Rässegg führt. Dieses wollte ich zusammen mit meinem Vater erkunden. So waren wir im Juli 1978 im Aufstieg durch das steile Couloir unterwegs, als es plötzlich über unseren Köpfen rauschte. Ein Steinadler flog mit einem Murmeltier in den Fängen über uns hinweg und landete auf einem kleinen Felsvorsprung. Der Adler hatte uns nicht bemerkt, denn er begann, keine 200 m entfernt, zu kröpfen. Mein Vater klaubte einen alten Feldstecher aus dem Rucksack und reichte ihn mir. Mir stockte der Atem. Wohl nach wenigen Sekunden flog der Adler mit dem Mungg auf und verschwand im Nebel. Dann hörten wir noch komische Laute in den Felsen hallen, «jjagg, jjagg, …», die wir damals nicht zuzuordnen wussten, aber annahmen, dass sie von einem Jungvogel stammten. Der Virus war eingeimpft.

Im Folgejahr kletterten mein Vater und ich mit schwerem Gepäck über den Leistchamm hoch bis zu einem kleinen Wäldchen am Rand der Laubenwand. Ich wollte den Horst des Adlers finden. Wir platzierten ein Zelt, mein Vater verabschiedete sich und ich blieb mit dem Projekt «Adlerhorst» für eine Woche in der Wildnis. Wie recht üblich im Glarnerland, hing dichter Nebel in den zerklüfteten Felsen. Am zweiten Tag rüttelte jemand morgens an meinem Zelt, Wildhüter This Vögelis Stimme ertönte: «Ist da jemand noch am Schlafen?» Vögeli, seines Zeichens Bergführer und Wildhüter, kannte den Horst, «…klar kann ich ihn dir zeigen», meinte er. Wir hockten dann mehrere Stunden am Felsrand und Vögeli berichtete von seinen eindrücklichen Erlebnissen als Wildhüter (Abb. 2) und Bergretter. Endlich lichtete sich der Nebel. Durch Nebelfetzen hindurch war das Adlernest schließlich erkennbar, aber leider leer. Das weckte meinen Forscherdrang erst recht und ich zog im Folgejahr wieder mit dem Zelt los. Ein Jungadler wurde dannzumal gefüttert, ich beobachtete aus angemessener Distanz durchs Fernrohr, notierte und skizzierte alles fein säuberlich (Abb. 3 und 4). Als Biologiestudent an der Uni Zürich wurde bei mir ein Traum geboren, nämlich der, Adlerforscher zu werden; bestätigt und verstärkt wurde mein Entschluss durch die Entdeckung des Buchs von Carl Stemmler *Der Steinadler*

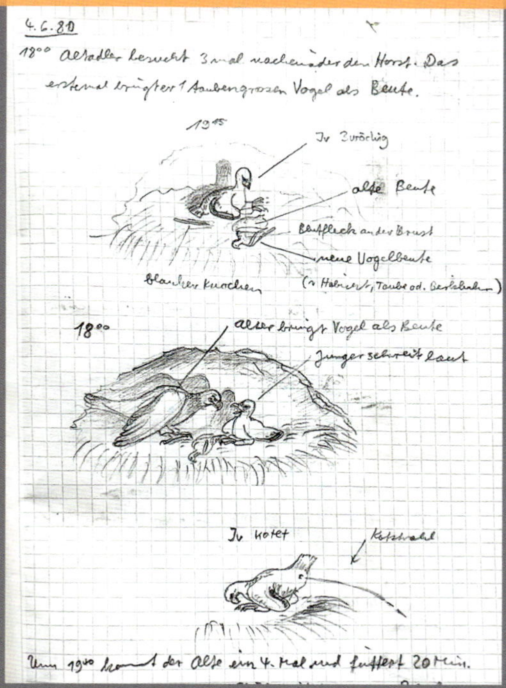

in den Schweizer Alpen, das mir in der Unibibliothek in die Hände fiel. Fasziniert zeigte ich es meinen Studienkollegen und konnte nicht verstehen, warum diese nicht auch begeistert waren.

Es gab einen weiteren wichtigen Moment: Das war die erste Begegnung mit Heinrich Haller, der seine Doktorarbeit über den Steinadler vor Kurzem abgeschlossen hatte. Wir diskutierten lange über die Möglichkeit einer Folgestudie in seinem Büro in Davos. Als ich meine Uhr konsultierte, dachte ich sie sei defekt – so schnell war die Zeit verstrichen. Bei Professor Glutz von Blotzheim reichte ich dann ein Gesuch für eine Doktorarbeit ein. Immer wieder musste ich nachhaken, bis dieser endlich «ja» sagte. Auf meine Frage, was ihn schließlich zur Zusage bewog, meinte er: «Wissen Sie, Herr Jenny, Ihre Hartnäckigkeit hat mich überzeugt». Es folgten 5 Jahre intensiver Steinadlerforschung im Berner Oberland, eine meiner schönsten und intensivsten Lebensphasen. Auch danach ließ mich der Steinadler nicht mehr los. Bis heute war und ist meine berufliche und nebenberufliche Laufbahn geprägt durch die Beschäftigung mit dem König der Lüfte.

Abb. 2 Wildhüter This Vögeli anlässlich der Freilassung eines jungen Steinadler-Pfleglings in Sool GL im März 1973. Vögeli war profunder Beobachter und Kenner der Tierwelt, ein hervorragender Natur-Lehrmeister für Wildtiernovizen, wie ich damals einer war (Foto: R. Tschudi, 10.03.1973).

Abb. 3 David Jenny mit 21 Jahren, beim Beobachten der nebelverhangenen Laubenwand über Ennenda. Hier hatte die Leidenschaft für den Steinadler seinen Ursprung. (Foto: J. Jenny, Sommer1980)

Abb. 4 Aus dem Notizbuch von David Jenny.

Serge Denis

Im Jahr 1978 oder 1979 befand ich mich als 4- oder 5-jähriger Junge mit meinen Eltern im Wallis auf einer Wanderung zwischen Eischoll und Ergisch. Irgendwo auf halber Strecke bei einer Waldlichtung beschäftigte ich mich mit dem Aufsammeln einiger Eichelhäherfedern, als mein Vater plötzlich rief «Schaut mal den Großen da!» Blitzschnell hatte ich mich umgedreht und sah noch, wie ein Steinadler mit zu uns gedrehtem Kopf, sehr nahe an der kleinen Lichtung durchflog – er wirkte damals auf mich überdimensional groß und er besaß ein Gefieder von vermeintlich niemals mehr gesehenem Braun. Einige Jahre später befanden wir uns erneut auf einer langen Wanderung im Wallis, diesmal oberhalb Fully. Auf einem relativ exponierten Teilstück über dem Rhonetal beobachteten wir einen in der Nähe fliegenden Deltasegler, der versuchte, an Höhe zu gewinnen. In diesem Moment näherte sich ihm von hinten ein jüngerer Steinadler, welcher dem Segler in konstant bleibender Distanz von vielleicht 20 m hinterherflog. Als der Pilot die Lage erfasste, fing er an zu schreien, wohl in Angst, der Adler könnte mit seinen Krallen das empfindliche Gewebe des Seglers beschädigen.

Vorerst beschränkten sich die Adlerbeobachtungen auf die Sommerferien und ich begnügte mich in der Zwischenzeit mit dem Beobachten von Greifvögeln, insbesondere der Mäusebussarde und Schwarzmilane in meiner Wohngegend im Berner Seeland. Aber von nun an hielt ich auf jeder Gebirgstour im Wallis, mit bescheidenen Mitteln wie einem 8 x 30-Fernglas und einer kleinen Kodak Instamatic-Fotokamera ausgerüstet, ständig Ausschau nach Steinadlern und erkannte nach einiger Zeit, dass mir je nach Gebiet immer wieder dieselben Individuen begegneten, Revieradler also! Bald fand ich meine erste Schwungfeder in der Gegend der Dents de Morcles. Das Thema ließ mich nicht mehr los. Wem gehört diese Feder? Wo fliegen diese Adler sonst noch hin? Wo halten sich alle anderen auf? Fragen um Fragen türmten sich auf und ich weitete meine Suche mit den zunehmenden Möglichkeiten des Erwachsenwerdens aus.

Jede Sichtung wurde detailliert beschrieben und zu interpretieren versucht. Jede Antwort, die ich fand, warf jeweils weitere Fragen auf. Systematisch hatte ich angefangen, Revierpaare und deren Horstestandorte zu suchen und weitete meine Recherchen auf den ganzen Kanton Wallis, später auch auf benachbarte Kantone und das angrenzende Ausland aus. Sämtliche gefundene Federn und Gewölle wurden beschriftet und archiviert sowie alle weiteren Daten, so präzise wie es nur möglich war, auf Papier und digital festgehalten. Die Regale sind mittlerweile gefüllt mit Bundesordnern, Federschachteln, Festplatten und vielem mehr, was das Thema betrifft.

Die Jahre sind vergangen und die Beschäftigung mit dem Steinadler wurde zum Lebensinhalt, viele der damaligen Fragen fanden zwar eine Antwort, damit aber taten sich weitere Wissenslücken auf, die darauf warten, gefüllt zu werden. Der Virus bleibt, ein Ende der Passion ist nicht in Sicht.

Abb. 5 Serge Denis mit Federfund in den Walliser Bergen (26.07.2015, Ovronnaz VS).

Heinrich Haller

In meinem Wildbiologenleben habe ich mich mit verschiedenen Ikonen der einheimischen Fauna beschäftigt, vom Uhu bis zum Wolf. Der Steinadler spielte eine besondere Rolle, denn ihm habe ich mich zuerst und während langer Zeit verschrieben. Obwohl anfänglich im aargauischen Freiamt aufgewachsen, war ich als Kind mit meinen Eltern oft in den Alpen unterwegs, und der Steinadler brachte diese spektakuläre Urnatur meines Erachtens besonders gut zum Ausdruck. Die durch Fotos und Filme gestützte Vorstellung, den damals noch eher seltenen Greifvogel vor Felswänden segeln zu sehen, dort gar noch in den kaum zugänglichen Horst einfliegend, zog mich in den Bann. Meine Mutter hatte Jahre zuvor einen Adler im Göschenertal gesehen und diese Beobachtung als ein Highlight auf ihren Bergtouren empfunden. Ich beneidete sie um dieses Erlebnis und schaute bei Bergwanderungen eifrig umher, damals allerdings ohne Fernglas und völlig unbedarft. Es fehlten die Kenntnisse, wo, wann und wie man Steinadler am ehesten zu Gesicht bekommt.
Im Jahre 1967, im Alter von 13 Jahren, war es dann soweit: Anlässlich einer Wanderung mit den Eltern im Schweizerischen Nationalpark entdeckte ich meinen ersten Steinadler. Wie er hoch über Il Fuorn aufkreiste, dieses Bild hat sich tief in meinem Hirn eingeprägt und es ist bis heute, selbst in Details, präsent. Als ich dann ein Jahr später ein Steinadlerpaar im Dischmatal bei Davos beobachten konnte und somit den König der Lüfte in meiner neu gewählten Heimat wusste, war es erst recht um mich geschehen. Früh angeregt durch Enid Blytons Kinderbuch *Die Burg der Abenteuer* war es ein erstes Ziel, ein Foto des Steinadlers in freier Wildbahn zu knipsen, und noch erstrebenswerter wäre es gewesen, eine Adlerfeder zu finden. Als mir dann Carl Stemmlers Buch *Der Steinadler in den Schweizer Alpen* fachliche Hintergründe aufzeigte, beschäftigte ich mich immer gezielter mit dem Thema. Ein erster Höhepunkt war um 1970 die halsbrecherische Besteigung eines Adlerhorstes im Dischmatal, Free Solo und mitten im Winter. Später sind immer mehr Erfahrungen dazugekommen, die ich nach 25-jähriger Beschäftigung mit dem Thema 1996 im Buch *Der Steinadler in Graubünden* festgehalten habe.

Abb. 6 Heinrich Haller im Alter von 23 Jahren am hauptsächlich besetzten Steinadlerhorst im Flüelatal, 1977. In jenem Jahr wurde die Bebrütung abgebrochen (Foto: M. Karlen).

Anhang

Für umherstreifende Jungadler wie dieses immature Weibchen bedeutet die Winterzeit viel Nahrung in Form von Huftier-Kadavern (H. Müller, 11.11.2023, Oberriet VS).

Glossar

Fachbegriff	Definition
adult	Geschlechtsreif. Steinadler sind ab ca. dem 5. Lebensjahr adult.
agonistisches Verhalten	Begriff aus der Verhaltensbiologie, der alle Verhaltensweisen umfasst, die mit Rivalität, Konkurrenz und Wettbewerb verbunden sind.
AJF	Amt für Jagd und Fischerei Graubünden
Anthropozän	Aktuelles geologisches Zeitalter, das durch menschliche Einflüsse stark geprägt wird.
arid	Aride Klimazonen sind Trockengebiete mit weniger Niederschlagsmengen als potenzielle Verdunstungsmengen.
Aufbruch	Die Innereien von erlegten Wildtieren.
Barbiturate	Sedierende bzw. einschläfernde Wirkstoffgruppe, wie z. B. Pentobarbital.
Beizadler	Ein für die Beizjagd abgerichteter, zahmer Adler (Falknersprache).
Bettelflugphase	Periode nach dem Ausfliegen der Jungvögel bis zum Verlassen des elterlichen Reviers.
Brutreserve	Gesamtheit aller noch unverpaarten juvenilen, immaturen und subadulten Vögel, die sich noch nicht fortpflanzen können.
Brutgröße	Anzahl ausgeflogene Jungvögel pro erfolgreiche Brut.
Carbofuran	Hochgiftiges Insektizid aus der Stoffgruppe der Carbamate (ein Cholinesterasehemmer), der als Frass- oder Kontaktgift wirkt. Seit 2011 in der Schweiz verboten.
Chelatbildner	Metallionen bindende chemische Verbindung wie z. B. EDTA, die eingesetzt wird, um Schwermetalle aus dem Körper auszuwaschen.
Dichteabhängige Effekte	Auf die Fortpflanzung und die Sterblichkeit einwirkende Einflussfaktoren, welche mit steigender Populationsdichte zunehmen.
Dispersal	Periode nach dem Abwandern eines Jungvogels aus dem elterlichen Revier bis zur Geschlechtsreife bzw. Verpaarung.
Dummy-Ei	Künstliches oder zweckentfremdetes Ei, das – meist mit Sensoren ausgerüstet – zu Forschungszwecken eingesetzt wird.
Einzeladlergebiet	Zonen mit gehäuftem Auftreten von unverpaarten, meist noch jungen Steinadlern.

Fachbegriff	Definition
Euthanasieren	Tierschutzkonforme, bewusste Herbeiführung des Todes eines Tiers.
Fänge	Füße (Falknersprache)
Falkenhaube	Lederne Mützen für Greifvögel. Sie verdunklen die Augen und wirken beruhigend.
Federschaft	Oberer Teil des Federkiels
Fennoskandien	Bezeichnung für die nordeuropäische Halbinsel, die sich aus Finnland und der Skandinavischen Halbinsel sowie Karelien und der Halbinsel Kola zusammensetzt.
FIWI	Institut für Fisch- und Wildtiermedizin (Universität Bern)
FLAB	FliegerAbwehr (militärischer Begriff)
Floater	Nicht verpaarter und nicht an ein Territorium gebundener Vogel.
Flügelflächenbelastung	Verhältnis zwischen der Masse eines Flugkörpers (Vogel) und dessen Flügelfläche.
Flügelspiegel	Weißer Anteil an der Basis von Hand- und Armschwingen in den Flügeln (Falknersprache).
Girlandenflug	Wellenförmiges Auf- und Abfliegen bei bestimmtem Greifvögeln während der Balz und zur Revierverteidigung.
GPS Technologie	Globales Navigationssystem auf der Grundlage von Satelliten.
Grimale/Hungerstreifen	Aufgrund verminderter Keratinbildung als helle Streifen in den Federfahnen erkennbare Anomalie, welche auf Mangelernährung oder möglicherweise Stress während des Federwachstums zurückgehen.
Größendimorphismus	Größenunterschiede, die meist auf Geschlecht oder Alter bezogen werden.
Herbivore	Pflanzenfresser
Hochjagd	Die Hochjagd bezieht sich auf die Jagd auf sogenanntes Hochwild, was meist das Schalenwild umfasst. In Graubünden sind während der 21-tägigen Jagdperiode im September auch Murmeltiere eingeschlossen, Steinböcke werden separat im Oktober bejagt.
holarktisch	Biogeografische Region, die die Landmassen Europas, Nordafrikas bis zum Südrand der Sahara, Asiens sowie Nordamerikas umfasst.

Fachbegriff	Definition
home range	Auch Streifgebiet genannt. Von Individuen genutzte Fläche, welche im Gegensatz zu einem Territorium, nicht aktiv verteidigt wird.
immatur	Jugendphase, dauert beim Steinadler vom 2. bis zum 4. Lebensjahr.
intrinsische Motivation	Auch «innerer Antrieb» genannt, bezeichnet ein Verhalten, das durch innere Anreize wie beispielsweise Hunger oder Müdigkeit gesteuert wird.
Isotope	Isotope sind verschiedene Atomarten desselben chemischen Elements. Sie unterscheiden sich in der Zahl der Neutronen bzw. der Atommasse.
juvenil	Frühe Jugendphase bis zum Abschluss des ersten Lebensjahrs.
Kainismus	Der Ausdruck bezeichnet in der Ornithologie die Tötung eines meist jüngeren Geschwisters durch ein älteres.
karnivor	fleischfressend
Kammerung der Landschaft	Sie beschreibt die Teilung der Landschaft durch räumliche Strukturen wie Berge oder Hügel, die die Sicht des Betrachters einschränken.
Kapazitätsgrenze	Sie bezeichnet die Tragfähigkeit eines Ökosystems bezüglich der maximalen Populationsgröße einer Art.
Kerndichteschätzung	Ein statistisches Verfahren zur Schätzung der Aufenthaltswahrscheinlichkeit innerhalb eines Reviers.
Keratin	Keratin ist ein schwefelhaltiges Eiweißprotein, das den Grundbestandteil von Federn, Krallen und Schnäbeln und von Haaren, Nägeln und Hörnern darstellt.
koevolutiver Prozess	Gegenseitige Beeinflussung der jeweiligen Evolution zweier Arten durch von ihnen ausgeübten Selektionsdruck.
Kohorte	Eine Kohorte ist eine Gruppe von Individuen, die ein gleiches Ereignis zur gleichen Zeit erfahren hat.
Kompilation	Eine Zusammenstellung eines schriftlichen Werkes aus anderen, meist älteren, schriftlich festgehaltenen Befunden.
Kopula	Geschlechtsakt
Kröpfen	Fressen bei Greifvögeln (Falknersprache).
K-Strategen	Lebewesen mit K-Strategie (K für Kapazität oder Tragfähigkeit des Ökosystems) produzieren relativ wenige Nachkommen, die aber eine hohe Überlebenschance haben. Sie sind stark auf Konkurrenzfähigkeit ausgerichtet.

Fachbegriff	Definition
Massenspektrometer	Ein analytisches Instrument, welches die Masse bzw. Konzentration von Molekülen in Gewebeproben bestimmen kann.
Mechanismus (evolutionär)	Prozess, der genetische Veränderungen von Populationen über Generationen bewirkt und somit zu evolutionären Anpassungen führt.
Megafauna	Die Gesamtheit der Großtiere einer Lebensgemeinschaft (Ökosystem).
Melanin	Ein Pigment, das die Farbe von Federn, Haut, Haaren und Augen bestimmt und gleichzeitig einen Schutz gegen UV-Strahlung bietet.
mitochondriale DNA	Im Gegensatz zur DNA in den Zellkernen, kommt sie meist als kreisförmiges Makromolekül in den Mitochondrien (Kraftwerke der Zellen) vor. Sie wird ausschließlich über die mütterliche Linie vererbt.
mobile Phase	Diejenige Phase innerhalb einer Wanderbewegung, bei welcher eine Verlagerung stattfindet.
Nachwuchsrate	Anzahl Nachkommen pro Paar und Jahr. Bei Steinadlern bezieht sie sich auf die Zahl der dem Horst entflogenen Jungvögel.
Natalität	Geburtenrate. Beim Steinadler bezieht sich diese auf die Anzahl geschlüpfter Jungvögel pro Paar.
Niederjagd	Die Niederjagd findet Im Oktober und November statt und umfasst sogenanntes «Niederwild»: Schnee- und Feldhasen sowie verschiedene Vogelarten wie Schneehühner und Birkhühner (Jagdlicher Begriff).
Nichtbrüteranteil	Anteil an Brutpaaren in Prozent, welche keine Brut tätigen. Der Anteil bezieht sich auf alle kontrollierten Paare einer Stichprobe in einem Jahr.
ökologische Potenz	Wertebereiche bestimmter Umweltfaktoren wie beispielsweise Nahrungsangebot, Waldbedeckung oder Reliefenergie, in welchen eine Art existieren kann.
ökologische Nische	Die ökologische Nische beschreibt die Gesamtheit aller Umweltfaktoren, unter denen eine Art überleben und sich fortpflanzen kann. Sie ist sozusagen der «Beruf» der Art innerhalb eines Ökosystems.
Paläarktisch	Biogeografische Regionen der «alten Welt» mit Europa, Nordafrika und Asien.
Paraoxon	Ein hochgiftiges Insektizid, das als Cholinesterasehemmer wirkt. Ist in der Schweiz und der EU verboten.
Pentade	Zeitraum von 5 Tagen.

Fachbegriff	Definition
Pentobarbital	Schlafmittel, das in der Tiermedizin zum Einschläfern von Tieren eingesetzt wird.
persistent	Dauerhaft bzw. nur schwer in der Natur abbaubar.
pH Wert	Maß für den Säuregehalt einer Lösung. pH 0 = tiefster Wert (extrem sauer), pH 14 höchster Wert (extrem basisch).
Philopatrie	Auch Heimatliebe genannt. Das Phänomen, nach welchem sich Tiere in der Nähe ihres Geburtsorts niederlassen, um sich fortzupflanzen.
Reliefenergie	Maß für die potenzielle Energie, die ein bestimmter Ausschnitt der Erdoberfläche besitzt. Sie berechnet sich aus dem Höhenunterschied zwischen dem höchsten und tiefsten Punkt dieses Ausschnitts.
resilient	widerstandsfähig, belastbar.
Rodentizid	Zur Bekämpfung von Nagetieren eingesetzter Giftstoff, welcher die Blutgerinnung hemmt. In der Schweiz seit 1.04.2025 für private Anwender verboten.
Schalenwild	Jagdlicher Begriff für Huftiere wie Gämsen, Steinböcke, Rehe oder Rothirsche.
Selektionsdruck	Eine evolutionäre Kraft, die dazu führt, dass ein bestimmter Phänotyp (Merkmale) durch natürliche Selektion unter bestimmten Umweltbedingungen bevorzugt wird.
Serotonin	Serotonin ist ein Botenstoff im Nervensystem mit vielseitigen Funktionen. Es wird oft als «Glückshormon» bezeichnet, da es eine wichtige Rolle bei der Regulierung der Stimmung spielt.
Setzzeit	Setzzeit bezeichnet die Zeit, in der Tiere – meist auf Huftiere bezogen –Junge zur Welt bringen.
sigmoides Wachstum	Auch S-Kurve genannt. Bei hoher Dichte führen konkurrenzbedingte Bremsfaktoren wie Stress oder ansteckende Krankheiten zum Abflachen der Populations-Wachstumskurve.
solitär	einzeln oder alleine lebend.
soziale Adhäsion	Zusammengehörigkeitsgefühl innerhalb einer sozialen Gruppe einer Art.
Spitzenprädator	Beutegreifer der obersten Stufe in der Nahrungspyramide.
Staffelmauser	Komplizierter Mausertyp, bei welchem mehrere Mauserzyklen einer Federreihe ineinander übergehen. Das bewirkt, dass in einer Federreihe mehrere Federgenerationen auftreten.

Fachbegriff	Definition
subadult	Lebensphase bis zur Geschlechtsreife, beim Steinadler im 4. und 5. Lebensjahr.
stationäre Phase	Diejenige Phase innerhalb einer Wanderbewegung, in welcher keine Verlagerung stattfindet.
Stoss/Stossfedern	Schwanz/Schwanzfedern (Falknersprache)
talon locking	Gegenseitiges Verkrallen und bodenwärts Trudeln (bei Seeadlern als Balzverhalten bekannt).
Taxonomie	Wissenschaft der Klassifizierung von Lebewesen auf der Grundlage ihrer gemeinsamen Merkmale und Eigenschaften.
Teilmauser	Es werden in einem Mauserzyklus nur Teile des Gefieders ersetzt.
Territorium	Eine gegenüber Artgenossen verteidigte Fläche. Beim Steinadler in den Alpen werden Territorien ganzjährig aufrechterhalten und gewährleisten die von einem Paar beanspruchten Lebensgrundlagen.
Track	Eine durch GPS Datenlogger aufgezeichnete Wanderroute.
trophische Stufe	Eine Ebene innerhalb der Nahrungspyramide. In einer Stufe befinden sich Organismen mit identischer Ernährungsweise, etwa als Primärproduzenten (Pflanzen), Herbivore (Pflanzenfresser), Karnivoren I (Beutegreifer), Karnivoren II (größere Beutegreifer, Spitzenprädatoren).
Ungulaten	Huftiere wie Gämsen, Steinböcke, Rehe oder Rothirsche.
Validierung	Überprüfung und Abgleichung von (Verhaltens) daten mit gleichem Ursprung, aber mit unterschiedlichen Messmethoden.
Walken	Wiederholtes wippendes Einstechen mit den Krallen in den Tierkörper zwecks Tötung eines Murmeltieres (Falknersprache).
Zeitbudget	Übersicht der Aktivitäten und deren zeitliche Anteile.

Die Autoren und die Illustratorin

David Jenny, Jahrgang 1959, hat an der Universität Zürich Biologie studiert und an der Universität Bern mit einer Studie über den Steinadler im Berner Oberland promoviert. Die Arbeit erhielt den Volz Preis der Universität Bern. Im Rahmen eines Postdoc-Stipendiums verbrachte er ab 1992 zwei Jahre im Regenwald in der Elfenbeinküste, wo er in einem Camp für Primatologie Leoparden mittels Radiotelemetrie erforschte und anschließend diverse Studien publizierte. Von 1997 bis 2013 unterrichtete er als Biologielehrer an zwei Gymnasien im Engadin und war bis 2023 bei der Schweizerischen Vogelwarte Sempach Regionalkoordinator im Engadin, wo er u. a. Monitoringprojekte über Steinadler und Uhus leitete, Renaturierungsprojekte begleitete und in einem Forschungsprojekt zur Ausbreitungsökologie junger Steinadler in Graubünden als Projektleiter fungierte. Bei der Stiftung Pro Bartgeier ist er seit 1997 zuständig für das Brutpaarmonitoring in Graubünden. Seit 2006 ist er Präsident der Engadiner Naturforschenden Gesellschaft SESN und seit 2023 Vizepräsident der Schutzorganisation Pro Lej da Segl. David Jenny hat zwei erwachsene Söhne und lebt seit 1997 mit seiner Frau Barbara in Zuoz. In seiner Freizeit betreibt er Naturfotografie und Gleitschirmfliegen.

Heinrich Haller, geboren 1954, hat an der Universität Bern Zoologie, Botanik und Geografie studiert und an der Universität Göttingen in Wildbiologie habilitiert. Seine Fachgebiete sind die Gebirgsökologie im Allgemeinen und die Wildtiere der Alpen, insbesondere die großen Beutegreifer, im Speziellen. Er hat 1982 die erste Dissertation zum Steinadler in den Alpen verfasst und sich später unter anderem auch mit dem Luchs, dem Wolf, dem Kolkraben und der Wilderei beschäftigt. Zu den drei letzten Themen sind von ihm Bücher im Haupt Verlag erschienen. Heinrich Haller war von 1996 bis zu seiner Pensionierung 2019 Direktor des Schweizerischen Nationalparks (SNP) und lehrte als außerplanmässiger Professor Gebirgsökologie an der Universität Göttingen. Er ist Vater dreier erwachsener Kinder, Großvater von fünf Enkeln und lebt mit seiner Frau Heidi in Zernez. In Verbindung mit seiner Passion für die Natur ist er so lange wie möglich als Läufer aktiv.

Serge Denis, geboren 1974, hat nach der obligatorischen Schulzeit von 1980–89 eine Monopollehre als Gleismonteur bei der SBB abgeschlossen. Seither und bis zum Abschluss der vorliegenden Publikation ist er seiner Branche treu geblieben und in verschiedenen Führungsfunktionen tätig. Seit 1995 widmet er sich in seiner Freizeit der Überwachung und Erforschung des Steinadlers und Bartgeiers im Wallis und in Teilen des Waadtlands. Er arbeitet mit der Schweizerischen Vogelwarte und der Stiftung Pro Bartgeier zusammen und ist Mitverfasser diverser Publikationen. Ein Großteil seiner Freizeit verbringt er im Hochgebirge und widmet sich nebenbei auch der Tier- und Landschaftsfotografie. Auch das Motorradfahren bereitet ihm immer wieder Vergnügen. Er ist Vater einer Tochter und eines Sohnes und lebt mit seiner Familie in Lyss.

Lea Gredig, geboren 1989, wohnt in Samedan und hat an der Universität Basel Biologie studiert sowie an der Zürcher Hochschule der Künste Wissenschaftliche Illustration. Von 2017 bis 2024 war sie als Wissenschaftliche Illustratorin beim Archäologischen Dienst Graubünden tätig und seit ihrer Studienzeit arbeitet sie als freischaffende Illustratorin für botanische, paläontologische und zoologische Projekte, u. a. für den Botanischen Garten der Universität Basel, für das Paläontologische Institut der Universität Zürich, für das Bündner Naturmuseum oder das Naturmuseum Südtirol in Bozen. Ihre Illustrationen erschienen unter anderem 2021 in *Die Mäuse und ihre Verwandten* beim Haupt Verlag Bern sowie im selben Jahr in *Mäusephilosophie* bei Gammeter Media St. Moritz. Die Bleistiftzeichnungen im vorliegenden Buch sind Annamaria Gredig gewidmet.

Ergänzende Abbildungen und Tabellen

Kapitel 1

Tab. 1 Chronologie zum Verschwinden des Steinadlers in Mittel- und Westeuropa aufgrund historisch belegter letzter Nachweise inklusive Wiederbesiedlung.

Region	Land	Letzte Brutnachweise	Höchste Erhebung m ü. M	Quelle	Wiederbesiedlung/ Neubesiedelung. Erste Bruten seit:	Quelle
Erzgebirge	Deutschland	1642	1215	Heyder, R. (1952). In: Fischer 1995.	-	
Thüringer Wald	Deutschland	um 1750	983	Hildebrandt, H. (1976). In: Fischer 1995.	-	
Harz	Deutschland	um 1790	1141	Fischer 1995	-	
Sussex	England	um 1800	270	Fischer 1995	-	
Devon	England	um 1800	621	Fischer 1995	-	
Cumbria	England	um 1800	978	Hedfeldt et al. 2020	1 Paar anwesend in Lake District von 1969– 2004	Hedfeldt et al. 2020
Schwarzwald	Deutschland	1816	1493	Fischer 1995	-	Paulsen 1991
Eifel	Deutschland	1816	746	Fischer 1995	-	
Tübingen	Deutschland	1822	820	Fischer 1995	-	
Fläming	Deutschland	1825	200	Fischer 1995	-	
Lausitz	Deutschland	1827	1124	Fischer 1995	-	
Celle, Lüneburger Heide	Deutschland	1838	169	Fischer 1995	-	
Orkney	Schottland	um 1850	455	Fischer 1995	1966	Shersby 2021
Cumbrian Mountains, Lake District	England	um 1850	978	Fischer 1995	2021	Fischer 1995
Jura	Frankreich	um 1850	1720	Ménatory 1972	1994	Wentworth et al. 2024
Jura	Schweiz	vor 1850	1679	Meisner & Schinz 1815	2009	Schweizerische Vogelwarte Sempach
Wales	England	um 1850	1085	Fischer 1995	–	
Cheviot Hills, Northumberland	England	1860	815	Fischer 1995	–	
Riesengebirge	Deutschland, Tschechien	1864	1602	Fischer 1995	–	
Mecklenburg	Deutschland	1865	180	Fischer 1995	–	
Brandenburg	Deutschland	1877	201	Wendland, V. (1964). In: Fischer 1995	–	
Pommern	Deutschland	1887	256	Niethammer, G. (1938). In: Fischer 1995	–	
Masowien	Polen	1886	408	Niethammer, G. (1938). In: Fischer 1995	–	
Schwäbische Alm	Deutschland	Ende 18. Jh.	1016	Fischer 1995	–	
Mittelland, Emmental BE Napf	Schweiz	vor 1889	1406	Studer & Fatio 1889	um 1920	Haller 1994
Themar, Thüringen	Deutschland	Ende 18. Jh.	550	Fischer 1995	–	
Vogesen	Frankreich	vermutlich Anfang 19. Jh.	1424	Fischer 1995	–	Paulsen 1991
Jütland	Dänemark	um 1890 ?	170	Nielsen et al. 2024	1998	Nielsen et al. 2024
Nord-Irland	Irland	um 1912	1038	D'Arcy (1981). In: Ellis et al. 2024.	2007 aktive Wiederansiedlung	D'Arcy (1981). In: Ellis et al. 2024.
Mittelland, Oberdiesbach BE	Schweiz	?	1198		1 Paar anwesend 1974– 2004	Haller 1988, 1994
Mittelland, SG Tössbergland	Schweiz	?	1291		Zwischen 1975 und 1980	Haller 1988, 1994
Mittelland, SG Wilket	Schweiz	?	1172		um 1990	Haller 1994
Mittelland, SG Mogelsberg	Schweiz	?	911		um 2003	Cavelti 2014

Kapitel 2

Tab. 2 Maße von Steinadlern aus Graubünden 1849–1994 (Präparate, tote Vögel, Fänglinge), nach Haller (1996).

	Männchen			Weibchen		
	Variationsbreite	Mittelwert	Anzahl	Variationsbreite	Mittelwert	Anzahl
Flügellänge mm	598–650	622.3	52	631–712	673.6	44
Schwanzlänge mm	291–353	323.5	45	335–386	356.1	43
Schnabel 1 mm	38.1–46.4	42.5	52	40.6–49.4	45.4	50
Schnabel 2 mm	56.1–67.4	61.3	45	61.1–74.8	66.8	39
Hinterkralle mm	42.3–51.5	47.5	52	46.7–57.2	52.9	53
Tarsus mm	103–115	108.8	16	104–119	114.4	13
Brustbeinkamm mm	111–123	117.6	16	118–133	125.5	14
Körpergewicht g	3011–4400	3639	35	4200–5900	4978	25

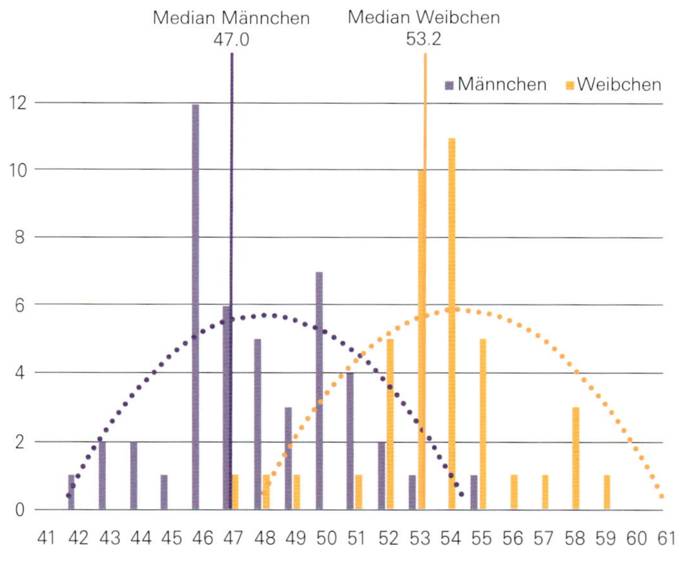

Abb. 1 Länge der Hinterkralle in mm. Stichprobe: 47 Männchen, 41 Weibchen. Totfunde im Kanton Graubünden 2009–2023 (AJF Graubünden, D. Jenny).

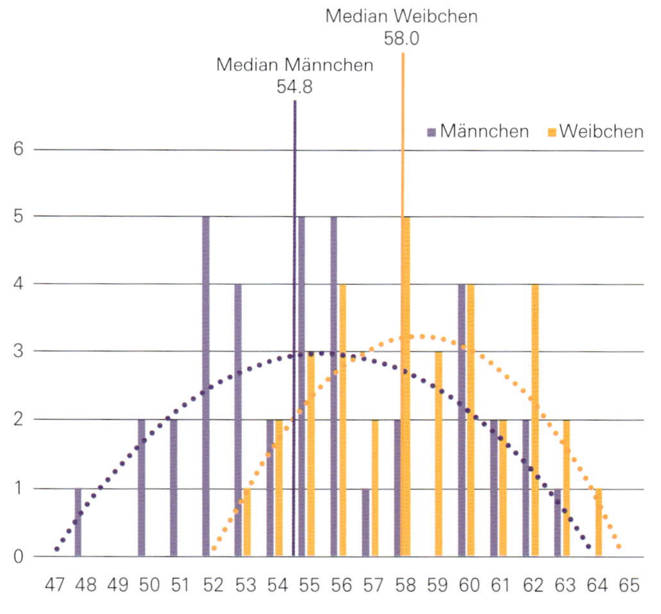

Abb. 2 Schnabellänge2 (Horizontaldistanz zwischen Schnabelspitze und der Eindellung an der Stirn) in mm. Stichprobe: 38 Männchen, 33 Weibchen. Totfunde im Kanton Graubünden 2009–2023 (AJF Graubünden, D. Jenny).

Kapitel 3

Tab. 3 Bestandsschätzungen und -trends in Europa.

Land	Bestand (Paare)	Jahr der Schätzung	Trend	Quelle
Albanien	25–65	2020	Stark sinkend	Hedfeldt et al. 2020
Andorra	3	2001–2020	Stabil	Keller et al. 2020
Armenien	30–50	2002–2013	Stabil	Bird Life International 2015
Aserbaidschan	35–60	2002–2013	Leicht steigend	Ellis et al. 2024
Belarus	4–5	2020	Sinkend	Ellis et al. 2024
Belgien	0	2020	–	Hedfeldt et al. 2020
Bosnien-Herzegowina Herzegowina	50–80	2019	Stabil	Grubaĉ 2024
Bulgarien	250–300	2021	Stabil	Angelov et al. 2024
Dänemark	3–6	2020–2022	Leicht sinkend	Nielsen et al. 2024
Deutschland	50	2017	Stabil	Schweiger et al. 2024
England	(1)	2016–2018	–	Hedfeldt et al. 2020
Estland	65–70	2021–2022	Wachsend	Ellis et al. 2024
Finnland	490–582	2018–2022	Wachsend	Koskimies & Ollila 2024
Frankreich	625–644	2019	Leicht wachsend	Wentworth et al. 2024
Georgien	35–40	2013	Leicht wachsend	Ellis et al. 2024
Griechenland	105–155	2019	Unbekannt	Ellis et al. 2024
Irland	4–8	2019	Leicht wachsend	Toole et al. 2024
Island	0	2018	–	Hedfeldt et al. 2020
Italien	620–722	2017	Wachsend	Fasce et al. 2017
Kosovo	3–5	2009–2014	Unbekannt	Bird Life International 2015
Kroatien	16–20	2019	Sinkend	Grubaĉ 2024
Lettland	9–10	2021–2022	Leicht wachsend	Ellis et al. 2024
Liechtenstein	3	2017	Stabil	Jenny et al. 2018b
Litauen	0	2017	–	Ellis et al. 2024
Luxemburg	0	2018	–	Hedfeldt et al. 2020
Malta	0	2018	–	Hedfeldt et al. 2020
Mazedonien	75–80	2014–2019	Stabil	Grubaĉ 2024
Moldawien	0–2	2001–2012	Unbekannt	Bird Life International 2015
Montenegro	41–67	2019	Stabil	Grubaĉ 2024
Niederlande	0	2018	–	Hedfeldt et al. 2020
Norwegen	652–1537	2015	Stabil	Gjershaug et al. 2024
Österreich	350–-400	2019	Wachsend	Ellis et al. 2024
Polen	30–34	2012–2015	Wachsend	Ellis et al. 2024
Portugal	64–80	2020	Stabil	Bautista 2024
Rumänien	90–150	2021	Stabil	Kovács et al. 2024
Russland (Europa)	355–440	2021	Stabil	Ellis et al. 2024
Schottland	508–550	2017–2021	Wachsend	Benn et al. 2024
Schweden	790–855	2020	Wachsend	Hedfeldt 2024
Schweiz	370–380	2025	Leicht wachsend	Jenny et al. 2024 and update 2025
Serbien	75–80	2021	Stabil	Grubaĉ 2024
Slowakei	140–160	2020	Stabil	Ellis et al. 2024
Slowenien	32–38	2008–2012	Stabil bis wachsend	Bird Life International 2015
Spanien	1752–1915	2020	Wachsend	Bautista et al. 2024
Tschechische Republik	4	2017	Tendenziell wachsend	Hedfeldt et al. 2020
Ukraine	5–6	2021	Stabil	Ellis et al. 2024
Ungarn	3–4	2021	Stabil	Ellis et al. 2024
Zypern	0	2022	–	Bird Life International 2015
Total	**7760–9660**			

Tab. 4 Anzahl Steinadler-Brutpaare in den Schweizer Kantonen, Stand 2023. Es handelt sich um Minimalwerte, weil davon auszugehen ist, dass einige weitere Paare bisher unentdeckt blieben (Schweizerische Vogelwarte Sempach, D. Jenny, S. Denis).

Kanton	Bestand Steinadler (Paare)
Aargau AG	0
Appenzell A.Rh. AR	0
Appenzell I.Rh. AI	1
Basel-Landschaft BL	0
Basel-Stadt BS	0
Bern BE	42
Freiburg FR	8
Genf GE	0
Glarus GL	13
Graubünden GR	122
Jura JU	1
Luzern LU	4
Neuenburg NE	1
Nidwalden NW	4
Obwalden OW	6
St. Gallen SG	26
Schaffhausen SH	0
Schwyz SZ	8
Solothurn SO	1
Tessin TI	37
Thurgau TG	0
Uri UR	14
Waadt VD	9
Wallis VS	75
Zug ZG	0
Zürich ZH	0
Total	**372**

Tab. 5 Nestlingsnahrung in den Alpenrevieren des Kantons Bern 1987–1991 (nach Eisenhut & Buchmann 1992, D. Jenny). Die Biomassenberechnungen gründen auf Durchschnittsgewichten (s. Haller 1988, Haller 1994). Bei Huftieren und beim Rotfuchs beziehen sie sich auf Jungtiere.

Beutetierart	Anzahl	Biomassenanteil (%)
Schneehase *Lepus timidus (3200 g)*	5	12.7
Rotfuchs *Vulpes vulpes (3000 g)*	5	12.0
Hauskatze *Felis silvestris f. catus (3200 g)*	5	12.7
Hermelin *Mustela erminea (250 g)*	1	0.2
Gämse *Rupicapra rupicapra (3700 g)*	10	29.6
Birkhuhn *Tetrao tetrix (1050 g)*	1	0.8
Murmeltier *Marmota marmota (2000 g)*	19	30.3
Kolkrabe *Corvus corax (1160 g)*	1	0.8
Alpenschneehuhn *Lagopus mutus* (420 g)	3	1.0
Total	**50**	**100**

Tab. 6 Unter Horsten und an Kröpf- und Ruheplätzen 2000–2024 gesammelte Beutenachweise von Beutetierarten aus dem Wallis. Die qualitativen Nachweise (ohne Angaben zur Häufigkeit) konnten bei gut einsehbaren Horsten mit Fernglas und Fotoapparat erbracht werden (S. Denis).

Säugetiere
Murmeltier (jede Altersklasse)
Gämse (Kitze, Jährling)
Steinbock (Kitze, Jährling)
Reh (Kitze, Jährling)
Hirschkalb
Dachs (jede Altersklasse)
Rotfuchs (jede Altersklasse)
Schneehase (jede Altersklasse)
Feldhase (jede Altersklasse)
Steinmarder
Eichhörnchen
Lamm (wahrscheinlich vom Adler tot aufgefunden)
Igel
Hauskatze
Hund (Dackel, wohl streunend oder verlorengegangen)

Vögel
Birkhuhn
Schneehuhn
Steinhuhn
Haushuhn
Kolkrabe
Alpendohle
Eichelhäher
Tannenhäher
Ringeltaube
Buntspecht
Misteldrossel
Kormoran
Wanderfalke
Mäusebussard
Habicht
Mittelmeermöve
Nachtreiher
Steinadler (juvenil, aus Horst gezerrt und verschleppt)
Turmfalke

Reptilien/Amphibien
Nattern

Tab. 7 Nestlingsnahrung in den Mittelland-Revieren Napf, Buchholterberg und Tössbergland. Es sind nur Beutetiergruppen aufgeführt, die in mindestens einem Revier 5 % und mehr Biomassenanteil erreichen. % = Biomassenanteil. Die Biomassenberechnungen gründen auf Durchschnittsgewichten (s. Haller 1988, Haller 1994).

Revier	**Napf**		**Buchholterberg**		**Tössbergland**	
Untersuchungsperiode	1983–1987		1983–1994		1992–1993	
	Anzahl	%	Anzahl	%	Anzahl	%
Feldhase *Lepus europaeus* (3200 g)	7	31	43	42	4	21
Rotfuchs *Vulpes vulpes* (3000 g)	0	0	1	1	7	34
Hauskatze *Felis silvestris* f. catus (3200 g)	10	44	31	31	0	0
Reh *Capreolus capreolus* und Gämse *Rupicapra rupicapra* (je 3700 g)	3	14	16	18	4	23
Hausschaf *Ovis ammon* f. *aries* (2500 g)	0	0	0	0	2	8
Haushuhn *Gallus gallus* f. *domestica* (2000 g)	3	8	9	7	0	0
Aaskrähe *Corvus corone* (507 g) und Kolkrabe *Corvus corax* (1160 g)	2	1	3	1	6	6
Total	**25**		**103**		**23**	

Tab. 8 Unter dem Horst des ersten Jura-Paars gesammelte Beutebelege (D. Jenny, Th. Schwaller), bestimmt von U. Schneppat (Bündner Naturmuseum), zur Verfügung gestellt von Th. Briner, (Naturmuseum Solothurn). % = Biomassenanteil. Die Biomassenberechnungen gründen auf Durchschnittsgewichten (s. Haller 1988).

Beutetierart	**Anzahl**	**Biomassen-anteil (%)**
Feldhase *Lepus europaeus (3200 g)*	3	20
Rotfuchs *Vulpes vulpes (3000 g)*	3	18
Hauskatze *Felis silvestris f. catus (3200 g)*	4	26
Marder *Martes sp.* (1600 g)	1	3
Iltis *Mustela putorius (1000 g)*	1	2
Hermelin *Mustela erminea (250 g)*	1	1
Reh *Capreolus capreolus (3700 g)*	2	15
Igel *Erinaceus europaeus (550 g)*	1	1
Haushuhn*gallusgallus f. domestica (2000 g)*	1	4
Mäusebussard *Buteo buteo (1100 g)*	3	7
Eule *Strigiformes sp*. (450 g)	1	1
Kolkrabe *Corvus corax (1160 g)*	1	2
Total	**22**	**100**

Tab. 9 Beutetiernachweise in Steinadlerhorsten von Carl Stemmler (1955). Die besuchten Horste verteilen sich über den ganzen Schweizer Alpenraum. Die Nachweise erfolgten 1931–1951. Sie sind halbquantitativ, d. h., es erfolgte maximal ein Nachweis pro Horstbesuch. Prozent- Anteile betreffen die Anzahl, nicht die Biomasse.

	n	**%**
Murmeltier	60	30.93
Schneehase	25	12.88
Gämse	19	9.79
Reh	15	7.73
Lamm	6	3.08
Fuchs	6	3.08
Eichhörnchen	5	2.58
(Baum)marder	4	2.06
Hirschkalb	2	1.03
Hase unbestimmt	1	0.52
Hermelin	1	0.52
Feldhase	1	0.52
Hauskatze	1	0.52
Schneehuhn	14	7.22
Birkhuhn	11	5.66
Steinhuhn	4	2.06
Auerhuhn	3	1.55
Tannenhäher	2	1.03
Kolkrabe	2	1.03
Ringamsel	2	1.03
Haselhuhn	2	1.03
Alpendohle	2	1.03
Turmfalke	1	0.52
Haushuhn	1	0.52
Alpendohle	1	0.52
Drossel	1	0.52
Rabenkrähe	1	0.52
Ringelnatter	1	0.52
Total	**194**	**100.00**

Kapitel 4

Tab. 10 Ernährung von Reviervögeln im Winter (1. November–31. März), Graubünden 1970–1994. %= Anteil bezogen auf die Anzahl Beutetiere. (Haller 1996).

		geschlagene Tiere: Alter			Aas	Aufbrüche[a]	Total	
		<1 Jahr	>1 Jahr	unbest.			n	%
Feldhase	*Lepus europaeus*			4			4	6
Rothirsch	*Cervus elaphus*				8	1	9	15
Reh	*Capreolus capreolus*	6	2		4		12	19
Steinbock	*Capra ibex*	2			4		6	10
Hausschaf	*Ovis ammon* f. *aries*				1		1	2
Gämse	*Rupicapra rupicapra*	15	2		8		25	40
Birkhuhn	*Tetrao tetrix*			3			3	5
Vogel unbestimmt (ca. 200 g)				2			2	3
Summe							62	100

[a] Eingeweide von Tieren, die auf der Jagd erlegt worden sind.

Tab. 11 Ernährung von (unverpaarten) Einzeladlern in Graubünden und in angrenzenden Gebieten 1975–1994. Angegeben ist die Anzahl festgestellter Beutetiere. S = geschlagene Tiere; A = Aas; J = Aufbrüche (Eingeweide von jagdlich erlegten Wildtieren; Haller 1996).

		November–März			**April–Oktober**			**Total**
		S	**A**	**J**	**S**	**A**	**J**	
Alpenmurmeltier	*Marmota marmota*				2	1		3
Rothirsch	*Cervus elaphus*		7	3		1		11
Reh	*Capreolus capreolus*		7					7
Steinbock	*Capra ibex*	3[a]	6			2	1	12
Hausziege	*Capra aegagrus* f. *hircus*		1					1
Hausschaf	*Ovis ammon* f. *aries*		3			3		6
Gämse	*Rupicapra rupicapra*		9			1	1	11
Alpenschneehuhn	*Lagopus mutus*				1			1
Haushuhn	*Gallus gallus* f. *domesticus*				1			1
Vogel unbestimmt					1			1
Beute unbestimmt					3			3
Köderplatz für Füchse			3					3
Schlachtabfälle			1					1
Summe		3	37	3	8	8	2	61

[a] < 1 Jahr alt

Kapitel 5

Tab. 12 Entwicklung der Reviergrößen und Abstände zu nächsten Nachbarn (Distanz zwischen besetzten Horsten) seit ca. der Mitte des 20. Jahrhunderts in Graubünden. Haller (1996) und Ergänzungen von D. Jenny (Engadin unpubl. Daten).

	Reviergrösse		
	Alte Reviere vor 1970	Neuere Reviere 1970 bis 1994	Neue Reviere 1995 bis 2024 (nur Engadin)
Mittlere Reviergrösse (km^2)	**59.2** ± 16.3 n = 17	**46.8** ± 13.3 n = 12	**33.9** ± 11.9 n = 7
Mittlerer Abstand zum nächsten Nachbarn (m)	**5813** ± 2042 n = 64	**4981** ± 1944 n = 29	**3294** ± 608 n = 26

Tab. 13 Beteiligung der Paarpartner bei territorialen Aktionen gegen Eindringlinge ins Territorium (D. Jenny 1992; Berner Oberland 1987–1991). n = Stichprobengrösse.

	Männchen %	**Weibchen** %	**Paar gemeinsam** %	**Geschlecht unbestimmt** %
Territoriale Aktion gegen Fremdadler n = 55	35	18	24	24
Körperkontakt mit Fremdadler n = 148	29	24	39	8
Verfolgung eines Fremdadlers n = 48	42	13	33	13
Gegen Fremdadler gerichteter Girlandenflug n = 50	48	12	22	18
Girlandenbögen n = 594	48	15		37

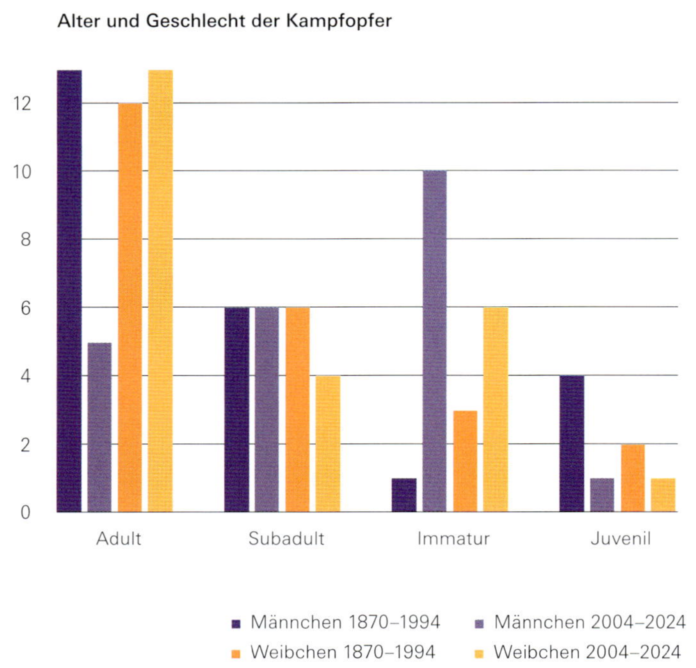

Abb. 3 Alter und Geschlecht der Kampfopfer in Graubünden 1870 bis 1994 (Haller 1996; n = 46;) und von 2004 bis 2024 (AJF und D. Jenny unpubl. Daten; n = 47).

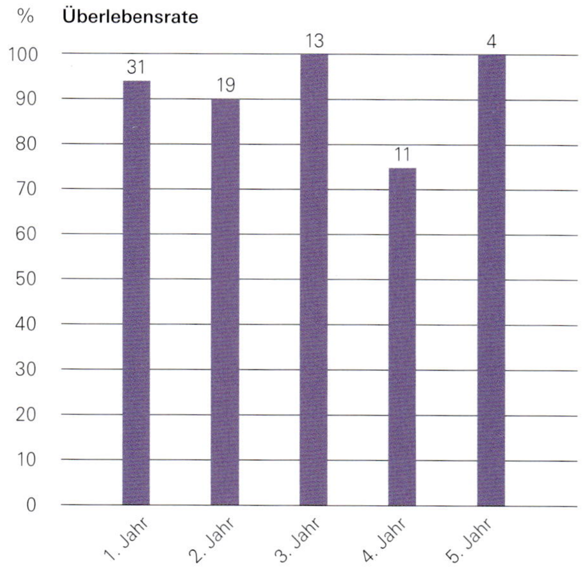

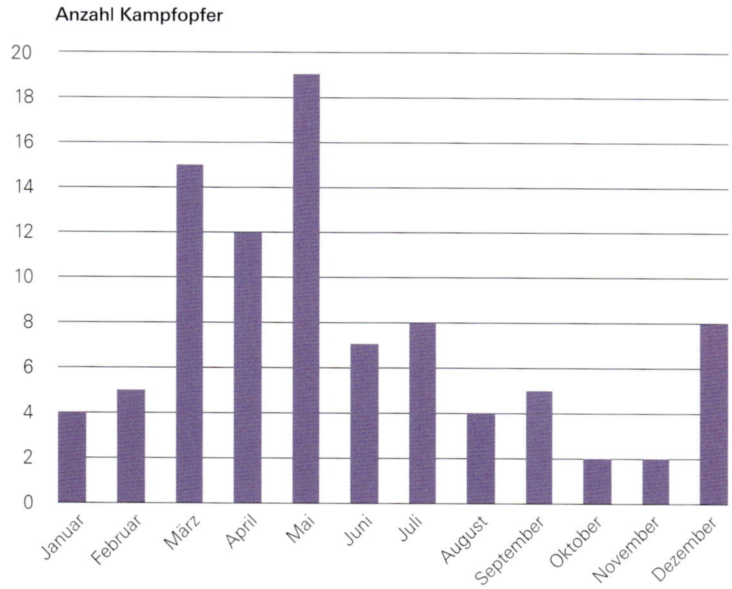

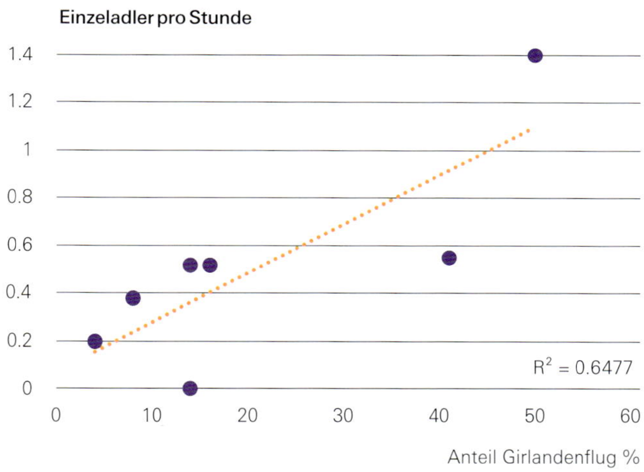

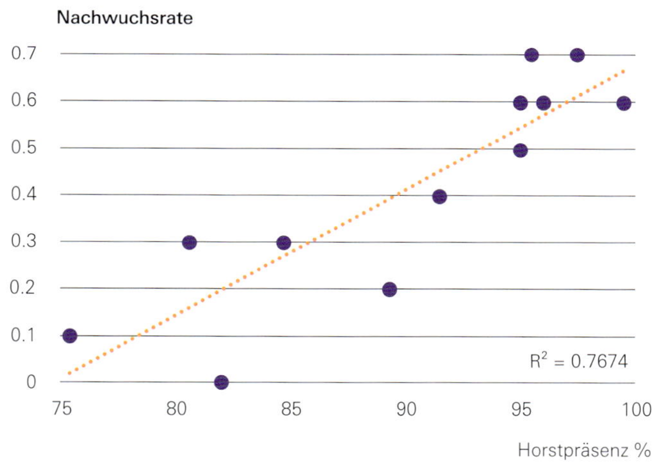

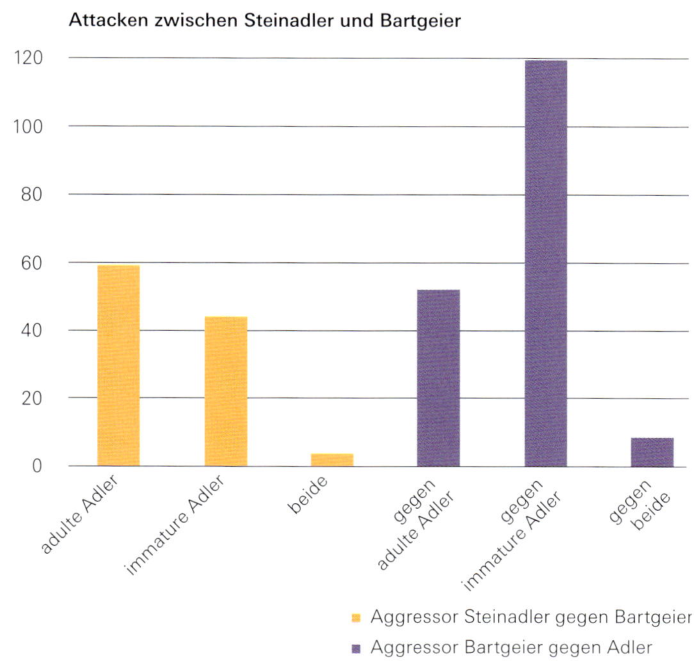

Abb. 4 Oben links: Jährliche Überlebensraten von insgesamt 31 zwischen 2017 und 2023 nestjung besenderten Steinadlern aus Graubünden in Prozent. Die zugeordneten Ziffern geben die Zahl der berücksichtigten Lebensjahre an, welche die Jungadler bis 2024 überlebten.

Abb. 5 Oben rechts: Verteilung der innerartlichen Beschädigungskämpfe mit Todesfolge im Jahresverlauf. Datengrundlage: von 1870 bis 1994 (Haller 1996; n = 43) und von 2004 bis 2024 (AJF und D. Jenny, unpubl. Daten; n = 48).

Abb. 6 Unten links: Anzahl ins Territorium «Giessbach BE» eingedrungene Fremdadler (Einzeladler) pro Beobachtungsstunde und Anteil Girlandenflug der Reviervögel an der gesamten Flugaktivität während der Wintermonate Dezember bis März 1986 bis 1990 (n = 321 Stunden; aus: Jenny 1992).

Abb. 7 Unten rechts: Nachwuchsrate (Anzahl flügge Jungvögel pro Paar und Jahr) bei 12 überwachten Bruten im Kanton Bern 1987–1991 und Horstpräsenz der Brutvögel auf dem Gelege (aus Jenny 1992).

Abb. 8 Rechts: Luftattacken von Steinadlern gegen Bartgeier und umgekehrt, aufgeteilt nach Aggressoren (n = 256). Datenerhebung erfolgte im Engadin und angrenzenden Gebieten 1997 bis 2024 (Lombardei, Mittelbünden, Bergell, Puschlav, Val Müstair; D. Jenny unpubl. 2024). Subadulte und immature Steinadler wurden nicht unterschieden.

Kapitel 6

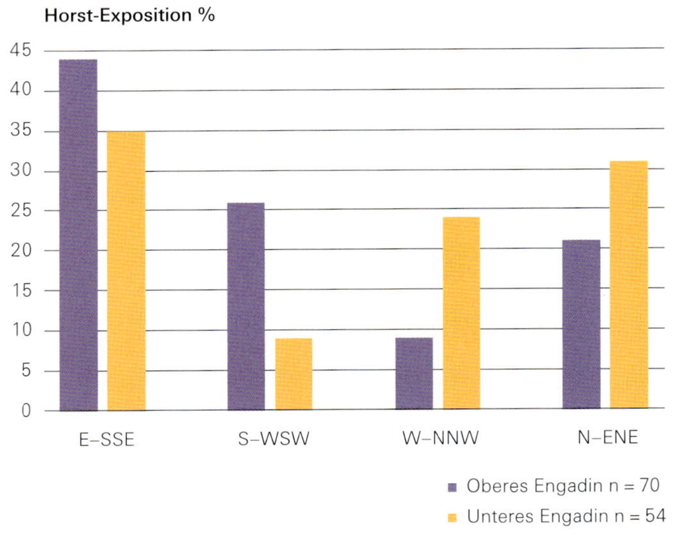

Abb. 9 Ausrichtung von seit dem Jahr 2000 genutzten Horsten im Oberengadin (violett) und im Unterengadin (orange) in Prozent.

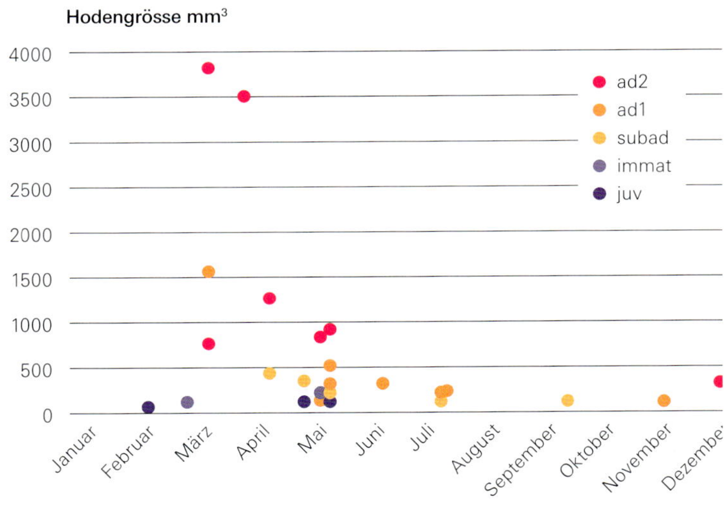

Abb. 10 Hodengrößen (mm³) im Jahresverlauf. Eingetragen ist das Volumen des größeren Hodens von 25 Männchen verschiedener Altersklassen aus Graubünden (Haller 1996).

Tab. 14 Baumhorst-Anteile in verschiedenen Regionen der Schweiz.

Region	Anteil Baum-horste %	Anzahl	Periode	Quelle
Berner Oberland	3.9	177	1986–1992	Jenny 1992
Wallis	5.1	355	2000–2024	Serge Denis 2024
Zentrales Graubünden	19.0	93	1970–1994	Haller 1996
Engadin	10.9	119	2000–2024	Jenny et al. 2024
Mittelland	87.5	16	1967–2024	u.a. Haller 1994, Jenny et al. 2024
Jura	28.6	7	2009–2024	Jenny et al. 2024 u.a.

Abb. 11 Rechte Seite: Horstbelegung des Steinadlers im Schweizerischen Nationalpark 1910–2020. Angegeben sind die Horststandorte (gelb) mit der jeweiligen Belegung im entsprechenden Jahrzehnt, Verlagerungen innerhalb von Revieren (Linien), Reviere bzw. deren Kernbereiche (Ellipsen), Revier-Aufteilungen (unterbrochene Linie) und Verlagerungen von Revieren (gestrichelte Linien). Aus: Haller et al. (2013) mit Ergänzungen von D. Jenny.

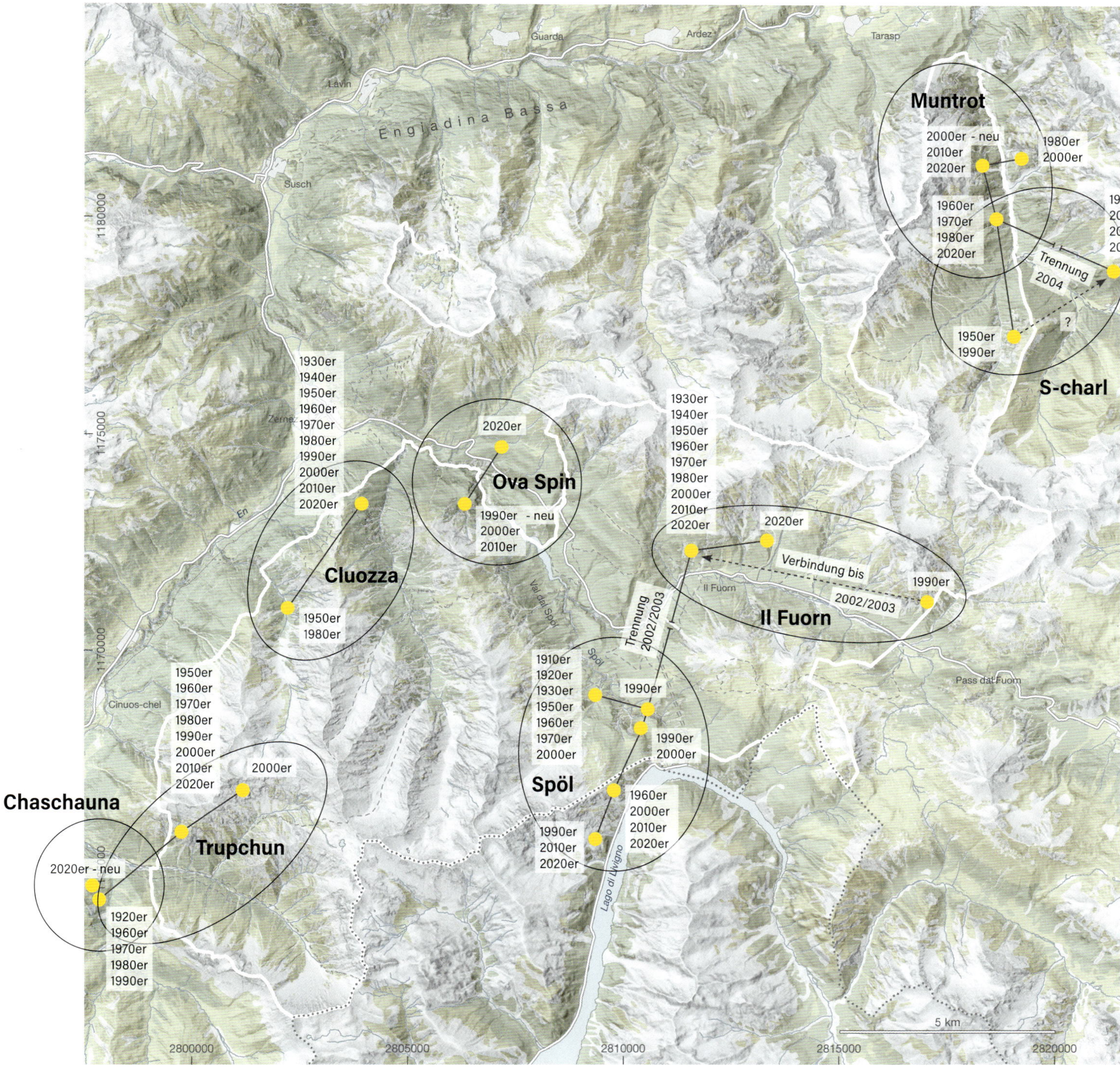
Guarda
Ardez
Tarasp
Lavin
Engiadina Bassa
Susch
Zernez
En
Cinuos-chel
Il Fuorn
Pass dal Fuorn
Val dal Spöl
Spöl
Lago di Livigno
Muntrot
2000er - neu
2010er
2020er
1980er
2000er
1960er
1970er
1980er
2020er
1990er
2000er
2010er
2020er
Trennung 2004
?
1950er
1990er
S-charl
1930er
1940er
1950er
1960er
1970er
1980er
1990er
2000er
2010er
2020er
2020er
Ova Spin
1990er - neu
2000er
2010er
Cluozza
1950er
1980er
1930er
1940er
1950er
1960er
1970er
1980er
2000er
2010er
2020er
2020er
Verbindung bis 2002/2003
1990er
Il Fuorn
Trennung 2002/2003
1910er
1920er
1930er
1950er
1960er
1970er
2000er
1990er
1990er
2000er
Spöl
1960er
2000er
2010er
2020er
1990er
2010er
2020er
1950er
1960er
1970er
1980er
1990er
2000er
2010er
2020er
2000er
Chaschauna
Trupchun
2020er - neu
1920er
1960er
1970er
1980er
1990er
1180000
1175000
1170000
2800000
2805000
2810000
2815000
2820000
5 km

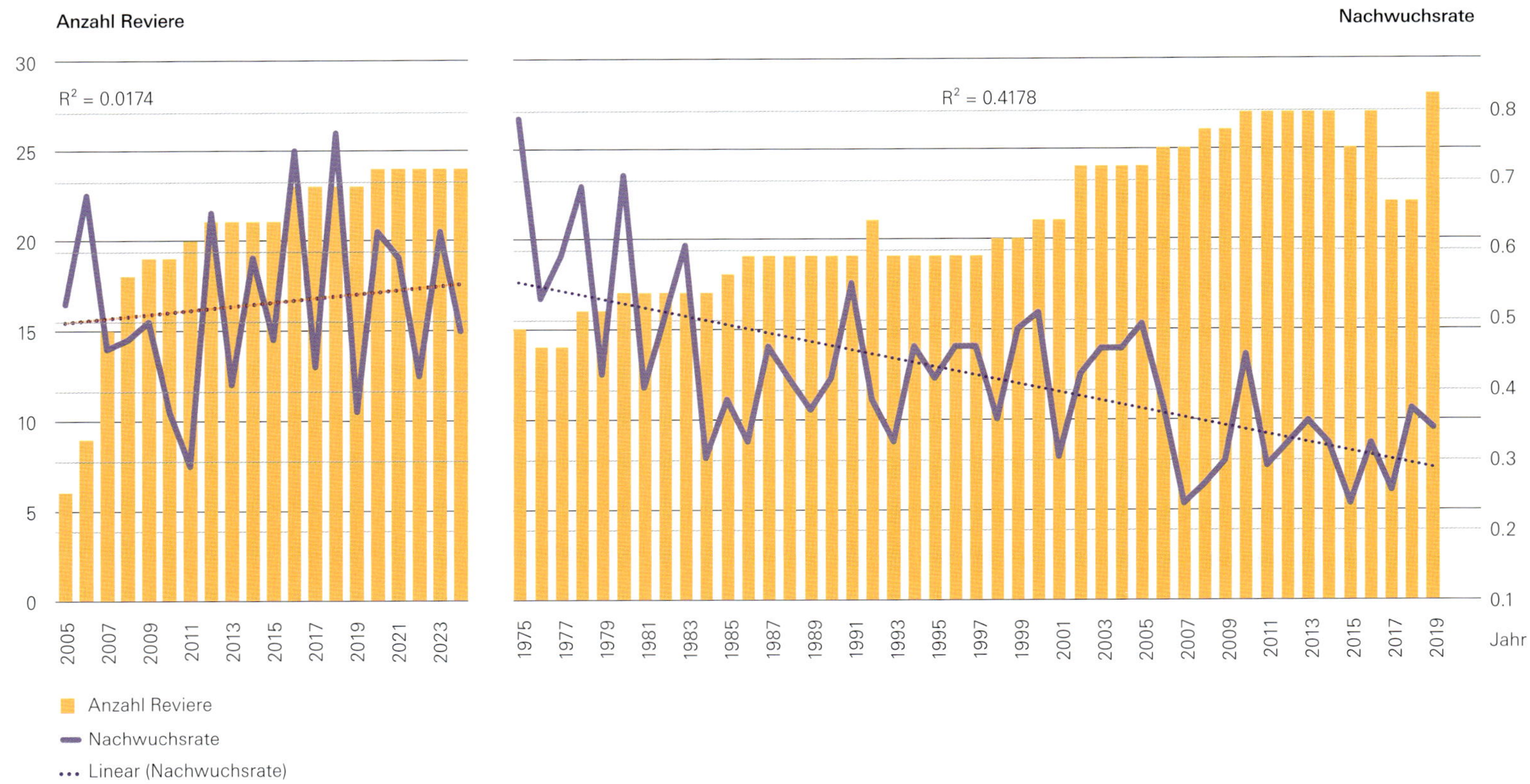

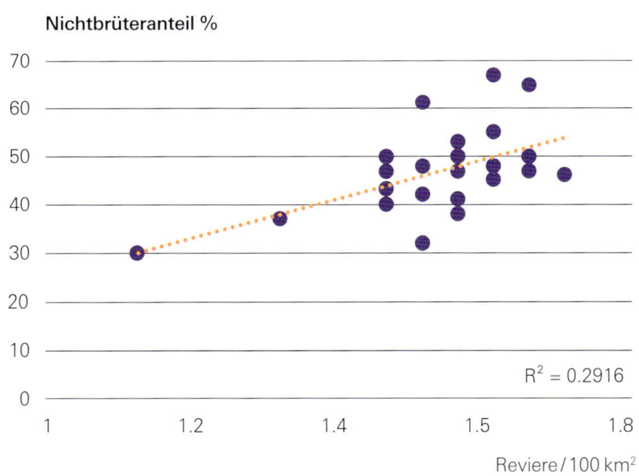

Abb. 12 Oben links: Nachwuchsrate (Anzahl flügge Jungvögel pro anwesendes Revierpaar, rechte Achse) im westlichen Wallis seit 2005 (violette Linie). Orange hinterlegt ist die Anzahl der berücksichtigten Paare (linke Achse). Daten von Serge Denis.

Abb. 13 Oben rechts: Nachwuchsrate (Anzahl flügge Jungvögel pro kontrolliertes Paar, rechte Achse) im Grenzgebiet zwischen den Kantonen Bern, Freiburg und Waadt 1975–2019 (Savioz et al. 2020). Orange hinterlegt ist die Anzahl der berücksichtigten Paare (linke Achse). Die langfristigen Erhebungen gehen auf Gaby Banderet† und sein Team und ab 2014 auf ein Brutpaarmonitoring der Schweizerischen Vogelwarte Sempach zurück.

Abb. 14 Unten: Nichtbrüteranteil (links) in der Engadiner Teilpopulation und Dichte der Reviere (Reviere/100 km^2) im Untersuchungsgebiet Engadin 2000 bis 2024 (D. Jenny).

Kapitel 7

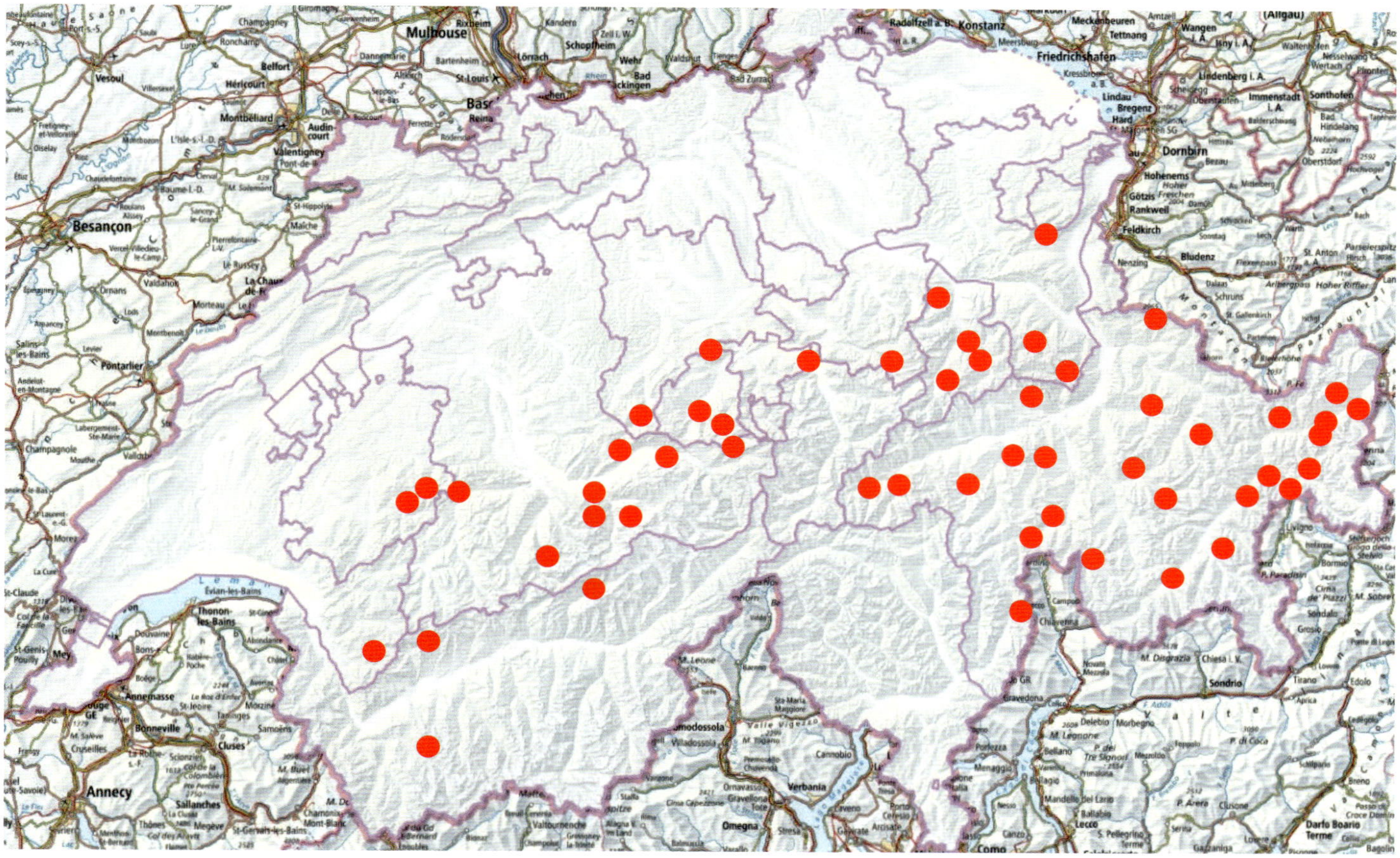

Abb. 15 Carl Stemmlers von 1929 bis 1955 zusammengetragene Standorte von Brutpaaren in der Schweiz. In den meisten dieser 52 Reviere hatte er Horste bestiegen, insgesamt waren es über 100 Horstbesuche (aus Stemmler 1932, 1955).

Tab. 15 Dichte und Verteilung der Revierpaare in Graubünden im Verlauf der letzten 120 Jahre (aus Haller 1996 inkl. Ergänzungen)

		Gesamt-fläche (km²)	Anzahl Paare	km²/ Paar	Mittlere Distanz zum nächsten Nachbarn (km)	Quelle
1890–1910	Oberengadin und angrenzende Täler	1154	8	144	10,60	Haller 1996
1920–1940	Engadin und angrenzende Täler	1650	14	118	10,46	Haller 1996
1950–1960	Engadin und Mittelbünden	2321	21	111	8,20	Haller 1996
1965–1971	Graubünden Ost	4585	42	113	7,92	Haller 1996
1980–1981	Graubünden Ost	4585	48	99	7,35	Haller 1996
1990–1991	Graubünden Ost	4585	61	77	6,09	Haller 1996
1990–1992	Graubünden	7106	103	70	5,49	Haller 1996
2013–2016	Graubünden	7106	118	60	4,71	Knaus et al. 2018
2024	Graubünden	7106	122	58	4,56	Schweizerische Vogelwarte Sempach, D. Jenny

Kapitel 8

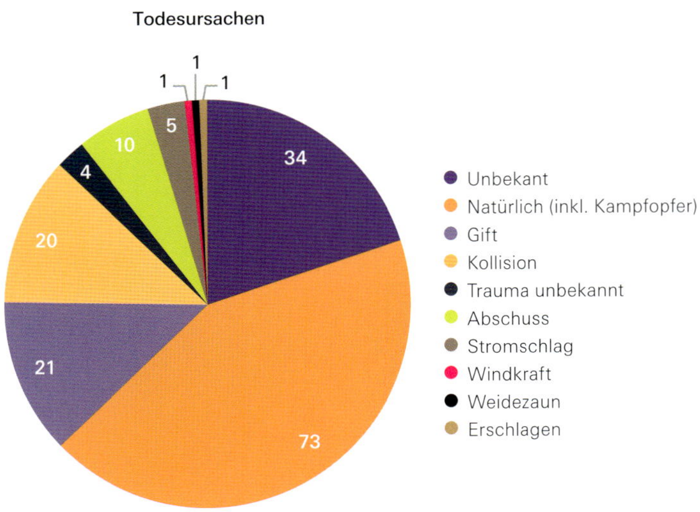

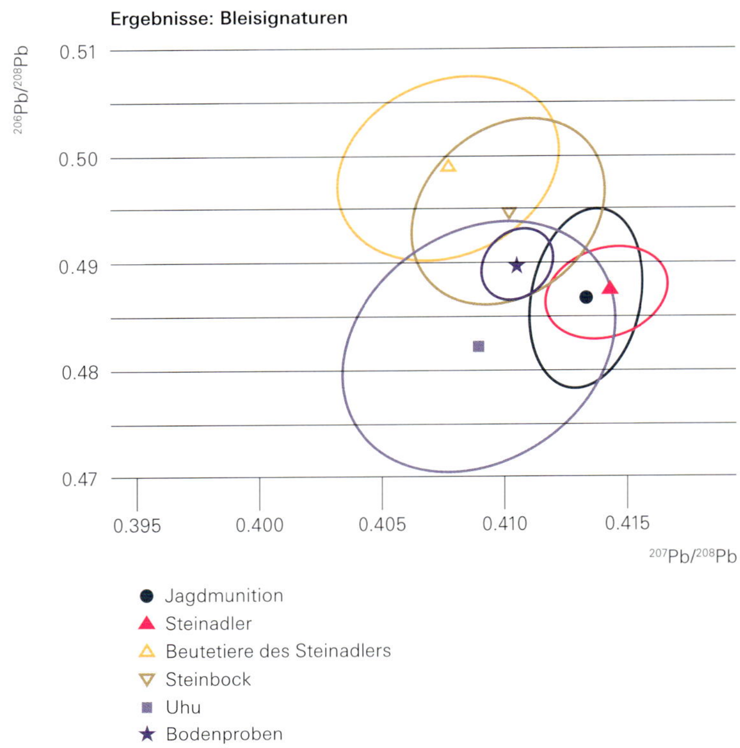

Abb. 16 Todesursachen und deren Anteile bei 170 zwischen 2004–2024 in der Schweiz tot oder sterbend gefundenen Steinadlern. Datengrundlage: Institut für Fisch- und Wildtiergesundheit der Universität Bern, Jagdbehörden der Kantone GR, VS, VD, FR, BE, TI, LU, NW, SZ, UR GL, SG.

Abb. 17 Verhältnis der Bleiisotopen 207Pb/208Pb und 206Pb/208Pb, die in Knochen von Steinadlern (rot) und in der Jagdmunition (schwarz) gefunden wurden. Als Vergleich sind zudem die Bleisignaturen von potenziellen Bleiquellen aufgeführt: Beutetiere des Steinadlers, Steinböcke und Bodenproben. Uhus sind nicht aasfressende Jäger. Deren (geringe) Knochen-Bleikonzentrationen entsprechen der Hintergrundbelastung. Die Ellipsen definieren 95 %-Vertrauensintervalle. Eine Stichprobe unterscheidet sich signifikant von einer andern, wenn der Mittelwert ausserhalb des Vertrauensintervalls der andern Probe liegt (aus Madry et al. 2015).

Tab. 16 Rechte Seite: Kollisionsfälle von Flugkörpern mit Steinadlern, zusammengetragen aufgrund von Literatur, Medienberichten, Rückfragen mit betroffenen Piloten oder Hinweisen in Segelflug- oder Hängegleiter-Zeitschriften. Datum und Ort konnten bei länger zurückliegenden Fällen nicht mehr immer genau eruiert werden. Klammern: wahrscheinliches, aber nicht sicher bestimmtes Alter (aus: Jenny 2010).

Datum	Ort	Höhe m.ü. Meer	Objekt	Steinadler Alter	Steinadler Geschlecht	Art der Kollision	Bemerkung	Quelle
6.3.1962	Savièse VS	1800	Kleinflugzeug c-36	(adult)	?	Stossflug gegen Cockpit	Adler tot	Bruderer (1976, 1978)
18.3.1968	Schweizer Alpen	?	Segelflugzeug	(adult)	?	Zufallskollision	Ohne Folgen	Bruderer (1976, 1978)
12.4.1975	Latsch GR	1700	Helikopter	adult	Weibchen	Stossflug gegen Kabinenhaube	Adler tot	Bruderer (1976, 1978)
Juli 1975	Sanetschpass BE	2500	Segelflugzeug	(immatur)	?	Attacke von vorne, Adler berührt Capot und kollidiert mit Höhenleitwerk	Höhenleitwerk stark beschädigt, Adler tot	Schriftl. Bericht R. Notter (Pilot)
Juni 1977	Aspres, Dauphiné, Frankreich	2000	Segelflugzeug	?	?	Nach intensiven Girlandenflügen Attacke gegen Rumpf und Kollision mit Leitwerk	Leitwerk beschädigt, Adler vermutlich mind. Verletzt	Bruderer (1978)
Februar 1978	Westalpen, Italien	1700	Segelflugzeug	immatur	Weibchen	Attacke mit zusammengefalteten Flügeln, schlägt durch das Capot	Adler vermutlich tot, nach einem Durchschlag durch das Capot. Capot stark beschädigt.	Bruderer (1978)
1984	Schöllenenschlucht Andermatt UR	Ca.1800	Deltasegler	?	?	Zwei Angriffe, von hinten und von oben, aggressiv	Leichte Schäden im Segeltuch	A. Schmidt in: Deltaseglerzeitschrift Swiss Glider, Juni 1992
August 1985	Blinnenhorn VS	Ca. 3000	Segelflugzeug	?	?	Plötzlicher Zusammenstoss	Aufprall 1,5m vom Cockpit entfernt auf Flügelnase (Delle), Adler tot, fällt auf Strasse	Schriftl. Bericht von A. Kormann (Pilot)
Ende 1980er Jahre	Fiesch VS	?	Deltasegler	?	?	Von vorne, aggressiv	Leichte Schäden im Segeltuch	A. Schmidt in: Deltaseglerzeitschrift Swiss Glider, Juni 1992
6.7.1987	Dischmatal GR	3200	Segelflugzeug	adult	?	Frontalangriff mit ausgestreckten Fängen	Adler tot (nicht gefunden) Schäden an Tragfläche	Bericht U. Ramel (Pilot), Lokalzeitungen, Aerorevue, Fasel (2000)
10.7.1988	Brülisau AI	Ca. 2000	Segelflugzeug	adult	Weibchen	Heftiger Zusammenstoss	Schwer verletzt, wurde eingeschläfert	Lokalzeitungen, Blick, Fasel (2000)
Mitte 90er Jahre	Trento, Italien	2500	Deltasegler	?	?	Attacke gegen Tragfläche	Löcher im Segeltuch	Aerorevue
1995-1998	Caiolo, Provinz Sondrio, Italien	?	Segelflugzeug	?	?	Zusammenstoss	Adler tot, Pilot musste landen	Bericht E. Bassi
8.4.1995	Gurnigel BE	1850	Segelflugzeug	?	?	Stossflug gegen Pilotenkanzel	Adler prallt mit Wucht ins Seitenleitwerk, vermutlich tot. Schäden am Leitwerk	Bericht W. Böhlen (Pilot)
3.9.2004	Alp Müsella, La Punt GR	2300	Segelflugzeug	immatur	Weibchen	Zufallskollision mit Tragfläche	Adler schwer verletzt, getötet von Wildhüter	Bericht W. Feurer (Pilot)
19.05.2007	Wald ZH	1500	Deltasegler Typ Archäopteryx	?	?	Adler kollidiert nach Ausweichmanöver mit Höhenleitwerk	Höhenleitwerk stark demoliert, Adler nicht gefunden	Bericht R. Ruppert (Pilot) Internet
20.4.2008	Schlierengrat, Pilatus LU	2500	Segelflugzeug	immatur	?	Ohne Hinweise auf Aggression, plötzliche Kollision mit Tragfläche	Adler nicht gefunden	Bericht M. Schwarz (Pilot)
21.6.2008	Furkapass UR	Ca. 2800	Segelflugzeug	(adult)	?	Plötzliche Attacke, Kollision mit Tragfläche	Adler nicht gefunden	Bericht A. Dick (Pilot)
Ende Juli 2008	Kiental BE	2200	Gleitschrim	?	?	Attacke gegen Obersegel (2mal)	Löcher im Obersegel	Bericht U. Dubach (Pilot). TV, Lokalzeitungen, Schweizer Familie
9.08.2008	Rosenheim, Deutschland	1600	Segelflugzeug	?	?	Zweimalige Attacke von hinten gegen Cockpit	Vermutlich keine Folgen	Bericht M. Fowler (Pilot), Internet

Dank

Zahlreich sind die Institutionen und Personen, welche die teilweise weit zurückgehenden Erhebungen und Auswertungen zum Steinadler in der Schweiz unterstützten. Die neueren, bisher unpublizierten Ergebnisse zum Steinadler, insbesondere aus Graubünden und aus dem Wallis, wurden durch die Unterstützung der kantonalen Jagd- und Fischereibehörden ermöglicht, die auch zahlreiche Datengrundlagen zur Verfügung stellten und Analysen bei tot gefundenen Steinadlern durchführten. Der Dank geht an das Amt für Jagd- und Fischerei Graubünden (AJF) mit dessen Leitern Dr. Georg Brosi und Dr. Adrian Arquint und den wissenschaftlichen Mitarbeitern Hannes Jenny, Lukas Walser und Sergio Wellenzohn sowie an zahlreiche Bündner Wildhüter, welche durch Feldarbeiten bei den Erhebungen zum Brutbestand mithalfen und Forschungsarbeiten zu Jungadlern im größten Kanton möglich machten: Es waren dies namentlich Eugen Ballat, Daniel Bundi, Arnold Caminada, Martin Cavegn, Livio Costa, Andriu Degonda, Werner Degonda, Guolf Denoth, Gieri Derungs, Thomas Durschei, Thomas Fankhauser, Curdin Florineth, René Gadient, Daniel Godli, Ivan Gredig, Jon Gross, Karl-Heinz Jäger†, Simon Jäger, Eugen Jenal, Ueli Jörimann, Emil Kuen, Gianni Largiadèr, Chasper Michael, Martin Michael, Carlo Micheli, Raffaele Paganini, Arturo Plozza, Not Pua, Patrick Ragettli, Stefan Rauch, Renato Roganti, Romano Salis, Raffael Soldano, Andrea Thom, Johannes Tomaschett und Thomas Wehrli. Ueli Nef von der Schweizerischen Vogelwarte Sempach (SVW) steuerte Felddaten aus dem Jahr 2024 bei.

Zu den weiter zurückliegenden Arbeiten von Haller (1996) und Jenny (1992) finden sich die Dankesworte in den entsprechenden Publikationen.

Die Ergebnisse aus dem aktuellen Forschungsprojekt über die Bettelflugphase und das Ausbreitungsverhalten junger Steinadler aus Graubünden gehen auf eine länderübergreifende Kooperation mit der Vogelwarte (SVW) zurück, welche durch das Max Planck Institut für Verhaltensbiologie (MPI) unter der Leitung von Prof. Martin Wikelski und Dr. Kamran Safi in Radolfzell (Deutschland) initiiert und koordiniert wurde und wird. Von ihnen stammen die Daten-Logger für die Jungadler und der Zugang zur Tracking-Software movebank. Dem ganzen Forschungsteam gebührt Dank, insbesondere Dr. Julia Hatzl, welche im Rahmen ihrer Doktorarbeit bei zahlreichen Besenderungen von Jungadlern engagiert mithalf, Feldarbeiten koordinierte, ein kleines Team von MitarbeiterInnen leitete und wichtige Daten zur Verfügung stellte. Auch Claudia Gerber, Claudio Schorta und Werner Fischer halfen bei den Besenderungen tatkräftig mit. Franz Schüttelkopf ermöglichte die Validierung von Verhaltensdaten anhand seiner Beizadler auf der Adlerarena Burg Landskron in Kärnten. Dr. Kamran Safi (MPI), Dr. Martin Grübler (SVW) und Dr. Matthias Tschumi (SVW) leiteten die wissenschaftlichen Fragestellungen und lieferten wichtige Datengrundlagen. Svea Zimmermann stellte Daten aus der Bettelflugphase zur Verfügung. Dr. Marta Burri (SVW) führte die genetische Geschlechtsbestimmung der besenderten Jungadler durch. Klaus Bliem und Dr. Enrico Bassi fungierten bei den Besenderungen von Jungadlern als Partner in Italien und Petra Sumasgutner in Österreich. Dr. Daniel Hegglin und Franziska Lörcher von SWILD (Zürich) gewährten Zugang zur Tracking-Software wildlife monitor, welche die Verfolgung der hochaufgelösten Tracks der besenderten Jungadler ermöglichten und halfen bei der Bereitstellung von Gurt-Geschirren für die Steinadlersender mit. Gedankt sei David Folkesson und Arne Hegeman, die einen Einblick in die so völlig andere Situation der Steinadler in Südschweden vor Ort gewährten. Jesus Bautista und Dr. David Ellis, die Verfasser des aktuell weltweit umfassendsten Werks über den Steinadler, inspirierten und unterstützten den Erstautor in vielfältiger Weise.

Prof. Ulf Büntgen und Felix Fischer von der Eidgenössischen Forschungsanstalt für Wald, Schnee und Landschaft WSL führten die Altersbestimmung von alten Steinadlerhorsten im Engadin durch. Andi Lischke von der Greifvogelstation Berg am Irchel und Werner Fischer aus Ftan leisteten wertvolle Arbeit bei der Pflege von geschwächten Steinadlern. Folgende Bildautoren lieferten im Buch gezeigte Fotos: Dr. Enrico Bassi, Marcel Burkhardt, Dr. David Ellis, Archontis Exakoidis, Michael Freuler, Janis Kuze, Gianni Largiadèr, Daniel Mangeng, Dr. Christoph Meier-Zwicky, Heinz Müller, Rolf Nordquist, René Notter, Clovis Pain, Dr. Kamran Safi, Romano Salis, Patrick Schwitter und This Vögeli. Besonders hervorzuheben sind Fadri Wehrli, Markus Meier und Gian Mani, welche spektakuläre Bilder beispielsweise von Adlerkämpfen oder Nahaufnahmen (siehe Buchumschlag) zur Verfügung stellten. Der Schweizerische Nationalpark lieferte zahlreiche Informationen und Daten zu den Steinadlerpaaren aus dem ersten Nationalpark der Alpen. Namentlich erwähnen wir die Parkwächter Fadri Bott, Domenic Godly, Reto Strimer und Not Armon Willy, welche wertvolle Feldarbeit leisteten, sowie Thomas Rempfler und Dr. Sam Cruickshank, welche diese koordinierten. Ein Forschungsprojekt zur Untersuchung der Bleibelastung bei Greifvögeln wurde unter der Leitung der Vogelwarte (SVW) mit Prof. Lukas Jenni als Verantwortlichen in Kooperation mit dem Rechtsmedizinischen Institut der Universität Zürich (RMI) und dem Institut für Veterinärpharmakologie und Toxikologie der Universität Zürich (IVT) durchgeführt. Prof. Thomas Krämer, Prof. Hanspeter Nägeli, Dr. Milena Madry und Dr. Katrin Ganz sei stellvertretend dafür gedankt.

Für die Untersuchungen tot gefundener Steinadler und Probenentnahmen für Bleiuntersuchungen danken wir dem Zentrum für Fisch- und Wildtiermedizin der Universität Bern (FIWI) und deren damaligen Leiterin Prof. M.P. Ryser†. Dr. Enrico Bassi und Andrea Roverselli vom Parco Nazionale dello Stelvio (Italien) danken wir für langjährige, grenzüberschreitende Kooperation in allen Steinadler-Projekten. Die langjährigen Erhebungen zum Bruterfolg der Steinadler außerhalb Graubündens und des Wallis gehen in erster Linie auf Gaby Banderet† zurück, der seit den 1960er-Jahren lückenlose Datenreihen im westlichen Teil der Schweizer Alpen erhob. Von Franz Fasel† stammen wichtige Ergebnisse zur Verbreitung des Steinadlers aus den östlichen Alpen und von Niklaus Reusser und vielen Berner Wildhütern die entsprechenden Daten aus dem Kanton Bern. Erich Frei kartierte zahlreiche Steinadlerreviere in den Kantonen St. Gallen, Appenzell Innerrhoden, Schwyz und Glarus. Die Angaben zu den jüngsten Entwicklungen des Steinadlers im Jura gehen auf ein engagiertes Team zurück, bei dem hier stellvertretend Albert Bassin, Dr. Marc Kéry und Hans Schmid (SVW) gedankt sei. Letzterer unterstützte die langjährigen Erhebungen zum Steinadler auf vielfältige Weise und Samuel Wechsler (SVW) koordinierte die landesweiten Erhebungen zum Steinadler im Rahmen des Schweizerischen Brutvogelatlas und steuerte Verbreitungskarten bei. Dem Haupt Verlag danken wir für die Realisierung des Buchs, insbesondere Martin Lind für die geduldige Begleitung bei der Umsetzung des Buchprojekts und Laura Dal Ben und Christoph Settele für die anspruchsvolle Gestaltung des Buch-Layouts. Ganz besonders danken wir der Illustratorin Lea Gredig, welche mit großem Engagement die vielen wunderbaren Zeichnungen erstellte, dabei einzigartige Darstellungen von Bewegungsabläufen bei Steinadlern schuf und zudem wertvolle Inputs für das Manuskript lieferte.

Serge Denis' Dank geht an die Schweizerische Vogelwarte für die langjährige und offene Zusammenarbeit, der Vogelauffangstation Nouvel Envol, welche sich um verletzte Steinadler aus dem Wallis kümmerte, an seine Eltern Humbert† und Barbara Denis für die immer vorhandene Unterstützung, sowie an seine Familie mit Malyn, Joël und Melanie Schenk für das Tolerieren der öfteren Abwesenheiten. Weiterer Dank für die zuverlässigen und oft weiterführenden Beobachtungen, Meldungen, Überwachungen und dem konstruktiven Austausch geht an Julia Wildi, Célestin Luisier, Bertrand Posse, Norbert Jordan, Michel Chéseaux, Jérémy Gremion, Jacques Pache, Fred Pellissier, Luc Jacquemettaz, Philippe Dubois, Dolf Roten, Albert Bassin, Eric Ruedin, Jean Voutaz und Raphaël Arlettaz.

Speziell gedankt sei auch den Pionieren der Steinadlerforschung in der Schweiz, insbesondere Carl Stemmler†, der mit seinen Dokumentationen aus der Mitte des letzten Jahrhunderts wertvolle historische Grundlagen vorlegte. Ihm ist dieses Buch gewidmet. Zu den Steinadlerkennern der ersten Stunde gehört auch Prof. Urs Glutz von Blotzheim, der die Dissertationen von Prof. Heinrich Haller und Dr. David Jenny engagiert leitete und damit die ersten intensiven Forschungsarbeiten zum Steinadler in den Schweizer Alpen ermöglichte. David Jennys besonderer Dank geht außerdem an seinen Natur-Lehrmeister, den Glarner Wildhüter This Vögeli†, an seine ihn stets wohlwollend unterstützenden Eltern† und an seine Frau Barbara, welche ihn seit vielen Jahren begleitet und die vorliegende Arbeit erst möglich machte.

Die Publikation dieses Buches wurde ermöglicht durch die großzügige Unterstützung der folgenden Institutionen:

Kulturförderung Graubünden. Amt für Kultur
Promoziun da la cultura dal Grischun. Uffizi da cultura
Promozione della cultura dei Grigioni. Ufficio della cultura
SWISSLOS

Kulturförderung
Kanton Graubünden/SWISSLOS

SWISSLOS
KULTURFÖRDERUNG
NIDWALDEN

Kulturförderung
Kanton Nidwalden/SWISSLOS

KANTON
URI
SWISSLOS

Kulturförderung
Kanton Uri/SWISSLOS

Le Canton du Valais
encourage la culture
Der Kanton Wallis
fördert Kultur

Kulturförderung
Kanton Wallis/SWISSLOS

Literatur

Aebischer, A. & P. Scherler (2021): Der Rotmilan – Ein Greifvogel im Aufwind. Haupt Verlag, Bern.

Aldrovandus, U. (1599): Ornithologiae hoc est de auibus historiae libri 12. Cum indice septendecim linguarum copiosissimo. Università di Bologna.

Angelini, J., L. Armentano, C. Gambaro, M. Magrini & P. Perna (2017): The golden eagle *Aquila chrysaetos* in the Umbria-Marche Apennines. Avocetta 41: 69–70.

Angelov, I., D. Ragyov, G. Stoyanov, V. Koychev, B. Tonchev, P. Shurulinkov, D. Demerdzhiev, E. Stoynov, I. Dimchev, D. Gradinarov, H. Hristov, D. Dobrev, V. Arkumarev, V. Vassilev, I. Klisurov, V. Dobrev, M. Kurtev, T. Yotsova, D. Daskalova, B. Nikolov, S. Stoychev, L. Profirov, P. Iankov & T. Petrov (2024): Status of the Golden Eagle in Bulgaria. In: Ellis, D. H., J. Bautista & C. H. Ellis (Hrsg.) 2024: The Golden Eagle Around the World. Hancock House, Surrey, B.C., Canada: 430–448.

Arroyo, B., E. Ferreiro & V. Garza (1990): El Águila Real *Aquila chrysaetos* en España: censo, distributión, reproducción y conservación. ICONA, Madrid.

Bassi, E. (2024): Golden Eagles in Northern Italy. In: Ellis, D. H., J. Bautista & C. H. Ellis (Hrsg.): The Golden Eagle Around the World. Hancock House, Surrey, B.C., Canada: 345–365.

Bassi, E., F. Diana, F. Sartirana, P. Trotti, L. Galli & L. Pedrotti (2013): Analisi del successo riproduttivo dell'aquila reale *Aquila chrysaetos* nel Parco Nazionale dello Stelvio in relazione als ritorno del gipeto *Gypaetus barbatus* sulle Alpi. In: XVII Convegno Italiano di Ornitologia Trento, 11–15 Settembre 2013. Atti del convegno: 27–31.

Bassi, E., R. Facoetti, M. Ferloni, A. Pastorino, A. Bianchi, G. Fedrizzi, I. Bertoletti & A. Andreotti (2021): Lead contamination in tissues of large avian scavengers in south-central Europe. Science of The Total Environment, Volume 778, 15 July 2021, 146130.

Baumgart, W. (2015): Greifvögel – Artproblem und Evolutionstheorie ökofunktionell betrachtet. Verlag J. Neumann-Neudamm AG, Melsungen. 515 S.

Bautista, J. (2024): The Golden Eagle in the Iberian Peninsula. In: Ellis, D. H., J. Bautista & C. H. Ellis (Hrsg.): The Golden Eagle Around the World. Hancock House, Surrey, B.C., Canada: 367–394.

Bautista, J., M. Lamont & D. H. Ellis. The Golden Eagle in Canada and the United States of America. In: Ellis, D. H., J. Bautista & C. H. Ellis (Hrsg.) 2024: The Golden Eagle Around the World. Hancock House, Surrey, B.C., Canada: 644–681.

Bednarek, W. (2012): Fluggeschwindigkeit eines Steinadlerterzels *Aquila chrysaetos* kurz vor dem Schlagen der Beute und Bemerkungen zu Jagdstrategien von Beizvögeln. Greifvögel und Falknerei 2012: 159–169.

Benn, S., A.H. Fielding & D.P. Whitfield (2024): Golden Eagles in Scotland. In: Ellis, D. H., J. Bautista & C. H. Ellis (Hrsg.): The Golden Eagle Around the World. Hancock House, Surrey, B.C., Canada: 265–281.

Bergo, G. (1988): Trios in the Golden Eagle *Aquila chrysaetos*. Fauna Norvegica Series C, Cinclus 11: 40–44.

Besson, J. (1964): L' Aigle royale dans les Alpes du sud. Alauda 32: 45–50.

BirdLife International (2015): European Red List of Birds. Luxembourg: Office for Official Publications of th European Communities.

Borlenghi, F. (2017): The golden eagle *Aquila chrysaetos* in the Apennines of the Lazio region (Central Italy): updates on its status. Avocetta 41: 73–75.

Breitenmoser, U. & C. Breitenmoser-Würsten (2008): Der Luchs. Ein Grossraubtier in der Kulturlandschaft. Band 1. Salm Verlag, Wohlen/Bern.

Brown, L. H. (1952): On the biology of the large birds of prey in Embu District, Kenya Colony. Ibis 94: 577–620.

Brown, L. H. & A. Watson (1964): The Golden eagle in relation to its food supply. Ibis 106: 78–100.

Brown, L. (1976a): British Birds of prey. Collins, London.

Brown, L. (1976b). Eagles of the World. Purnell, Cape Town, South Africa.

Bucher, E.H. (1988). Do birds use biological control against nest parasites? Parasitology Today 4: 1–3.

Buchli, C. (1970): Zur Brut- und Ernährungsbiologie des Steinadlers im Münstertal. Diplomarbeit Zoologisches Institut Universität Zürich. 74 S.

Buij, R., N. L. Richards, E. Rooney, M. Ruddock, M. Horváth, O. Krone, H. Mason, G. Shorrock, M. Chriél, G. Deák, D. Demerdzhiev, L. Deutschová, S. Doktorová, E. Inderwildi, V. L. B. Jaspers, D. Jenny, T. Mikuska, M. Miskovic, T. Mizera, A. Nagy, K. Ntemiri, B. O.'Donoghue, M. Ružić, V. Saravia-Mullin, S. Stoychev, J. Tavares, J. Andevski, P. van Tulden, M. Velevski, Z. Vermouzek, A. Vrezec, I. Zorrilla & C. McClure (2025): Raptor Poisoning in Europe Between 1996 and 2016: A Continental Assessment of the Most Affected Species and the Most Used Poisons. Journal of Raptor Research, 59(2): 1–19. http://doi.org/10.3356/jrr2373; besucht 15.05.2025.

Bundesamt für Umwelt BAFU (2009): Vogelschutz an Starkstrom-Freileitungen mit Nennspannungen an Starkstrom-Freileitungen über 1 kV. https://www.bafu.admin.ch/bafu/de/home/themen/landschaft/publikationen-studien/publikationen/vogelschutz-an-starkstrom-freileitungen.html; besucht 3.02.2025

Bush M. E. & F. R. Gehlbach (1978): Broad-winged Hawk nest in central Texas: geographic record and novel aspects of reproduction. Bull. Texas Ornithol. Soc., 11: 41–43.

Carrard, T., E. Nourani, L. Jansing, T. Zimmermann, P. Sumasgutner, M. Tschumi, D. Jenny, M. Wikelski, K. Safi, M. Sprenger, & M. Scacco (2025): Golden eagles regularly use gravity waves to soar: new insights from high-resolution weather data. J. R. Soc. Interface 22: 20240891. https://doi.org/10.1098/rsif.2024.0891, besucht 6.06.2025.

Cavelti, R. (2014): König der Lüfte kreist in der Nähe. St. Galler Tagblatt, 19.07.2014.

Chambert, T., L. Imberdis, C. Couloumy, R. Bonet & A. Besnard (2020): Density dependence in Golden Eagle *Aquila chrysaetos* fecundity better explained by individual adjustment than territory heterogenity. Ibis. https://doi.org/10.1111/ibi.12826; besucht 2.06.2024.

Clouet, M. & J. L. Goar (2004): L' Aigle Royale *Aquila chrysaetos* au Niger. Alauda 72: 151–152.

Collopy, M. W. (1980): Food consumption and growth energetics of nestling Golden Eagles. PHD. dissertation, University of Michigan, Ann Arbor, MI, USA.

Collopy, M. W. (1984): Parental care and feeding ecology of Golden Eagle nestlings. Auk 101: 753–760.

Conrad von Baldenstein, T. (1981): Vogelbauer. Chur: Calven-Verlag, Chur. 356 S.

Corti, U. A. (1935): Bergvögel. Eine Einführung in die Vogelwelt der Schweizerischen Gebirge. Kommissionsverlag der ALA. Schweiz. Gesellschaft für Vogelkunde und Vogelschutz. 481 S.

Cummings, J. H., G. E. Duke & A. A. Jegers (2024): Corrosion of Bone by Solutions Simulating Raptor Gastric Juice. Journal of Raptor Research: Vol. 10, Iss. 2, Article 7. Available at: https://digital-commons.usf.edu/jrr/vol10/iss2/7; besucht 5.12.2024.

D'Arcy, G. (1981): The Guide of the Birds of Ireland. Irish Wildlife Publications, Dublin, Republic of Ireland.

Dayton, K. (2017): Are thunderbird petroglyphs linked to golden eagle nests? WyoFile. People, places & polici. https://wyofile.com/thunderbird-petroglyphs-linked-golden-eagle-nests/; besucht 12.12.2023.

De León-Girón, G. (2017) : Abundancia, ecología reproductiva, dieta, uso de hábitat y amenazas del águila real en Baja California, Mexico. Propuestas para su conservación. Dissertation, Centro de Investigaciones Biológicas del Noroeste, La Paz, Baja California Sur, Mexico.

Dementjew, G.P. (1951): *Aquila chrysaetos.* In: Dementjew, G. P. & N. A. Gladkow: Die Vögel der Sowjetunion. Bd. 1 S. 267–275 (russ.).

Denis, S. (2021). Nidifications reussies d'un couple d'Aigles royaux *Aquila chrysaetos* exploitant un territoire particulierement exigu. Nos Oiseaux 68: 93–96.

Denis, S. (2024): Der Steinadler im Wallis. https://aigleroyalvalais.jimdofree.com; besucht 12.05.2025

Dennis, R. (1983): Probable polygyny by Golden Eagle. British Birds 76: 310–311.

Dixon, J. B. (1937): The Golden Eagle in San Diego County, California. Condor 39: 49–56.

Dubiec, A., I. Góüdü & T. D. Mazgajski (2013): Green plant material in avian nests. Avian Biology Research 6 (2): 133–146.

Ecke, F., N. J. Singh, J. M. Arnemo, A. Bignert, B. Helander, A. M. M. Berglund, H. Borg, A. C. Bröjer, K. Holm, M. Lanzone, T. Miller, Å. Nordström, J. Räikkönen, I. Rodushkin, E. Ågren & B. Hörnfeldt† (2017): Sublethal lead exposure alters movement behavior in free-ranging Golden Eagles. Environmental Science and Technology 51: 5729–5736.

Ellis, D.H. (1979): Development of behavior in the Golden Eagle. Wildlife Monographs No. 70, 94 S.

Ellis, D. H. (1986): Extremely tall eagle nests. National Geographic Research 2: 517–519

Ellis, D. H. & J. R. Varney (1973): A fully automated egg for telemetering adult attentiveness and incubation temperatures. Journal of Raptor Research: Vol. 7, Iss. 3, Article 4: 73–77.

Ellis, D. H., T. Craig, E. Craig, S. Postupalsky, C. T. LaRue, R. W. Nelson, D. W. Anderson, C. J. Henny, J. Watson, B. A. Millsap, J.W. Dawson, K. L. Cole, E.M. Martin, A. Margalida & P. Kung (2009): Unusual raptor nests around the world. Journal of Raptor Research 43: 175–198.

Ellis, D. H. & N. J. Schmitt (2017): Behavior of the Golden Eagle: An illustrated Ethogram. Hancock House Publishers, Blaine, Washington, USA.

Ellis, D. H., J. Bautista & C. H. Ellis (2024): The Golden Eagle Around the World. Hancock House, Surrey, B.C., Canada: 918 S.

Fasce, P., L. Fasce, A. Villers, F. Bergese & V. Bretagnolle (2011): Long-term breeding demography and density dependence in an increasing population of Golden Eagles *Aquila chrysaetos.* https://doi.org/10.1111/j.1474-919X.2011.01125.x; besucht 4.08.2024.

Fasel, F. (2000): Faszination Steinadler. Ott Verlag, Thun. 212 S.

Feest, C. F. (2000): Kulturen der nordamerikanischen Indianer. Könemann Verlag. Köln, 480 S.

Feichter, M. (2020): Pustertal: Steinadler im Horst erschossen. Unser Tirol24.com. 06.06.2020.

Fentzloff, C. (1989): Der Einsatz von Beizadlern in einem wissenschaftlichen Projekt in der Schweiz. Greifvögel und Falknerei, Verlag J. Neumann-Neudamm GmbH & Co, Melsungen: S. 40–44.

Finlayson, S., G. Finlayson, F. G. Guzman & C. Finlayson (2019): Neanderthals and the cult of the Sun Bird, Quaternary Science Reviews, Volume 217, 2019, Pages 17–224, ISSN 0277-3791, https://doi.org/10.1016/j.quascirev.2019.04.010; besucht 5.11.2023.

Finlayson, C., K. Brown, R. Blasco, J. Rosell, J. J. Negro, G. R. Bortolotti, G. Finlayson, A. Sánchez, M. F. G. Pacheco, J. R. Vidal, J. S. Carrión, D. A. Fa, J. M. R. Llanes (2012): Birds of a Feather: Neanderthal Exploitation of Raptors and Corvids. PLoS ONE 7(9): e45927. https://doi.org/10.1371/journal.pone.0045927; besucht 5.11.2023.

Firmánsky, G., I. Béres and M. Horváth (2024): The Golden Eagle in Hungary. In: Ellis, D. H., J. Bautista & C. H. Ellis (Hrsg.): The Golden Eagle Around the World. Hancock House, Surrey, B.C., Canada: 475–483.

Fischer, W. (1995): Steinadler, Kaffern- und Keilschwanzadler. *Aquila chrysaetos, A. verreauxi, A. audax.* 3. Auflage. Westarp Wissenschaften, Magdeburg. Die Neue Brehm-Bücherei 500.

Fischer, F. (2012): Dendrochronological dating of Golden Eagle aeries in the Engadin. Diplomarbeit, Institut für Geographie und Geologie, Universität Würzburg. 68. S.

Fischer, W., Zenker, D. & W. Baumgart (1975): Ein Beitrag zum Bestand und zur Ernährung des Steinadlers (*Aquila chrysaetos*) auf der Balkanhalbinsel. Beitr. Vogelk. 21: 275–287.

Fransson, T., T. Kolehmainen, D. Moss. & R. Robinson (2023): EURING list of longevity records for European birds.

Fünfstück, H. J. (2006): Todesursachen beim Steinadler *Aquila chrysaetos* im Werdenfelser Land mit Anmerkung zur Bleivergiftung als Todesursache bei Greifvögeln. Avifaunistik in Bayern 3/2: 91–96.

Ganz, K. (2016): Feathers as a temporal archive to study lead exposure and stress events in golden eagles (*Aquila chrysaetos*) – potential and constraints. M.S. Thesis. Schweizerische Vogelwarte Sempach / Universität Zürich.

Ganz, K., D. Jenny, T. Kraemer, L. Jenni & S. Jenni-Eiermann (2018): Prospects and pitfalls of using feathers as a temporal archive of stress events and environmental pollutants: a review and case study. Journal of Ornithology. https://doi.org/10.1007/s10336-018-1547-y; besucht 3.02.2025

Ganz, K., L. Jenni, M. Madry, T. Kaemer, H. Jenny & D. Jenny (2018): Acute and Chronic Lead Exposure in Four Avian Scavenger Species in Switzerland. Archives of Environmental Contamination and Toxicology https://doi.org/10.1007/s00244-018-0561-7; besucht 12.01.2025.

Gargett, V. (1990): The Black Eagle. Randberg, South Africa 279 S.
Géroudet, P. (1949): L' Aigle royal (*Aquila chrysaetos*) dans les cantons du Valais, de Vaud et de Fribourg en 1948. Nos Oiseaux 20: 1–6.
Gessner, C. (1557): Vogelbuch. Darin die art natur und eigenschafft aller vöglen sampt jrer waren Contrafractur angezeigt wirt. Zürych: C. Froschouer.
Giacometti, M. (Hrsg.) (2006): Von Königen und Wilderern. Die Rettung und Wiederansiedlung des Alpensteinbockes. Salm Verlag Wohlen/ Bern. 215 S.
Gjershaug, J. O., H. Brøseth, O. Kleven, J. A. Kålås, J. Mattisson & M. Tovmo (2018): Monitoring methods for the Golden Eagle *Aquila chrysaetos* in Norway. Bird Study 65 sup1: 43–51. https://doi.org/10.1080/00063657.2018.1478389; besucht 5.08.2024.
Gjershaug, J. O., K. O. Jacobsen, O. Kleven, J. A. Kalas, J. Mattisson and T. Nygard (2024): The Golden Eagle in Norway. In: Ellis, D.H., J. Bautista & C. H. Ellis (Hrsg.): The Golden Eagle Around the World. Hancock House, Surrey, B.C., Canada: 547–572.
Girtanner, A. (1879): Drei rhätische Jägergestalten aus guter Zeit: Giachem Küng, Gian Marchet Colani, Giachem Filli. Trier: Verlag Buchhandlung F. Lintz.
Glutz von Blotzheim, U.N. (1962): Die Brutvögel der Schweiz. Aarau: Verlag Aargauer Tagblatt.
Glutz von Blotzheim, U. N. (1965): Der Steinadler-Bestand der Schweizer Alpen. Ornithol. Beob. 62: 60–61.
Glutz von Blotzheim, U. N. (1966): Ergebnis der Steinadler-Bestandes-aufnahme 1965. Ornithol. Beob. 63: 51–52.
Glutz von Blotzheim U. N., K. M. Bauer & E. Bezzel (1971): Handbuch der Vögel Mitteleuropas. Bd. 4: Falconiformes. Akademische Verlags-gesellschaft, Frankfurt a. M.
Graf, R. F. & C. Fischer (2021): Atlas der Säugetiere. Schweiz und Liechtenstein (Atlas of Mammals. Switzerland and the Principality of Liechtenstein). Schweizerische Gesellschaft für Wildtierbiologie SGW, Haupt Verlag, Bern.
Grier, J. W. (1973) : Techniques and results of artificial insemination with Golden Eagles. Raptor Research 7: 1–12.
Grubač, B. (2024): The Golden Eagle in the Balkan Peninsula and adjacent Regions. In: Ellis, D. H., J. Bautista & C. H. Ellis (Hrsg.): The Golden Eagle Around the World. Hancock House, Surrey, B.C., Canada: 417–429.
Gutersohn, H. (1968): Geographie der Schweiz, Bd. 3: Mittelland 1. Teil. Kümmerly & Frey, Geographischer Verlag, Bern.
Haller, H. (1972): Der Horstbau des Steinadlers an einem Beispiel in Graubünden. Kurzbericht unveröffentlicht, 8 S.
Haller, H. (1982): Raumorganisation und Dynamik einer Population des Steinadlers *Aquila chrysaetos* in den Zentralalpen. Ornithol. Beob. 79: 163–211.
Haller, H. (1988): Zur Bestandsentwicklung des Steinadlers *Aquila chrysaetos* in der Schweiz, speziell im Kanton Bern. Ornithol. Beob. 85: 225–244.
Haller, H. (1994): Der Steinadler *Aquila chrysaetos* als Brutvogel im schweizerischen Alpenvorland: Ausbreitungstendenzen und ihre populationsökologischen Grundlagen. Ornithol. Beob. 91: 237–254.
Haller, H. (1996a): Der Steinadler in Graubünden. Langfristige Unter-suchungen zur Populationsökologie von *Aquila chrysaetos* im Zentrum der Alpen. Ornithol. Beob., Beiheft 9. 167 S.
Haller, H. (1996b): Prädation und Unfälle beim Steinbock *Capra ibex* im Engadin. Z. Jagdwiss. 42: 26–35.
Haller, H. (2002): Der Rothirsch im Schweizerischen Nationalpark und dessen Umgebung. Eine alpine Population von *Cervus elaphus* zeitlich und räumlich dokumentiert. Nat.park-Forsch. Schweiz 91. 144 S.
Haller, H. (2016): Wilderei im rätischen Dreiländereck. Grenzüberschrei-tende Recherchen mit einer Spurensuche bis nach Tibet. Nat. park-Forsch. Schweiz 105/I. Haupt Verlag, Bern. 304 S.
Haller, H. (2025): Der Wolf: ein Grenzgänger zwischen Natur und Kultur. Haupt Verlag, Bern. 216 S.
Haller, H., A. Eisenhut & R. Haller (Hrsg.) (2013): Atlas des Schweize-rischen Nationalparks. Die ersten 100 Jahre. Nat.park-Forsch. Schweiz 99/I. Haupt Verlag, Bern. 248 S.
Hamilton, W.D. (1963): The evolution of altruistic behavior. The American Naturalist 97: 354–356.
Hartert, E. (1922): Die Vögel der paläarktischen Fauna. Bd. 2. Berlin: 1088–1092.
Hatzl, J. S, S. Oppel, E. Bassi, J. Guélat, D. Jenny, F. Orgeret, L. Pellissier, K. Safi, M. Tschumi & M. U. Grüebler (2024a): Territoriality in a dense population affects where pre-breeders can roost. PHD Thesis. ETH Zürich, Schweizerische Vogelwarte Sempach, Max Planck Institut für Verhaltensbiologie Radolfzell.
Hatzl, J. S., M. Tschumi, E. Bassi, S. S. Cruickshank, D. Jenny, L. Pellissier, K. Safi, A. Scharf, P. Sumasgutner & M. U. Grüebler (2024b): The consequences of food an flight efficiency for the timing of natal dispersal in golden eagles. PHD Thesis. ETH Zürich, Schweizeri-sche Vogelwarte Sempach, Max Planck Institut für Verhaltensbiolo-gie Radolfzell.
Hedfeldt, T., C. G. Ahlgren & T. Lennart (2020): The Golden Eagle in Europe. Eagle72 (ÖRN), 27 S. www.eagle72.se.
Hedfeldt, T. (2024): The Golden Eagle in Sweden. In: Ellis, D. H., J. Bautista & C. H. Ellis (Hrsg.): The Golden Eagle Around the World. Hancock House, Surrey, B.C., Canada: 601–622.
Heer, J.C. (1932): Da droben in den Bergen. Franke Verlag, Berlin: 174–181.
Henninger, C., G. Banderet, T. Blanc & R. Cantin (1986): Situation de l'Aigle royal dans une partie des préalpes suisses. Nos Oiseaux 38 : 315–322.
Heuck, C., C. Herrmann, D. G. Schabo, R. Brandl & J. Albrecht (2016): Density dependent effects on reproductive performance in a recovering population of White tailed Eagles *Haliaeetus albicilla*. Ibis 159: 297–310.
Hohler, S. (2017): In den ewigen Jagdgründen. Tages Anzeiger, 21.03.2017. https://www.tagesanzeiger.ch/in-den-ewigen-jagdgruenden-250251628173; besucht 5.09.2024.
Hugon, O. (2018): Un parapentiste vaudois attaqué par un aigle. Le Nouvelliste Valais, 20.04.2018.
Hunt, W. G., D. J. Wiens, P. R. Law, M. R. Fuller, T. L. Hunt, D. E. Driscoll & R. E. Jackman (2017): Quantifying the demografic cost of human-related mortality to a raptor population. PLoS ONE12 (2): e0172232.
Hunt, W. G. (2024): A Golden Eagle Population in the Presence of a Windfarm. In: Ellis, D. H., J. Bautista & C. H. Ellis (Hrsg.): The Golden Eagle Around the World. Hancock House, Surrey, B.C., Canada: 29-35

Iselin, H. & E. Hämmerle (1960): Beobachtungen am Adlerhorst. Der Nahrungsbedarf zweier Jungadler. Ornithol. Beob. 73: 28–29.

Izquierdo, P. & E. Álvarez (2024): Captive Breeding of Golden Eagles. In: Ellis, D. H., J. Bautista & C. H. Ellis (Hrsg.): The Golden Eagle Around the World. Hancock House, Surrey, B.C., Canada: 173–181.

Jenni, L., M. Madry, T. Kraemer, J. Kupper, H. Naegeli, H. Jenny & D. Jenny (2015): The frequency distribution of lead concentration in feathers, blood, bone, kidney and liver of golden eagles *Aquila chrysaetos*: insights into the modes of uptake. J. Ornithol. 156: 1095–1103. https://doi.org/10.1007/s1033 6-015-1220-7; besucht 8.01.2025.

Jenny, D. (1989): Die Adler vom Brienzersee als Ausgangspunkt der Steinadlerforschung im Kanton Bern. Jahrbuch vom Thuner- und Brienzersee 89: 83-94.

Jenny, D. (1992): Bruterfolg und Bestandsregulation einer alpinen Population des Steinadlers *Aquila chrysaetos*. Ornithol. Beob. 89: 1–43.

Jenny, D. (1996): Die Steinadler des Kantons Tessin. Interner Bericht Schweizerische Vogelwarte Sempach & Jagdinspektorat des Kantons Tessin.

Jenny, D. (2010): Kollisionen zwischen Steinadlern *Aquila chrysaetos* und Flugzeugen in den Alpen. Ornithol. Beob. 107: 101–110.

Jenny, D. (2015a): Blei als Umweltgift beeinflusst die Steinadler. Bündner Jäger 102/4: 7–8.

Jenny, D. (2015b): Störung durch Horstfotografie nimmt zu. Bündner Jäger 102/4: 51–53.

Jenny, D. (2016): Bartgeier brüten schon im Dezember. Cratschla 2/16: 10–11.

Jenny, D. (2018a): Die Könige des alpinen Luftraums – Uhu, Steinadler und Bartgeier. In: Haller, R., M. Rapp & A. Hämmerle (Hrsg.): Am Puls der Natur. Der Nationalpark und sein Direktor im Spannungsfeld zwischen Forschung, Management und Politik. Nat.park-Forsch. Schweiz 108. Haupt Verlag, Bern: 14–33.

Jenny, D, S. Denis & G. Banderet (2018b): Steinadler. In: Knaus, P., S. Antoniazza, S. Wechsler, J. Guélat, M. Kéry, N. Strebel & T. Sattler (Hrsg.): Verbreitung und Bestandsentwicklung der Vögel in der Schweiz und im Fürstentum Liechtenstein. Schweizerische Vogelwarte Sempach: 256-257.

Jenny D. (2019): Steinadler – Charakterart der Berner Berge. In: F. Bohren et al. (Hrsg.): Jagd und Wildtiere im Kanton Bern. Werd & Weber Verlag, Thun.

Jenny, D. (2023): Gemeinsam für den Schutz grosser Greifvögel. Swiss Glider 01/02 2023: 54–56.

Jenny, D., E. Bassi & M. Ferloni (2016): Risiko für aasfressende Greifvögel: Blei. Der Falke 63, Sonderheft, S. 59.

Jenny D., M. Kéry, P. Trotti & E. Bassi (2018) : Philopatry in a reintroduced population of Bearded Vultures *Gypaetus barbatus* in the Alps. J. Ornithol. 159: 507–515.

Jenny, D. & W. Fischer (2023): Spannende Erkenntnisse – tragisches Ende. Dem Alltag und dem Schicksal eines Steinadlerlebens gefolgt. Bündner Jäger 1/23: 17–19.

Jenny, D., S. Denis, S. S. Cruickshank, M. Tschumi, J. S. Hatzl & H. Haller (2024): The Golden Eagle in Switzerland. In: Ellis, D. H., J. Bautista & C. H. Ellis (Hrsg.): The Golden Eagle Around the World. Hancock House, Surrey, B.C., Canada: 367–394.

Johansson, M. (2020): Modelling habitat suitability index for golden (*Aquila chrysaetos*). Masters Thesis. Department of Physical Geography, Stockholm University. 65 S.

Jur, M.C. (2016): Die Zukunft der Jagd ist bleifrei. Engadiner Post 24.03.2016, S. 5.

Katzner T., B. W. Smith, T. A. Miller, D. Brandes, J. Cooper, M. Lanzone, D. Brauning, C. Farmer, S. Harding, D. E. Kramar, C. Koppie, C. Maisonneuve, M. Martell, E. K. Mojica, C. Todd, J. A. Tremblay , M. Wheeler, D. F. Brinker, T. E. Chubbs, R. Gubler, K. O'Malley, S. Mehus, B. Porter, R. P. Brooks, B. D. Watts & K. L. Bildstein (2012): Status, Biology, and Conservation Priorities for North America's Eastern Golden Eagle (*Aquila chrysaetos*) Population. The Auk, 129: 168–176.

Katzner, T. E., M. N. Kochert, K. Steenhof, C. L. McIntyre, E.H. Craig & T. A. Miller (2020): Golden Eagle *Aquila chrysaetos*. In: Birds of the world, CornellLab, online edition; besucht 5.02.2025.

Keller, V., S. Herrando, P. Voříšek, M. Franch, M. Kipson, P. Milanesi, D. Marti, M. Anton, A. Klaňová, M.V. Kalyakin, H.-G. Bauer & R.P.B. Foppen (2020): European Bird Atlas 2: Distribution, Abundance and Change. Lynx Edicions, Barcelona, Spain.

Knaus P., S. Antoniazza, V. Keller, T. Sattler, H. Schmid & N. Strebel (2021): Rote Liste der Brutvögel. Gefährdete Arten der Schweiz. Bundesamt für Umwelt (BAFU); Schweizerische Vogelwarte. Umwelt-Vollzug Nr. 2124. 53 S.

Kochert, M. N., K. Steenhof & J. L. Brown (2019). Effects of nest exposure and spring temperatures on Golden Eagle brood survival: An opportunity for mitigation. Journal of Raptor Research 53: 91–97.

Kochert, M.N. & K. Steenhof (2002): Golden eagles in the U.S. and Canada; status, trends, and conservation challenges. Journal of Raptor Research 36 (1 Supplement): 32–40.

Komenda-Zehnder, S. & M. Zehnder (2010): Angriff eines Steinadlers *Aquila chrysaetos* auf ein Modellflugzeug. Ornithol. Beob. 107: 111–113.

Koskimies, P. & T. Ollila (2024): The Golden Eagle in Finland. In: Ellis, D. H., J. Bautista & C. H. Ellis (Hrsg.): The Golden Eagle Around the World. Hancock House, Surrey, B.C., Canada: 573–599.

Kovács, I., Z. Hegyeli, R.B. Kis, I.S. Komáromi & L. Macaveiu (2024). The Golden Eagle in Romania. In: Ellis, D. H., J. Bautista & C. H. Ellis (Hrsg.) 2024: The Golden Eagle Around the World. Hancock House, Surrey, B.C., Canada: 449–468.

Kropil, R. & M. Majda (1996): Causes of low productivity in the Golden Eagle *Aquila chrysaetos* in the central West Carpathians. In: Meyburg, B.-U. & R.D. Chancellor (Hrsg.): Eagle studies. World Working Group on Birds of Prey and Owls, Berlin: 489–494.

Laistal, O. (1966): Im Tal der Königsadler. In: Steiniger, F. & I. Steiniger (Hrsg.): Mit den Zugvögeln zum Polarkreis. Landbuck-Verlag GmbH, Hannover.

Lerner, H., L. Christidis, A. Gamauf & J.O. Gjershaug (2016): Article Phylogeny and new taxonomy of the Booted Eagles (Accipitriformes: Aquilinae). Zootaxa 4216(4): 301–320.

Madry, M., T. Kraemer, J. Kupper, H. Naegeli, H. Jenny, L. Jenni & D. Jenny (2015): Excessive lead burden among golden eagles in the Swiss Alps. Environ Res Lett 10:034003. https://doi.org/10.1088/1748-9326/10/3/03400 3; besucht 31.01.2025.

Margalida, A., J. Jiménez, J. M. Martínez, J. A. Sesé, D. García-Ferré, A. Llamas, M. Razin, M. À. Colomer & B. Arroyo (2020): An assessment of population size and demographic drivers of the

Bearded Vulture using integrated population models. Ecological monographs 90(3). https://doi.org/10.1002/ecm.1414; besucht 5.08.2024.

Maumary, L., L. Vallotton & P. Knaus (2007): Die Vögel der Schweiz. Schweizerische Vogelwarte Sempach und Nos Oiseaux, Montmollin.

Mayrose, A. & O. Hatzofe (2024): The Golden Eagle in Israel. In: Ellis, D. H., J. Bautista & C. H. Ellis (Hrsg.): The Golden Eagle Around the World. Hancock House, Surrey, B.C., Canada: 779–795.

Mc Gahan, J. (1976): Quantified Estimates of Predation by a Golden Eagle. Auk 85: 1–12.

Mebs, T. & D. Schmidt (2006): Die Greifvögel Europas, Nordafrikas und Vorderasiens. Biologie, Kennzeichen, Bestände. Franckh-Kosmos Verlags GmbH & Co. KG, Stuttgart. 495 S.

Meisner, F. & H. R. Schinz (1815): Die Vögel der Schweiz. Orell Füssli, Zürich, 1815.

Ménatory, G. (1972): L' Aigle Royal. Les Livres de Nature 35.

Menkens, G. E. & S.H. Anderson (1987): Nest site characteristics of a predominantly tree-nesting population of Golden Eagles. Journal of Field Ornithology 58: 22–25.

Miller, T. A., R. P. Brooks, M. J. Lanzone, J. Cooper, K. O'Malley, D. Brandes, A. Duerr & T. E. Katzner (2017): Summer and winter space use and home range characteristics of Golden Eagles (*Aquila chrysaetos*) in eastern North America. Condor 119: 697–719.

Millsap, B. A., E. R. Bjerre, M. C. Otto, G. S. Zimmerman & N. L. Zimpfer; U.S. Fish and Wildlife Service (2016): Bald and Golden Eagles: Population demographics and estimation of sustainable take in the United States, 2016 update. Division of Migratory Bird Management, Washington D.C., USA.

Millsap, B. A., G. S. Zimmerman, W. L. Kendall, J. G. Barnes, M. A. Braham, B. E. Bedrosian, D. A. Bell, P. H. Bloom, R. H. Crandall, R. Domenech, D. Driscoll, A. E. Duerr, R. Gerhardt, S. E. J. Gibbs, A. R. Harmata, K. Jacobson, T. E. Katzner, R. N. Knight, J. M. Lockhart, C. McIntyre, R. K. Murphy, S. J. Slater, B .W. Smith, J. P. Smith, D. W. Stahlecker & J. W. Watson (2022): Age specific survival rates, causes of death, and allowable take of golden eagles in the western United States. Ecol Appl. 2022 Apr; 32(3): e2544. doi: 10.1002/eap.2544.

Mollet, P. & D. Jenny (1995): Steinadler *Aquila chrysaetos* erbeutet Kormoran *Phalacrocorax carbo* im freien Luftraum. Ornithol. Beob 92: 172–173.

Mossop, D., R. Ward, & D. Talarico (1986): Raptor population inventory and management planning (North slope). Interim report, NOGAP project G-17, Fish and wildlife branch, YUKON Department of renewable Resources, Whitehorse, Yukon, Canada.

Müller, C. & B. Volet (2010): Seltene und bemerkenswerte Brut- und Gastvogel und andere ornithologische Ereignisse 2009 in der Schweiz. Ornithol. Beob. 107: 247–264.

Naumann, J. F. (1899): Naturgeschichte der Vögel Mitteleuropas. Herausgegeben von C.R. Hennicke, Gera. Gera-Untermhaus, Lithographie, Druck und Verlag von F. Eugen Köhler.

Nebel, C. & F. E. Zachos (2024): Phylogeography and Population Genetics of the Golden Eagle. In: Ellis, D. H., J. Bautista & C. H. Ellis (Hrsg.): The Golden Eagle Around the World. Hancock House, Surrey, B.C., Canada: 143–154.

Newton, I. (1979): Population ecology of raptors. T. & A.D. Poyser, Berkhamsted.

Nielsen J. T., H. Christophersen & E .S. Andersen (2024): The Golden Eagle in Denmark: a New Population in a Densely Populated Lowland Country. In: Ellis, D. H., J. Bautista & C. H. Ellis (Hrsg.): The Golden Eagle Around the World. Hancock House, Surrey, B.C., Canada: 624–639.

Nourani, E., L. Faure, H. Brønnvik, M. Scacco, E. Bassi, W. Fiedler, M.U. Grüebler, J. Hatzl, D. Jenny, A. Roverselli, P. Sumasgutner, M. Tschumi, M. Wikelski & K. Safi (2024): Developmental stage shapes the realized energy landscape for a flight specialist. ELife, 13. https://doi.org/10.7554/eLife.98818.3; besucht 5.05.2025.

Oggier, P.-A. (1994): Connaître la nature en Valais, Nr. 3: La faune. Editions Pillet, Martigny.

Pagel, J. E., K. J. Kritz, B. A. Millsap, R. K. Murphy, E. L. Kershner & S. Covington (2013): Bald Eagle and Golden Eagle mortalities at wind energy facilities in the contiguous United States. Journal of Raptor Research 47: 311–315.

Pain, J., R. Mateo & R. E. Green (2019): Effects of lead from ammunition on birds and other wildlife: A review and update. Ambio 2019, 48: 935–953. https://doi.org/10.1007/s13280-019-01159-0; besucht 18.01.2025.

Paulsen, M. (1991): Hat der Steinadler (*Aquila chrysaetos)* den Schwarzwald besiedelt? Ornithologische Jahreshefte für Baden-Württemberg, Bd. 7: 133–144.

Peresani, M., I. Fiore, M. Galab, M. Romandini & A. Tagliacozzo (2011): Late Neandertals and the intentional removal of feathers as evidenced from bird bone taphonomy at Fumane Cave 44 ky B.P., Italy, 19953888-3893, PNAS, March 8, 2011, vol. 108, no. 10. https://doi.org/10.1073/pnas.1016212108; besucht 28.05.2023.

Praz ,J.-C. & R. Fellay (1974): Exceptionnelle nichée de trois aiglons menée à bien en Valais. Nos Oiseaux 353–354: 237–249.

Radovčić, D., A. O. Sršen, J. Radovčić, D. W. Frayer (2015): Evidence for Neandertal Jewelry: Modified White-Tailed Eagle Claws at Krapina. PLoS ONE 10(3): e0119802. https://doi.org/10.1371/journal.pone.0119802; besucht 28.05.2023.

Rauch, A. (1937): Der Steinbock wieder in den Alpen. Orell Füssli Verlag, Zürich.

Reiser, O. (1939): Materialien zu einer Ornis balcanica I. Bosnien und Herzegowina. Wien. S. 226–234.

Rey, L. & D. Heynen (2018): Vögel vor Stromtod schützen. In: Avinews, Schweizerische Vogelwarte Sempach, August 2018.

Ritchie, R. J. und J. A. Curatolo (1982): Anmerkungen zur Produktivität des Steinadlers und zu den Merkmalen der Nistplätze, Porcupine River, Alaska, 1979–1982. Greifvogelforschung 16: 123–127.

Robin, K. & M. Keller (1995): Steinadler schlägt zwei Feldhasen auf 410 m ü. M. Ornithol. Beob. 92: 170–171.

Russel, R. E. & J. C. Franson (2014): Causes of mortality in eagles submitted to the National Wildlife Health Center 1975 – 2013. Wildlife Society Bulletin 38: 697–704.

Savioz, J., S. Denis, H. Schmid & G. Banderet (2020): Suivi de l'Aigle royal dans les Préalpes de Suisse occidentale. Rapport de la saison 2019. Station Ornithologique Suisse, Sempach.

Scheidegger, C., C. Keller und S. Stofer (2023): Flechten der Schweiz – Vielfalt, Biologie, Naturschutz. Haupt Verlag, Bern.

Schifferli, A., P. Géroudet & R. Winkler (1980): Verbreitungsatlas der Brutvögel der Schweiz. Kartographische Darstellung des Brutvorkommens aller einheimischen Vogelarten in den Jahren 1972 bis 1976. Schweizerische Vogelwarte, Sempach.

Schmid, H., R. Luder, B. Naef-Daenzer, R. Graf & N. Zbinden (1998): Schweizer Brutvogelatlas. Verbreitung der Brutvögel in der Schweiz und im Fürstentum Liechtenstein 1993–1996. Schweizerische Vogelwarte, Sempach.

Schocher, B. (1939): Adlergeschichten. Tornister Bibliothek. Eugen Rentsch Verlag, Erlenbach, Zürich.

Schweiger, A.H., K. Weixler, J. Grab, U. Brendel & H.-J. Fünfstück (2024): Golden Eagles in Germany. In: Ellis, D. H., J. Bautista & C. H. Ellis (Hrsg.): The Golden Eagle Around the World. Hancock House, Surrey, B.C., Canada: 333–344.

Shersby, M. (2021): First breeding pair of golden eagles in Orkney in 40 years fail to rear chicks. Discover Wildlife 23.08.2021. https://www.discoverwildlife.com/news/first-breeding-pair-of-golden-eagles-in-orkney-in-40-years-fail-to-rear-chicks; besucht 5.09.2024.

Sidiropoulos, L., S. Xirouchakis, C. Alivizatos, N. Boukas, A. Bounas, E. Bourdakis, A. Christopoulos, K. Damianakis, A. Evangelidis, E. Kret, E. N. Barranco, H. Papaioannou, G. Rousopoulos, R. Tsiakiris, N. Tsiopelas, K. Stara & D. Vasilakis (2024): The Golden Eagle in Greece. In: Ellis, D. H., J. Bautista & C. H. Ellis (Hrsg.): The Golden Eagle Around the World. Hancock House, Surrey, B.C., Canada: 396–415.

Signer, C. & T. Koch (2020): Vorstudie über die Reaktionen von Wildtieren auf Luftfahrzeuge. Forschungsgruppe Wildtiermanagement WILMA, Zürcher Hochschule für Angewandte Wissenschaften ZHAW, Wädenswil. Erstellt im Auftrag des Schweizerischen Hängegleiter-Verbands und des Aero-Club der Schweiz.

Simmons, R. und J. Mendelsohn (1993): A critical review of cartwheeling flights of raptors. Ostrich 64: 13–24. DOI: 10.1080/00306525.1993.9634190; besucht 10.10.2024.

Skagit River Hydroelectric Project (2022): Golden Eagle habitat analysis, draft report. Seattle City Light, HDR Engineering, Inc. www.seattle.gov GEWG_WVUInterim Report. https://www.seattle.gov/light/skagit/Relicensing/cs/groups/secure/@scl.skagit.team/documents/document/cm9k/njg1/~edisp/prod685437.pdf; besucht 9.08.2024.

Solbakken, K. (2016): Killing of Golden Eagles adopted by the Norwegian Parliament. BirdLife Norge 14.06.2016. https://www.birdlife.no/internasjonalt/besucht 5.11.2024.

Soutullo, A., R. Limiñana, V. Urios, M. Surroca & J. A. Gill (2006): Density-dependent regulation of population size in colonial breeders: Allee and buffer effects in the migratory Montagu's harrier. Oecologia: 543–552.

Staav, R. (1990): Rekordgammal kungsgörn. Vår Fågelvärld 49: 34.

Steinmüller, J. R. (1821): Anmerkungen und Zusätze über Fr. Meisners und Hans Rud. Schinzens Vögel der Schweiz. Neue Alpina 1: 414–471.

Stemmler C. (1932): Die Adler der Schweiz. Grethlein & Co., Zürich.

Stemmler, C. (1955): Der Steinadler in den Schweizer Alpen. Selbstverlag, Schaffhausen.

Stuart, B., A. H. Fielding & D. P. Whitfield (2024): Golden Eagles in Scotland. In: Ellis, D. H., J. Bautista & C. H. Ellis (Hrsg.): The Golden Eagle Around the World. Hancock House, Surrey, B.C., Canada: 265–281.

Studer, T. & V. Fatio (1889): Katalog der Schweizerischen Vögel, 1. Lieferung: Tagraubvögel. Bern und Genf.

Tikkanen, H., S. Rytkönen, O. P. Karlin, T. Ollila, V. M. Pakanen, H. Tuohimaa & M. Orell (2018): Modelling golden eagle habitat selection and flight activity in their home ranges for safer wind farm planning. Environmental Impact Assessment Review, Volume 71: 120–131. https://doi.org/10.1016/j.eiar.2018.04.006 ; besucht: 15.06.2024

Toole, L.O., R. Hannigan & J. Byrne (2024): The Golden Eagle in Ireland. In: Ellis, D. H., J. Bautista & C. H. Ellis (Hrsg.) 2024: The Golden Eagle Around the World. Hancock House, Surrey, B.C., Canada: 253–263.

Tschudi F. von (1860): Das Thierleben der Alpenwelt. 5. Auflage. Verlagsbuchhandlung J. J. Weber, Leipzig.

Vaurie, C. (1965): The Birds of the palaearctic Fauna. Non-Passeriformes. London: H. F. & G. Witherby.

Vignali, S., F. Lörcher, D. Hegglin, R. Arlettaz & V. Braunisch (2022): A predictive flight-altitude model for avoiding future conflicts between an emblematic raptor and wind energy development in the Swiss Alps. R. Soc. Open Sc. 9: 211041. https://doi.org/10.1098/rsos.211041; besucht 10.06.2024.

Vogeley, W. (1996): Zum Bruterfolg einer Steinadlerpopulation *Aquila chrysaetos* im Zentralapennin. Ornithol. Beob. 93: 35–45.

Watson, J. (1997): The Golden Eagle. T. & A. D. Poyser, London, 374 S.

Watson, J. (2010): The Golden Eagle. Second edition. T. & A. Poyser, London. 374 S.

Watson, A. (1957): The breeding success of Golden Eagles in the north-east Highlands. Scottish Naturalist 69: 153–169.

Wentworth, A., B. Ricau, C. Itty, P. Bayle, B. Drillat, C. Couloumy, M. Clouet & J.-F. Seguin (2024): The Golden Eagle in France. In: Ellis, D. H., J. Bautista & C. H. Ellis (Hrsg.): The Golden Eagle Around the World. Hancock House, Surrey, B.C., Canada: 283–303.

Whitfield, D. P., A. H. Fielding, D. Anderson, S. Benn, D. Dennis, J. Grant & E. D. Weston (2022): Age of first territory settlement of Golden Eagles *Aquila chrysaetos* in a variable competitive landscape. Frontiers in Ecology and Evolution 10: article 743598.

Witschi, J. (2022): Steinadler von Windkraftturbine erschlagen. Berner Zeitung 25.01.2022.

Zimmermann, S. (2021): The early life of juvenile Golden Eagle (*Aquila chrysaetos*): Sex and activity drive fledging time and pre-dispersal exploratory behaviour. Master's Thesis. Universität Freiburg und Schweizerische Vogelwarte Sempach. 46 S.

Zocchi, A. & M. Panella (1996): Monitoring of the golden eagle *Aquila chrysaetos* population in the Central Apennines (Italy) in 1982–1991. In: Meyburg, B.-U. & R. D. Chancellor (Hrsg.): Eagle studies. World Working Group on Birds of Prey, Berlin: 495–503.

Zuberogoitia, I., J. Zabala & J. E. Martínez (2018): Moult in Birds of Prey: A Review of Current Knowledge and Future Challenges for Research. Ardeola, 65 (2) 183–207. https://doi.org/10.13157/arla.65.2.2018.rp1; besucht 5.07.2024.

Register

1. Auflage: 2025

ISBN 978-3-258-08361-2

Umschlaggestaltung, Gestaltung und Satz: pool design, Zürich

Cover Vorderseite: Subadultes Steinadlermännchen des Adlerpaars Flüela (M. Meier, 31.01.2023, Davos GR). Rückseite: Zweijähriger Steinadler, der einen in einer Lawine umgekommenen Steinbock als winterliche Nahrungsquelle nutzt (H. Haller, 19.03.2021, Maloja GR).

Panoramen im Vor- und Nachsatz: Sommerbild (am Anfang) und Winterbild (am Schluss) der Val Roseg mit Steinadlerhorst im Vordergrund. Im Hintergrund das Berninamassiv mit dem Piz Glüschaint (3594 m).

Zitiervorschlag: Jenny, D., S. Denis & H. Haller (2025): Der Steinadler: eine Rückeroberung im Alpenraum. Haupt Verlag, Bern.

Wir drucken mit mineralölfreien Farben und verwenden FSC®-zertifiziertes Papier. FSC® sichert die Nutzung der Wälder gemäß sozialen, ökonomischen und ökologischen Kriterien.
Gedruckt in der Tschechischen Republik

FSC
www.fsc.org
MIX
Papier | Fördert gute Waldnutzung
FSC® C014138

Diese Publikation ist in der Deutschen Nationalbibliografie verzeichnet. Mehr Informationen dazu finden Sie unter http://dnb.dnb.de.
Der Haupt Verlag wird vom Bundesamt für Kultur für die Jahre 2021–2025 unterstützt.

© Shutterstock, Huza Studio

Wir verlegen mit Freude und großem Engagement unsere Bücher. Daher freuen wir uns immer über Anregungen zum Programm und schätzen Hinweise auf Fehler im Buch, sollten uns welche unterlaufen sein.

Haupt Verlag AG
Falkenplatz 14
CH-3012 Bern
herstellung@haupt.ch
www.haupt.ch

Verantwortlich in der EU (GPSR):
Brockhaus Kommissionsgeschäft GmbH
Kreidlerstr. 9
DE-70806 Kornwestheim
haupt@brocom.de